W0047452

Bauen und Ökonomie

Herausgegeben von
Universitätsprofessor Dr. Dietrich-Alexander Möller
und
Universitätsprofessor Dr.-Ing. Wolfdietrich Kalusche

Lieferbare Titel:

Kalusche, Projektmanagement für Bauherren und Planer, 2. Auflage

Möller, Planungs- und Bauökonomie, Band 1:
Grundlagen der wirtschaftlichen Bauplanung, 5. Auflage

Möller · Kalusche, Planungs- und Bauökonomie, Band 2:
Grundlagen der wirtschaftlichen Bauausführung, 5. Auflage

Möller · Kalusche, Übungsbuch zur Planungs- und
Bauökonomie, 5. Auflage

Oelsner, Praxis der Planungs- und Bauökonomie

Übungsbuch zur Planungs- und Bauökonomie

von

Dr. Dietrich-Alexander Möller

Universitätsprofessor für Bauökonomie
und Computergestütztes Entwerfen

und

Dr.-Ing. Wolfdietrich Kalusche

Universitätsprofessor für Planungs-
und Bauökonomie

Architekten und Wirtschaftsingenieure

5., völlig überarbeitete und erweiterte Auflage

Oldenbourg Verlag München

Bibliografische Information der Deutschen Nationalbibliothek

Die Deutsche Nationalbibliothek verzeichnet diese Publikation in der Deutschen Nationalbibliografie; detaillierte bibliografische Daten sind im Internet über <http://dnb.d-nb.de> abrufbar.

© 2009 Oldenbourg Wissenschaftsverlag GmbH
Rosenheimer Straße 145, D-81671 München
Telefon: (089) 45051-0
oldenbourg.de

Das Werk einschließlich aller Abbildungen ist urheberrechtlich geschützt. Jede Verwertung außerhalb der Grenzen des Urheberrechtsgesetzes ist ohne Zustimmung des Verlages unzulässig und strafbar. Das gilt insbesondere für Vervielfältigungen, Übersetzungen, Mikroverfilmungen und die Einspeicherung und Bearbeitung in elektronischen Systemen.

Lektorat: Wirtschafts- und Sozialwissenschaften, wiso@oldenbourg.de
Herstellung: Anna Grosser
Coverentwurf: Kochan & Partner, München
Gedruckt auf säure- und chlorfreiem Papier
Gesamtherstellung: Kösel, Krugzell

ISBN 978-3-486-59021-0

Vorwort zur 5. Auflage

Unser Konzept, die Grundlagen der Planungs- und Bauökonomie in Lehrbuchform mit einem ergänzenden Übungsband den angehenden Architektinnen und Architekten sowie allen anderen interessierten Lesern zu vermitteln, hat sich – wie das Erscheinen des vorliegenden Übungsbuches in 5. Auflage zeigt – bewährt.

Seit Redaktionsschluss der 4. Auflage dieses Buches ergab sich auf Grund verschiedener Änderungen von Normen und Vorschriften ein erheblicher Aktualisierungsbedarf. Hierbei sind in erster Linie die neuen Ausgaben der

DIN 276-1:2008-12, Kosten im Bauwesen – Teil 1: Hochbau
DIN 277 Grundflächen und Rauminhalte von Bauwerken im Hochbau
DIN 277-1:2005-02, Teil 1: Begriffe, Ermittlungsgrundlagen
DIN 277-2:2005-02, Teil 2: Gliederung der Netto-Grundfläche
DIN 277-3:2005-04, Teil 3: Mengen und Bezugseinheiten
DIN 18 960:2008-02, Nutzungskosten im Hochbau sowie der
Vergabe- und Vertragsordnung für Bauleistungen (VOB) 2006

zu nennen.

Die Vertiefung besonders wichtiger Themen und die Abrundung durch ergänzende Themen haben bereits in der 3. Auflage zu einer Aufteilung des Lehrbuches in zwei Bände geführt. Diese inhaltliche Erweiterung hat auch in dem Übungsbuch ihren Niederschlag gefunden. In bewährter Zusammenarbeit haben die beiden Autoren mit ihren Lehrstühlen an der Technischen Universität Dresden und an der Brandenburgischen Technischen Universität Cottbus eine Vielzahl neuer Übungsaufgaben entwickelt. An dieser Stelle ist vor allem

Frau Dipl.-Ing. Ingeborg Dusatko

zu danken, die in den letzten Jahren an der BTU Cottbus in verdienstvoller Weise zahlreiche Aufgaben in der Lehre weiterentwickelt und ergänzt hat.

Neben ihr ist für die kritische Durchsicht des gesamten Buches oder einzelner Aufgaben den wissenschaftlichen Mitarbeiterinnen und Mitarbeitern

am Lehrstuhl in Dresden

Dipl.-Ing., Dipl.-Wirtsch.-Ing. Robert Bauer
Dipl.-Ing. Ulrike Mickan
Dipl.-Ing. Knuth Pietsch

und am Lehrstuhl in Cottbus

Dipl.-Ing., Dipl.-Wirtsch.-Ing. (FH) Franziska Bartsch

herzlich zu danken.

In das Übungsbuch sind einige amüsante, nicht unkritische Karikaturen zum Baugeschehen eingefügt. Die Verfasser der Karikaturen sind die Architekten Ernst Hürlimann und Gabor Benedek. Für ihre freundliche Unterstützung und Zustimmung zum Abdruck der Karikaturen sind wir beiden sehr dankbar.

Dietrich-Alexander Möller Wolfdietrich Kalusche

Vorwort zur 1. Auflage

Dieses Übungsbuch stellt eine Ergänzung zum Lehrbuch „Planungs- und Bauökonomie – Wirtschaftslehre für Bauherren und Architekten“ dar und soll der Vertiefung der dort behandelten grundlegenden Kenntnisse sowie zur Kontrolle des Lernerfolges dienen.

Die hier vorgestellten Übungsaufgaben entstanden in ihren Anfängen am Fachbereich Architektur der Bergischen Universität - Gesamthochschule - Wuppertal und im vollen Umfang an der Fakultät für Architektur der Universität Karlsruhe. Hier wurde die Lehre im Fach Planungs- und Bauökonomie von den beiden Verfassern in den Jahren 1983 bis 1988 gemeinsam getragen.

Ein wesentlicher Teil dieser Lehre besteht aus der Vermittlung und Interpretation von Verfahren, Vorschriften, Normen usw., wobei sich das Arbeiten mit Fallbeispielen, die die Verfasser aus ihrer praktischen Erfahrung als Planer und Berater einbringen konnten, als anschaulich und dem Lehr- und Lernziel angemessen erwiesen hat. Im Hinblick auf die notwendigen praktischen Berufskenntnisse des Architekten liegen die Schwerpunkte der Lehre bei solchen Fragestellungen, die mit dem Entwurf, der Konstruktion und der Ausführungsorganisation in unmittelbarem Zusammenhang stehen und wirtschaftliche Entscheidungen besonders erfordern.

Viele Hundert Architekturstudenten haben mit diesen Übungsaufgaben Planungs- und Bauökonomie gelernt und wenden die Kenntnisse inzwischen im Berufsalltag direkt oder indirekt an. Ihre konstruktiven Fragen, für die wir immer dankbar waren, haben zu einer steten didaktischen Verbesserung des Lehrstoffes geführt.

Neben den Verfassern haben an der Entwicklung von Übungsaufgaben die ehemaligen und derzeitigen Mitarbeiter des Lehr- und Forschungsgebietes Planungs- und Bauökonomie (in zeitlicher Reihenfolge)

Dr.-Ing. Wolfgang Tonne
Dipl.-Ing. oec. Andreas Edel
Dipl.-Ing. Ulrike Weber
Dipl.-Ing. Mario Widmann
Dipl.-Ing. Thomas Haug

mitgewirkt. Für ihre Beiträge sei ihnen herzlich gedankt.

Mit besonderem Dank seien die folgenden Kollegen erwähnt, die das Übungsbuch insgesamt oder teilweise durchgesehen und unsere Arbeit mit Anregungen und Verbesserungsvorschlägen unterstützt haben:

Prof. Wilhelm Beisel, Universität Karlsruhe
Prof. Dr.-Ing. Claus Jürgen Diederichs,
Bergische Universität - Gesamthochschule - Wuppertal
Prof. Dr.-Ing. Wolfram Keil, Gesamthochschule Kassel
Prof. Dr. Karlheinz Pfarr, Technische Universität Berlin
Prof. Wolfgang Stroh, Fachhochschule für Technik Stuttgart.

Unser abschließender Dank gilt Frau cand. arch. Annegret Liedvogel und Frau cand. arch. Nathalie Vincent, vor allem aber Herrn cand. arch. Michael Aschenbrenner, die mit großer Sorgfalt die Textverarbeitung und Zeichnungserstellung besorgt haben.

Dietrich-Alexander Möller — Wolfdietrich Kalusche

Inhaltsverzeichnis

		Seite
Vorwort zur 5. Auflage		V
Vorwort zur 1. Auflage		VI
Inhaltsverzeichnis		VII
Abbildungsverzeichnis		IX
Abkürzungsverzeichnis		XIII
1.	Einführung	1
2.	Arbeitsanleitung	3
3.	Aufgaben und Lösungen zum Band 1	4
3.1	Planungs- und Baubeteiligte	4
3.2	Planung	12
3.3	Beurteilung der Vorteilhaftigkeit	29
3.3.1	Nutzen-Kosten-Untersuchungen	29
3.3.2	Verfahren der Investitionsrechnung	50
3.4	Grundflächen und Rauminhalte	89
3.5	Kosten	114
3.5.1	Kosten im Hochbau	114
3.5.2	Nutzungskosten im Hochbau und Lebenszykluskosten	139
3.6	Erträge und Erlöse	159
3.7	Ökologisches und kostengünstiges Bauen	163
3.8	Baufinanzierung	166
3.9	Honorarordnung für Architekten und Ingenieure (HOAI)	176
4.	Aufgaben und Lösungen zum Band 2.	199
4.1	Organisation der Bauplanung und -ausführung	199
4.2	Bauplanung	203
4.3	Vergabewesen	211
4.4	Ausführung	241
4.4.1	Baustelleneinrichtung	241
4.4.2	Ablauf- und Terminplanung	246
4.4.3	Bauüberwachung	265
4.4.4	Kostenplanung im Zuge der Bauausführung	273
4.4.5	Bauabrechnung	277
4.4.6	Besondere Bedingungen der Bauausführung	280
4.5	Baunutzung	284
Literaturverzeichnis		289
Stichwortverzeichnis		297

Abbildungsverzeichnis

		Seite
3-1	Drei hinsichtlich der Baukosten zu vergleichende Einfamilienhäuser	14
3-2	Berechnungsobjekt zur Ermittlung des Kosteneinflusses der Bauweise	15
3-3.1	Kostenminimale Gebäudeform	21
3-3.2	Kostenminimale Gebäudeform	22
3-3.3	Kostenminimale Gebäudeform	23
3-3.4	Kostenminimale Gebäudeform	24
3-4	Kosten von Dächern	27
3-5	Beispiel für einen Zielbaum mit drei Zielebenen	30
3-6	Planungsziele (Aufgabenstellung)	32
3-7.1	Grundriss und Schnitt des Wohnmobils Variante 1	34
3-7.2	Grundriss und Schnitt des Wohnmobils Variante 2	34
3-7.3	Grundriss und Schnitt des Wohnmobils Variante 3	34
3-8	Ordinale Bewertung von drei Häusern	35
3-9.1	Grundriss der Mietwohnung 1	36
3-9.2	Grundriss der Mietwohnung 2	36
3-9.3	Grundriss der Mietwohnung 3	37
3-10	Planungsziele (Lösung)	38
3-11	Nutzungsmöglichkeit und wünschenswerte Eigenschaften eines Wohnmobils	42
3-12	Vorschlag für einen Zielbaum zur Nutzenermittlung eines Wohnmobils	43
3-13	Bewertung der Wohnmobilvarianten	44
3-14	Vorschlag für einen Zielbaum zur Nutzenermittlung eines Bürogebäudes	45
3-15	Vorschlag für einen Zielbaum zur ordinalen Nutzenermittlung einer Mietwohnung	47
3-16	Verfahrensauswahl bei der Beurteilung von Investitionen	51
3-17	Aufzinsungsfaktoren	54
3-18	Abzinsungsfaktoren	55
3-19	Vorschüssige Rentenbarwertfaktoren	56
3-20	Vorschüssige Rentenendwertfaktoren	57
3-21.1	Nachschüssige Rentenbarwertfaktoren	58
3-21.2	Nachschüssige Rentenbarwertfaktoren	59
3-21.3	Nachschüssige Rentenbarwertfaktoren	60
3-21.4	Nachschüssige Rentenbarwertfaktoren	61
3-22	Nachschüssige Rentenendwertfaktoren	62
3-23	Kumulierte Barwertfaktoren einer geometrischen Reihe nachschüssiger Zahlungen	63
3-24	Vollständiger gegenseitiger Ausschluss von Investitionsalternativen	72
3-25	Nutzungsbarwert von Wandkonstruktionen	82
3-26	VOFI-Endvermögen und VOFI-Rentabilität der Festgeldanlage	87
3-27	VOFI-Endvermögen und VOFI-Rentabilität der Photovoltaikanlage	88
3-28	Lageplan eines Einfamilienhauses	91
3-29.1	Einfamilienhaus - Ansicht von Süden	95
3-29.2	Einfamilienhaus - Grundriss Untergeschoss	96
3-29.3	Einfamilienhaus - Grundriss Erdgeschoss	97
3-29.4	Einfamilienhaus - Grundriss Obergeschoss	98

3-29.5 Einfamilienhaus – Schnitt A -A ... 99
3-29.6 Einfamilienhaus – Ansichten von Westen und Norden ... 100
3-30 Ermittlung der Flächen zur Kontrolle der Einhaltung der GRZ und GFZ ... 101
3-31 Ermittlung der Brutto-Grundfläche und des Brutto-Rauminhalts für ein Einfamilienhaus ... 108 f.
3-32 Ermittlung der Netto-Grundfläche für ein Einfamilienhaus ... 109 ff.
3-33 Übersicht über die Mengen und Anteile der verschiedenen Flächenarten ... 111
3-34 Berechnung der Wohnfläche eines Einfamilienhauses ... 112
3-35.1 Baukostendatei des BKI: Vergleichsobj. Einfamilienhaus 6100-562 ... 117
3-35.2 Baukostendatei des BKI: Kostenkennw. Einfamilienhaus 6100-562 ... 118
3-35.3 Baukostendatei des BKI: Vergleichsobj. Einfamilienhaus 6100-531 ... 119
3-35.4 Baukostendatei des BKI: Kostenkennw. Einfamilienhaus 6100-531 ... 120
3-35.5 Baukostendatei des BKI: Vergleichsobj. Einfamilienhaus 6100-502 ... 121
3-35.6 Baukostendatei des BKI: Kostenkennw. Einfamilienhaus 6100-502 ... 122
3-36 Gegenüberstellung von Vergleichsobjekten ... 130
3-37 Auswahl der Kennwerte nach BRI, BGF und NF ... 131
3-38 Hochrechnung der Kennwerte nach BRI, BGF und NF ... 131
3-39 Schätzung der Bauwerkskosten des Einfamilienhauses anhand der hochgerechneten Kennwerte nach BRI, BGF und NF ... 131
3-40 Ermittlung der Mengen der Grobelemente eines Einfamilienhauses ... 132 f.
3-41 Ermittlung der Kosten des Bauwerks eines Einfamilienhauses ... 133
3-42 Ermittlung der Gesamtkosten eines Einfamilienhauses ... 134
3-43 Kostenschätzung nach Kostenflächenarten ... 134
3-44 Zuordnung von Kostenarten (Aufgabenstellung) ... 142
3-45 Barwert der Ausgaben für Instandsetzung (Aufgabenstellung) ... 145
3-46 Nutzungsbarwert (Aufgabenstellung) ... 146
3-47 Informationen für den Vergleich von Bodenbelägen ... 148
3-48 Zuordnung von Kostenarten (Lösung) ... 149
3-49 Ermittlung der Nutzungskosten ... 151
3-50 Wirtschaftlichkeitsvergleich mittels Nutzungskosten ... 152 f.
3-51 Barwert der Ausgaben für Instandsetzung (Lösung) ... 155
3-52 Nutzungsbarwert (Lösung) ... 156
3-53 Ermittlung der Nutzungskosten von Bodenbelägen ... 157
3-54 Mietpreiskalkulation nach der II. BV ... 161
3-55 Deckungsbeitrag eines Bauträgers ... 162
3-56 Effektivzins bei 5-jähriger Zinsfestschreibung in Abhängigkeit von Nominalzins und Auszahlungskurs ... 169
3-57 Finanzierungsplan ... 173
3-58 Barwert der Finanzierungsvariante Hypothekendarlehen ... 173
3-59 Barwert der Finanzierungsvariante Bankvorausdarlehen/ Bausparvertrag ... 174
3-60 Ab 1.1.2002 gültige Honorartafel zu § 16 (1) HOAI ... 178
3-61 Kostendaten zur Honorarermittlung für ein Einfamilienhaus ... 179
3-62 Kostendaten eines Hochschulgebäudes zur Honorarermittlung ... 180
3-63 Kostendaten des Berechnungsobjektes zur Honorarermittlung bei Teil- und Einzelleistungen ... 182
3-64 An die DIN 276:1981-4 zur Honorarermittlung angepasste Kostendaten eines Einfamilienhauses ... 187

4-1 Erweiterte Risiken beim Bauträger bzw. Developer und beim Totalunternehmer ... 202

4-2 Matrix der Unternehmenseinsatzformen 202
4-3.1 Hierarchischer Aufbau des STLB-Bau 212
4-3.2 Leistungsbeschreibung einer STLB-Position, Beispiel Leistungsbereich 013 Betonarbeiten 213
4-4 Losbildung (Aufgabenstellung) 215
4-5 Leistungen, Nebenleistungen und Besondere Leistungen (Aufgabenstellung) 216
4-6 Werkhalle (Grundrisse, Schnitte und Seitenansicht) 217
4-7 Gegenüberstellung wichtiger Einheitspreise aus der Kostenberechnung und den Angeboten 221
4-8 Gegenüberstellung wichtiger Einheitspreise aus der Kostenberechnung mit dem Angebot des Bieters 1 221
4-9 Losbildung (Lösung) 227
4-10 Leistungen, Nebenleistungen und Besondere Leistungen nach VOB/C Stand 2006 (Lösung) 228
4-11 Mengenermittlungen für Betonarbeiten 229
4-12 Vorgangsliste 249
4-13 Übersicht zu Terminen und Dauern und deren Bedeutung für die Projektbeteiligten (Aufgabenstellung) 251
4-14.1 Netzplan für eine Umbaumaßnahme 256
4-14.2 Netzplan mit neuem kritischen Weg 257
4-15 Balkenplan für eine Umbaumaßnahme 258
4-16 Übersicht zu Terminen und Dauern und deren Bedeutung für die Projektbeteiligten (Lösung) 261
4-17 Formen der Abnahme nach VOB/B 270
4-18 Abnahmeprotokoll 272

Abkürzungsverzeichnis

A	Auszahlungskurs
a	Jahr
a	Bereich nach DIN 277: überdeckt und allseitig in voller Höhe umschlossen
AA	Ausführungsart
Abs.	Absatz
Abb.	Abbildung
AbfG	Abfallgesetz
AfA	Absetzung für Abnutzung
AGB	Allgemeine Geschäftsbedingungen
AK	Ausführungsklasse
AK	anrechenbare Kosten des Objekts
AK_H	nächsthöherer Wert der anrechenbaren Kosten, der in der Honorartafel zu § 16 (1) HOAI angegeben ist
AK_N	nächstniedrigerer Wert der anrechenbaren Kosten, der in der Honorartafel zu § 16 (1) HOAI angegeben ist
AT	Arbeitstage
AWF	Außenwandfläche
AWK	Außenwandkosten
B	Beton
b	Breite
b	Bereich nach DIN 277: überdeckt, jedoch nicht allseitig in voller Höhe umschlossen
BAL	Baustellenausstattungs- und Werkzeugliste
BauGB	Baugesetzbuch
BauNVO	Baunutzungsverordnung
BauO Bln	Bauordnung für Berlin
BauVorlVO	Bauvorlagenverordnung
BB	Baugenehmigungsbehörde
BbgBO	Brandenburgische Bauordnung
BF_n	Barwertfaktor im n-ten Jahr
BF	Bebaute Fläche
BGA	Baugeräteatlas
BGB	Bürgerliches Gesetzbuch
BGF	Brutto-Grundfläche
BGFa	Brutto-Grundfläche, die allseitig umschlossen und überdeckt ist
BGI	Baugrubeninhalt
BGL	Baugeräteliste
BH	Bauherr
BImSchG	Bundesimmissionsschutzgesetz
BKI	Baukosteninformationszentrum
B-Plan	Bebauungsplan
BRI	Brutto-Rauminhalt
BRIa	Brutto-Rauminhalt, der allseitig umschlossen und überdeckt ist
BST	Baustahl
II. BV	Zweite Berechnungsverordnung (Verordnung über wohnungswirtschaftliche Berechnungen vom 5. April 1984)
BVG	Bundesverfassungsgericht
bzw.	beziehungsweise

c	Bereich nach DIN 277: nicht überdeckt
ca.	circa
cm	Zentimeter
D	Temperaturdifferenz
D_i	Dauer der Tätigkeit i
DAB	Deutsches Architektenblatt
DAF	Dachfläche
DEF	Deckenfläche
DG	Dachgeschoß
d. h.	das heißt
Dim.	Dimension
DIN	Deutsches Institut für Normung e. V. bzw. DIN-Norm
DM	Deutsche Mark
DschG	Denkmalschutzgesetz
DVA	Deutscher Verdingungsausschuss für Bauleistungen
e	Preissteigerungssatz
e. V.	eingetragener Verein
EDV	Elektronische Datenverarbeitung
EG	Erdgeschoß
EnEV	Energieeinsparverordnung
EP	Einheitspreis
EStG	Einkommensteuergesetz
evtl.	eventuell
f	Preissteigerungsfaktor
f_e	Preissteigerungsfaktor für Heizenergie
f_u	Preissteigerungsfaktor für Instandsetzungsmaßnahmen
f.	folgende (Seite)
fa_i	frühest möglicher Anfang der Tätigkeit i
fe_i	frühest mögliches Ende der Tätigkeit i
ff.	folgende (Seiten)
F	Fläche
FBG	Fläche des Baugrundstücks
FD	Flachdach
FF	Funktionsfläche
GAEB	Gemeinsamer Ausschuß Elektronik im Bauwesen
Gem.	Gemeinde
gem.	gemäß
ggf.	gegebenenfalls
GF	Geschossfläche
GFZ	Geschossflächenzahl
GK	Grundstückskosten
GmbH	Gesellschaft mit beschränkter Haftung
GP	Grundstückspreis oder Gesamtpreis einer Leistungsposition
GRF	Gründungsfläche
GrStG	Grundsteuergesetz
GRZ	Grundflächenzahl
GZ	Anzahl der Vollgeschosse
h	Stunde
H	Honorar
h_a	Jahresheizstunden

H_H	Honorar, das dem nächsthöheren in der Honorartafel zu § 16 (1) HOAI angegebenen Wert der anrechenbaren Kosten entspricht
H_N	Honorar, das dem nächstnicdrigeren in der Honorartafel zu § 16 (1) HOAI angegebenen Wert der anrechenbaren Kosten entspricht
H_u	unterer Heizwert
HAR	Hausanschlussraum
HE	Ausgaben für Heizenergie
Hrsg.	Herausgeber
HOAI	Honorarordnung für Architekten und Ingenieure
HV	Höhere Verwaltungsbehörde
I_{B1}^{B2}	Preisindex für das Jahr B2 auf der Basis des Jahres B1
i. Allg.	im Allgemeinen
i. d. R.	in der Regel
incl.	inclusive
IWF	Innenwandfläche
i. w. S.	im weiteren Sinne
K	Kelvin
K_0	Anfangskapital
K_n	Endkapital im Jahr n
kalk.	kalkulatorisch
KFA	Kostenflächenarten
Kfz	Kraftfahrzeug
kg	Kilogramm
KG	Kostengruppe
KGF	Konstruktions-Grundfläche
KGFa	Konstruktions-Grundfläche von allseitig umschlossenen und überdeckten Räumen
KKA	Kostenkennwert der Außenwände
KKT	Kostenkennwert der Haustrennwand
km	Kilometer
KW	Kapitalwert
l	Länge
l.	Liter
LB	Leistungsbereich
LBO	Landesbauordnung
LBO-BW	Landesbauordnung für Baden-Württemberg
lfd m	laufender Meter
LP	Leistungsphase
m	Meter
M	Maßstab
ME	Mengeneinheit
mm	Millimeter
Mio.	Million
MwSt	Mehrwertsteuer
n	Nutzungsdauer bzw. nachschüssig (als Index); Laufzeit
NatschG	Naturschutzgesetz
NF	Nutzfläche
NGF	Netto-Grundfläche
NGFa	Netto-Grundfläche, die allseitig umschlossen und überdeckt ist
NNF	Nebennutzfläche
Nr.	Nummer

∅	Durchschnitt
o. a.	oben angegeben
o. ä.	oder ähnliches
o. g.	oben genannt
off.	offen
OFG	Oberfläche Gelände
OG	Obergeschoß
OKD	Oberkante Dach
OK	Oberkante
p	Zinsfuß (%), Darlehenszinssatz
P	Preis
P_X	Preis im Jahre X
p. a.	per annum (jährlich)
pausch.	pauschal
Pkw	Personenkraftwagen
Pos.	Position
Prüf.	Prüfingenieur
q	Zinsfaktor
r	Rente
r_0	jährliche Rente zum Anfangszeitpunkt 0
RB_n	Barwert einer nachschüssigen Rente
RBF	Rentenbarwertfaktor
RD	Restdarlehen
RE	Rentenendwert
REF	Rentenendwertfaktor
s	Sparbeitrag
s.	siehe
S.	Seite
sa_i	spätest zulässiger Anfang der Tätigkeit i
Sächs BO	Sächsische Bauordnung
se_i	spätest zulässiges Ende der Tätigkeit i
St.	Stück
STLB	Standardleistungsbuch
s. u.	siehe unten
t	Tilgungssatz
t	Tonne
t_o	Anfangstilgung
Teilfl.	Teilfläche
TÜV	Technischer Überwachungs-Verein
U	Wärmedurchgangskoeffizient (U-Wert)
u. a.	und andere bzw. unter anderem
u. ä.	und ähnliche(s)
UBF	unbebaute Fläche
UG	Untergeschoß
UK	Unterkante
usw.	und so weiter
u. U.	unter Umständen
u. v. m.	und vieles mehr
v	vorschüssig (als Index)
VF	Verkehrsfläche
VG	Verwaltungsgericht

VGH	Verwaltungsgerichtshof
vgl.	vergleiche
v. H.	vom Hundert
VHB	Vergabe- und Vertragshandbuch für die Baumaßnahmen des Bundes
VOB	Vergabe- und Vertragsordnung für Bauleistungen
VOL	Verdingungsordnung für Leistungen
W	Watt
WE	Wohneinheit
WF	Wohnfläche
z. B.	zum Beispiel
ZI	Zimmer
z. T.	zum Teil
z. Z.	zur Zeit
η	Gesamtwirkungsgrad der Heizanlage

1. Einführung

Dieses Übungsbuch, das als Ergänzung zu dem zweibändigen Lehrbuch *Planungs- und Bauökonomie* erscheint, wendet sich insbesondere an Studierende der Architektur, aber auch an Studierende der Stadt- und Regionalplanung. Darüber hinaus ist es für diejenigen Bauherren und Architekten gedacht, die sich bei der Lektüre des Lehrbuches zu den einzelnen Verfahren und Sachverhalten erläuternde Beispiele wünschen.

Dieses dreibändige Werk versteht sich als eine **Wirtschaftslehre für Bauherren und Architekten**, da es Wirtschaftlichkeitsfragen von Bauwerken behandelt, über die der Bauherr letztlich zu entscheiden hat und deren finanzielle Konsequenzen er ausschließlich oder in erheblichem Umfang zu tragen hat, und weil Architekten durch ihre Planungen die baulichen Entscheidungen ihrer Bauherren vorbereiten und dabei Wirtschaftlichkeitsfragen untersuchen bzw. wirtschaftliche Erkenntnisse umsetzen müssen. In diesem Sinne ist die *Planungs- und Bauökonomie* sowohl eine Wirtschaftslehre aus der Sicht des Bauherrn als auch eine Wirtschaftslehre des Architekten, da dieser – in seiner Funktion als Auftragnehmer des Bauherrn – auch dessen wirtschaftliche Interessen zu vertreten hat.

Nicht Gegenstand dieses Werkes ist die Frage, wie der Architekt seine Arbeit bzw. den Planungsbetrieb wirtschaftlich organisieren kann. Diese fällt in das Gebiet der **Planungsbetriebslehre** und ist an anderer Stelle zu behandeln. Das Gleiche gilt für die **Baubetriebslehre**. Die Baubetriebslehre ist eine spezielle Betriebswirtschaftslehre aus der Sicht des Bauunternehmers. Die zentrale Frage für ihn ist, wie er Bauleistungen, die im Regelfall durch die Planung festgelegt sind, wirtschaftlich anbietet und durchführt. Überschneidungen mit der Planungs- und Bauökonomie ergeben sich insofern, als es natürlich im Interesse des Bauherrn ist und das Bemühen des Architekten sein muss, Planungsentscheidungen so zu treffen, dass sie von der Bauwirtschaft kostengünstig umgesetzt werden können.

Die Gliederung des vorliegenden Übungsbuches ist in der Weise auf die beiden Lehrbände abgestimmt, dass die Aufgaben zu den im Band 1 behandelten Themen der **wirtschaftlichen Bauplanung** im Abschnitt 3 des Übungsbuches und die zu den im Band 2 behandelten Themen der **wirtschaftlichen Bauausführung** im Abschnitt 4 des Übungsbuches zusammengefasst sind.

Allerdings beginnt der Band 1 mit den Abschnitten *1. Planungs- und Bauökonomie als wissenschaftliche Disziplin* und *2. Gesamtwirtschaft und Bauwirtscha*ft, also einer Einführung in die wissenschaftstheoretischen und gesamtwirtschaftlichen Zusammenhänge, die als Rahmeninformation dienen und einer eingehenden Übung anhand von Aufgaben nicht bedürfen.

Insofern beginnt der Abschnitt 3 des Übungsbuches mit dem arbeitsteiligen Prozess, den die Planung und Ausführung eines Bauwerks darstellt. Die Koordination der einzelnen Auftragnehmer bzw. Institutionen untereinander ist Sache des Bauherrn bzw. seines Vertreters und vor allem des Architekten. Eine erfolgreiche Steuerung des Planungs- und Bauprozesses setzt die Kenntnis der Funktionen und Ziele der einzelnen an der Planung und Ausführung Beteiligten voraus (Abschnitt *3.1 Planungs- und Baubeteiligte*).

Die Planungsphase ist aus wirtschaftlicher Sicht außerordentlich wichtig, da in dieser Phase – beginnend mit der Bedarfsplanung – die Chance, die Wirtschaftlichkeit eines

Vorhabens zu beeinflussen, am größten ist (K. Pfarr 1973, S. 18). Um diese Chance zu nutzen, bedarf es eines methodischen Vorgehens. Die Methodik der wirtschaftlichen Planung als stufenweiser Prozess der Variantenbildung, -bewertung und -auswahl gehört daher zu den grundlegenden Kenntnissen des Planers (Abschnitt *3.2 Planung*).

Zur Bewertung von Planungsvarianten stehen die Nutzen-Kosten-Untersuchungen und die Verfahren der Investitionsrechnung zur Verfügung (Abschnitt *3.3 Beurteilung der Vorteilhaftigkeit*).

Wichtige Eingabedaten bei der Anwendung dieser Verfahren sind u. a. die Grundflächen, Rauminhalte und Bezugseinheiten nach DIN 277, die Wohnfläche nach der Wohnflächenverordnung (Abschnitt *3.4 Grundflächen und Rauminhalte im Hochbau*) sowie die Kosten im Hochbau nach DIN 276-1 und die Nutzungskosten im Hochbau nach DIN 18 960 (Abschnitt *3.5 Kosten*).

Für die Durchführbarkeit von Bauprojekten, die nicht dem Eigenbedarf des Bauherrn dienen, sind ausreichende Mieteinnahmen oder Verkaufserlöse eine unverzichtbare Voraussetzung (Abschnitt *3.6 Erträge und Erlöse*).

Neben der monetären Bewertung der Einsatzfaktoren in Form von Bau- und Folgekosten sind auch die ökologischen Auswirkungen bei der Objektplanung zu berücksichtigen (Abschnitt *3.7 Ökologisches und kostengünstiges Bauen*).

Wichtiger als die Frage nach den Grundstücks- und Baukosten ist für den Bauherrn vielfach die laufende Belastung, die aus der Baumaßnahme resultiert. Sie ist in hohem Maße abhängig von der Zusammensetzung der erforderlichen Mittel: Eigenkapital, Selbsthilfe, Kapitalmarkt- und sonstige Darlehen (Abschnitt *3.8 Baufinanzierung*).

Welche Leistungen im Einzelnen zur vollständigen Planung eines Bauobjektes gehören und wie sie honoriert werden, ist in der HOAI festgelegt (Abschnitt *3.9 Honorarordnung für Architekten und Ingenieure (HOAI)).*

Im Band 2 des Lehrbuches und demzufolge im **Abschnitt 4** dieses Übungsbuches werden grundsätzliche Organisationsfragen (Abschnitt *4.1 Organisation der Bauplanung und -ausführung*) und alle weiteren Fragen behandelt, die die wirtschaftliche Bauausführung betreffen.

Hierzu gehören alle Kenntnisse, die für einen reibungslosen Ablauf des Planungs- und Bauprozesses wichtig sind. Dies betrifft die vom Architekten zu besorgende Koordination der am Bau Beteiligten und die Integration ihrer Beiträge sowie die Beachtung öffentlich-rechtlicher Fragen, die für die Genehmigungsplanung bedeutsam sind, (Abschnitt *4.2 Bauplanung*) und die privatrechtlichen Fragen rund um die Vergabe (Abschnitt *4.3 Vergabewesen*). Weiterhin zählen dazu Fragen der Baustelleneinrichtung, die Ablauf- und Terminplanung, die Bauüberwachung, die Kostenplanung im Zuge der Bauausführung und die Bauabrechnung sowie besondere Bedingungen der Bauausführung (Abschnitt *4.4 Ausführung*).

Mit der Inbetriebnahme des Bauvorhabens setzt das Objektmanagement ein, bei dem es um den wirtschaftlichen Betrieb der Immobilie geht. In der beginnenden Nutzungsphase obliegt dem Architekten die Objektbetreuung und Dokumentation. Die Nutzungsphase ist für den Bauherrn die wichtigste Phase, denn sie gibt dem Bauvorhaben seinen Sinn. Erst in dieser Phase kann sich die Wirtschaftlichkeit des Vorhabens erweisen. Grund genug – auch für den Architekten – die Objektbetreuung mit einer Erfolgskontrolle zu verbinden (Abschnitt *4.5 Baunutzung*).

2. Arbeitsanleitung

Das vorliegende Übungsbuch soll den Lesern, insbesondere Studierenden der Architektur und Studierenden der Stadt- und Regionalplanung, als Arbeitshilfe zum Selbststudium der Planungs- und Bauökonomie dienen. Es enthält Übungsaufgaben und deren Lösungen zu den Bänden 1 und 2 des gleichnamigen Lehrbuches.

Die **Themenabfolge** der beiden Lehrbuchbände ist – wie in der Einführung erläutert – im vorliegenden Übungsbuch beibehalten worden, so dass der Leser leicht die Übungsaufgaben zu den einzelnen Abschnitten der Lehrbücher finden wird. Allerdings ist im Übungsbuch auf eine so weitgehende Untergliederung wie in den Lehrbüchern verzichtet worden, weil es den Rahmen dieses Buches gesprengt hätte, wenn hier zu jedem Einzelabschnitt der Lehrbücher mehrere Aufgaben aufgenommen worden wären.

Jeder Abschnitt aus dem Übungsteil dieses Buches (Abschnitte 3 und 4) ist in drei Teile gegliedert.

Der erste Teil enthält eine **Kurzeinführung** in das Thema des jeweiligen Abschnittes mit Hinweis auf die wesentlichen **Lernziele** – ggf. auch eine seit Erscheinen der 5. Auflage der Lehrbuchbände erforderlich gewordene Aktualisierung. Daran schließt sich ein Verzeichnis der Übungsaufgaben dieses Abschnittes sowie die Angabe der einschlägigen Vorschriften und Normen und der für eine weitere Vertiefung zu empfehlenden Literatur an.

Der zweite Teil enthält dann jeweils die **Übungsaufgaben** und der dritte Teil die dazugehörigen **Lösungen**. Die meisten Übungsaufgaben sind als Lernkontrolle gedacht, d. h. nach sorgfältigem Studium der entsprechenden Abschnitte des Lehrbuches sollte der Leser in der Lage sein, diese Übungsaufgaben zu lösen, wobei er erforderlichenfalls die angegebenen Vorschriften und Normen hinzuziehen muss. Daneben gibt es aber auch einige Aufgaben, die eine inhaltliche Weiterführung des Lehrbuches verfolgen, an deren Lösung sich der Leser – ggf. nach Studium der empfohlenen Literatur – versuchen kann. Andernfalls kann er aber auch durch das Durcharbeiten der vorgeschlagenen Lösung den gewünschten Lernerfolg erzielen.

Alle Kostenangaben beziehen sich – soweit nichts anderes angegeben – auf das Jahr 2007 (Baupreisindizes vom November 2007). Die Nominalverzinsung wurde bei den Aufgaben zur Investitionsrechnung und ähnlichen mit 6 % p. a. angenommen.

Die Karikaturen von Ernst Hürlimann und Gabor Benedek dienen der Auflockerung und sind bewusst nicht in die Gruppe der durchnummerierten Abbildungen bzw. in das Abbildungsverzeichnis aufgenommen worden.

3. Aufgaben und Lösungen zum Band 1

3.1 Planungs- und Baubeteiligte

Zur Planung und Ausführung von Bauwerken bedarf es der arbeitsteiligen Zusammenarbeit vieler Personen und Institutionen. Zu den Planungs- und Baubeteiligten gehören regelmäßig bzw. fallweise:

(1) Bauherr(enschaft)
(2) Projektsteuerer
(3) Nutzer
(4) Architekt bzw. Entwurfsverfasser
(5) Bauleiter
(6) Sicherheits- und Gesundheits-Koordinator
(7) Fachingenieure bzw. Sonderfachleute
(8) Unternehmer
(9) Bauaufsichtsbehörden
(10) Kreditinstitute
(11) Öffentlichkeit
(12) sonstige Beteiligte (z. B. Ver- und Entsorgungsbetriebe).

Für eine erfolgreiche Gestaltung der Zusammenarbeit an einem Bauvorhaben ist es wichtig, die unterschiedlichen Funktionen und **Zielsetzungen** der einzelnen Beteiligten und die sich daraus möglicherweise ergebenden Interessenkonflikte zu kennen. Die folgenden Aufgaben sollen dazu dienen, diese Kenntnisse zu überprüfen und ggf. zu vervollständigen.

General – Ober – Unter – Allesnehmer
Zeichnung: Ernst Hürlimann

Aufgabenverzeichnis

Die im Folgenden behandelten Aufgaben beziehen sich auf Kapitel 3.1 des Lehrbuches Band 1:

1 Ziele, Aufgaben und Vertretung des Bauherrn
2 Ziele weiterer Planungs- und Baubeteiligter
3 Interessenkonflikte der Beteiligten

Vorschriften und Normen

Honorarordnung für Architekten und Ingenieure (HOAI)
Landesbauordnung (für das betreffende Bundesland)

Empfohlene Literatur zur weiteren Vertiefung

Leimböck, E., A. Iding: Bauwirtschaft – Grundlagen und Methoden, Wiesbaden 2005
Pfarr, K.: Grundlagen der Bauwirtschaft, Essen 1984
Will, L.: Die Rolle des Bauherrn im Planungs- und Bauprozeß, Frankfurt/M., Bern, New York 1985

Aufgabe 1: Ziele, Aufgaben und Vertretung des Bauherrn

(1) **Ziele** des Bauherrn

Die Ziele des Bauherrn resultieren zum einen aus seinen Nutzungsanforderungen und zum anderen aus der Begrenztheit seiner Mittel und Möglichkeiten.

Formulieren Sie die Ziele des Bauherrn, die der Architekt – beginnend mit der Grundlagenermittlung über die Planung und Bauüberwachung bis hin zur Objektbetreuung – beachten muss.

(2) **Aufgaben** des Bauherrn

Mit jedem Bauvorhaben kommt eine Fülle von Aufgaben auf den Bauherrn zu. Nennen Sie die wichtigsten delegierbaren und nicht-delegierbaren Bauherrnaufgaben.

(3) **Vertretung** des Bauherrn

Viele Bauherren bauen erstmalig oder sind von diesem Vorhaben fachlich bzw. zeitlich überfordert, z. B. eine Stadtverwaltung als Bauherr für ein Kongresszentrum.

Wie kann sich der Bauherr bei der Erfüllung seiner Aufgaben entlasten?

Aufgabe 2: Ziele weiterer Planungs- und Baubeteiligter

Nennen Sie die wichtigsten Ziele, die

die Nutzer
der Architekt
die Fachingenieure
die Bauunternehmer
die Bauaufsichtsbehörden und
die Finanzierungsinstitute

im Rahmen ihrer Mitwirkung an einem Bauvorhaben verfolgen.

Aufgabe 3: Interessenkonflikte der Beteiligten

Wo sehen Sie die wesentlichen **Interessenkonflikte** zwischen den in Aufgabe 1 und 2 genannten **Planungs- und Baubeteiligten**?

Lösung zu Aufgabe 1: Ziele, Aufgaben und Vertretung des Bauherrn

(1) **Ziele des Bauherrn**

Die Ziele, die ein Bauherr verfolgt, hängen u. a. davon ab, ob er selbst das Bauvorhaben nutzen wird oder ob es von Dritten (Nutzer, siehe Aufgabe 2) genutzt werden soll.

Nach § 15 HOAI hat der Architekt in Zusammenarbeit mit dem Bauherrn und ggf. den Nutzern die Aufgabenstellung zu klären (Grundlagenermittlung), die Zielvorstellungen abzustimmen und einen planungsbezogenen Zielkatalog zu erstellen (Vorplanung).

Hierbei geht es vor allem um folgende Ziele:

- **Funktionale Ziele**
  Das geplante Gebäude muss die aus den vorgesehenen Nutzungsprozessen resultierenden funktionalen Anforderungen (Raumbedarf, Sicht- und Wegebeziehungen, Raumklima, Lichtverhältnisse usw.) erfüllen.

- **Gestalterische Ziele**
  Der Bauherr hat mehr oder weniger bestimmte Vorstellungen von der Form des Gebäudes und der Innenräume sowie von der Farbe und der Beschaffenheit der sichtbaren Bauteile. Ist der Bauherr nicht auch der spätere Nutzer, dann treten diese Ziele oft in den Hintergrund.

- **Kostenziele**
  Die Grundstücks- und Baukosten sowie die Folgekosten bzw. die daraus resultierende Belastung sollen möglichst gering sein, keinesfalls aber eine bestimmte Obergrenze übersteigen. Die Folgekosten, die auf Dritte (Nutzer) umlegbar sind, werden hierbei oft vernachlässigt.

- **Zeitliche Ziele**
  Der Bauherr hat meistens konkrete Vorstellungen, wann das Gebäude (spätestens) bezugsfertig sein soll.

- **Ziele der Mängelfreiheit**
  Bei Bauschäden, die während der Mängelbeseitigungsfristen auftreten, soll die Frage nach dem Verursacher möglichst unstrittig sein.

(2) **Aufgaben des Bauherrn**

Der Bauherr hat zur Vorbereitung, Überwachung und Ausführung eines genehmigungspflichtigen bzw. nicht verfahrensfreien Bauvorhabens einen geeigneten Planverfasser, geeignete Unternehmer und einen geeigneten Bauleiter zu bestellen. Weiterhin obliegen ihm die nach den öffentlich-rechtlichen Vorschriften erforderlichen Anzeigen an die Bauaufsichtsbehörde (niedergelegt in den einzelnen Landesbauordnungen, z. B. LBO-BW § 42(1); SächsBO § 53(1); BauOBln § 54(1) und BbgBO § 47(1)). Als Initiator einer Gefahrenquelle unterliegt der Bauherr mit seiner Baustelle ferner der Verkehrssicherungspflicht.

Neben diesen öffentlich-rechtlichen Aufgaben gibt es eine Fülle weiterer Bauherrnaufgaben. Ein Teil von ihnen, insbesondere die Projektleitungsaufgaben, ist in aller Regel nicht delegierbar.

Zu den Aufgaben des Bauherrn in seiner Funktion als Auftraggeber von Planungs- und Bauleistungen gehören insbesondere:

- Festlegen der Projektziele, z. B. Qualitätsvorstellungen
- Aufstellen eines Organisations- und Terminplanes für die Bauaufgabe
- Abschluss von Verträgen zur Verwirklichung der Projektziele
- Koordination und Steuerung der Projektbeteiligten mit mehreren Fachbereichen
- Prüfen der Planungsergebnisse auf Einhaltung der Planungsvorgaben
- Untersuchung von Zielkonflikten und Entscheidung zur Fortschreibung der Projektziele
- Ermittlung der vollständigen Kosten bzw. ihre Ergänzung im Hinblick auf die Finanzierung.

Zwischen diesen Bauherrnaufgaben und den Grundleistungen der Objektplanung nach § 15 HOAI gibt es keine Überschneidungen. Anders verhält es sich mit den Besonderen Leistungen der Objektplanung, bei denen es sich z. T. um delegierbare Bauherrnaufgaben handelt, wie z. B.: Betriebsplanung, Aufstellen eines Raumprogramms, Wirtschaftlichkeitsberechnung, Aufstellen, Überwachen und Fortschreiben eines Zahlungsplanes, Aufstellen, Überwachen und Fortschreiben von differenzierten Zeit-, Kosten- und Kapazitätsplänen usw.

(3) **Vertretung des Bauherrn**

Der Bauherr kann sich u. a. entlasten durch die Einschaltung eines

- **Generalplaner**s, **Generalunternehmer**s bzw. **Totalunternehmer**s oder eines **Projektsteuerer**s.

Bei Einschaltung eines Generalplaners gibt es auf der Planerseite nur den Generalplaner als Vertragspartner des Bauherrn. Der Generalplaner beauftragt in der Regel weitere Planer, ohne dass es zu einer Rechtsbeziehung zwischen diesen und dem Bauherrn kommt. Dadurch entfällt ein erheblicher Steuerungs- und Koordinierungsaufwand für den Bauherrn. Entsprechendes gilt für den Generalunternehmer und den Totalunternehmer, wobei der Totalunternehmer die gesamte Planung und Ausführung im Auftrag hat.

Der Projektsteuerer übernimmt Funktionen des Bauherrn bei der Steuerung von Projekten mit mehreren Fachbereichen (HOAI § 31), ohne dass die Rechtsbeziehungen zwischen dem Bauherrn und den Planern bzw. Unternehmern aufgehoben werden.

Die AHO-Fachkommission Projektsteuerung/Projektmanagement hat eine Untersuchung zum Leistungsbild, zur Honorierung und zur Beauftragung von Projektmanagementleistungen in der Bau- und Immobilienbranche vorgelegt, die in Fachkreisen weitgehende Anerkennung findet.

Die Leistungen der Projektsteuerung sind in der HOAI § 31 als zusätzliche, d. h. mit dem Architektenhonorar nach § 16 HOAI nicht abgegoltene Leistungen ausgewiesen.

Lösung zu Aufgabe 2: Ziele weiterer Planungs- und Baubeteiligter

Die **Nutzer** sind vor allem an hohen funktionalen, gestalterischen und gesundheitsförderlichen Qualitäten der zu schaffenden Räume interessiert. Soweit sie einen finanziellen Beitrag (Kapitalbeitrag, Miete, Heizkosten u. a.) leisten müssen, soll dieser möglichst gering sein.

Der **Architekt** möchte einen guten funktionalen, gestalterischen sowie ökologisch und sozial verantwortbaren Beitrag zu unserer gebauten Umwelt leisten und damit zugleich seinen Bauherrn (auch in wirtschaftlicher Hinsicht) zufrieden stellen. Auf der anderen Seite ist der Architekt als Büroinhaber darauf angewiesen, ein ausreichendes Einkommen zu erzielen und seine Zahlungsfähigkeit sicherzustellen.

Die **Fachingenieure** verfolgen in Bezug auf ihre Fachgebiete vergleichbare Ziele wie der Architekt. Dabei stehen meist technische Aspekte im Vordergrund.

Die **Bauunternehmer** streben vor allem danach, einen angemessenen bzw. größtmöglichen Gewinn zu erzielen. Zur Sicherung des langfristigen Betriebserfolges ist eine möglichst mängelfreie Leistungserbringung ebenso zu verfolgen wie soziale Zielvorstellungen (z. B. Sicherung der Arbeitsplätze).

„Die **Bauaufsichtsbehörden** haben bei der Errichtung, Änderung, Nutzungsänderung und Beseitigung sowie bei der Nutzung und Instandhaltung von Anlagen darüber zu wachen, dass die öffentlich-rechtlichen Vorschriften eingehalten werden, soweit nicht andere Behörden zuständig sind. Sie können in Wahrnehmung dieser Aufgaben die erforderlichen Maßnahmen treffen.“ (SächsBO § 58 (2), MBO § 58 (2)). Dabei geht es um die Wahrung öffentlicher Interessen, insbesondere um die Abwendung von Gefahren und Verunstaltungen. Für den Vollzug der Bauordnung und der damit zusammenhängenden öffentlich-rechtlichen Vorschriften ist die untere Bauaufsichtsbehörde sachlich zuständig, soweit nichts anderes bestimmt ist. Zuständig ist sie insbesondere für die Erteilung der Baugenehmigung, für die öffentlich-rechtliche Bauüberwachung und – soweit vorgesehen – für die Bauabnahmen. Für die Genehmigung von örtlichen Bauvorschriften ist in der Regel die höhere Bauaufsichtsbehörde zuständig.

Die **Finanzierungsinstitute** haben vorrangig monetäre Ziele im Auge, wie die Sicherung des eingesetzten Kapitals und eine möglichst hohe Verzinsung. Es gibt aber auch Institute, die die Kapitalvermittlung unter Verfolgung sozialer Ziele betreiben (z. B. Gemeinschaftsbank für Leihen und Schenken: Förderung von Wohnraum für Behinderte und Nichtbehinderte, von Freien Schulen und Kindergärten, von atomstromfreien Elektrizitätswerken und ähnlichen Projekten).

Lösung zu Aufgabe 3: Interessenkonflikte der Beteiligten

(1) **Interessenkonflikte aus der Sicht des Bauherrn**

Zwischen Nutzern, die nicht an den Kosten beteiligt sind, und dem Bauherrn entstehen Konflikte hinsichtlich der sinnvollen Abwägung von Anforderungen und daraus resultierenden Kosten.

Mangelhafte Erfüllung der Aufgaben, Termin- und Kostenüberschreitungen sowie Honorarfragen bieten Konfliktstoff zwischen dem Bauherrn und dem Architekten bzw. den Fachingenieuren.

Die Frage der vom Unternehmer zu erbringenden Leistung (normale Art und Güte) und der angemessenen Vergütung sind häufig umstritten. Auch mangelnde Termineinhaltung seitens des Unternehmers wird vielfach beklagt.

Vor allem Anträge auf Genehmigung von Abweichungen von technischen Bauvorschriften, Ausnahmen von baurechtlichen Vorschriften und Befreiungen von zwingenden Vorschriften bilden den Konfliktstoff gegenüber den Bauaufsichtsbehörden.

Meinungsverschiedenheiten zwischen dem Bauherrn und den Finanzierungsinstituten kann es u. a. bezüglich der Höhe der Beleihungsgrenze, des Ausmaßes der Zinsanpassung, der Anpassungsmaßnahmen bei Zahlungsschwierigkeiten und der Vorfälligkeitsentschädigung geben, wenn der Bauherr sein Darlehen vorzeitig zurückzahlen will.

(2) **Interessenkonflikte aus der Sicht der Nutzer**

Die Nutzer kommen – sofern es sich nicht um die Familie des Bauherrn handelt – im Allgemeinen nur mit dem Bauherrn, beim partizipatorischen Planen auch mit dem Architekten, in Berührung. Oft sind die Nutzer in der Planungsphase nicht bekannt und beklagen später die mangelhafte Berücksichtigung ihrer Interessen.

(3) **Interessenkonflikte aus der Sicht des Architekten**

Eine gute Zusammenarbeit mit dem Bauherrn und – soweit bekannt – mit den Nutzern ist von großer Bedeutung. Wichtig ist, dass auch der Bauherr seine Aufgaben (Planungsvorgaben, Prüfung der Planung, Entscheidungen) richtig und rechtzeitig erledigt. Zum Konflikt muss es kommen, wenn der Bauherr in Gestaltungsfragen diktierend eingreifen will (was ihm als Auftraggeber rechtlich zusteht). Dem können in speziellen Fällen urheberrechtliche Ansprüche des planenden Architekten entgegenstehen.

Die Abhängigkeit des Architektenhonorars von den anrechenbaren Kosten (HOAI § 10 ff.) führt zu dem Problem, dass der Architekt für erfolgreiche Kostenreduzierungsbemühungen mit einer Honorarminderung „bestraft“ wird Es besteht jedoch die Möglichkeit, vor Planungsbeginn schriftlich ein **Erfolgshonorar** zu vereinbaren für besondere Leistungen, die zu einer wesentlichen Kostensenkung ohne Verminderung des Standards führen. Das Erfolgshonorar kann bis zu 20 vom Hundert der vom Auftragnehmer durch seine Leistungen eingesparten Kosten betragen (§ 5 (4a) HOAI).

Es ist nicht immer leicht, Fachingenieure in ein Projekt zu integrieren. Technokratisches, nur auf das jeweilige Fachgebiet ausgerichtetes Denken kann die Planungsarbeit erschweren.

Der Architekt vertritt den Bauherrn (soweit dazu bevollmächtigt) gegenüber den Bauunternehmern und den Bauaufsichtsbehörden, woraus sich die aus der Sicht des Bauherrn beschriebenen Konflikte ergeben.

(4) **Interessenkonflikte aus der Sicht der Fachingenieure**

Probleme mit dem Architekten ergeben sich insbesondere dann, wenn dieser die Koordination mit den Fachingenieuren nur unzureichend wahrnimmt. Für das Verhältnis der Fachingenieure zu den Bauunternehmern bzw. den Bauaufsichtsbehörden gilt dasselbe wie bei dem Architekten.

(5) **Interessenkonflikte aus der Sicht der Bauunternehmer**

Die Bauunternehmer wollen die Auftragsabwicklung aus ihrer jeweiligen Sicht optimieren. Dazu benötigen sie entsprechende Vorlaufzeiten vor Arbeitsbeginn, präzise Leistungsbeschreibungen, rechtzeitig übergebene Ausführungspläne und gute Voraussetzungen für ihre Baustelleneinrichtung. Diese Bedingungen sind nicht immer erfüllt.

(6) **Interessenkonflikte aus der Sicht der Bauaufsichtsbehörden**

Konfliktträchtig sind immer Baumaßnahmen, die mit den geltenden baurechtlichen Vorschriften nicht vereinbar sind, bei denen aber der jeweilige Bauherr oder Architekt überzeugt ist, dass diese nicht nur in privater, sondern auch in öffentlicher Hinsicht vorteilhaft sind.

(7) **Interessenkonflikte aus der Sicht der Finanzierungsinstitute**

Die Finanzierungsinstitute schätzen pünktlich zahlende Kreditnehmer. Um Zinseinnahmen zu erlangen, liegt es im Interesse der Kreditinstitute, Kredite zu vergeben. Bei der Kreditvergabe geht das jeweilige Kreditinstitut aber auch das Risiko ein, dass der Kredit nehmende Bauherr eventuell sein Projekt nicht erfolgreich zu Ende führt und den Kredit nicht vollständig zurückzahlen kann.

3.2 Planung

„Planung ist die gedankliche Vorbereitung zielgerichteter Entscheidungen." (G. Wöhe 2005, S. 96) Diese allgemeine Formulierung „Vorbereitung zielgerichteter Entscheidungen" ist hier gewählt, weil Gegenstand einer Planung sowohl ein Gebäude als auch ein Produktionsprozess, eine Karriere, eine Reise und vieles andere sein kann, wobei die Gebäudeplanung stets Teil einer umfassenderen Planung ist. Wenn z. B. ein Betrieb eine Ausweitung seiner Produktion plant, muss dazu der entsprechende Einsatz von Personal, Material, Maschinen und ggf. auch Gebäuden geplant werden. Im übertragenen Sinne gilt dies auch für die Planung eines privaten Wohnhauses. Bauplanung muss daher immer im Kontext mit der jeweils angestrebten Entwicklung des Betriebes bzw. der Lebensweise des Eigenheimbauherrn gesehen werden.

In Anlehnung an die o. g. Definition ist unter **wirtschaftlicher Planung** die gedankliche Vorwegnahme eines zukünftigen Handelns zu verstehen, wobei durch Bildung und Auswählen von Varianten ein Planungsziel unter Maximierung der Output-Input-Relation (Nutzen-Kosten-Relation, Rendite, o. ä.) erreicht werden soll. Wirtschaftliche Planung – und dasselbe gilt für das Entwerfen – berücksichtigt in expliziter Weise wirtschaftliche Zielgrößen während des gesamten Planungsprozesses, sie führt aber nicht zu einem prinzipiell anderen Planungsablauf.

Wirtschaftliche Planungsergebnisse können durch Orientierung an Leitbildern und durch systematisches Vorgehen schrittweise erarbeitet werden. Systematisches Entwerfen besteht – ausgehend von einer Aufgabenstellung in Form eines Raum- und Funktionsprogramms – aus einem schrittweise und detaillierter werdenden Prozess der Variantenbildung, Variantenbewertung und -auswahl (siehe Lehrbuch Bd. 1, Kapitel 3.4.1, S. 50).

Die im Folgenden behandelten Aufgaben sollen zum einen zur Festigung der Begriffsabgrenzungen und der Kenntnis der prinzipiellen Vorgehensweise bei der wirtschaftlichen Planung beitragen. Zum anderen sollen sie zur Bildung von Leitbildern für die wirtschaftliche Planung anregen und auf Verbesserungsmöglichkeiten des Nutzen-Kosten-Verhältnisses hinweisen – auch dies im Sinne von Anregungen ohne Anspruch auf Vollständigkeit.

Aufgabenverzeichnis

Die folgenden Aufgaben beziehen sich auf die Kapitel 3.2 bis 3.4 des Lehrbuches Band 1:

1 Bedarfsplanung
2 Begriffe wirtschaftlicher Planung
3 Strategien und Vorgehensweisen bei der wirtschaftlichen Planung
4 Kostenminimale Gebäudeform
5 Kosteneinfluss der Bauweise
6 Baukosteneinsparung im Kellerbereich
7 Konstruktions-Grundfläche und Geschossfläche
8 Wirtschaftliche Gesichtspunkte bei Treppen
9 Wirtschaftliche Gesichtspunkte bei Dächern
10 Wirtschaftliche Gesichtspunkte bei der Gebäudetechnik

Vorschriften und Normen

DIN 276-1:2008-12, Kosten im Bauwesen – Teil 1: Hochbau
DIN 277, Grundflächen und Rauminhalte von Bauwerken im Hochbau
DIN 277-1:2005-02, Teil 1: Begriffe, Ermittlungsgrundlagen
DIN 277-2:2005-02, Teil 2: Gliederung der Netto-Grundfläche
DIN 277-3:2005-04 ,Teil 3: Mengen und Bezugseinheiten
DIN 18 205:1996-04, Bedarfsplanung im Bauwesen

Gebäudegliederung nach Grobelementen
Quelle: Baukostenberatungsdienst der Architektenkammer Baden-Württemberg 1981

Empfohlene Literatur zur weiteren Vertiefung

Engel, H.: Methodik der Architekturplanung, Berlin 2002
Höfler, H., L. Kandel, A. Linhardt: Bauen mit dem Rechenstift – Baukosten sparen beim Eigenheim – ein Ratgeber (4. Auflage der „Baukosten-Sparfibel") Karlsruhe 1994
Isphording, S., H. Reiners: Der ideale Grundriss, Beispiele und Planungshilfen für das individuelle Einfamilienhaus, München 2006
Joedicke, J.: Angewandte Entwurfsmethodik für Architekten, Stuttgart 1976
Pfarr, K.: Handbuch der kostenbewußten Bauplanung – Ansätze zu einem den Planungs- und Bauprozeß begleitenden Kosteninformationssystem, Wuppertal 1976
Zwicky, F.: Entdecken, Erfinden, Forschen im morphologischen Weltbild, Glarus 1989

Aufgabe 1: Bedarfsplanung

Was ist unter Bedarfsplanung im Bauwesen zu verstehen?

Aufgabe 2: Begriffe wirtschaftlicher Planung

In der aktuellen Diskussion fallen immer wieder die Begriffe

- flächensparendes Bauen
- kostengünstiges Bauen
- wirtschaftliches Bauen
- Kostenkennwert
- Einzelkosten
- Gemeinkosten
- Einheitspreis.

Beschreiben Sie, was unter dem jeweiligen Begriff zu verstehen ist.

Aufgabe 3: Strategien und Vorgehensweisen bei der wirtschaftlichen Planung

Ansätze zur wirtschaftlichen Planung münden all zu oft in einzelne Maßnahmen, oder es werden einzelne Gesichtspunkte der wirtschaftlichen Planung isoliert betrachtet. Das Ergebnis solcher Vorgehensweisen dient oft nicht einer umfassenden Verbesserung von Entwurfs- oder Konstruktionslösungen. Für den Planer ist es daher wichtig, das gesamte Spektrum der Strategien wirtschaftlicher Planung vor Augen zu haben.

Beschreiben Sie die verschiedenen Strategien anhand von Beispielen.

Aufgabe 4: Kostenminimale Gebäudeform

Ein Bauherr hat den Entwurf eines Einfamilienhauses in drei Varianten in Auftrag gegeben. Beim Entwurf steht die Kubatur des Gebäudes im Vordergrund. Es sollen nur rechteckige Grundrisse entworfen werden. Die Grundfläche des Gebäudes (zugleich Brutto-Grundfläche) soll 144 m² betragen. Ein Grundstück in ausreichender Größe ist vorhanden.

Der Architekt legt dem Bauherrn folgende drei Entwürfe vor:

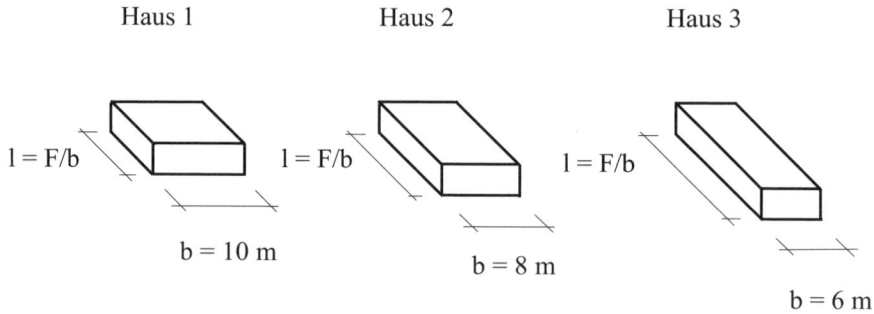

Abb. 3-1 Drei hinsichtlich der Baukosten zu vergleichende Einfamilienhäuser

Unabhängig von der Gebäudeproportion sollen die Kosten für die Gründungsfläche 150 €/m² und die für die Dachfläche 200 €/m² betragen. Außenwände kosten 750 €/lfd. m (einschließlich erforderlicher Türen und Fenster). Für die Innenwände sind 100 €/m² BGF anzusetzen.

(1) Welche der drei Varianten verursacht die geringsten Kosten (der Baukonstruktionen)?

(2) Gibt es eine andere optimale Variante? Wenn ja – wie würde diese aussehen und wie hoch wären hier die Minimalkosten?

(3) Wie hoch sind die minimalen Kosten des Gebäudes und wie stellen sich die Außenmaße desselben dar, wenn der Bauherr ein Doppelhaus errichten lässt mit 144 m² Grundfläche je Haus (Kosten der zweischaligen Haustrennwand 600 €/lfd. m)?

(4) Vergleichen Sie die Kosten des kostengünstigsten Einzelhauses mit denen der Doppelhaushälfte und ermitteln Sie den prozentualen Unterschied.

(5) Wie verändert sich die Optimallösung von (3), wenn die Außenwände 1.000 €/lfd. m kosten?

(6) Wie verändert sich die Optimallösung von (2), wenn für jeden lfd. m Gebäudebreite zusätzlich (zu den Kosten für die seitlichen Abstandsflächen) 660 € Grundstückskosten anfallen?

Aufgabe 5: Kosteneinfluss der Bauweise

Ausgehend von **freistehenden Einfamilienhäusern** (offene Bauweise) ist der Einfluss der Reihung (geschlossene Bauweise) auf die Kosten des Bauwerks überschlägig zu ermitteln. In welchem Umfang verändern sich die Kosten des Bauwerks bei folgenden Abmessungen des freistehenden Gebäudes, wenn die Außenwandfläche (AWF) 200 €/m² und die zweischaligen Haustrennwände (= Innenwandfläche IWF) 150 €/m² kosten?

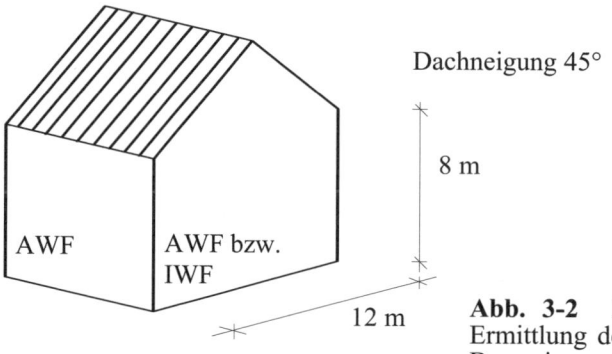

Abb. 3-2 Berechnungsobjekt zur Ermittlung des Kosteneinflusses der Bauweise

Wie hoch sind, ausgehend von Kosten des Bauwerks für das freistehende Einfamilienhaus in Höhe von 170.000 €, die Kostenunterschiede absolut und prozentual

(1) im Falle eines Doppelhauses?

(2) im Falle eines Reihen-Mittelhauses?

(3) Welche weiteren Einflüsse sind darüber hinaus zu berücksichtigen?

Aufgabe 6: Baukosteneinsparung im Kellerbereich

Die Nicht-Unterkellerung oder **Teil-Unterkellerung** von Wohngebäuden gilt als Baukostenspartipp. Tatsächlich können bei Einfamilienhäusern etwa 10.000 bis 20.000 € durch Verzicht auf eine Voll-Unterkellerung eingespart werden.

Welche Nachteile – vor allem im Hinblick auf Nutzflächen und Funktion – ergeben sich aus einer solchen Maßnahme?

Aufgabe 7: Konstruktions-Grundfläche und Geschossfläche

Die Ausnutzbarkeit von Grundstücken ist in der Baunutzungsverordnung (BauNVO) geregelt. Aus der im Bebauungsplan festgelegten Geschossflächenzahl ergibt sich die auf einem Baugrundstück zulässige Geschossfläche. Die Geschossfläche ist nach den Außenmaßen der Gebäude in allen Vollgeschossen zu ermitteln. Damit ist die Konstruktions-Grundfläche nach DIN 277 in Vollgeschossen Teil der Geschossfläche.

(1) Wie verändert sich die Geschossfläche, wenn bei einem Gebäude mit 2 Vollgeschossen und mit quadratischem Grundriss von 10 m x 10 m (jeweils von Innenkante Außenwand bis Innenkante Außenwand gemessen) die Außenwanddicke von 36,5 cm auf 24 cm reduziert wird?

(2) Um wie viel vermindert sich dabei die erforderliche Grundstücksfläche, wenn die Geschossflächenzahl 0,4 beträgt?

Aufgabe 8: Wirtschaftliche Gesichtspunkte bei Treppen

Die anteiligen Baukosten von Treppen können beeinflusst werden über:

(1) die Größe der Treppe (gemessen z. B. in m² Deckenfläche DEF)

(2) die Einheitspreise in Abhängigkeit vom Standard (€/m² DEF)

(3) die Einheitspreise in Abhängigkeit von der Art der Fertigung (€/m² DEF bzw. €/Stück)

Welche praktischen Entwurfs- und Konstruktionsvarianten von Treppen sollten im Hinblick auf eine kostengünstige bzw. wirtschaftliche Planung von z. B. Reihenhäusern berücksichtigt werden?

Aufgabe 9: Wirtschaftliche Gesichtspunkte bei Dächern

Dachflächen bilden zusammen mit den Außenwandflächen die Umhüllungsfläche (über Erdreich) jedes Gebäudes. Sowohl die Kosten des Bauwerks als auch das Maß an Nutzbarkeit (Nutzflächen, lichte Geschosshöhe, Netto-Rauminhalt) lassen sich durch die Gebäudegeometrie, besonders die Form des Daches, und das Verhältnis von Außenwand- und Dachflächen beeinflussen. Welche **Dachform** ist als besonders wirtschaftlich anzunehmen?

Aufgabe 10: Wirtschaftliche Gesichtspunkte bei der Gebäudetechnik

Die anteiligen Baukosten für Gebäudetechnik (Kostengruppe 400 nach DIN 276-1) sind bestimmt vom technischen Ausstattungsgrad der jeweiligen Gebäude in Abhängigkeit von deren spezieller Nutzung. Sie machen im Durchschnitt bei Wohngebäuden und Bauten der Bildung etwa 15 – 20 %, bei Gewerbebauten etwa 15 – 25 % und bei Gesundheitsbauten, Sportbauten und Gebäuden für Lehre und Forschung etwa 25 – 35 % der Kosten des Bauwerks (Kostengruppen 300 und 400 nach DIN 276-1) aus.

(1) In welchem Planungsstadium können die Kosten für die Gebäudetechnik am ehesten beeinflusst werden?

(2) Nennen Sie im Zusammenhang mit der Gebäudetechnik bei unterschiedlichen Nutzungsarten (Wohnungsbau, Verwaltungsbau u. a.) Planungsentscheidungen, die die Baukosten erheblich beeinflussen.

(3) Welche wirtschaftlichen Folgen ergeben sich aus dem hohen Installationsgrad eines Gebäudes? Besonders interessant sind hierbei Nutzungsarten, die sowohl mit geringem als auch mit hohem Installationsgrad ausgeführt werden können wie z. B. Verwaltungsgebäude.

Lösung zu Aufgabe 1: Bedarfsplanung

Gebäude dienen – wie andere Güter auch – der Befriedigung von Bedürfnissen der Menschen. Diese Bedürfnisse können existenzieller Natur sein, dem allgemeinen Wohlstand der Gesellschaft entsprechen oder eher als luxuriös einzustufen sein. Ob sie sich befriedigen lassen, hängt im hohen Maße von den Mitteln des jeweiligen Individuums ab. Ein wesentlicher Teil der baulichen Bedarfsplanung besteht daher darin, die Bedürfnisse der späteren Nutzer eines Gebäudes mit deren finanziellen Möglichkeiten abzugleichen und so den tatsächlichen Bedarf zu ermitteln.

In diesem Sinne ist in der DIN 18 205:1996-04, *Bedarfsplanung im Bauwesen* die Bedarfsplanung als ein Prozess definiert, der darin besteht,

„– die Bedürfnisse, Ziele und einschränkenden Gegebenheiten (die Mittel, die Rahmenbedingungen) des Bauherrn und wichtiger Beteiligter zu ermitteln und zu analysieren …
– alle damit zusammenhängenden Probleme zu formulieren, deren Lösung man vom Architekten erwartet.“

Lösung zu Aufgabe 2: Begriffe wirtschaftlicher Planung

Zunächst ist festzuhalten, dass die erstgenannten Begriffe oft als Schlagworte von Politik und Werbung gebraucht werden – und zwar nicht immer in ihrer eigentlichen Bedeutung. Dem Wortsinn nach ist unter den sieben Begriffen Folgendes zu verstehen:

Beim **flächensparenden Bauen** wird zum einen versucht, durch Verdichtung der Bebauung (z. B. Teppichbebauung) sparsam mit dem knapper werdenden Bauland umzugehen. Zum andern ist man um eine möglichst weitgehende Reduzierung der Grundflächen innerhalb der Gebäude (Minderung des Verkehrsflächenanteils, des Konstruktions-Grundflächenanteils u. a.) bemüht. Beide Maßnahmen wirken sich kostenreduzierend aus, sofern diese Flächenreduzierungen nicht durch aufwendigere Maßnahmen kompensiert werden müssen.

Im Allgemeinen wird unter **kostengünstigem Bauen** die Erstellung von Bauten zu relativ niedrigen Baukosten (Erstausgaben der Investition) verstanden. Bei richtiger Interpretation des Begriffs *kostengünstig* sind auch alle über die gesamte Nutzungsdauer des Bauwerks bis zu seiner Beseitigung anfallenden Kosten (Verzehr von Gütern und Dienstleistungen) zu berücksichtigen, d. h. sowohl die Baukosten als auch die Folgekosten sind niedrig zu halten.

Wirtschaftliches Bauen berücksichtigt Nutzen bzw. Ertrag und Kosten in gleicher Weise. Während kostengünstiges und flächensparendes Bauen oft mit Nutzungseinbußen verbunden ist (kleine Wohnungen, einfacher Standard, kleine Gärten), die bei dieser Betrachtungsweise vernachlässigt werden, ist bei der Frage nach der Wirtschaftlichkeit einer Baumaßnahme von dem Nutzen-Kosten-Verhältnis auszugehen.

Allerdings wird im allgemeinen Sprachgebrauch unter wirtschaftlichem Bauen nur die monetäre Effizienz des Bauens gesehen. Pfarr verwendet in diesem Zusammenhang den Begriff der **kostenbewussten Bauplanung** (Pfarr 1976, S. 9), womit ein – gemessen an dem erzielbaren Nutzen – sparsamer, kostenbewusster Einsatz von Boden, Baustoffen, Arbeit u. a. angesprochen ist.

Ein **Kostenkennwert** ist ein Wert, der das Verhältnis von Kosten zu einer Bezugseinheit (z. B. €/m² BGF; Grundflächen oder Rauminhalte nach DIN 277 Teil 1 bis 3) darstellt. Wichtig ist eine möglichst ausführliche Erläuterung des Kostenkennwertes. Kostenkennwerte werden in der Planung und beim Gebäudemanagement angewendet. Sie dienen der Entscheidungsfindung bei verschiedenen Lösungsmöglichkeiten. Kostenkennwerte werden z. B. durch das BKI (Baukosteninformationszentrum Deutscher Architektenkammern GmbH) dokumentiert und veröffentlicht.

Einzelkosten (auch bezeichnet als Einzelkosten der Teilleistungen) sind die Kosten, die dem Erzeugnis oder Kostenträger direkt und verursachungsgerecht zugeordnet werden können. Sie werden auch als direkte Kosten bezeichnet. In den Einzelkosten sind keine Zuschläge für Gemeinkosten enthalten. Zu den Einzelkosten gehören z. B. die Lohn-, Material-, Geräte- und Schalungskosten sowie die Transport- und Fremdleistungskosten bzw. Nachunternehmerleistungen.

Gemeinkosten sind die Kosten, die nicht direkt dem Erzeugnis bzw. Kostenträger zuzuordnen sind. Sie werden jedoch für den Herstellungsprozess bzw. für die Leistungserbringung benötigt. Hierzu gehören z. B. im Planungsbüro die Miete, Energiekosten, Rechentechnik und Software. Weiterhin ist zu unterscheiden zwischen echten und unechten Gemeinkosten. Unechte Gemeinkosten können theoretisch einem Kostenträger direkt zugerechnet werden. Aufgrund des zu großen Aufwandes werden die jedoch als Gemeinkosten erfasst. Als Beispiel können hierfür im Planungsbüro Papier bzw. auf der Baustelle Nägel und Schrauben genannt werden.

Der **Einheitspreis** (EP) legt die Vergütung für eine Position (Ordnungszahl) des Leistungsverzeichnisses als Preis je Mengeneinheit in Form eines geometrischen Maßes (m, m², m³ usw.), eines Gewichtes (kg, t usw.), einer Zeiteinheit (Stunde, Tag usw.) oder eines Stückes fest (entsprechend der Mengenermittlung nach VOB/C für den jeweiligen Leistungsbereich). Der Vergütungsanspruch des Auftragnehmers errechnet sich aus dem Produkt von Menge und Einheitspreis (Einheitspreisvertrag), wobei die ausgeführte Menge nachgewiesen werden muss (vgl. auch § 2 Nr. 2 VOB/B). Die Gemeinkosten sind – umgelegt auf die Einzelkosten – im EP berücksichtigt. Der Gesamtpreis (GP) ist der Positionspreis, alle Positionspreise addiert ergeben dann den Preis für den jeweiligen Leistungsbereich bzw. auch das Los.

z. B. Auszug aus dem Leistungsverzeichnis des Leistungsbereiches 013 Betonarbeiten

Pos.	Menge	Leistungstext	EP (€/ME)	GP (€)
3	1000 m³	Streifenfundamente in C20/25 herstellen	125,-	125.000,-

Lösung zu Aufgabe 3: Strategien und Vorgehensweisen bei der wirtschaftlichen Planung

Wirtschaftlichkeit im weiteren Sinne resultiert aus dem Verhältnis von Nutzen zu Kosten. Daraus leiten sich die beiden Hauptstrategien – Nutzenerhöhung und Kostensenkung – ab (siehe Lehrbuch, Band 1, Abbildung 3-6, S. 53).

Der Nutzen kann u. a. erhöht werden durch eine Verbesserung der Erfüllung funktionaler Anforderungen (z. B. Freiraumbezug, kurze Wege, bessere Möblierbarkeit, verbesserter Schallschutz), Verbesserung der Gestaltung und verbesserte Erfüllung ökologischer Anforderungen (z. B. geringere Bodenversiegelung, Dachbegrünung).

Die Bau- und Folgekosten können gesenkt werden durch Mengenreduzierung (Verringerung von Grundstücksflächen, Kubatur, Hüllflächen und Konstruktionsabmessungen) und durch Verwendung von Elementen bzw. Materialien mit niedrigeren Einheitspreisen (billigeres Bauland, fertigungsgerechte und rationalisierungsfreundliche Planung).

Darüber hinaus können Kosteneinsparungen noch durch Substitutionseffekte erzielt werden (Grundrissvarianten: Reduzierung der teuren Außenwandfläche zu Lasten der kostengünstigeren Innenwandfläche, Baukostenerhöhung durch verbesserten Wärmeschutz mit der Folge geringerer Heizenergiekosten).

Lösung zu Aufgabe 4: Kostenminimale Gebäudeform

(1) Auswahl der kostengünstigsten unter drei gegebenen Varianten

Die Brutto-Grundfläche, die Gründungs- und die Dachfläche der drei Entwürfe sind unabhängig von der Grundrissform 144 m² groß. Deshalb betragen – unter den getroffenen Annahmen – bei allen Varianten die

Kosten der Gründung	144 m² · 150 €/m² =	21.600 €
Kosten der Innenwände	144 m² · 100 €/m² =	14.400 €
Kosten des Daches	144 m² · 200 €/m² =	28.800 €
Kosten der Gründung, der Innenwände und des Daches	=	64.800 €

F = Grundfläche = 144 m² b = Hausbreite l = Hauslänge = F/b
KKA = Kostenkennwert der Außenwände = 750 €/lfd. m
Kosten der Außenwände = 2 · (b + F/b) · KKA

Haus 1

Kosten der Außenwände = 2 · (10,0 m + 14,4 m) · 750 €/lfd. m	=	36.600 €
Kosten der Gründung, der Innenwände und des Daches	=	64.800 €
Kosten der Baukonstruktionen	=	**101.400 €**

Haus 2

Kosten der Außenwände = 2 · (8,0 m + 18,0 m) · 750 €/lfd. m	=	39.000 €
Kosten der Gründung, der Innenwände und des Daches	=	64.800 €
Kosten der Baukonstruktionen	=	**103.800 €**

Haus 3

Kosten der Außenwände = 2 · (6,0 m + 24,0 m) · 750 €/lfd. m	=	45.000 €
Kosten der Gründung, der Innenwände und des Daches	=	64.800 €
Kosten der Baukonstruktionen	=	**109.800 €**

Von den drei vorgeschlagenen Varianten ist das Haus 1 das kostengünstigste.

(2) Kostenminimales Einzelhaus

Die Suche nach dem Kostenminimum kann als ein Problem der Differentialrechnung aufgefasst werden. Dank der Technik der Tabellenkalkulation findet man die Lösung häufig schneller, indem man die Hausbreite schrittweise variiert und dabei die jeweiligen Baukosten computergestützt ermittelt.

$$\text{Außenwandkosten} = 2 \cdot (b+F/b) \cdot KKA$$

$$\text{Außenwandkosten}' = 2 \cdot (1-F/b^2) \cdot KKA = 0$$

$$1-F/b^2 = 0$$

$$1 = F/b^2$$

$$b^2 = F$$

$$b = \sqrt{F}$$

$$b = \sqrt{144}$$

$$b = \mathbf{12{,}0\ m}$$

Kosten der Außenwände = 2 · (12,0 m + 12,0 m) · 750 €/lfd. m	=	36.000 €
Kosten der Gründung, der Innenwände und des Daches	=	64.800 €
Kosten der Baukonstruktionen	=	**100.800 €**

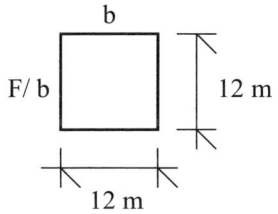

Abb. 3-3.1 Kostenminimale Gebäudeform

Breite (m)	Kosten der Baukonstruktionen (€)
6,00	109.800
7,00	106.157
8,00	103.800
9,00	102.300
10,00	101.400
11,00	100.936
12,00	100.800

Dass in diesem Fall der quadratische Grundriss zur kostenminimalen Lösung führt, dürfte allgemein bekannt sein. Interessant an der obigen Variation der Gebäudebreite ist, dass die Kosten für die Gebäudeproportion 8 m x 18,00 m (und umgekehrt) die der quadratischen Gebäudeform nur um 3.000 € oder 3,0 % übersteigen, was zeigt, dass in diesem Bereich der Kosteneinfluss der Gebäudeproportion relativ gering ist.

(3) Kostenminimales Doppelhaus

Durch das Zusammenfügen von zwei Gebäuden werden zwei Außenwände durch eine zweischalige Haustrennwand ersetzt. Diese Einsparung ist am größten, wenn man die beiden Gebäude längsseitig und bündig aneinanderfügt. Unterschiedliche Proportionen der beiden Gebäude-Grundflächen sind nicht kostenminimal.

Die Brutto-Grundfläche, die Gründungs- und die Dachfläche sind doppelt so groß wie bei Frage (1) und kosten daher 129.600 €.

KKA = Kostenkennwert der Außenwände = 750 €/lfd. m
KKT = Kostenkennwert der Haustrennwand = 600 €/lfd. m

$$\text{Wandkosten} = (4b + 2F/b) \cdot KKA + F/b \cdot KKT$$

$$\text{Wandkosten}' = (4 - 2F/b^2) \cdot KKA - F/b^2 \cdot KKT = 0$$

$$4KKA - 2F/b^2 \cdot KKA - F/b^2 \cdot KKT = 0$$

$$4KKA - (2KKA + KKT) \cdot F/b^2 = 0$$

$$(2KKA + KKT) \cdot F/b^2 = 4KKA$$

$$b^2 = (2KKA + KKT) \cdot F/\,4KKA$$

$$b = \sqrt{(2KKA + KKT) \cdot F/4KKA}$$

$$b = \sqrt{(2 \cdot 750 + 600) \cdot 144/(4 \cdot 750)}$$

$$b = \mathbf{10{,}04\ m}$$

Kosten der Außenwände = (4 · 10,04 m + 2 · 14,34 m) · 750 €/lfd. m	= 51.630 €
Kosten der Haustrennwand = 14,34 m · 600 €/lfd. m	= 8.604 €
Kosten der Gründung, der Innenwände und des Daches	= 129.600 €
Kosten der Baukonstruktionen	= **189.834 €**

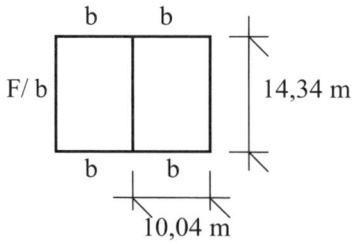

Breite (m)	Kosten der Baukonstruktionen (€)
6,00	198.000
8,00	191.400
9,00	190.200
10,00	189.840
10,10	189.840
11,00	190.091
12,00	190.800

Abb. 3-3.2 Kostenminimale Gebäudeform

Infolge der Einsparung – Haustrennwand statt zwei Außenwänden – verschiebt sich die Optimalproportion vom Quadrat zum länglichen Rechteck.

(4) Vergleich Doppelhaushälfte mit Einzelhaus

Kostengünstigstes Einzelhaus	100.800 €
Kostengünstigste Doppelhaushälfte	94.917 €
Ersparnis gegenüber dem Einzelhaus	**5,8 %**

(5) Einfluss der Verteuerung der Außenwände

KKA = Kostenkennwert der Außenwände = 1.000 €/lfd. m
KKT = Kostenkennwert der Haustrennwand = 600 €/lfd. m

Wandkosten = $(4b + 2F/b) \cdot KKA + F/b \cdot KKT$

$$\text{Wandkosten}' = (4 - 2F/b^2) \cdot KKA - F/b^2 \cdot KKT = 0$$

$$4KKA - 2F/b^2 \cdot KKA - F/b^2 \cdot KKT = 0$$

$$4KKA - (2KKA + KKT) \cdot F/b^2 = 0$$

$$(2KKA + KKT) \cdot F/b^2 = 4KKA$$

$$b^2 = (2KKA + KKT) \cdot F/\,4KKA$$

$$b = \sqrt{(2KKA + KKT) \cdot F/4KKA}$$

$$b = \sqrt{(2 \cdot 1000 + 600) \cdot 144\,/(4 \cdot 1000)}$$

$$b = \mathbf{9{,}67\ m}$$

Kosten der Außenwände = (4 · 9,67 m + 2 · 14,89 m) · 1.000 €/lfd. m	= 68.460 €
Kosten der Haustrennwand = 14,89 m · 600 €/lfd. m	= 8.934 €
Kosten der Gründung, der Innenwände und des Daches	= 129.600 €
Kosten der Baukonstruktionen	= **206.994 €**

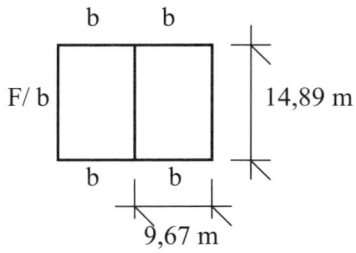

Breite (m)	Kosten der Baukonstruktionen (€)
6,00	216.000
8,00	208.400
9,00	207.200
9,60	207.000
9,70	206.998
10,00	207.040
12,00	208.800

Abb. 3-3.3 Kostenminimale Gebäudeform

Die Verteuerung der Außenwände wirkt sich in der Breite an vier Gebäudeseiten, längsseits aber nur an zwei Seiten aus. Dadurch wird die Optimalproportion der beiden Gebäude noch länger als bei Aufgabe 3 (3).

(6) Einfluss der Grundstückskosten

GP = Grundstückspreis = 660 €/lfd. m

Außenwandkosten + zusätzliche Grundstückskosten

$$AWK + zGK = 2 \cdot (b + F/b) \cdot KKA + b \cdot GP$$

$$(AWK + zGK)' = 2 \cdot (1 - F/b^2) \cdot KKA + GP = 0$$

$$2KKA - 2F \cdot KKA/b^2 + GP = 0$$

$$2KKA + GP = 2F \cdot KKA/b^2$$

$$b^2 = 2F \cdot KKA / (2KKA + GP)$$

$$b = \sqrt{2F \cdot KKA /(2KKA + GP)}$$

$$b = \sqrt{2 \cdot 144 \cdot 750 /(2 \cdot 750 + 660)}$$

$$\mathbf{b = 10{,}00\ m}$$

Kosten der Außenwände = 2 · (10,0 m + 14,4 m) · 750 €/lfd. m	= 36.600 €
zusätzliche Grundstückskosten = 10,0 m · 660 €/lfd. m	= 6.600 €
Kosten der Gründung, der Innenwände und des Daches	= 64.800 €
Kosten der Baukonstruktionen	= **108.000 €**

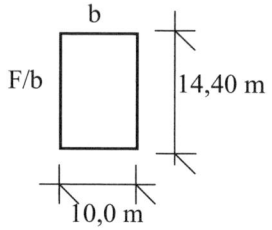

Der Einfluss der zusätzlichen Grundstückskosten, die von der Gebäudebreite b abhängig sind, sie also ‚verteuert', führt zu dieser schmaleren, vom Quadrat abweichenden Grundrisslösung.

Abb. 3-3.4 Kostenminimale Gebäudeform

Lösung zu Aufgabe 5: Kosteneinfluss der Bauweise

Ausgehend von einem **freistehenden Einfamilienhaus** (offene Bauweise) wird der Einfluss der Reihung auf die Kosten des Bauwerks überschlägig ermittelt.

(1) Im Falle der Anordnung des Einfamilienhauses als Doppelhaus werden zwei Seitenflächen, die bisher Außenwandflächen waren, als **eine** Haustrennwand ausgebildet und zu 50 % (also 75 €/m²) jeder Doppelhaushälfte zugerechnet.

12 m · 8 m + 12 m · 6 m / 2 = 96 m² + 36 m²	= 132 m²
Differenz der Kostenkennwerte: 200 €/m² - 75 €/m²	= 125 €/m²
Kostendifferenz je Doppelhaushälfte	**= 16.500 €**

(2) Beim Mittelhaus werden **je** zwei Außenwände in Haustrennwände umgewandelt, so dass sich die Kostendifferenz verdoppelt:

Kostendifferenz je Mittelhaus 2 · 16.500 € = 33.000 €

Die Einsparungen, bezogen auf 170.000 € Kosten des Bauwerks beim freistehenden Einfamilienhaus, betragen für das Doppelhaus (1) 16.500 € oder 9,7 % und für ein Reihen-Mittelhaus (2) 33.000 € oder 19,4 %.

(3) Zum Beispiel ist weiterhin zu berücksichtigen, dass die seitlichen Abstandsflächen beim Doppelhaus auf einer Seite und beim Mittelhaus auf beiden Seiten entfallen, was bei gegebener Grundstückstiefe zu einer nicht unerheblichen Einsparung an Grundstücks- und ggf. auch Erschließungskosten führt.

Lösung zu Aufgabe 6: Baukosteneinsparung im Kellerbereich

Bei Nicht-Unterkellerung eines Einfamilienhauses werden die Netto-Grundflächen des Gebäudes erheblich (ein Viertel bis zur Hälfte) verkleinert, bei **Teil-Unterkellerung** entsprechend weniger.

Bisher im Keller vorgesehene Nutzungen wie Heizung, Hausanschluss und Abstellmöglichkeiten sind an anderer Stelle mit mindestens 15 m² vorzusehen. Dies kann durch entsprechende Ersatzräume im Erdgeschoss oder durch Kleingebäude im Garten erfolgen, was die im Keller erzielte Kosteneinsparung teilweise aufhebt.

In jedem Fall stellt der Verzicht auf die **Unterkellerung** eine Nutzeneinbuße dar, denn ein Teil der Kellerflächen hätte der Erweiterung des zum Wohnen nutzbaren Raumes (z. B. durch späteren Ausbau zu einem Hobbyraum) dienen können. Diese innere Erweiterbarkeit des Gebäudes entfällt bei Nicht-Unterkellerung.

Lösung zu Aufgabe 7: Konstruktions-Grundfläche und Geschossfläche

(1) a = Gebäudelänge abzüglich Dicke der Außenwände d = Außenwanddicke
GF = Geschossfläche GZ = Anzahl der Vollgeschosse

$GF = GZ \cdot (a + 2 \cdot d)^2$

Gebäude 1
mit Außenwanddicke 36,5 cm
$GF_1 = 2 \cdot (10{,}0\ m + 2 \cdot 0{,}365\ m)^2$
$= 230{,}27\ m^2$

Gebäude 2
mit Außenwanddicke 24,0 cm
$GF_2 = 2 \cdot (10{,}0\ m + 2 \cdot 0{,}24\ m)^2$
$= 219{,}66\ m^2$

Die Geschossfläche reduziert sich um: $GF_{Diff} = GF_1 - GF_2 =$ **10,61 m²**.

(2) Damit reduziert sich die erforderliche Grundstücksfläche um

10,6 m² / 0,4 = **26,53 m²**.

Lösung zu Aufgabe 8: Wirtschaftliche Gesichtspunkte bei Treppen

Die anteiligen Baukosten für die Treppen können unter drei Gesichtspunkten beeinflusst werden:

(1) Größe der Treppe

Treppen mit kürzeren Lauflängen (Auftritte, Podeste) senken die Bauteilkosten (Treppen sind pro m² DEF teurer als Geschossdecken) und erhöhen bei gleicher Netto-Grundfläche die Nutzfläche. Diese Kosteneinsparung kann nicht nur über eine Veränderung der Gebäudeerschließung, des Treppengrundrisses oder des Steigungsverhältnisses, sondern auch durch Verringerung der Geschosshöhe (unter Beachtung der LBO) erfolgen. Als Nebeneffekt werden dann die Kosten des Bauwerks auch über die verminderten Mengen der Außen- und Innenwandflächen gesenkt.

Bei Flächeneinsparungen von ca. 2 m² pro Geschoss ergeben sich bei 2 1/2- bis 3-geschossigen Reihenhäusern insgesamt Grundflächenreduzierungen, die mit 5.000 € – 7.500 € pro Einfamilienhaus bewertet werden können.

(2) Einheitspreise in Abhängigkeit vom Standard

Die **Einheitspreise** der Treppen hängen auch vom Ausbaustandard (Bodenbeläge, Behandlung der Unteransicht u. a.) ab. Bezieht man die anteiligen Baukosten für Treppen auf die einzelnen Treppenstufen, dann ergibt sich für:

- Holztreppen mit Wangen	ca. 190 €/Stufe
- Betontreppen mit Fliesen-/Platten-Belag	ca. 80 €/Stufe
- Betontreppen mit Betonwerkstein-Belag	ca. 125 €/Stufe

(3) Einheitspreise in Abhängigkeit von der Art der Fertigung

Holz- oder Stahl-Holz-Konstruktionen sind als Fertigteiltreppen erhältlich; neben den vergleichsweise teureren vor Ort geschalten, bewehrten und betonierten Massivtreppen haben sie als zusätzlichen Vorteil ein geringeres Eigengewicht.

Fertigteiltreppen kosten ca. 2.700 € – 9.000 € je nach Material, Abmessungen und Hersteller.

Lösung zu Aufgabe 9: Wirtschaftliche Gesichtspunkte bei Dächern

Die Wirtschaftlichkeit einer **Dachform** kann nur im Zusammenhang mit der Gebäudegeometrie, den Kosten der Dachkonstruktion und der aus der Dachform resultierenden Nutzungsmöglichkeit des Dachgeschosses (z. B. Wohnräume) beurteilt werden.

Im Allgemeinen gilt eine kompakte Bauweise in Verbindung mit einer Nutzung des Dachgeschosses als vorteilhaft. Bei einer Gebäudetiefe von 10 bis 12 m stellt das geneigte Satteldach mit ca. 35 bis 45 Grad Dachneigung die wirtschaftlichere Lösung dar; flachere oder steilere Neigungen erfordern einen höheren Aufwand bei gleicher Nutzung.

Genauere Aussagen lassen sich mit Hilfe der Abbildung 3-4 treffen. Aus dieser Abbildung lassen sich die Kosten des Daches pro m² Wohnfläche in Abhängigkeit von den Kosten der Dachfläche (€/m²) für Flachdächer und Satteldächer (45 Grad) bei 1- bis 3-geschossiger Bauweise ablesen.

Lösung zu Aufgabe 10: Wirtschaftliche Gesichtspunkte bei der Gebäudetechnik

(1) Die Baukosten können am ehesten in den ersten Leistungsphasen (1. Grundlagenermittlung und 2. Vorplanung) beeinflusst werden. Dies gilt auch für die Gebäudetechnik, da in Abhängigkeit vom Installationsgrad (Anzahl Elemente, Zentralisierung oder Dezentralisierung der Elemente) bei gleicher Nutzfläche, gleichem Gebäudevolumen sehr starke Unterschiede für die anteiligen Baukosten der Kostengruppe *400 Bauwerk – Technische Anlagen* möglich sind.

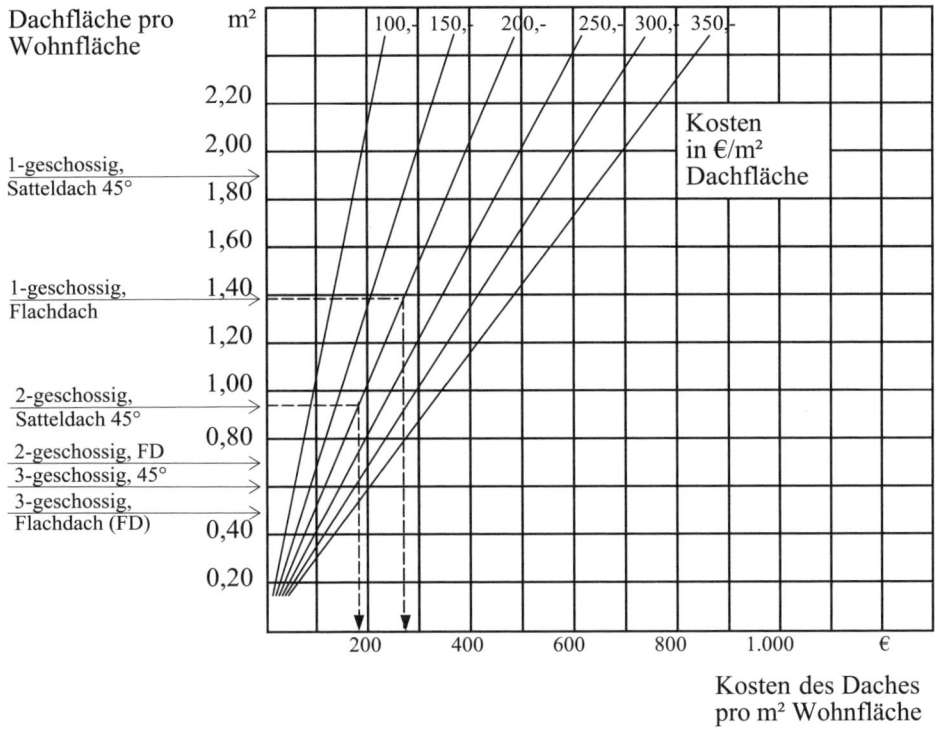

Abb. 3-4 Kosten von Dächern
Kostenstand der Beispiele (gestrichelte Linien): 2007

Quelle: H. Höfler, L. Kandel, A. Linhardt: Bauen mit dem Rechenstift, 1994, S. 87

(2) Folgende alternative Entscheidungsmöglichkeiten können als Beispiele für erhebliche Beeinflussungen von Baukosten genannt werden:

Wohngebäude: Die zentrale oder dezentrale Anordnung von Nassräumen (Küche, Bad, WC) bestimmt Anzahl und Länge von Wasser- und Abwasserleitungen. Die Kosten für einen zweiten Installationsstrang sind mit ca. 500 € je Geschoss anzusetzen. Innen liegende WC-Räume und Bäder erfordern eine künstliche Entlüftung. Passivhäuser werden meist mit einer kontrollierten Lüftung und einer Wärmerückgewinnungsanlage ausgestattet.

Verwaltungsgebäude: Die anteiligen Kosten für die Gebäudetechnik bei Verwaltungsgebäuden mit Zellen- oder Gruppenraumbüros, die nicht klimatisiert sind, liegen bei etwa 150 €/m² BGF, bei solchen mit Großraumbüros aufgrund der notwendigen Klimatisierung bei etwa 350 €/m² BGF und mehr. Die Mehrkosten, die sich aus erhöhter Gebäudetechnik (Kostengruppen *440 Starkstromanlagen* und *430 Lufttechnische Anlagen*) ergeben, sind direkt aus der Planungsentscheidung für das eine oder andere Raumkonzept abzuleiten.

(3) Schwerwiegender als solche Unterschiede bei den Baukosten (die über die Nutzungszeit als Kapitalkosten und Abschreibung angesetzt werden) sind Betriebskosten und Instandsetzungskosten gerade bei Elementen der Gebäudetechnik.

So können für Verwaltungsgebäude je nach Art der Klimatisierung (vollständig natürlich oder vollständig künstlich) die **Betriebskosten** vor allem wegen des unterschiedlichen Energieverbrauchs (Kostengruppe *316 Strom* nach DIN 18 960) zwischen jährlich etwa 35 €/m² BGF und etwa 60 €/m² BGF oder mehr schwanken.

Da praktisch alle Installationen eine kürzere Lebensdauer als die Baukonstruktionen eines Gebäudes haben, ergeben sich bei häufiger Instandsetzung oder bei ein- bis mehrmaligem Austausch z. B. von Elementen der Raumlufttechnik Unterschiede bei den Instandsetzungskosten, die die Unterschiede bei den Baukosten weit übertreffen (doppelt bis mehrfach).

Arbeitsplätzchen
Zeichnung: Gabor Benedek

3.3 Beurteilung der Vorteilhaftigkeit

Zur Lösung einer Planungsaufgabe werden Vorschläge – als Einzelvorschlag oder als Lösungsvarianten – erarbeitet. Um die Planungsentscheidungen treffen zu können, müssen diese Lösungsvorschläge auf ihre Vorteilhaftigkeit bzw. Wirtschaftlichkeit hin untersucht werden. Hierfür sind die Verfahren zur Beurteilung der Vorteilhaftigkeit anzuwenden.

Will man bei dieser Beurteilung sowohl monetäre als auch nicht-monetäre Größen mittels einer systematischen Methode berücksichtigen, so ist ein Verfahren der **Nutzen-Kosten-Untersuchungen** zu wählen. Dagegen sind die Verfahren der **Investitionsrechnung** heranzuziehen, wenn man sich auf die monetären Größen beschränkt.

3.3.1 Nutzen-Kosten-Untersuchungen

Der Nutzen von Gebäuden kann sehr vielfältig sein und ganz unterschiedlich bewertet werden. Einerseits gehen der Investor und die Nutzer mit ganz unterschiedlichen Maßstäben an die Beurteilung von Gebäuden heran, und andererseits sind Bauwerke stets auch von öffentlichem, d. h. gesellschaftlichem Belang. Sie sind stets eingebunden in eine natürliche Umgebung und stellen unter Umständen eine ökologische Belastung dar. Vollständige gesellschaftliche und ökologische Bewertungssysteme gibt es nicht. Dennoch besteht das Interesse, diese Belange zu berücksichtigen.

Für die gleichzeitige Erfassung monetärer wie nicht-monetärer Aspekte (Umweltverträglichkeit, gesellschaftlicher Nutzen, individueller Nutzen) werden Vorgehensweisen an einfachen Beispielen oder Teilen von Gebäuden vorgestellt, die jedoch nicht automatisch dem Anwender zu richtigen Ergebnissen verhelfen. Die Richtigkeit einer Entscheidung kann nur am Maße ihrer Akzeptanz bei den Beteiligten abgelesen werden.

Alle Verfahren sind als Hilfsmittel zu verstehen. Die Lösungen zu den folgenden Aufgaben zeigen die mögliche Verknüpfung und den Vergleich von Zielen bzw. deren Erreichungsgraden an. Sie sind nur als beispielhaft zu verstehen und beanspruchen keine Allgemeingültigkeit. Der Bearbeiter kann durchaus zu anderen Auswahlentscheidungen und zu sehr viel differenzierteren Beurteilungen gelangen – dies insbesondere dann, wenn mehrere Beteiligte ihre Ziele und Wertvorstellungen einbringen.

Infolge der bei den Nutzen-Kosten-Untersuchungen im Rahmen einer Wirtschaftlichkeitsentscheidung gebotenen Berücksichtigung monetärer und nicht-monetärer Größen hat man es mit mehrdimensionalen **Zielsystemen** zu tun. Bei solchen Zielsystemen müssen entweder alle Zielgrößen – ungeachtet ihrer Verschiedenheit – gleichnamig gemacht werden (Nutzwertanalyse, Kosten-Wirksamkeits-Analyse, Aufgabe 4 und 5) oder man versucht unter Wahrung der unterschiedlichen Dimension der **Zielgrößen** zu einer Vorteilhaftigkeitsaussage zu gelangen (**Ordinale Nutzenermittlung** und **paarweiser Vergleich**, Aufgaben 6 und 7).

In jedem Fall sollte Ausgangspunkt der Nutzenbeurteilung die Aufstellung eines Zielsystems sein, wobei es sich anbietet, die Ziele in Form eines **Zielbaumes** zu ordnen (siehe Abbildung 3-5).

Alle Ziele, die jeweils am Ende eines Zielbaumastes angeordnet sind, werden bei der Einzelbeurteilung herangezogen (Ausnahme: die unabdingbare Forderung nach der sicheren Konstruktion). Da in der Regel nicht allen Zielen die gleiche Bedeutung zukommt, muss eine Gewichtung erfolgen. Dabei gibt man bei der kardinalen Vorgehensweise dem **Globalziel** z. B. die Gewichtung 1 und verteilt die Gewichtung der **Oberziele** so, dass ihre Summe wiederum 1 ergibt. Das Gewicht eines jeden Oberziels verteilt man dann vollständig auf die zu diesem Oberziel gehörenden **Unterziele** usw. Zur besseren Übersichtlichkeit sollte man schließlich die Gewichte aller Ziele auf der jeweils untersten **Zielebene** auf den kleinsten gemeinsamen Nenner bringen. Die Summe aller Zähler muss dann gleich diesem Nenner sein.

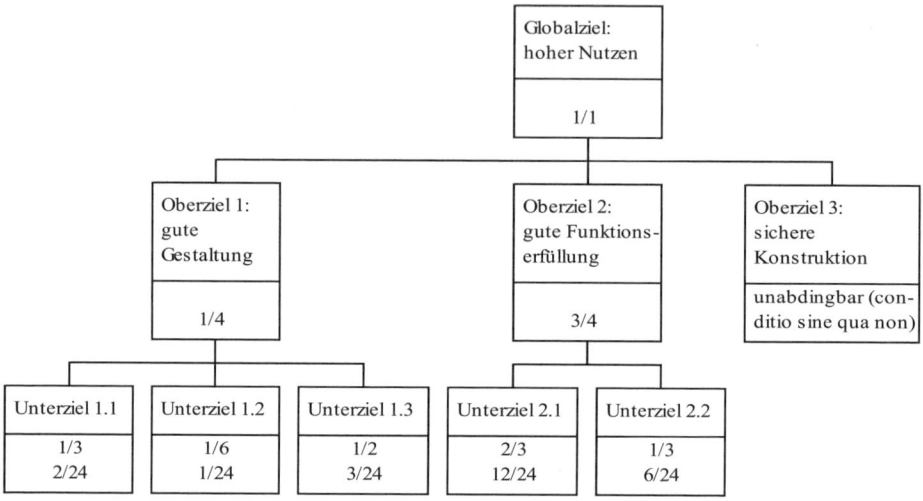

Abb. 3-5 Beispiel für einen Zielbaum mit drei Zielebenen

Die Bewertung, d. h. die Feststellung des **Zielerreichungsgrades** erfolgt anhand von **Merkmalen**. „Das Mittel, um Zustände oder Ereignisse zu beschreiben, sind Merkmale." (J. Joedicke, Stuttgart 1976, S. 29)

Bei der **kardinalen Bewertung** wird zur Feststellung des Zielerreichungsgrades ein Punktesystem verwendet, z. B. in Form der folgenden Transformationsskala:

Ziel voll erfüllt : 1

Ziel zum Teil erfüllt : 0,5

nicht erfüllt : 0

Bei messbaren Merkmalen, wie z. B. der Entfernung zwischen zwei Räumen, kann auch eine Transformationskurve eingesetzt werden.
Durch Multiplikation der gewählten Punktzahl mit der Gewichtung des betreffenden Zieles ergibt sich das Teilurteil, und die Summe aller Teilurteile führt zur Gesamtpunktzahl, die der Auswahlentscheidung zugrunde zu legen ist.

Aufgabenverzeichnis

Die folgenden Aufgaben beziehen sich auf das Kapitel 3.5.1 des Lehrbuches Band 1:

1 Monetäre und nicht-monetäre Zielgrößen
2 Merkmalskatalog zur Standort- und Grundstücksbeschreibung
3 Standortfaktoren als Entscheidungskriterien für ein Projekt
4 Kardinale Nutzenermittlung am Beispiel eines Wohnmobils
5 Zielbaum für ein Bürogebäude
6 Paarweiser Vergleich
7 Ordinale Nutzenermittlung am Beispiel einer Mietwohnung

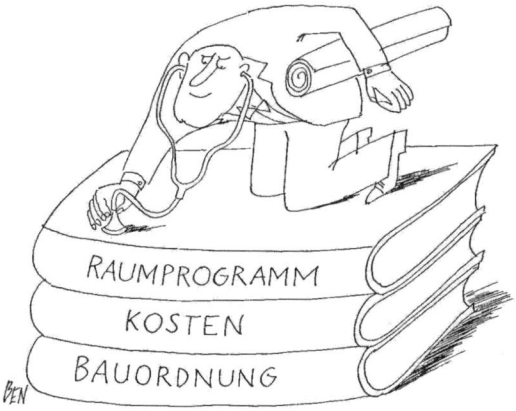

Zeichnung: Gabor Benedek

Empfohlene Literatur zur weiteren Vertiefung

Diederichs, C. J.: Kostensicherheit im Hochbau, Essen 1984
Diederichs, C. J.: Entwicklung eines Bewertungssystems für ökonomisches und ökologisches Bauen und gesundes Wohnen, Wuppertal 2000
Institut für Grundlagen der modernen Architektur (Hrsg.): Bewertungsprobleme in der Bauplanung, Stuttgart 1972
Joedicke, J.: Angewandte Entwurfsmethodik für Architekten, Stuttgart 1976
Meyer, P.: Wohnbauten im Vergleich – Aumatt II, Zürich 1992
Pfeiffer, M. (Hrsg.): Architektur- und Ingenieurmanagement – Ganzheitliches Planen, Bauen und Bewirtschaften, 2004
Wiegand, J., K. Aellen, Th. Keller: Wohnungs-Bewertungs-System – Ausgabe 1986, in: Schriftenreihe Wohnungswesen des Bundesamtes für Wohnungswesen, Bern 1994
Zangemeister, Chr.: Nutzwertanalyse in der Systemtechnik, München 1976

Aufgabe 1: Monetäre und nicht-monetäre Zielgrößen

Die Planung oder auch nur die Auswahl von Gebäuden, Möbeln usw. ist von unterschiedlichsten Zielvorstellungen geprägt. Gerade bei Gruppenentscheidungen (Teamarbeit) und dort, wo die Interessen zahlreicher Betroffener – vor allem, wenn diese noch nicht bekannt sind – zu berücksichtigen sind, muss versucht werden, möglichst mit objektivierbaren oder mindestens kollektiv abgestimmten Kriterien zu arbeiten.

So hat eine Arbeitsgruppe, die sich aus Grundstückseigentümern, Bauherren, Kapitalgebern, Architekten und einem Bauunternehmer zusammensetzt, versucht, Planungsziele für eine gemeinsame Wohnbebauung zu erarbeiten und ist zunächst zu folgender Auflistung gekommen:

Zielvorstellungen der Gruppe	monetär	nicht-monetär	Sonderfall
Die Gebäudeentwürfe sollen das geplante Budget nicht überschreiten.			
Die Wohnanlage soll kinderfreundlich sein.			
Die Pflege der Grünanlagen soll wenig Aufwand erfordern.			
Die Gebäude sollen energiesparend sein.			
Die Wohnräume sollen gut möblierbar sein.			
Der Architekt möchte bei der Planung seine Idealvorstellungen von Wohnungsbau verwirklichen.			
Die Bestimmungen der Landesbauordnung sollen eingehalten werden.			
Zu jeder Wohnung soll ein Garten gehören.			
Einige Bauherren wollen Selbsthilfe leisten.			
Die Wohnungsgrößen sollen veränderbar sein.			
Die Wohnanlage soll sich gut in die Umgebung einfügen.			
Die Gebäude sollen weitgehend aus Holz erstellt werden.			
Konstruktion und Materialwahl sollen den Instandsetzungsaufwand gering halten.			
Es sollen ausreichend Stellplätze für Kraftfahrzeuge (nach LBO) vorhanden sein.			

Abb. 3-6: Planungsziele (Aufgabenstellung)

Diese spontan und bisher ungeordnete Sammlung von Vorstellungen ist noch nicht für die Bewertung von Planungsvorschlägen brauchbar.

(1) Ordnen Sie diese Vorstellungen nach monetären und nicht-monetären Zielgrößen sowie Sonderfällen.

(2) Erläutern Sie die schwierig zuzuordnenden Fälle bzw. Sonderfälle.

(3) Welche nicht-monetären Zielgrößen können exakt gemessen werden? Machen Sie Vorschläge zur Messung dieser Zielgrößen.

Aufgabe 2: Merkmalskatalog zur Standort- und Grundstücksbeschreibung

Bei der Aufstellung der Ziele zur Beurteilung von Entwurfsvorschlägen, aber auch bei der Grundstücksauswahl ist es wichtig, sich zugleich Klarheit darüber zu verschaffen, anhand welcher **Merkmale** die Erreichung der einzelnen Ziele beurteilt werden kann. Findet man kein Merkmal, an dem man die Zielerreichung messen kann, dann kann das betreffende Ziel nicht zur Beurteilung herangezogen werden.

Stellen Sie bitte einen Merkmalskatalog zur Standort- und Grundstücksbeschreibung für ein Stadthotel auf und geben Sie für jedes genannte Merkmal beispielhaft eine oder mehrere denkbare Merkmalsausprägungen an.

Aufgabe 3: Standortfaktoren als Entscheidungskriterien für ein Projekt

Nennen Sie einige wesentliche Standortfaktoren für ein Ferienhotel, welche für die Akzeptanz durch die Feriengäste und als Entscheidungskriterien für ein solches Projekt von Bedeutung sind.

Aufgabe 4: Kardinale Nutzenermittlung am Beispiel eines Wohnmobils

Sie möchten in den kommenden Semesterferien mit zwei Freunden eine Exkursion nach Griechenland unternehmen. Für Fahrt und Aufenthalt suchen Sie ein vielseitig verwendbares Wohnmobil. Es stehen Ihnen dafür 4.000 € (Investitionsausgabe) zur Verfügung.

(1) Nennen Sie die Ihnen einfallenden Nutzungsmöglichkeiten und wünschenswerten Eigenschaften (Ziele) des Fahrzeuges. Beachten Sie bitte die besonderen Bedingungen und Anforderungen, die sich aus der Art der geplanten Nutzung ergeben.

(2) Ordnen Sie Ihre Ziele in Form eines Zielbaumes.

(3) Sie suchen einen Gebrauchtwagenhändler auf und finden dort drei Fahrzeuge (Kaufpreis jeweils 4.000 €), die Sie in die engere Wahl ziehen. Aufgrund der Informationen des Händlers und Ihrer Beobachtungen auf dem Verkaufsgelände und während der Probefahrt stellen sich die Fahrzeuge folgendermaßen dar:

Variante 1: Kleinbus, 8 Jahre alt, 95.000 km, Höchstgeschwindigkeit 120 km/h, gute Beschleunigung, Bodenblech teilweise durchgerostet, weitgehend abgefahrene Reifen, starkes Motorgeräusch, Farbe postgelb, vollständige Campingeinrichtung, Wagen aus 3. Hand.

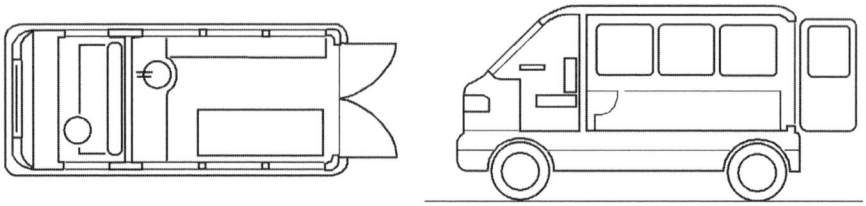

Abb. 3-7.1 Grundriss und Schnitt des Wohnmobils Variante 1

Variante 2: Ehemaliger Lieferwagen, 6 Jahre alt, 110.000 km, Höchstgeschwindigkeit 110 km/h, geringe Beschleunigung, Unfallwagen, mittleres Fahrgeräusch, auffällige Farbgebung mit Werbeschriftzug, viel Laderaum, keine Einrichtung, Wagen aus 3. Hand.

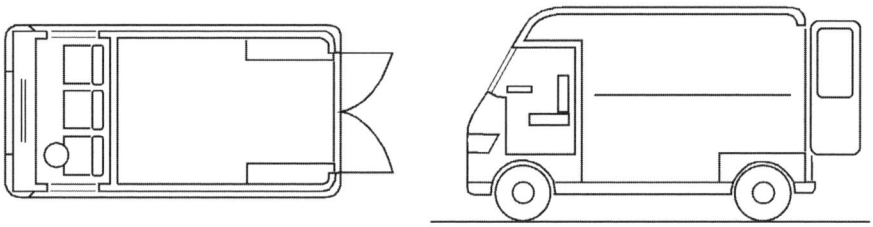

Abb. 3-7.2 Grundriss und Schnitt des Wohnmobils Variante 2

Variante 3: Ehemaliger Rettungswagen, 10 Jahre alt, Austauschmotor mit 15.000 km, Höchstgeschwindigkeit 140 km/h, sehr hohe Beschleunigung, zahlreiche Rostlöcher, geringes Fahrgeräusch, Farbe weiß, gute Kopfhöhe im hinteren Bereich, Stereoradio, eingebaute Spüle und Kleiderschrank, zahlreiche Vorbesitzer.

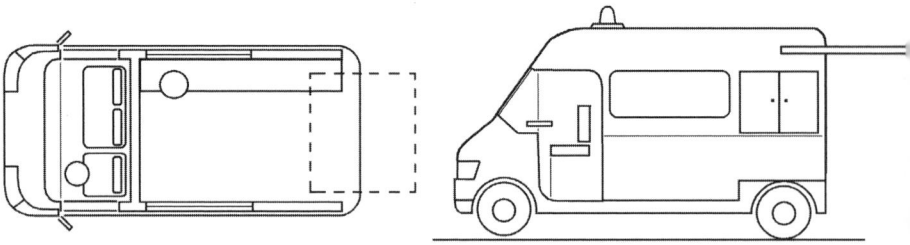

Abb. 3-7.3 Grundriss und Schnitt des Wohnmobils Variante 3

Der Kraftstoffverbrauch ist bei allen Fahrzeugen etwa gleich. Bewerten Sie die drei Varianten und treffen Sie eine Auswahlentscheidung.

Aufgabe 5: Zielbaum für ein Bürogebäude

Im Zuge der Erweiterung eines Export-Import-Großhandelshauses ist ein neues Bürogebäude geplant. Am Stadtrand ist in verkehrsgünstiger Lage ein entsprechendes Baugrundstück vorhanden.

Als beratender Architekt haben Sie gemeinsam mit dem Firmeninhaber und einem Arbeitnehmervertreter ein Raumprogramm erarbeitet. Drei Kollegen sind jeweils mit der Ausarbeitung eines Vorentwurfs – Leistungsumfang und Vergütung gemäß HOAI § 15 und 16, Leistungsphase 2 – beauftragt worden.

Bei der Besprechung der Vorentwürfe kommen Sie in der Diskussion über die gestalterischen und funktionalen Ziele (Nutzungsqualitäten) zu keinem Ergebnis. Als Vorbereitung für die nächste Besprechung beabsichtigen Sie, für die Nutzer einen Zielbaum mit ca. 10 Kriterien vorzubereiten.

Wie kann dieser Zielbaum aussehen? Machen Sie einen Vorschlag!

Aufgabe 6: Paarweiser Vergleich

Ein Kaufinteressent ist zu folgender ordinaler Beurteilung von drei zum Verkauf angebotenen Häusern gekommen:

Beurteilungskriterium	Gewichtung	Bewertung		
		Haus 1	Haus 2	Haus 3
Erfüllung des Raumbedarfs	sehr wichtig	+	o	+
Beziehung Essen - Küche	wichtig	o	o	o
Beziehung Schlafraum - Bad	wichtig	-	+	+
Beziehung Eingang - Gästezimmer	weniger wichtig	-	o	-
äußere Gestaltung	sehr wichtig	o	+	+
Raumproportionen	wichtig	+	+	o
Orientierung Wohnraum	weniger wichtig	o	-	o
Belastung (€/Monat)		2.000	1.600	1.800
+ sehr gut o gut - wenig befriedigend				

Abb. 3-8 Ordinale Bewertung von drei Häusern

Wie kommt man mittels paarweisen Vergleichs zur Auswahlentscheidung?

Aufgabe 7: Ordinale Nutzenermittlung am Beispiel einer Mietwohnung

Eine mit Ihnen befreundete Familie sucht eine neue Mietwohnung. Nach längeren Nachforschungen werden drei zur Zeit leer stehende Wohnungen in einem Neubaugebiet gefunden.

Wohnfläche

Garderobe (1a)	5,2 m²
Flur (1b)	5,8 m²
Wohnraum (3)	22,5 m²
Küche mit Essplatz (5, 2)	10,4 m²
WC (7a)	4,0 m²
Bad (7b)	4,7 m²
Kinderzimmer (8)	13,3 m²
Elternschlafzimmer (9)	20,5 m²
	86,4 m²

Kaltmiete 490 €/Monat

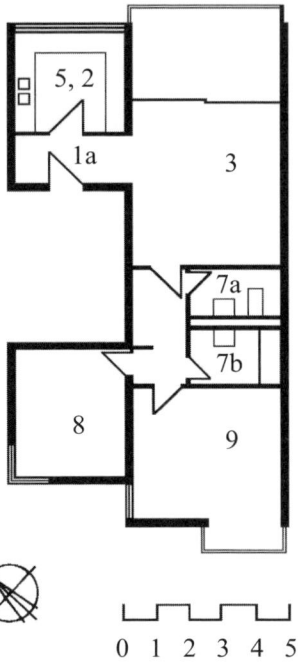

Abb. 3-9.1 Grundriss der Mietwohnung 1

Wohnfläche

Garderobe (1a)	5,7 m²
Flur (1b)	6,5 m²
Flur (1c)	1,6 m²
Essplatz (2)	8,5 m²
Wohnraum (3)	19,2 m²
Küche (5)	6,8 m²
WC (7a)	3,1 m²
Bad (7b)	4,3 m²
Kinderzimmer (8a)	9,2 m²
Kinderzimmer (8b)	11,4 m²
Elternschlafzimmer (9)	16,8 m²
	93,1 m²

Kaltmiete 525 €/Monat

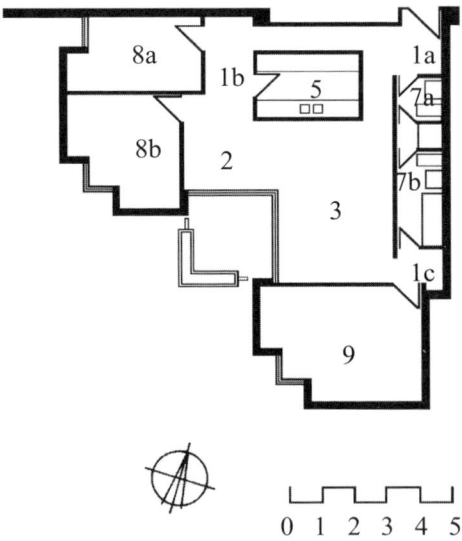

Abb. 3-9.2 Grundriss der Mietwohnung 2

Wohnfläche

Garderobe (1a)	3,3 m²
Flur (1b)	7,3 m²
Essplatz (2)	8,4 m²
Wohnraum (3)	24,0 m²
Küche (5)	6,8 m²
Bad (7a)	5,3 m²
WC (7b)	2,8 m²
Kinderzimmer (8)	13,0 m²
Elternschlafzimmer (9)	18,1 m²
Abstellraum (10)	1,6 m²
	90,6 m²

Kaltmiete 560 € /Monat

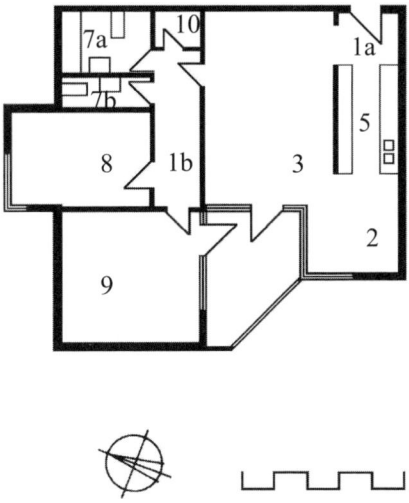

Abb. 3-9.3 Grundriss der Mietwohnung 3

Quelle der Wohnungsgrundrisse:

H. Deilmann, J. C. Kirschmann, H. Pfeiffer: Wohnungsbau – The Dwelling – L' habitat, 1974, S. 72, 108, 114

Allen Wohnungen ist ein Keller von je 4 m² zugeordnet. Die Standortqualitäten sind in allen Fällen als gleichwertig einzustufen.

Die Familienmitglieder

Mutter	:	halbtags berufstätig, Liebhaberin klassischer Musik
Vater	:	Technischer Angestellter, Modelleisenbahner, Blumenzüchter
Tochter	:	6-jährig, sehr lebhaft, malt gern, hält Kleintiere
Sohn	:	15-jährig, Schüler, Leseratte, Liebhaber von lauter Musik

kommen in der Diskussion über gemeinsame Zielsetzungen und Qualitäten (Zielerreichung) der Wohnungen zu keinem Ergebnis.

Als angehender Architekt werden Sie gebeten, bei der Auswahlentscheidung beratend tätig zu sein.

Bestimmen Sie die Vorteilhaftigkeit mit Hilfe der ordinalen Nutzenermittlung.

Lösung zu Aufgabe 1: Monetäre und nicht-monetäre Zielgrößen

(1) Ordnung der Vorstellungen nach monetären und nicht-monetären Zielgrößen:

Zielvorstellungen der Gruppe	monetär	nicht-monetär	Sonderfall
Die Gebäudeentwürfe sollen das geplante Budget nicht überschreiten.	Baukosten	-	-
Die Wohnanlage soll kinderfreundlich sein.	-	Nutzen	-
Die Pflege der Grünanlagen soll wenig Aufwand erfordern.	Folgeaufwand 1)	-	-
Die Gebäude sollen energiesparend sein.	Folgeaufwand 2)	-	-
Die Wohnräume sollen gut möblierbar sein.	-	Nutzen	-
Der Architekt möchte bei der Planung seine Idealvorstellungen vom Wohnungsbau verwirklichen.	-	-	persönl. Ziel des Architekten
Die Bestimmungen der Landesbauordnung sollen eingehalten werden.	-	-	rechtl. Rahmenbedingung
Zu jeder Wohnung soll ein Garten gehören.	-	Nutzen	-
Einige Bauherren wollen Selbsthilfe leisten.	Belastung	Nutzen 3)	-
Die Wohnungsgrößen sollen veränderbar sein.	-	Nutzen 4)	-
Die Wohnanlage soll sich gut in die Umgebung einfügen.	-	Nutzen 5)	-
Die Gebäude sollen weitgehend aus Holz erstellt werden.	-	Nutzen 6)	-
Konstruktion und Materialwahl sollen den Instandsetzungsaufwand gering halten.	Folgeaufwand 7)	-	-
Es sollen ausreichend Stellplätze für Kraftfahrzeuge (nach LBO) vorhanden sein.	-	-	rechtl. Rahmenbedingung 8)

Abb. 3-10 Planungsziele (Lösung)

(2) Erläuterung der schwierig zuzuordnenden Fälle bzw. Sonderfälle

1) Die Pflege der Grünanlagen gehört zum Folgeaufwand von Baumaßnahmen. Ob sie von den Bewohnern selbst oder von einem Gärtner durchgeführt wird, ändert nichts daran, dass sie über den erforderlichen Zeitaufwand und den Einsatz von Gartengeräten, Wasser, Neupflanzungen u. a. bewertet werden kann.

Die DIN 18 960:2008-02, *Nutzungskosten im Hochbau* enthält deshalb unter der Kostengruppe *300 Betriebskosten* die Untergruppe *342 Reinigung und Pflege von Pflanz- und Grünflächen.* Ihr Anteil an den gesamten Nutzungskosten ist vergleichsweise gering.

2) Der **Energieverbrauch** für Gebäude – bei Wohngebäuden in erster Linie für Heizenergie – verursacht neben dem Kapitaldienst und den Instandsetzungsmaßnahmen den Hauptanteil am Folgeaufwand. Die Energiekosten werden in der DIN 18 960 in der Untergruppe *310 Versorgung* unter *312 Öl, 313 Gas, 314 feste Brennstoffe, 315 Fernwärme und 316 Strom* aufgeführt. Natürlich ist jede Energieeinsparung auch mit einem hohen ökologischen Nutzen verbunden.

3) Die **Selbsthilfe** ist eine besondere Form der Finanzierung, sie ist den Eigenmitteln zuzurechnen. Die Baukosten werden durch einen Selbsthilfeanteil nicht gesenkt, da auch die Selbsthilfe kostenmäßig bewertet werden kann und muss. Für viele Bauherren bringt die Selbsthilfe einen Nutzen in Form der Freude am Mitwirken und der höheren Identifikation mit dem Ergebnis des teilweise selbstgebauten Gebäudes mit sich.

4) Die Qualität der Wohnungen, wozu im Wesentlichen auch ihre Veränderbarkeit bei wachsenden oder sich verkleinernden Bewohnergruppen gehört, ist zunächst einmal ein reiner Nutzenaspekt. Monetäre Gesichtspunkte können dann hinzukommen, wenn z. B. nicht mehr von den ursprünglichen Nutzern benötigte Räume an andere vermietet werden können. In diesem Fall wären unter den monetären Größen Mieteinnahmen ansetzbar.

5) Die Einfügung der Wohnanlage in die Umgebung ist in erster Linie ein städtebaulicher Gesichtspunkt, bestimmt von daher aber auch die Qualität der Wohnanlage aus der Sicht der nutzenden Gruppe.

6) Die Wahl der Baustoffe hat meistens Einfluss auf die Kosten des Bauwerks sowie auf den Folgeaufwand. Aus der Sicht der Nutzer orientieren sich Wünsche nach bestimmten Materialien an deren gestalterischen und wohnmedizinischen Wirkungen. Insofern sind die Eigenschaften des Baustoffes Holz hier unter Nutzengesichtspunkten zu sehen.

7) Die **Instandsetzung** von Gebäuden – bei Wohngebäuden in erster Linie für die der Witterung ausgesetzten Außenwand- und Dachflächen – gehört mit dem Kapitaldienst und dem Heizenergieverbrauch zu den Hauptanteilen am Folgeaufwand. Alle Maßnahmen zur Bewahrung und Wiederherstellung des Soll-Zustandes von Gebäuden werden in der DIN 18 960 unter der Kostengruppe *400 Instandsetzungskosten* zusammengefasst.

8) Durch die jeweilige Landesbauordnung (LBO) wird ein ausreichendes Angebot an Stellplätzen gefordert. Hierdurch wird also keine eigene Qualität der Wohnanlage begründet. Allerdings können fehlende Stellplätze zu hohen Ablösebeträgen führen, die monetär bewertet, d. h. den Baukosten zugeschlagen werden müssen.

Die Ordnung der Zielvorstellungen nach monetären und nicht-monetären Zielgrößen erlaubt im Weiteren eine getrennte Beurteilung nach

- Nutzen der Wohnanlage (nicht-monetär) z. B. mit Hilfe der ordinalen oder kardinalen Bewertung (vgl. folgende Aufgaben)

- Baukosten sowie Folgeaufwand (monetär) z. B. über den Nutzungsbarwert (vgl. Abschnitt 3.5.2).

(3) Vorschläge für die exakte Messung nicht-monetärer Zielgrößen:

- Möblierbarkeit der Wohnräume:	Stellflächen der Möbel über Grundflächen (m^2) bzw. Wandlängen (m)
- Garten:	Entfernung des Gartens (m) bzw. Größe des Gartens (m^2)
- Veränderlichkeit der Wohnungsgröße:	Maximale bzw. minimale Größe einer Wohnung ohne bzw. bei geringfügigen Eingriffen in die Baukonstruktionen
- Gebäude weitgehend aus Holz:	Flächenanteile der Gebäudeelemente aus Holzkonstruktionen

Lösung zu Aufgabe 2: Merkmalskatalog zur Standort- und Grundstücksbeschreibung

Merkmale	Ausprägungsbeispiele
1. Standort	
1.1 Verkehrsanbindung	Nähe Hauptbahnhof, Anschluss an U-Bahn, Busverbindungen usw.
1.2 Angrenzende Nutzungen	Banken, Versicherungen, Theater, Gastronomie
1.3 Städtebauliche Einbindung	Historisches Stadtviertel, weitflächige Grünanlagen
1.4 Lagegunst	sehr günstige Bedingungen, keine Probleme in Form von Kriminalität, Umweltbelastungen, usw.
2. Grundstück	
2.1 Eigentum und Erwerb	
- Eigentümer	Stadtverwaltung
- Verkaufspreis	500 €/m^2
2.2 Art und Maß der baulichen Nutzung	
- Stand der Bebauungsplanung	Bebauungsplan vorhanden
- Größe des Baugrundstückes	10.000 m^2
- Grundflächenzahl	GRZ : 0,7
- Geschossflächenzahl	GFZ : 1,8 bis 2,0
- Anzahl möglicher Geschosse	GZ : max. 5
- mögliche Brutto-Grundfläche	BGF : ca. 20.000 m^2
2.3 Besondere Bedingungen der Bebauung	
- vorhandene Bebauung und möglicher Abriss	eingeschossiges Ladenzentrum in schlechtem Zustand, Abriss möglich

- Baugrund, Tragfähigkeit	ausreichend
- Grundwasserstand	unproblematisch
- Auflagen, sonstiges	Schutz des Ensembles, Denkmalbehörde ist zu konsultieren

Lösung zu Aufgabe 3: Standortfaktoren als Entscheidungskriterien für ein Projekt

Ausschlaggebende Standortfaktoren für das Projekt „Ferienhotel" lassen sich in nachstehender Gliederung der verschiedenen Entscheidungskriterien einordnen. Man unterscheidet nach physischen und sozioökonomischen Gesichtspunkten:

Die physischen (so genannten harten) Standortfaktoren können im Rahmen der Projektentwicklung durch Investoren in hohem Maße beeinflusst werden. Zu ihnen zählen (Rangfolge mit abnehmender Beeinflussbarkeit):

- Topographie/ Bodenbeschaffenheit:
  geologische und hydrologische Verhältnisse sowie Risiken durch Altlasten und Bodendenkmäler
- technische Ver- und Entsorgung:
  Medienversorgung mit Strom, Wasser, Wärme sowie Entsorgung für Abwasser, Abfall und Abluft, Abgas, Staub
- Nachbarschaft:
  Umfeld, Qualität der Versorgung mit Dienstleistungen, integrierte oder solitäre Lage, Nutzungsstruktur, Sichtanbindung
- Verkehrsanbindung/Erreichbarkeit für das potentielle Absatz-/Einzugsgebiet:
  öffentlicher und interner Verkehr, Fußgänger, Airport
- Raumordnung, Bauleitplanung; Umweltschutzbedingungen im Hinblick auf Boden, Wasser, Luft und Lärm; dingliche Lasten; überregionale Standortfaktoren der Erschließung, Grundstückspreise

Sozioökonomische (so genannte weiche) Standortfaktoren können durch planerische Maßnahmen nur in geringem Maße beeinflusst werden. Zu diesen Standortfaktoren zählen (Rangfolge mit abnehmender Beeinflussbarkeit):

- sozioökonomischer Datenkranz:
  Bevölkerungsentwicklung, Sozialstruktur, Wirtschaftsstruktur; politische Tendenzen, wirtschaftliche Förderungsmöglichkeiten
- rechtliche, steuerliche, devisentechnische Situation (vor allem beim Auslandsinvestment)
- „Adresse":
  Marktfaktoren wie Lage des Standortes zum Marktgebiet, regionale Marktverhältnisse der Marktattraktivität und der relativen Wettbewerbsvorteile
- Verwaltungsstruktur
- Investitionsklima:
  Arbeitsmarktlage im Hinblick auf Erwerbsstruktur, Lohnniveau, soziale Struktur

- Kultur-, Wohn- und Freizeitqualität.

Quelle: G. Munke: Standort- und Marktanalyse der Immobilienwirtschaft, in: K.-W. Schulte 1996, S. 112

Lösung zu Aufgabe 4: Kardinale Nutzenermittlung am Beispiel eines Wohnmobils

(1) Nennung der Ziele

Die Arbeitsgruppe (3 Studenten) veranstaltet ein Brainstorming. Es werden dabei folgende Ziele genannt:

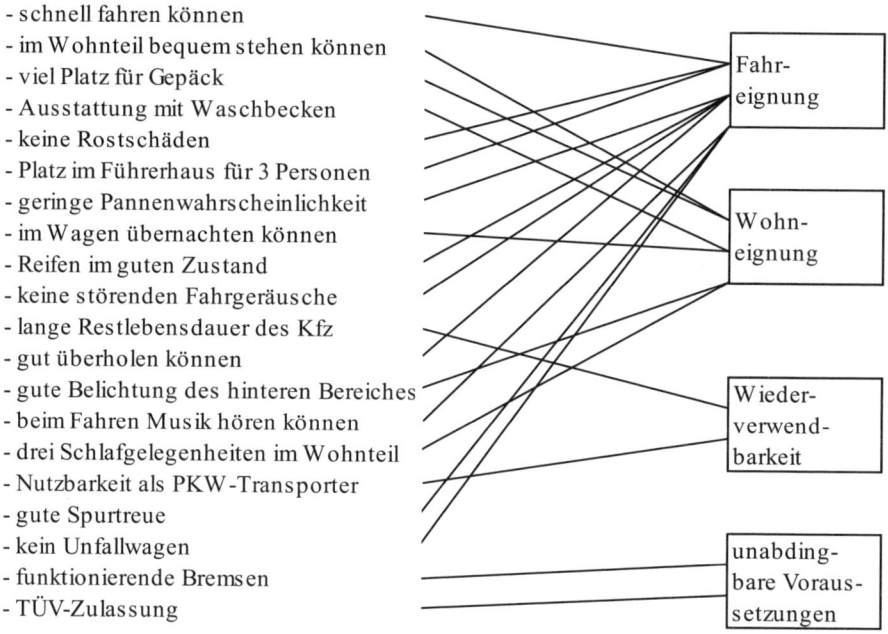

Abb. 3-11 Nutzungsmöglichkeit und wünschenswerte Eigenschaften eines Wohnmobils

Das Globalziel *Brauchbarkeit als Wohnmobil* wird unterteilt in Oberziele mit folgender Gewichtung:

Fahreignung	2/5
Wohneignung	2/5
Wiederverwendbarkeit	1/5
Summe	5/5

(2) Ordnung der Ziele in Form eines **Zielbaum**es

Die unter (1) genannten Ziele werden – soweit erforderlich – zu Unterzielen zusammengefasst und als Zielbaum angeordnet (siehe Abbildung 3-12). Die unabdingbaren Voraussetzungen werden hier weggelassen, da sie bei allen drei Varianten erfüllt sind.

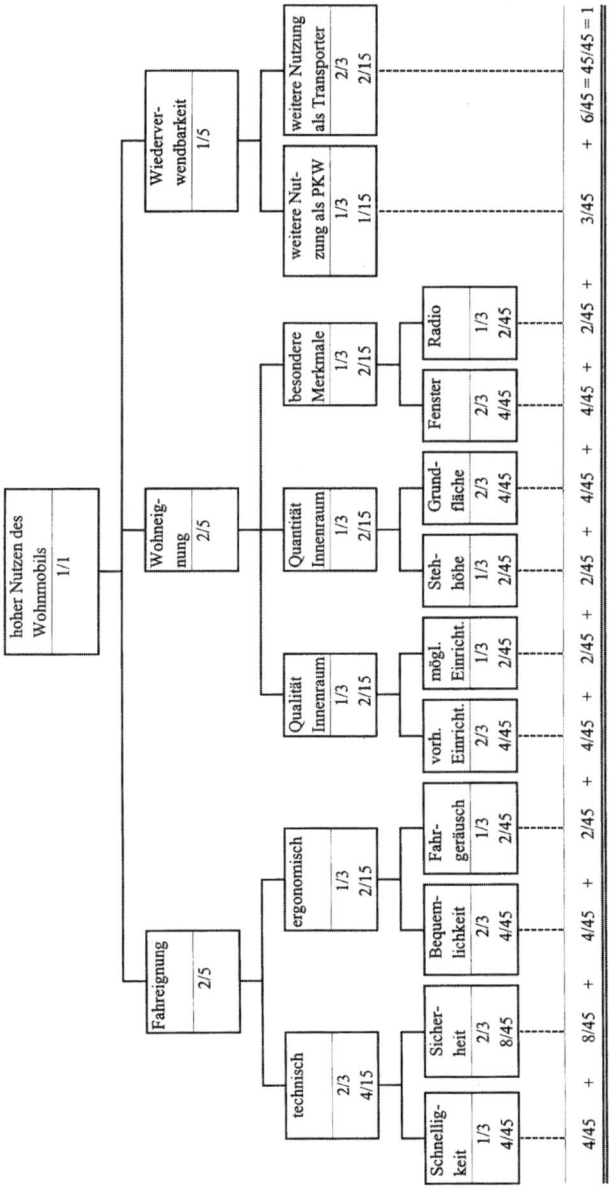

Abb. 3-12 Vorschlag für einen Zielbaum zur Nutzenermittlung eines Wohnmobils

(3) Bewertung der Varianten und Auswahlentscheidung

Bei der Bewertung der drei Wohnmobil-Varianten auf der Grundlage des erarbeiteten Zielbaumes wird man ungefähr zu dem in Abb. 3-13 dargestellten Ergebnis gelangen. Dabei erweist sich der ehemalige Rettungswagen (Variante 3) als vorteilhaftestes Wohnmobil.

		Variante 1		Variante 2		Variante 3	
	Gewicht	Erfüll.-grad	Nutzwert	Erfüll.-grad	Nutzwert	Erfüll.-grad	Nutzwert
Unterziele zum Oberziel **Fahreignung**							
Schnelligkeit (Höchstgeschwindigkeit, Beschleunigung)	4/45	1/2	8/180	1/4	4/180	1	16/180
Sicherheit (Rostschäden, Reifen, Unfallwagen)	8/45	0	0	0	0	3/4	24/180
Bequemlichkeit (im Fahrerhaus)	4/45	1/2	8/180	1/2	8/180	1	16/180
leises Fahrgeräusch	2/45	0	0	1/2	4/180	1	8/180
Unterziele zum Oberziel **Wohneignung**							
vorhandene Einrichtung (Sanitär, Stauraum, u. a.)	4/45	1	16/180	0	0	1/2	8/180
mögliche Einrichtung	2/45	1	8/180	1	8/180	1	8/180
Stehhöhe (hinten)	2/45	1	8/180	1	8/180	1	8/180
Grundfläche	4/45	1/2	8/180	1	16/180	3/4	12/180
Fenster (hinten)	4/45	1	16/180	0	0	1/2	8/180
Radio	2/45	0	0	0	0	1	8/180
Unterziele zum Oberziel **Wiederverwendbarkeit**							
Nutzung als PKW	3/45	1/2	6/180	0	0	1	12/180
Nutzung als Transporter	6/45	1/4	6/180	1	24/180	1/2	12/180
Nutzwert gesamt	45/45 1	-	84/180 0,47	-	72/180 0,4	-	140/180 0,78
Rang			2		3		1

Abb. 3-13 Bewertung der Wohnmobilvarianten

Lösung zu Aufgabe 5: Zielbaum für ein Bürogebäude

Der erwartete Zielbaum könnte wie in Abbildung 3-14 dargestellt aussehen.

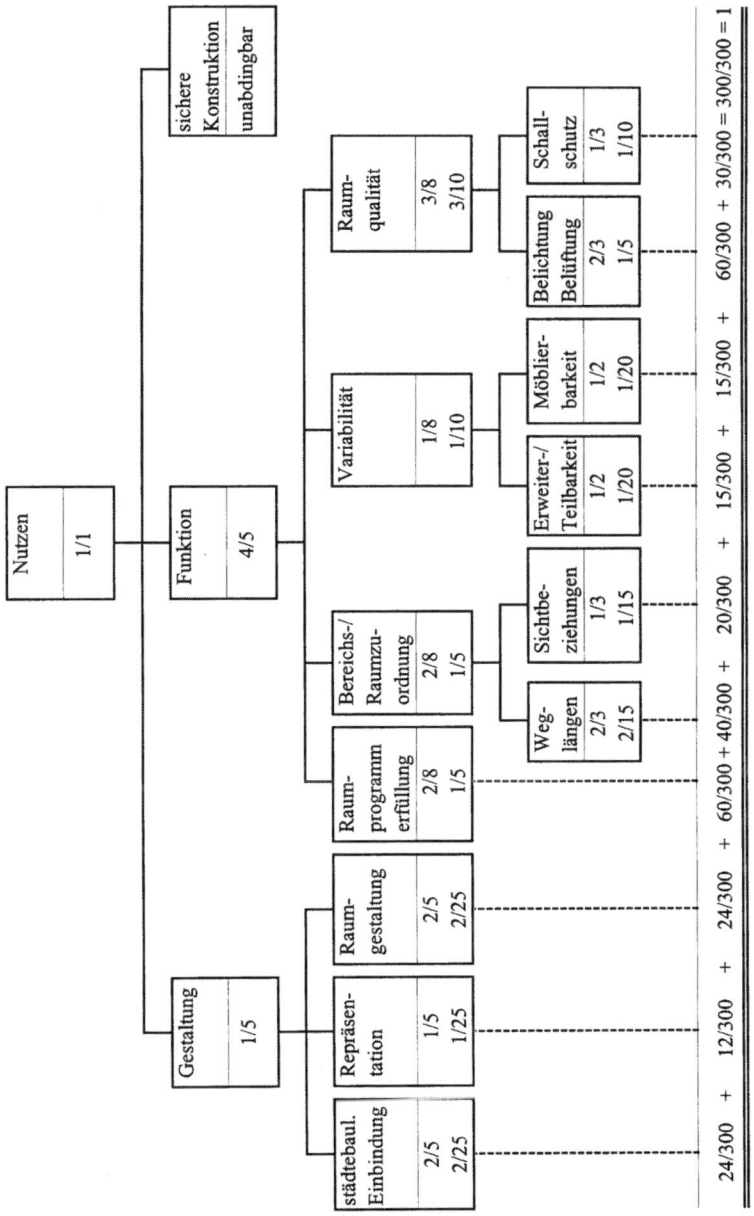

Abb. 3-14 Vorschlag für einen Zielbaum zur Nutzenermittlung eines Bürogebäudes

Lösung zu Aufgabe 6: Paarweiser Vergleich

Der Vergleich von Haus 1 mit Haus 3 ist ein Trivialfall: Haus 3 hat einen höheren Nutzen und führt zu einer geringeren Belastung, ist also vorteilhafter als Haus 1. Der höhere Nutzen des Hauses 3 ergibt sich aus der besseren äußeren Gestaltung, einem sehr wichtigen Ziel. Die nicht so guten Raumproportionen (wichtiges Ziel) werden ausgeglichen durch die viel bessere Beziehung Schlafraum – Bad (ebenfalls ein wichtiges Ziel).

Beim Vergleich von Haus 2 und Haus 3 gleichen sich die unterschiedlichen Beurteilungen der beiden weniger wichtigen Ziele (Beziehung Eingang – Gästezimmer und Orientierung Wohnraum) aus. Dagegen ist beim Haus 3 der Raumbedarf besser erfüllt, und beim Haus 2 sind die Räume besser proportioniert. Außerdem ist bei Haus 2 die Belastung um 200 €/Monat geringer. Somit stellt sich folgende Frage: Ist dem Kaufinteressenten die bessere Erfüllung des Raumbedarfs im Falle des Hauses 3 bei Berücksichtigung der schlechteren Raumproportionen 200 €/Monat wert oder nicht? Wenn ja, dann ist aus der Sicht des Kaufinteressenten das Haus 3 das vorteilhafteste, anderenfalls ist es das Haus 2.

Lösung zu Aufgabe 7: Ordinale Nutzenermittlung am Beispiel einer Mietwohnung

Sammlung von Nutzungsanforderungen (gewünschte Eigenschaften) der Mietwohnung und Zuordnung zu Zielen:

	Nutzungsanforderungen	**Ziele**
Mutter:	- möglichst einfach geschnittene Räume/ pflegeleicht	Form
	- abgeschlossener Wohnraum, in dem man in Ruhe Musik hören kann	Individualbereich/ Teilbarkeit
	- Spielen der Tochter bzw. Kinderzimmer soll von der Küche aus beobachtet werden können	Sichtbeziehungen
	- natürliche Belichtung und Belüftung der Küche	klimatische Freiraumbeziehungen
	- großzügiger Eingang bzw. Diele	Form
Vater :	- Balkon oder große Fenster	funktionale Freiraumbeziehungen
	- abgetrennter Arbeitsplatz im Wohn- oder Schlafzimmer	Individualbereich/ Teilbarkeit
	- langer Flur für Eisenbahn	Möblierbarkeit
Tochter:	- möchte eigenes Zimmer haben	Individualbereich/ Teilbarkeit
	- Balkon oder viele Fenster zum Hinausschauen	funktionale Freiraumbeziehungen
	- großes Wohnzimmer zum Toben	Bewegungsfreiheit
	- getrenntes Bad oder WC zum Farben mischen	Teilbarkeit
Sohn :	- wünscht eigenes Zimmer, um sich zurückziehen zu können	Individualbereich/ Teilbarkeit
	- viel Stellfläche für Bücherregale	Möblierbarkeit

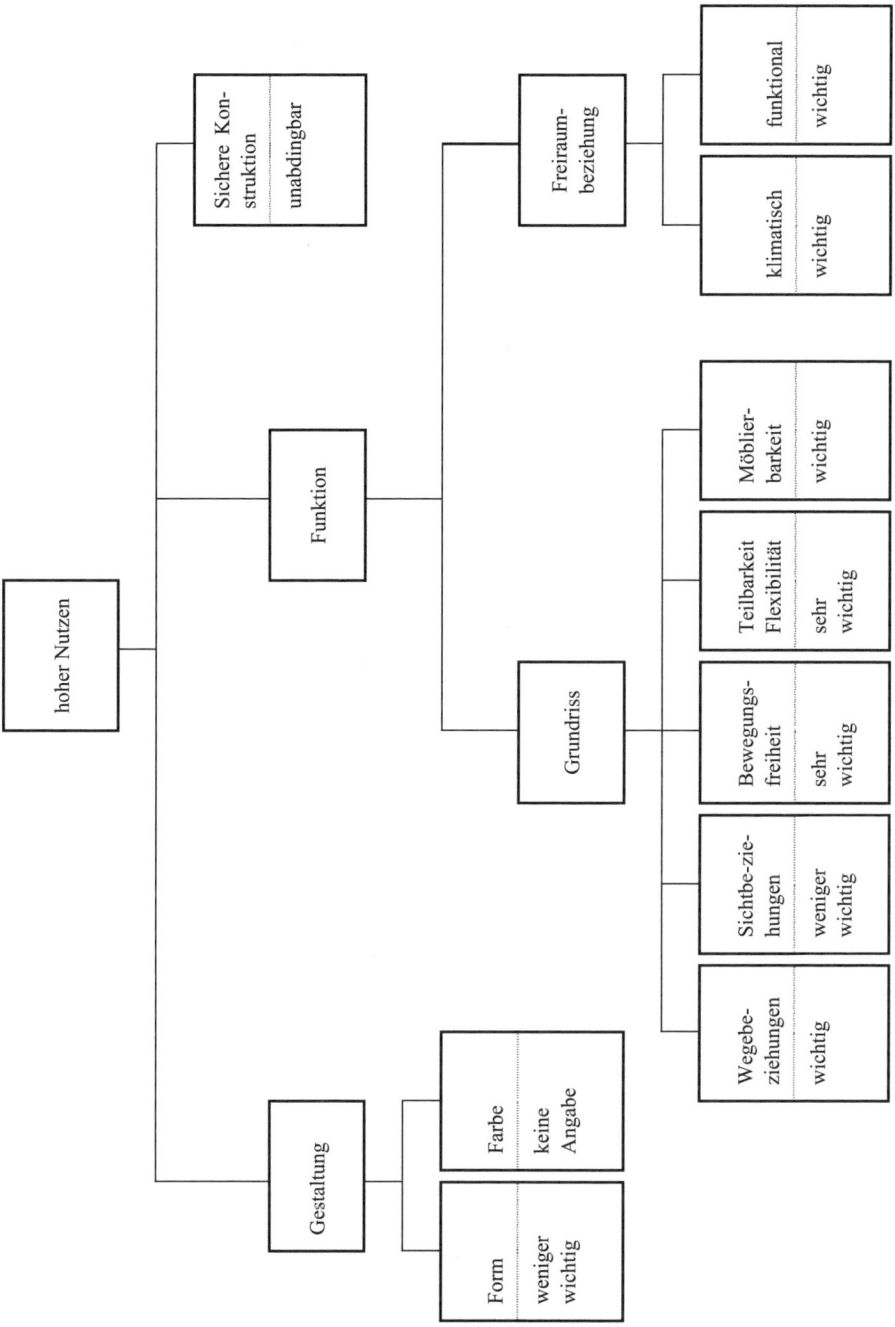

Abb. 3-15 Vorschlag für einen Zielbaum zur ordinalen Nutzenermittlung einer Mietwohnung

Vergleich des ersten Variantenpaares: Wohnung 2 und Wohnung 3

Ziele	Zielgewichte	bessere Variante
Form	weniger wichtig	W 3
Wegebeziehungen	wichtig	-
Sichtbeziehungen	weniger wichtig	-
Bewegungsfreiheit	**sehr wichtig**	**W 2**
Individualbereich/Teilbarkeit	**sehr wichtig**	**W 2**
Möblierbarkeit	wichtig	W 3
Klimatische Freiraumbeziehungen	weniger wichtig	W 3
Funktionale Freiraumbeziehungen	weniger wichtig	-

Kommentar:

Die formale Ausbildung des Grundrisses ist bei der Wohnung 3 klarer und einfacher. Die Trennung der Wege des Schlafbereiches vom Wohnbereich ist bei dieser Wohnung gut gelöst, dagegen werden bei der Wohnung 2 fast alle Räume über den Wohnraum erschlossen, hierdurch kann auf einen Flur verzichtet werden, was anderen Räumen flächenmäßig zugute kommt. Die Bewegungsfreiheit besonders der Kinder wird am ehesten in der Wohnung 2 erreicht; außerdem ist hier ein zweites Kinderzimmer vorhanden (Individualbereich). Die starke Gliederung des Grundrisses von Wohnung 2 schränkt die Möglichkeiten der Möblierbarkeit etwas ein; Wohnung 3 ist hier vorzuziehen. Gleichzeitig kann dadurch der Wohnraum von der Wohnung 2 besser in verschiedene Bereiche gegliedert werden. Belüftung und Belichtung sind bei der Wohnung 3 für Wohnraum, Küche und Kinderzimmer günstiger, die Qualität des Balkons ist in beiden Fällen durch abendliche Eigenverschattung etwas eingeschränkt.

Zusammenfassung der Vorteile		Wohnung 2	Wohnung 3
monetär		35 €/Monat weniger	
nicht monetär	sehr wichtig	Bewegungsfreiheit Teilbarkeit, Flexibilität/ Individualbereich	
	wichtig		Möblierbarkeit
	weniger wichtig		Form Klimatische Freiraumbe- ziehungen
gewählt		Wohnung 2	

Die bessere Erfüllung der sehr wichtigen Kriterien *Bewegungsfreiheit* und *Teilbarkeit* sowie der günstigere Mietpreis lassen insgesamt die Wohnung 2 als vorteilhafter erscheinen.

Vergleich des zweiten Variantenpaares: Wohnung 1 und Wohnung 2

Ziele	Zielgewichte	bessere Variante
Form	weniger wichtig	W 1
Wegebeziehungen	wichtig	W 1
Sichtbeziehungen	weniger wichtig	-
Bewegungsfreiheit	**sehr wichtig**	**W 2**
Individualbereich/Teilbarkeit	**sehr wichtig**	**W 2**
Möblierbarkeit	wichtig	W 1
Klimatische Freiraumbeziehungen	weniger wichtig	W 1
Funktionale Freiraumbeziehungen	weniger wichtig	W 2

Kommentar:

Die Grundrisse der Räume der Wohnung 1 sind angenehmer proportioniert. Die Trennung der Wege des Schlafbereiches vom Wohnbereich ist bei dieser Wohnung sehr gut gelöst, die dafür notwendige Flurfläche wurde minimal gehalten. Die Bewegungsfreiheit besonders der Kinder wird am ehesten in der Wohnung 2 erreicht; außerdem ist hier ein zweites Kinderzimmer vorhanden (Individualbereich). Die Möblierbarkeit ist in der Wohnung 1 wegen der langen Wandseiten unproblematischer. Die Teilbarkeit der Räume (Wohnraum) wird in der Wohnung 2 durch die Gliederung der Flächen unterstützt. Die Belichtung und Belüftung ist bei der Wohnung 1 durch die großzügigen Fensterflächen günstiger, der Balkon der Wohnung 1 ist sehr ungünstig orientiert.

Zusammenfassung der Vorteile		Wohnung 1	Wohnung 2
monetär		35 €/Monat weniger	
nicht monetär	sehr wichtig		Bewegungsfreiheit Individualbereich/ Teilbarkeit
	wichtig	Wegebeziehungen Möblierbarkeit	
	weniger wichtig	Form Klimatische Freiraum- beziehungen	Funktionale Freiraum- beziehungen

Für die wohnungssuchende Familie stellt sich die abschließende Frage, ob die Vorteile der Wohnung 2 (bessere Bewegungsfreiheit und Teilbarkeit des Wohnraums, zweites Kinderzimmer) von größerem Nutzen sind, als die besseren Wegebeziehungen, die bessere Möblierbarkeit und die bessere Form bei der Wohnung 1 und wenn ja, ob ihr dieser Nutzenvorteil die um 35 € höhere Miete im Monat wert ist. In diesem Fall sollte die Familie in die Wohnung 2, andernfalls in die Wohnung 1 ziehen.

3.3.2 Verfahren der Investitionsrechnung

Die Verfahren der Investitionsrechnung ermöglichen die Beurteilung der Vorteilhaftigkeit von Investitionen unter monetärem Aspekt. Dabei sind grundsätzlich alle Zahlungen einzubeziehen, die durch die betrachtete Investition verursacht oder vermieden werden. Man unterscheidet statische und dynamische Verfahren.

Die **statischen Verfahren** sind *Hilfsverfahren der Praxis* (G. Wöhe 2005, S. 594). Sie rechnen mit jährlichen Durchschnittsbeträgen und sind relativ einfach zu handhaben. Dabei berücksichtigen sie jedoch keine Unterschiede der Zahlungszeitpunkte der zu vergleichenden Investitionen. Dies beinhaltet eine gewisse Ungenauigkeit und kann zu Fehlaussagen führen.

Die **dynamischen Verfahren** gehen von den Einzahlungs- und Auszahlungsströmen aus und betrachten sie bis zum Ende der Nutzungsdauer des Investitionsobjektes. Da diese Verfahren auf der Zinseszins-Rechnung aufbauen, können bei ihnen Unterschiede der Zahlungsbeträge im Zeitablauf berücksichtigt werden, was besonders bei längeren Betrachtungszeiträumen und hohem Zinsniveau von Bedeutung ist.

Bei der Auswahl des geeigneten Beurteilungsverfahrens ist zu unterscheiden, ob es sich um eine Einzelinvestition oder mehrere Investitionsmöglichkeiten handelt und weiter, ob Einnahmen oder zumindest Einsparungen anfallen oder nicht (siehe Abb. 3-16).

Die Beurteilung einer **Einzelinvestition** setzt einen externen Maßstab, eine externe Vergleichsgröße, und weiterhin voraus, dass sich diese Größe auch für die zu beurteilende Investition ermitteln lässt, dass also die hierfür erforderlichen Daten zur Verfügung stehen (z. B. bei der Vergleichsgröße *Gewinn*: jährliche Erträge abzüglich jährlicher Nutzungskosten). Fallen bei einer Einzelinvestition Einnahmen bzw. Einsparungen an, so zeigt ein positives Ergebnis bei der Gewinnvergleichsrechnung, der Kapitalwertmethode und der Annuitätenmethode an, dass die Investition ein über den Kalkulationszinssatz hinausgehendes Ergebnis erwirtschaftet und somit vorteilhaft ist. Hier nimmt also die externe Vergleichsgröße den Wert 0 an und weist die Investitionen mit positivem Wert als vorteilhaft aus. Sind mit der Investition keine Einnahmen bzw. Einsparungen verbunden, so ist sie an einer Vergleichsgröße zu messen, die den Aufwand widerspiegelt (Kosten, Barwert oder Annuität der Ausgaben). Liegt der entsprechende Aufwandswert der zu beurteilenden Investition unter der externen Vergleichsgröße, so ist sie als vorteilhaft einzustufen.

Der untere Teil der Abbildung 3-16 dient der Verfahrensauswahl beim Vergleich **mehrerer Investitionsmöglichkeiten** (**Auswahlproblem**; siehe Lehrbuch Band 1, Abbildung 3-35, S. 105). Der dort vorgeschlagene Weg basiert auf folgenden fünf Auswahlmerkmalen:

- frühzeitige Kapitalrückgewinnung
- Nutzungsdauer der Varianten
- Genauigkeitsgrad
- Einnahmen bzw. Einsparungen und
- Wiederanlageprämisse.

Verfahren zur Beurteilung der Vorteilhaftigkeit / Kriterien für die Verfahren		Baukostenvergleich (€/ME)	Gewinnvergleichsrechnung (€/a)	Kostenvergleichsrechnung (€/a)	Statische Amortisationsrechnung (a)	Rentabilitätsrechnung (% p. a.)	Kapitalwertmethode (€)	Annuitätenmethode (€/a)	Dynamische Amortisationsrechnung (a)	Interne Zinsfuß-Methode (% p. a.)	Vollständiger Finanzplan (% p. a.)
Beurteilung einer Einzelinvestition											
Gegebene externe Vergleichsgröße:	Baukosten (€)	●									
	Gewinn (€/a)		●								
	Nutzungskosten, jährliche Kosten (€/a)			●							
	Nutzungsdauer (a)				●				●		
	(Anfangs-)Rentabilität (% p. a.)					●					
	Nutzungsbarwert (€)						●				
	Annuität, Nutzungsannuität (€/a)							●			
	Rendite (dynamisch, % p. a.)									●	
Auswahl aus mehreren Investitionsvarianten											
Frühzeitige Kapitalrückgewinnung:	vorrangiges Interesse	X	X	X	●	X	X	X	●	X	X
	kein vorrangiges Interesse	●	●	●	X	●	●	●	X	●	●
Nutzungsdauer der Varianten:	gleich	●	●	●		●	●	●		●	●
	ungleich	X	●	●		●	X	●		●	●
Genauigkeitsgrad:	überschlägiger Grad ausreichend		●	●	●	●	●	●	●	●	●
	hoher Grad erforderlich		X	X	X	X	●	●	●	●	●
Einnahmen oder zumindest Einsparungen:	ja	X	●	X	●	●	●	●	●	●	●
	nein	●	X	●	X	X	●	●	X	X	●
Wiederanlageprämisse (bei nicht vollständigem gegenseitigen Ausschluss der Varianten):	plausibel		●	●	●	●	●	●	●	●	●
	nicht plausibel		X	X	X	X	X	X	X	X	*)

● Verfahren zulässig X nicht zulässig *) zulässig: es kann ein plausibler Zinssatz gewählt werden

Abb. 3-16 Verfahrensauswahl bei der Beurteilung von Investitionen

Zu jedem Auswahlmerkmal gibt es zwei Ausprägungen, die in der Abbildung angegeben sind. Anwendbar sind diejenigen Verfahren, bei denen keine Merkmalsausprägung der zu beurteilenden Vergleichsvarianten unzulässig ist – und dies bei keinem der fünf Auswahlmerkmale.

Mit Hilfe der Abbildung 3-16 ist also die jeweils zutreffende Ausprägung der einzelnen Auswahlmerkmale auf ihre Vereinbarkeit mit den einzelnen Verfahren zu prüfen. Ist ein Verfahren bei einer vorliegenden Merkmalsausprägung unzulässig, so scheidet dieses Verfahren aus dem weiteren Auswahlverfahren aus. Bei den meisten Lösungen der folgenden Aufgaben wird dieser Weg zur Verfahrensauswahl beschritten und detailliert beschrieben.

In wenigen Fällen ist ein Auswahlmerkmal für ein bestimmtes Verfahren bedeutungslos. Wenn z. B. der Investor ein vorrangiges Interesse an einer frühzeitigen Kapitalrückgewinnung hat und sich an der Amortisationsdauer orientiert, ist die Frage nach der Nutzungsdauer (gleich oder ungleich) nicht von Belang.

Im Übrigen setzt die Anwendung der einzelnen Verfahren – ähnlich wie bei der Beurteilung einer Einzelinvestition – voraus, dass die benötigten Daten vorhanden bzw. ermittelbar sind.

Bei der Neufassung der DIN 18 960:2008-02 ist die Abschreibung als Teil der Nutzungskosten wieder aufgenommen worden. Damit entspricht die Summe der Nutzungskosten nach DIN 18 960 den (durchschnittlichen) jährlichen Kosten einer Immobilie bzw. eines Gebäudes nach Kostenvergleichsrechnung, einem statischen Verfahren. Will man den Aufwand einer Immobilie in entsprechender Weise auf finanzmathematischem Wege zusammenfassen, indem man die Barwerte aller Zahlungen addiert, so sprechen wir vom **Nutzungsbarwert**.

Bei der Anwendung der Verfahren der Investitionsrechnung im Rahmen der wirtschaftlichen Planung von Bauwerken muss man stets im Auge behalten, dass dies Modellrechnungen sind, die bei einem Betrachtungszeitraum von 50 und mehr Jahren immer von einem gewissen Grad an Unsicherheit geprägt sind. Sie implizieren, dass die der Rechnung zugrunde gelegten Rahmenbedingungen über den gesamten Betrachtungszeitraum insgesamt konstant bleiben bzw. sich in der angenommenen Weise entwickeln. Wird diese Annahme durch die zukünftige Entwicklung widerlegt, so kann dadurch auch die Richtigkeit der getroffenen Vorteilhaftigkeitsaussage in Frage gestellt werden.

Die Aufgaben dieses Abschnittes sollen dazu dienen, das Vorgehen bei der Verfahrensauswahl und die Anwendung der verschiedenen Verfahren der Investitionsrechnung zu vertiefen. Für die Lösung der Aufgaben sind in den Abbildungen 3-17 bis 3-23 die Auf- und Abzinsungsfaktoren sowie die verschiedenen Barwert- und Endwertfaktoren tabellarisch zusammengestellt.

Aufgabenverzeichnis

Die folgenden Aufgaben beziehen sich auf das Kapitel 3.5.2 des Lehrbuches Band 1:

1 Anforderungen an eine wirtschaftliche Investition
2 Vollständiger gegenseitiger Ausschluss von Investitionsalternativen
3 Vorteilhaftigkeit eines Doppelhauses
4 Wirtschaftlichkeit und Nutzungskosten
5 Überschlägige Beurteilung einer Bauinvestition
6 Vorteilhaftigkeit eines Wohnungsbauvorhabens

7 Vergleich von Mieträumen
8 Vorteilhaftigkeit einer zusätzlichen Wärmedämmung
9 Auswahl einer Wandkonstruktion
10 Auswahl aus mehreren Investitionsmöglichkeiten
11 Beurteilung verschiedener Bauinvestitionen
12 Wirtschaftlichkeit einer Photovoltaikanlage

Vorschriften und Normen

DIN 18960:2008-02, Nutzungskosten im Hochbau

Empfohlene Literatur zur weiteren Vertiefung

Däumler, K.-D.: Grundlagen der Investitions- und Wirtschaftlichkeitsrechnung: Aufgaben und Lösungen, Testklausur, Checklisten, Tabellen für die finanzmathematischen Faktoren, Herne 2007
Kruschwitz, L.: Investitionsrechnung, München 2000
Küsgen, H.: Investitionsrechnung im Bauwesen, BAUÖK-Papiere 42, Stuttgart 1984
Nixdorf, B.: Verbesserung der Wirtschaftlichkeit von Bauobjekten unter Verwendung von Investitionsrechnungsverfahren, in: Schriftenreihe *Bau- und Wohnforschung* des Bundesministers für Raumordnung, Bauwesen und Städtebau, Nr. 04.089, Bonn-Bad Godesberg 1983
Perridon, L; M. Steiner: Finanzwirtschaft der Unternehmung, München 2007
Pfarr, K.: Grundlagen der Bauwirtschaft, Essen 1984
Wöhe, G.: Einführung in die allgemeine Betriebswirtschaftslehre, München 2005

Zeichnung: Ernst Hürlimann

n	1,0%	2,0%	3,0%	4,0%	5,0%	6,0%	7,0%	8,0%	9,0%	10,0%
1	1,010	1,020	1,030	1,040	1,050	1,060	1,070	1,080	1,090	1,100
2	1,020	1,040	1,061	1,082	1,103	1,124	1,145	1,166	1,188	1,210
3	1,030	1,061	1,093	1,125	1,158	1,191	1,225	1,260	1,295	1,331
4	1,041	1,082	1,126	1,170	1,216	1,262	1,311	1,360	1,412	1,464
5	1,051	1,104	1,159	1,217	1,276	1,338	1,403	1,469	1,539	1,611
6	1,062	1,126	1,194	1,265	1,340	1,419	1,501	1,587	1,677	1,772
7	1,072	1,149	1,230	1,316	1,407	1,504	1,606	1,714	1,828	1,949
8	1,083	1,172	1,267	1,369	1,477	1,594	1,718	1,851	1,993	2,144
9	1,094	1,195	1,305	1,423	1,551	1,689	1,838	1,999	2,172	2,358
10	1,105	1,219	1,344	1,480	1,629	1,791	1,967	2,159	2,367	2,594
11	1,116	1,243	1,384	1,539	1,710	1,898	2,105	2,332	2,580	2,853
12	1,127	1,268	1,426	1,601	1,796	2,012	2,252	2,518	2,813	3,138
13	1,138	1,294	1,469	1,665	1,886	2,133	2,410	2,720	3,066	3,452
14	1,149	1,319	1,513	1,732	1,980	2,261	2,579	2,937	3,342	3,797
15	1,161	1,346	1,558	1,801	2,079	2,397	2,759	3,172	3,642	4,177
16	1,173	1,373	1,605	1,873	2,183	2,540	2,952	3,426	3,970	4,595
17	1,184	1,400	1,653	1,948	2,292	2,693	3,159	3,700	4,328	5,054
18	1,196	1,428	1,702	2,026	2,407	2,854	3,380	3,996	4,717	5,560
19	1,208	1,457	1,754	2,107	2,527	3,026	3,617	4,316	5,142	6,116
20	1,220	1,486	1,806	2,191	2,653	3,207	3,870	4,661	5,604	6,727
21	1,232	1,516	1,860	2,279	2,786	3,400	4,141	5,034	6,109	7,400
22	1,245	1,546	1,916	2,370	2,925	3,604	4,430	5,437	6,659	8,140
23	1,257	1,577	1,974	2,465	3,072	3,820	4,741	5,871	7,258	8,954
24	1,270	1,608	2,033	2,563	3,225	4,049	5,072	6,341	7,911	9,850
25	1,282	1,641	2,094	2,666	3,386	4,292	5,427	6,848	8,623	10,835
26	1,295	1,673	2,157	2,772	3,556	4,549	5,807	7,396	9,399	11,918
27	1,308	1,707	2,221	2,883	3,733	4,822	6,214	7,988	10,245	13,110
28	1,321	1,741	2,288	2,999	3,920	5,112	6,649	8,627	11,167	14,421
29	1,335	1,776	2,357	3,119	4,116	5,418	7,114	9,317	12,172	15,863
30	1,348	1,811	2,427	3,243	4,322	5,743	7,612	10,063	13,268	17,449
31	1,361	1,848	2,500	3,373	4,538	6,088	8,145	10,868	14,462	19,194
32	1,375	1,885	2,575	3,508	4,765	6,453	8,715	11,737	15,763	21,114
33	1,389	1,922	2,652	3,648	5,003	6,841	9,325	12,676	17,182	23,225
34	1,403	1,961	2,732	3,794	5,253	7,251	9,978	13,690	18,728	25,548
35	1,417	2,000	2,814	3,946	5,516	7,686	10,677	14,785	20,414	28,102
36	1,431	2,040	2,898	4,104	5,792	8,147	11,424	15,968	22,251	30,913
37	1,445	2,081	2,985	4,268	6,081	8,636	12,224	17,246	24,254	34,004
38	1,460	2,122	3,075	4,439	6,385	9,154	13,079	18,625	26,437	37,404
39	1,474	2,165	3,167	4,616	6,705	9,704	13,995	20,115	28,816	41,145
40	1,489	2,208	3,262	4,801	7,040	10,286	14,974	21,725	31,409	45,259
41	1,504	2,252	3,360	4,993	7,392	10,903	16,023	23,462	34,236	49,785
42	1,519	2,297	3,461	5,193	7,762	11,557	17,144	25,339	37,318	54,764
43	1,534	2,343	3,565	5,400	8,150	12,250	18,344	27,367	40,676	60,240
44	1,549	2,390	3,671	5,617	8,557	12,985	19,628	29,556	44,337	66,264
45	1,565	2,438	3,782	5,841	8,985	13,765	21,002	31,920	48,327	72,890
46	1,580	2,487	3,895	6,075	9,434	14,590	22,473	34,474	52,677	80,180
47	1,596	2,536	4,012	6,318	9,906	15,466	24,046	37,232	57,418	88,197
48	1,612	2,587	4,132	6,571	10,401	16,394	25,729	40,211	62,585	97,017
49	1,628	2,639	4,256	6,833	10,921	17,378	27,530	43,427	68,218	106,72
50	1,645	2,692	4,384	7,107	11,467	18,420	29,457	46,902	74,358	117,39
100	2,705	7,245	19,219	50,505	131,50	339,30	867,72	2.199,8	5.529,0	13.781

n = Laufzeit in Jahren Zinssatz p = 1,0 bis 10,0 % p.a.

Abb. 3-17 Aufzinsungsfaktoren

n	1,0%	2,0%	3,0%	4,0%	5,0%	6,0%	7,0%	8,0%	9,0%	10,0%
1	0,990	0,980	0,971	0,962	0,952	0,943	0,935	0,926	0,917	0,909
2	0,980	0,961	0,943	0,925	0,907	0,890	0,873	0,857	0,842	0,826
3	0,971	0,942	0,915	0,889	0,864	0,840	0,816	0,794	0,772	0,751
4	0,961	0,924	0,888	0,855	0,823	0,792	0,763	0,735	0,708	0,683
5	0,951	0,906	0,863	0,822	0,784	0,747	0,713	0,681	0,650	0,621
6	0,942	0,888	0,837	0,790	0,746	0,705	0,666	0,630	0,596	0,564
7	0,933	0,871	0,813	0,760	0,711	0,665	0,623	0,583	0,547	0,513
8	0,923	0,853	0,789	0,731	0,677	0,627	0,582	0,540	0,502	0,467
9	0,914	0,837	0,766	0,703	0,645	0,592	0,544	0,500	0,460	0,424
10	0,905	0,820	0,744	0,676	0,614	0,558	0,508	0,463	0,422	0,386
11	0,896	0,804	0,722	0,650	0,585	0,527	0,475	0,429	0,388	0,350
12	0,887	0,788	0,701	0,625	0,557	0,497	0,444	0,397	0,356	0,319
13	0,879	0,773	0,681	0,601	0,530	0,469	0,415	0,368	0,326	0,290
14	0,870	0,758	0,661	0,577	0,505	0,442	0,388	0,340	0,299	0,263
15	0,861	0,743	0,642	0,555	0,481	0,417	0,362	0,315	0,275	0,239
16	0,853	0,728	0,623	0,534	0,458	0,394	0,339	0,292	0,252	0,218
17	0,844	0,714	0,605	0,513	0,436	0,371	0,317	0,270	0,231	0,198
18	0,836	0,700	0,587	0,494	0,416	0,350	0,296	0,250	0,212	0,180
19	0,828	0,686	0,570	0,475	0,396	0,331	0,277	0,232	0,194	0,164
20	0,820	0,673	0,554	0,456	0,377	0,312	0,258	0,215	0,178	0,149
21	0,811	0,660	0,538	0,439	0,359	0,294	0,242	0,199	0,164	0,135
22	0,803	0,647	0,522	0,422	0,342	0,278	0,226	0,184	0,150	0,123
23	0,795	0,634	0,507	0,406	0,326	0,262	0,211	0,170	0,138	0,112
24	0,788	0,622	0,492	0,390	0,310	0,247	0,197	0,158	0,126	0,102
25	0,780	0,610	0,478	0,375	0,295	0,233	0,184	0,146	0,116	0,092
26	0,772	0,598	0,464	0,361	0,281	0,220	0,172	0,135	0,106	0,084
27	0,764	0,586	0,450	0,347	0,268	0,207	0,161	0,125	0,098	0,076
28	0,757	0,574	0,437	0,333	0,255	0,196	0,150	0,116	0,090	0,069
29	0,749	0,563	0,424	0,321	0,243	0,185	0,141	0,107	0,082	0,063
30	0,742	0,552	0,412	0,308	0,231	0,174	0,131	0,099	0,075	0,057
31	0,735	0,541	0,400	0,296	0,220	0,164	0,123	0,092	0,069	0,052
32	0,727	0,531	0,388	0,285	0,210	0,155	0,115	0,085	0,063	0,047
33	0,720	0,520	0,377	0,274	0,200	0,146	0,107	0,079	0,058	0,043
34	0,713	0,510	0,366	0,264	0,190	0,138	0,100	0,073	0,053	0,039
35	0,706	0,500	0,355	0,253	0,181	0,130	0,094	0,068	0,049	0,036
36	0,699	0,490	0,345	0,244	0,173	0,123	0,088	0,063	0,045	0,032
37	0,692	0,481	0,335	0,234	0,164	0,116	0,082	0,058	0,041	0,029
38	0,685	0,471	0,325	0,225	0,157	0,109	0,076	0,054	0,038	0,027
39	0,678	0,462	0,316	0,217	0,149	0,103	0,071	0,050	0,035	0,024
40	0,672	0,453	0,307	0,208	0,142	0,097	0,067	0,046	0,032	0,022
41	0,665	0,444	0,298	0,200	0,135	0,092	0,062	0,043	0,029	0,020
42	0,658	0,435	0,289	0,193	0,129	0,087	0,058	0,039	0,027	0,018
43	0,652	0,427	0,281	0,185	0,123	0,082	0,055	0,037	0,025	0,017
44	0,645	0,418	0,272	0,178	0,117	0,077	0,051	0,034	0,023	0,015
45	0,639	0,410	0,264	0,171	0,111	0,073	0,048	0,031	0,021	0,014
46	0,633	0,402	0,257	0,165	0,106	0,069	0,044	0,029	0,019	0,012
47	0,626	0,394	0,249	0,158	0,101	0,065	0,042	0,027	0,017	0,011
48	0,620	0,387	0,242	0,152	0,096	0,061	0,039	0,025	0,016	0,010
49	0,614	0,379	0,235	0,146	0,092	0,058	0,036	0,023	0,015	0,009
50	0,608	0,372	0,228	0,141	0,087	0,054	0,034	0,021	0,013	0,009
100	0,370	0,138	0,052	0,020	0,008	0,003	0,001	0,000	0,000	0,000

n = Laufzeit in Jahren — Zinssatz p = 1,0 bis 10,0 % p.a.

Abb. 3-18 Abzinsungsfaktoren

n	1,0%	2,0%	3,0%	4,0%	5,0%	6,0%	7,0%	8,0%	9,0%	10,0%
1	1,000	1,000	1,000	1,000	1,000	1,000	1,000	1,000	1,000	1,000
2	1,990	1,980	1,971	1,962	1,952	1,943	1,935	1,926	1,917	1,909
3	2,970	2,942	2,913	2,886	2,859	2,833	2,808	2,783	2,759	2,736
4	3,941	3,884	3,829	3,775	3,723	3,673	3,624	3,577	3,531	3,487
5	4,902	4,808	4,717	4,630	4,546	4,465	4,387	4,312	4,240	4,170
6	5,853	5,713	5,580	5,452	5,329	5,212	5,100	4,993	4,890	4,791
7	6,795	6,601	6,417	6,242	6,076	5,917	5,767	5,623	5,486	5,355
8	7,728	7,472	7,230	7,002	6,786	6,582	6,389	6,206	6,033	5,868
9	8,652	8,325	8,020	7,733	7,463	7,210	6,971	6,747	6,535	6,335
10	9,566	9,162	8,786	8,435	8,108	7,802	7,515	7,247	6,995	6,759
11	10,471	9,983	9,530	9,111	8,722	8,360	8,024	7,710	7,418	7,145
12	11,368	10,787	10,253	9,760	9,306	8,887	8,499	8,139	7,805	7,495
13	12,255	11,575	10,954	10,385	9,863	9,384	8,943	8,536	8,161	7,814
14	13,134	12,348	11,635	10,986	10,394	9,853	9,358	8,904	8,487	8,103
15	14,004	13,106	12,296	11,563	10,899	10,295	9,745	9,244	8,786	8,367
16	14,865	13,849	12,938	12,118	11,380	10,712	10,108	9,559	9,061	8,606
17	15,718	14,578	13,561	12,652	11,838	11,106	10,447	9,851	9,313	8,824
18	16,562	15,292	14,166	13,166	12,274	11,477	10,763	10,122	9,544	9,022
19	17,398	15,992	14,754	13,659	12,690	11,828	11,059	10,372	9,756	9,201
20	18,226	16,678	15,324	14,134	13,085	12,158	11,336	10,604	9,950	9,365
21	19,046	17,351	15,877	14,590	13,462	12,470	11,594	10,818	10,129	9,514
22	19,857	18,011	16,415	15,029	13,821	12,764	11,836	11,017	10,292	9,649
23	20,660	18,658	16,937	15,451	14,163	13,042	12,061	11,201	10,442	9,772
24	21,456	19,292	17,444	15,857	14,489	13,303	12,272	11,371	10,580	9,883
25	22,243	19,914	17,936	16,247	14,799	13,550	12,469	11,529	10,707	9,985
26	23,023	20,523	18,413	16,622	15,094	13,783	12,654	11,675	10,823	10,077
27	23,795	21,121	18,877	16,983	15,375	14,003	12,826	11,810	10,929	10,161
28	24,560	21,707	19,327	17,330	15,643	14,211	12,987	11,935	11,027	10,237
29	25,316	22,281	19,764	17,663	15,898	14,406	13,137	12,051	11,116	10,307
30	26,066	22,844	20,188	17,984	16,141	14,591	13,278	12,158	11,198	10,370
31	26,808	23,396	20,600	18,292	16,372	14,765	13,409	12,258	11,274	10,427
32	27,542	23,938	21,000	18,588	16,593	14,929	13,532	12,350	11,343	10,479
33	28,270	24,468	21,389	18,874	16,803	15,084	13,647	12,435	11,406	10,526
34	28,990	24,989	21,766	19,148	17,003	15,230	13,754	12,514	11,464	10,569
35	29,703	25,499	22,132	19,411	17,193	15,368	13,854	12,587	11,518	10,609
36	30,409	25,999	22,487	19,665	17,374	15,498	13,948	12,655	11,567	10,644
37	31,108	26,489	22,832	19,908	17,547	15,621	14,035	12,717	11,612	10,677
38	31,800	26,969	23,167	20,143	17,711	15,737	14,117	12,775	11,653	10,706
39	32,485	27,441	23,492	20,368	17,868	15,846	14,193	12,829	11,691	10,733
40	33,163	27,903	23,808	20,584	18,017	15,949	14,265	12,879	11,726	10,757
41	33,835	28,355	24,115	20,793	18,159	16,046	14,332	12,925	11,757	10,779
42	34,500	28,799	24,412	20,993	18,294	16,138	14,394	12,967	11,787	10,799
43	35,158	29,235	24,701	21,186	18,423	16,225	14,452	13,007	11,813	10,817
44	35,810	29,662	24,982	21,371	18,546	16,306	14,507	13,043	11,838	10,834
45	36,455	30,080	25,254	21,549	18,663	16,383	14,558	13,077	11,861	10,849
46	37,095	30,490	25,519	21,720	18,774	16,456	14,606	13,108	11,881	10,863
47	37,727	30,892	25,775	21,885	18,880	16,524	14,650	13,137	11,900	10,875
48	38,354	31,287	26,025	22,043	18,981	16,589	14,692	13,164	11,918	10,887
49	38,974	31,673	26,267	22,195	19,077	16,650	14,730	13,189	11,934	10,897
50	39,588	32,052	26,502	22,341	19,169	16,708	14,767	13,212	11,948	10,906
100	63,659	43,960	32,547	25,485	20,840	17,615	15,268	13,494	12,109	10,999

n = Laufzeit in Jahren Zinssatz p = 1,0 bis 10,0 % p.a.

Abb. 3-19 Vorschüssige Rentenbarwertfaktoren

n	1,0%	2,0%	3,0%	4,0%	5,0%	6,0%	7,0%	8,0%	9,0%	10,0%
1	1,010	1,020	1,030	1,040	1,050	1,060	1,070	1,080	1,090	1,100
2	2,030	2,060	2,091	2,122	2,153	2,184	2,215	2,246	2,278	2,310
3	3,060	3,122	3,184	3,246	3,310	3,375	3,440	3,506	3,573	3,641
4	4,101	4,204	4,309	4,416	4,526	4,637	4,751	4,867	4,985	5,105
5	5,152	5,308	5,468	5,633	5,802	5,975	6,153	6,336	6,523	6,716
6	6,214	6,434	6,662	6,898	7,142	7,394	7,654	7,923	8,200	8,487
7	7,286	7,583	7,892	8,214	8,549	8,897	9,260	9,637	10,028	10,436
8	8,369	8,755	9,159	9,583	10,027	10,491	10,978	11,488	12,021	12,579
9	9,462	9,950	10,464	11,006	11,578	12,181	12,816	13,487	14,193	14,937
10	10,567	11,169	11,808	12,486	13,207	13,972	14,784	15,645	16,560	17,531
11	11,683	12,412	13,192	14,026	14,917	15,870	16,888	17,977	19,141	20,384
12	12,809	13,680	14,618	15,627	16,713	17,882	19,141	20,495	21,953	23,523
13	13,947	14,974	16,086	17,292	18,599	20,015	21,550	23,215	25,019	26,975
14	15,097	16,293	17,599	19,024	20,579	22,276	24,129	26,152	28,361	30,772
15	16,258	17,639	19,157	20,825	22,657	24,673	26,888	29,324	32,003	34,950
16	17,430	19,012	20,762	22,698	24,840	27,213	29,840	32,750	35,974	39,545
17	18,615	20,412	22,414	24,645	27,132	29,906	32,999	36,450	40,301	44,599
18	19,811	21,841	24,117	26,671	29,539	32,760	36,379	40,446	45,018	50,159
19	21,019	23,297	25,870	28,778	32,066	35,786	39,995	44,762	50,160	56,275
20	22,239	24,783	27,676	30,969	34,719	38,993	43,865	49,423	55,765	63,002
21	23,472	26,299	29,537	33,248	37,505	42,392	48,006	54,457	61,873	70,403
22	24,716	27,845	31,453	35,618	40,430	45,996	52,436	59,893	68,532	78,543
23	25,973	29,422	33,426	38,083	43,502	49,816	57,177	65,765	75,790	87,497
24	27,243	31,030	35,459	40,646	46,727	53,865	62,249	72,106	83,701	97,347
25	28,526	32,671	37,553	43,312	50,113	58,156	67,676	78,954	92,324	108,18
26	29,821	34,344	39,710	46,084	53,669	62,706	73,484	86,351	101,72	120,10
27	31,129	36,051	41,931	48,968	57,403	67,528	79,698	94,339	111,97	133,21
28	32,450	37,792	44,219	51,966	61,323	72,640	86,347	102,97	123,14	147,63
29	33,785	39,568	46,575	55,085	65,439	78,058	93,461	112,28	135,31	163,49
30	35,133	41,379	49,003	58,328	69,761	83,802	101,07	122,35	148,58	180,94
31	36,494	43,227	51,503	61,701	74,299	89,890	109,22	133,21	163,04	200,14
32	37,869	45,112	54,078	65,210	79,064	96,343	117,93	144,95	178,80	221,25
33	39,258	47,034	56,730	68,858	84,067	103,18	127,26	157,63	195,98	244,48
34	40,660	48,994	59,462	72,652	89,320	110,43	137,24	171,32	214,71	270,02
35	42,077	50,994	62,276	76,598	94,836	118,12	147,91	186,10	235,12	298,13
36	43,508	53,034	65,174	80,702	100,63	126,27	159,34	202,07	257,38	329,04
37	44,953	55,115	68,159	84,970	106,71	134,90	171,56	219,32	281,63	363,04
38	46,412	57,237	71,234	89,409	113,10	144,06	184,64	237,94	308,07	400,45
39	47,886	59,402	74,401	94,026	119,80	153,76	198,64	258,06	336,88	441,59
40	49,375	61,610	77,663	98,827	126,84	164,05	213,61	279,78	368,29	486,85
41	50,879	63,862	81,023	103,82	134,23	174,95	229,63	303,24	402,53	536,64
42	52,398	66,159	84,484	109,01	141,99	186,51	246,78	328,58	439,85	591,40
43	53,932	68,503	88,048	114,41	150,14	198,76	265,12	355,95	480,52	651,64
44	55,481	70,893	91,720	120,03	158,70	211,74	284,75	385,51	524,86	717,90
45	57,046	73,331	95,501	125,87	167,69	225,51	305,75	417,43	573,19	790,80
46	58,626	75,817	99,397	131,95	177,12	240,10	328,22	451,90	625,86	870,97
47	60,223	78,354	103,41	138,26	187,03	255,56	352,27	489,13	683,28	959,17
48	61,835	80,941	107,54	144,83	197,43	271,96	378,00	529,34	745,87	1.056,2
49	63,463	83,579	111,80	151,67	208,35	289,34	405,53	572,77	814,08	1.162,9
50	65,108	86,271	116,18	158,77	219,82	307,76	434,99	619,67	888,44	1.280,3
100	172,19	318,48	625,51	1.287,1	2.740,5	5.976,7	13.248	29.683	66.951	151.576

n = Laufzeit in Jahren Zinssatz p = 1,0 bis 10,0 % p.a.

Abb. 3-20 Vorschüssige Rentenendwertfaktoren

n	1,0%	2,0%	2,2%	2,4%	2,6%	2,8%	3,0%	3,2%	3,4%	3,6%
1	0,990	0,980	0,978	0,977	0,975	0,973	0,971	0,969	0,967	0,965
2	1,970	1,942	1,936	1,930	1,925	1,919	1,913	1,908	1,902	1,897
3	2,941	2,884	2,873	2,862	2,851	2,840	2,829	2,818	2,807	2,796
4	3,902	3,808	3,789	3,771	3,753	3,735	3,717	3,699	3,682	3,664
5	4,853	4,713	4,686	4,659	4,632	4,606	4,580	4,554	4,528	4,502
6	5,795	5,601	5,564	5,527	5,490	5,453	5,417	5,381	5,346	5,311
7	6,728	6,472	6,423	6,374	6,325	6,278	6,230	6,184	6,137	6,092
8	7,652	7,325	7,263	7,201	7,140	7,079	7,020	6,961	6,903	6,845
9	8,566	8,162	8,085	8,009	7,933	7,859	7,786	7,714	7,643	7,573
10	9,471	8,983	8,889	8,797	8,707	8,618	8,530	8,444	8,359	8,275
11	10,368	9,787	9,676	9,568	9,461	9,356	9,253	9,151	9,051	8,953
12	11,255	10,575	10,447	10,320	10,196	10,074	9,954	9,836	9,720	9,607
13	12,134	11,348	11,200	11,055	10,912	10,772	10,635	10,500	10,368	10,238
14	13,004	12,106	11,938	11,772	11,610	11,452	11,296	11,144	10,994	10,848
15	13,865	12,849	12,659	12,473	12,291	12,112	11,938	11,767	11,600	11,436
16	14,718	13,578	13,365	13,157	12,954	12,755	12,561	12,371	12,185	12,004
17	15,562	14,292	14,056	13,825	13,600	13,381	13,166	12,957	12,752	12,552
18	16,398	14,992	14,732	14,478	14,230	13,989	13,754	13,524	13,300	13,081
19	17,226	15,678	15,393	15,115	14,844	14,581	14,324	14,073	13,829	13,592
20	18,046	16,351	16,040	15,737	15,443	15,156	14,877	14,606	14,342	14,085
21	18,857	17,011	16,673	16,345	16,026	15,716	15,415	15,122	14,837	14,560
22	19,660	17,658	17,293	16,939	16,595	16,261	15,937	15,622	15,317	15,020
23	20,456	18,292	17,899	17,518	17,149	16,791	16,444	16,107	15,780	15,463
24	21,243	18,914	18,492	18,084	17,689	17,306	16,936	16,576	16,228	15,891
25	22,023	19,523	19,073	18,637	18,215	17,808	17,413	17,031	16,662	16,304
26	22,795	20,121	19,641	19,177	18,728	18,295	17,877	17,472	17,081	16,703
27	23,560	20,707	20,196	19,704	19,228	18,770	18,327	17,899	17,487	17,088
28	24,316	21,281	20,740	20,219	19,716	19,231	18,764	18,313	17,879	17,459
29	25,066	21,844	21,272	20,721	20,191	19,680	19,188	18,715	18,258	17,818
30	25,808	22,396	21,793	21,212	20,654	20,117	19,600	19,103	18,625	18,164
31	26,542	22,938	22,302	21,692	21,105	20,542	20,000	19,480	18,979	18,498
32	27,270	23,468	22,800	22,160	21,545	20,955	20,389	19,845	19,322	18,820
33	27,990	23,989	23,288	22,617	21,974	21,357	20,766	20,199	19,654	19,132
34	28,703	24,499	23,765	23,063	22,392	21,748	21,132	20,541	19,975	19,432
35	29,409	24,999	24,232	23,499	22,799	22,129	21,487	20,873	20,285	19,722
36	30,108	25,489	24,689	23,925	23,196	22,499	21,832	21,195	20,585	20,002
37	30,800	25,969	25,136	24,341	23,583	22,859	22,167	21,507	20,876	20,272
38	31,485	26,441	25,573	24,747	23,960	23,209	22,492	21,809	21,156	20,533
39	32,163	26,903	26,001	25,144	24,327	23,549	22,808	22,102	21,428	20,785
40	32,835	27,355	26,420	25,531	24,685	23,881	23,115	22,385	21,690	21,028
41	33,500	27,799	26,830	25,909	25,034	24,203	23,412	22,660	21,944	21,262
42	34,158	28,235	27,231	26,278	25,375	24,517	23,701	22,927	22,190	21,489
43	34,810	28,662	27,623	26,639	25,706	24,822	23,982	23,185	22,427	21,707
44	35,455	29,080	28,007	26,991	26,029	25,118	24,254	23,435	22,657	21,918
45	36,095	29,490	28,382	27,335	26,345	25,407	24,519	23,677	22,879	22,122
46	36,727	29,892	28,750	27,671	26,652	25,688	24,775	23,912	23,094	22,318
47	37,354	30,287	29,110	27,999	26,951	25,961	25,025	24,139	23,302	22,508
48	37,974	30,673	29,461	28,319	27,243	26,226	25,267	24,360	23,502	22,691
49	38,588	31,052	29,806	28,632	27,527	26,485	25,502	24,574	23,697	22,868
50	39,196	31,424	30,143	28,938	27,804	26,736	25,730	24,781	23,885	23,039
100	63,029	43,098	40,296	37,778	35,508	33,457	31,599	29,911	28,373	26,969

n = Laufzeit in Jahren Zinssatz p = 1,0 bis 3,6 % p.a.

Abb. 3-21.1 Nachschüssige Rentenbarwertfaktoren

n	3,8%	4,0%	4,2%	4,4%	4,6%	4,8%	5,0%	5,2%	5,4%	5,6%
1	0,963	0,962	0,960	0,958	0,956	0,954	0,952	0,951	0,949	0,947
2	1,892	1,886	1,881	1,875	1,870	1,865	1,859	1,854	1,849	1,844
3	2,786	2,775	2,765	2,754	2,744	2,733	2,723	2,713	2,703	2,693
4	3,647	3,630	3,613	3,596	3,579	3,562	3,546	3,530	3,513	3,497
5	4,477	4,452	4,427	4,402	4,378	4,354	4,329	4,306	4,282	4,259
6	5,276	5,242	5,208	5,175	5,141	5,108	5,076	5,043	5,011	4,980
7	6,047	6,002	5,958	5,914	5,871	5,829	5,786	5,745	5,703	5,663
8	6,789	6,733	6,677	6,623	6,569	6,516	6,463	6,411	6,360	6,309
9	7,504	7,435	7,368	7,302	7,236	7,172	7,108	7,045	6,983	6,922
10	8,192	8,111	8,031	7,952	7,874	7,797	7,722	7,647	7,574	7,502
11	8,856	8,760	8,667	8,574	8,484	8,394	8,306	8,220	8,135	8,051
12	9,495	9,385	9,277	9,171	9,067	8,964	8,863	8,764	8,667	8,571
13	10,111	9,986	9,863	9,742	9,624	9,508	9,394	9,281	9,171	9,063
14	10,704	10,563	10,425	10,290	10,157	10,026	9,899	9,773	9,650	9,530
15	11,276	11,118	10,964	10,814	10,666	10,521	10,380	10,241	10,105	9,971
16	11,826	11,652	11,482	11,316	11,153	10,994	10,838	10,685	10,536	10,389
17	12,357	12,166	11,979	11,797	11,619	11,444	11,274	11,108	10,945	10,785
18	12,868	12,659	12,456	12,257	12,064	11,874	11,690	11,509	11,333	11,160
19	13,360	13,134	12,914	12,699	12,489	12,285	12,085	11,891	11,701	11,516
20	13,834	13,590	13,353	13,121	12,896	12,676	12,462	12,254	12,050	11,852
21	14,291	14,029	13,774	13,526	13,285	13,050	12,821	12,598	12,382	12,170
22	14,731	14,451	14,179	13,914	13,657	13,406	13,163	12,926	12,696	12,472
23	15,155	14,857	14,567	14,285	14,012	13,747	13,489	13,238	12,994	12,757
24	15,564	15,247	14,939	14,641	14,352	14,071	13,799	13,534	13,277	13,028
25	15,958	15,622	15,297	14,982	14,677	14,381	14,094	13,816	13,546	13,284
26	16,337	15,983	15,640	15,308	14,987	14,676	14,375	14,083	13,801	13,527
27	16,702	16,330	15,969	15,621	15,284	14,958	14,643	14,338	14,042	13,756
28	17,054	16,663	16,285	15,921	15,568	15,227	14,898	14,580	14,272	13,974
29	17,393	16,984	16,589	16,207	15,840	15,484	15,141	14,810	14,489	14,180
30	17,720	17,292	16,880	16,482	16,099	15,729	15,372	15,028	14,696	14,375
31	18,034	17,588	17,159	16,745	16,347	15,963	15,593	15,236	14,892	14,559
32	18,338	17,874	17,427	16,998	16,584	16,186	15,803	15,433	15,077	14,734
33	18,630	18,148	17,684	17,239	16,811	16,399	16,003	15,621	15,254	14,900
34	18,911	18,411	17,931	17,470	17,028	16,602	16,193	15,799	15,421	15,057
35	19,182	18,665	18,168	17,692	17,235	16,796	16,374	15,969	15,580	15,205
36	19,443	18,908	18,396	17,904	17,433	16,981	16,547	16,130	15,730	15,346
37	19,695	19,143	18,614	18,107	17,622	17,157	16,711	16,284	15,873	15,479
38	19,937	19,368	18,823	18,302	17,803	17,326	16,868	16,429	16,009	15,605
39	20,171	19,584	19,024	18,489	17,976	17,486	17,017	16,568	16,137	15,724
40	20,396	19,793	19,217	18,667	18,142	17,640	17,159	16,699	16,259	15,838
41	20,613	19,993	19,402	18,838	18,300	17,786	17,294	16,824	16,375	15,945
42	20,821	20,186	19,580	19,002	18,451	17,925	17,423	16,943	16,485	16,046
43	21,022	20,371	19,750	19,159	18,596	18,059	17,546	17,056	16,589	16,142
44	21,216	20,549	19,914	19,310	18,734	18,186	17,663	17,164	16,688	16,233
45	21,403	20,720	20,071	19,454	18,866	18,307	17,774	17,266	16,782	16,319
46	21,583	20,885	20,222	19,592	18,993	18,423	17,880	17,363	16,871	16,401
47	21,756	21,043	20,366	19,724	19,113	18,533	17,981	17,456	16,955	16,478
48	21,923	21,195	20,505	19,850	19,229	18,638	18,077	17,543	17,035	16,551
49	22,084	21,341	20,638	19,972	19,339	18,739	18,169	17,627	17,111	16,620
50	22,239	21,482	20,766	20,088	19,445	18,835	18,256	17,706	17,183	16,686
100	25,684	24,505	23,420	22,421	21,497	20,642	19,848	19,110	18,422	17,780

n = Laufzeit in Jahren Zinssatz p = 3,8 bis 5,6 % p.a.

Abb. 3-21.2 Nachschüssige Rentenbarwertfaktoren

n	5,8%	6,0%	6,2%	6,4%	6,6%	6,8%	7,0%	7,2%	7,4%	7,6%
1	0,945	0,943	0,942	0,940	0,938	0,936	0,935	0,933	0,931	0,929
2	1,839	1,833	1,828	1,823	1,818	1,813	1,808	1,803	1,798	1,793
3	2,683	2,673	2,663	2,653	2,644	2,634	2,624	2,615	2,605	2,596
4	3,481	3,465	3,449	3,434	3,418	3,403	3,387	3,372	3,357	3,342
5	4,235	4,212	4,190	4,167	4,144	4,122	4,100	4,078	4,057	4,035
6	4,948	4,917	4,887	4,856	4,826	4,796	4,767	4,737	4,708	4,680
7	5,622	5,582	5,543	5,504	5,465	5,427	5,389	5,352	5,315	5,278
8	6,259	6,210	6,161	6,113	6,065	6,018	5,971	5,925	5,880	5,835
9	6,861	6,802	6,743	6,685	6,628	6,571	6,515	6,460	6,406	6,352
10	7,430	7,360	7,291	7,223	7,155	7,089	7,024	6,959	6,896	6,833
11	7,968	7,887	7,807	7,728	7,650	7,574	7,499	7,425	7,352	7,280
12	8,477	8,384	8,293	8,203	8,115	8,028	7,943	7,859	7,776	7,695
13	8,957	8,853	8,750	8,649	8,550	8,453	8,358	8,264	8,171	8,081
14	9,411	9,295	9,181	9,069	8,959	8,851	8,745	8,642	8,539	8,439
15	9,840	9,712	9,587	9,463	9,343	9,224	9,108	8,994	8,882	8,773
16	10,246	10,106	9,969	9,834	9,702	9,573	9,447	9,323	9,201	9,082
17	10,630	10,477	10,328	10,182	10,040	9,900	9,763	9,629	9,498	9,370
18	10,992	10,828	10,667	10,510	10,356	10,206	10,059	9,915	9,775	9,638
19	11,335	11,158	10,986	10,817	10,653	10,492	10,336	10,182	10,033	9,886
20	11,658	11,470	11,286	11,107	10,932	10,761	10,594	10,431	10,272	10,117
21	11,965	11,764	11,569	11,378	11,193	11,012	10,836	10,664	10,496	10,332
22	12,254	12,042	11,835	11,634	11,438	11,247	11,061	10,880	10,704	10,532
23	12,527	12,303	12,086	11,874	11,668	11,467	11,272	11,082	10,897	10,717
24	12,786	12,550	12,322	12,099	11,884	11,674	11,469	11,271	11,078	10,890
25	13,030	12,783	12,544	12,312	12,086	11,867	11,654	11,447	11,245	11,050
26	13,261	13,003	12,753	12,511	12,276	12,047	11,826	11,611	11,402	11,199
27	13,479	13,211	12,950	12,698	12,454	12,217	11,987	11,764	11,547	11,337
28	13,685	13,406	13,136	12,874	12,621	12,375	12,137	11,906	11,683	11,466
29	13,880	13,591	13,311	13,040	12,777	12,524	12,278	12,040	11,809	11,585
30	14,064	13,765	13,475	13,195	12,924	12,662	12,409	12,164	11,926	11,696
31	14,239	13,929	13,630	13,341	13,062	12,793	12,532	12,280	12,036	11,800
32	14,403	14,084	13,776	13,479	13,192	12,914	12,647	12,388	12,137	11,896
33	14,559	14,230	13,913	13,608	13,313	13,028	12,754	12,489	12,232	11,985
34	14,706	14,368	14,043	13,729	13,427	13,135	12,854	12,583	12,321	12,068
35	14,845	14,498	14,165	13,843	13,534	13,235	12,948	12,670	12,403	12,145
36	14,976	14,621	14,279	13,950	13,634	13,329	13,035	12,752	12,479	12,216
37	15,100	14,737	14,387	14,051	13,728	13,417	13,117	12,829	12,551	12,283
38	15,218	14,846	14,489	14,146	13,816	13,499	13,193	12,900	12,617	12,344
39	15,329	14,949	14,585	14,235	13,899	13,576	13,265	12,966	12,679	12,402
40	15,434	15,046	14,675	14,318	13,976	13,648	13,332	13,028	12,736	12,455
41	15,533	15,138	14,760	14,397	14,049	13,715	13,394	13,086	12,790	12,505
42	15,626	15,225	14,840	14,471	14,117	13,778	13,452	13,140	12,840	12,551
43	15,715	15,306	14,915	14,540	14,181	13,837	13,507	13,190	12,886	12,594
44	15,799	15,383	14,986	14,605	14,241	13,892	13,558	13,237	12,929	12,634
45	15,878	15,456	15,053	14,667	14,298	13,944	13,606	13,281	12,970	12,671
46	15,952	15,524	15,115	14,724	14,351	13,993	13,650	13,322	13,007	12,705
47	16,023	15,589	15,175	14,779	14,400	14,038	13,692	13,360	13,042	12,737
48	16,090	15,650	15,230	14,830	14,447	14,081	13,730	13,395	13,074	12,767
49	16,153	15,708	15,283	14,877	14,490	14,120	13,767	13,429	13,105	12,794
50	16,213	15,762	15,332	14,922	14,531	14,158	13,801	13,459	13,133	12,820
100	17,180	16,618	16,090	15,593	15,126	14,685	14,269	13,876	13,503	13,149

n = Laufzeit in Jahren Zinssatz p = 5,8 bis 7,6 % p.a.

Abb. 3-21.3 Nachschüssige Rentenbarwertfaktoren

n	7,8%	8,0%	8,2%	8,4%	8,6%	8,8%	9,0%	10,0%	15,0%	20,0%
1	0,928	0,926	0,924	0,923	0,921	0,919	0,917	0,909	0,870	0,833
2	1,788	1,783	1,778	1,774	1,769	1,764	1,759	1,736	1,626	1,528
3	2,586	2,577	2,568	2,559	2,549	2,540	2,531	2,487	2,283	2,106
4	3,327	3,312	3,297	3,283	3,268	3,254	3,240	3,170	2,855	2,589
5	4,014	3,993	3,972	3,951	3,930	3,910	3,890	3,791	3,352	2,991
6	4,651	4,623	4,595	4,567	4,540	4,513	4,486	4,355	3,784	3,326
7	5,242	5,206	5,171	5,136	5,101	5,067	5,033	4,868	4,160	3,605
8	5,791	5,747	5,703	5,660	5,618	5,576	5,535	5,335	4,487	3,837
9	6,299	6,247	6,195	6,144	6,094	6,044	5,995	5,759	4,772	4,031
10	6,771	6,710	6,650	6,591	6,532	6,475	6,418	6,145	5,019	4,192
11	7,209	7,139	7,070	7,002	6,936	6,870	6,805	6,495	5,234	4,327
12	7,615	7,536	7,459	7,382	7,307	7,233	7,161	6,814	5,421	4,439
13	7,991	7,904	7,818	7,733	7,649	7,568	7,487	7,103	5,583	4,533
14	8,341	8,244	8,149	8,056	7,965	7,875	7,786	7,367	5,724	4,611
15	8,665	8,559	8,456	8,354	8,255	8,157	8,061	7,606	5,847	4,675
16	8,966	8,851	8,739	8,629	8,522	8,416	8,313	7,824	5,954	4,730
17	9,245	9,122	9,001	8,883	8,768	8,655	8,544	8,022	6,047	4,775
18	9,503	9,372	9,243	9,117	8,994	8,874	8,756	8,201	6,128	4,812
19	9,743	9,604	9,467	9,333	9,203	9,075	8,950	8,365	6,198	4,843
20	9,966	9,818	9,674	9,533	9,395	9,260	9,129	8,514	6,259	4,870
21	10,173	10,017	9,865	9,716	9,572	9,430	9,292	8,649	6,312	4,891
22	10,364	10,201	10,041	9,886	9,734	9,587	9,442	8,772	6,359	4,909
23	10,542	10,371	10,205	10,042	9,884	9,730	9,580	8,883	6,399	4,925
24	10,707	10,529	10,355	10,187	10,022	9,862	9,707	8,985	6,434	4,937
25	10,860	10,675	10,495	10,320	10,150	9,984	9,823	9,077	6,464	4,948
26	11,002	10,810	10,624	10,443	10,267	10,095	9,929	9,161	6,491	4,956
27	11,133	10,935	10,743	10,556	10,374	10,198	10,027	9,237	6,514	4,964
28	11,255	11,051	10,853	10,661	10,474	10,292	10,116	9,307	6,534	4,970
29	11,369	11,158	10,955	10,757	10,565	10,379	10,198	9,370	6,551	4,975
30	11,474	11,258	11,049	10,846	10,649	10,459	10,274	9,427	6,566	4,979
31	11,571	11,350	11,136	10,928	10,727	10,532	10,343	9,479	6,579	4,982
32	11,661	11,435	11,216	11,004	10,798	10,599	10,406	9,526	6,591	4,985
33	11,745	11,514	11,290	11,073	10,864	10,661	10,464	9,569	6,600	4,988
34	11,823	11,587	11,359	11,138	10,924	10,718	10,518	9,609	6,609	4,990
35	11,895	11,655	11,422	11,197	10,980	10,770	10,567	9,644	6,617	4,992
36	11,962	11,717	11,481	11,252	11,031	10,818	10,612	9,677	6,623	4,993
37	12,024	11,775	11,535	11,303	11,079	10,862	10,653	9,706	6,629	4,994
38	12,082	11,829	11,585	11,349	11,122	10,903	10,691	9,733	6,634	4,995
39	12,135	11,879	11,631	11,392	11,162	10,940	10,726	9,757	6,638	4,996
40	12,185	11,925	11,674	11,432	11,199	10,974	10,757	9,779	6,642	4,997
41	12,231	11,967	11,713	11,469	11,233	11,006	10,787	9,799	6,645	4,997
42	12,274	12,007	11,750	11,503	11,264	11,035	10,813	9,817	6,648	4,998
43	12,313	12,043	11,784	11,534	11,293	11,061	10,838	9,834	6,650	4,998
44	12,350	12,077	11,815	11,562	11,320	11,086	10,861	9,849	6,652	4,998
45	12,384	12,108	11,844	11,589	11,344	11,108	10,881	9,863	6,654	4,999
46	12,416	12,137	11,870	11,613	11,366	11,129	10,900	9,875	6,656	4,999
47	12,445	12,164	11,895	11,636	11,387	11,148	10,918	9,887	6,657	4,999
48	12,472	12,189	11,918	11,657	11,406	11,165	10,934	9,897	6,659	4,999
49	12,497	12,212	11,939	11,676	11,424	11,181	10,948	9,906	6,660	4,999
50	12,521	12,233	11,958	11,694	11,440	11,196	10,962	9,915	6,661	4,999
100	12,813	12,494	12,191	11,901	11,625	11,361	11,109	9,999	6,667	5,000

n = Laufzeit in Jahren Zinssatz p = 7,8 bis 20,0 % p.a.

Abb. 3-21.4 Nachschüssige Rentenbarwertfaktoren

n	1,0%	2,0%	3,0%	4,0%	5,0%	6,0%	7,0%	8,0%	9,0%	10,0%
1	1,000	1,000	1,000	1,000	1,000	1,000	1,000	1,000	1,000	1,000
2	2,010	2,020	2,030	2,040	2,050	2,060	2,070	2,080	2,090	2,100
3	3,030	3,060	3,091	3,122	3,153	3,184	3,215	3,246	3,278	3,310
4	4,060	4,122	4,184	4,246	4,310	4,375	4,440	4,506	4,573	4,641
5	5,101	5,204	5,309	5,416	5,526	5,637	5,751	5,867	5,985	6,105
6	6,152	6,308	6,468	6,633	6,802	6,975	7,153	7,336	7,523	7,716
7	7,214	7,434	7,662	7,898	8,142	8,394	8,654	8,923	9,200	9,487
8	8,286	8,583	8,892	9,214	9,549	9,897	10,260	10,637	11,028	11,436
9	9,369	9,755	10,159	10,583	11,027	11,491	11,978	12,488	13,021	13,579
10	10,462	10,950	11,464	12,006	12,578	13,181	13,816	14,487	15,193	15,937
11	11,567	12,169	12,808	13,486	14,207	14,972	15,784	16,645	17,560	18,531
12	12,683	13,412	14,192	15,026	15,917	16,870	17,888	18,977	20,141	21,384
13	13,809	14,680	15,618	16,627	17,713	18,882	20,141	21,495	22,953	24,523
14	14,947	15,974	17,086	18,292	19,599	21,015	22,550	24,215	26,019	27,975
15	16,097	17,293	18,599	20,024	21,579	23,276	25,129	27,152	29,361	31,772
16	17,258	18,639	20,157	21,825	23,657	25,673	27,888	30,324	33,003	35,950
17	18,430	20,012	21,762	23,698	25,840	28,213	30,840	33,750	36,974	40,545
18	19,615	21,412	23,414	25,645	28,132	30,906	33,999	37,450	41,301	45,599
19	20,811	22,841	25,117	27,671	30,539	33,760	37,379	41,446	46,018	51,159
20	22,019	24,297	26,870	29,778	33,066	36,786	40,995	45,762	51,160	57,275
21	23,239	25,783	28,676	31,969	35,719	39,993	44,865	50,423	56,765	64,002
22	24,472	27,299	30,537	34,248	38,505	43,392	49,006	55,457	62,873	71,403
23	25,716	28,845	32,453	36,618	41,430	46,996	53,436	60,893	69,532	79,543
24	26,973	30,422	34,426	39,083	44,502	50,816	58,177	66,765	76,790	88,497
25	28,243	32,030	36,459	41,646	47,727	54,865	63,249	73,106	84,701	98,35
26	29,526	33,671	38,553	44,312	51,113	59,156	68,676	79,954	93,32	109,18
27	30,821	35,344	40,710	47,084	54,669	63,706	74,484	87,351	102,72	121,10
28	32,129	37,051	42,931	49,968	58,403	68,528	80,698	95,34	112,97	134,21
29	33,450	38,792	45,219	52,966	62,323	73,640	87,347	103,97	124,14	148,63
30	34,785	40,568	47,575	56,085	66,439	79,058	94,46	113,28	136,31	164,49
31	36,133	42,379	50,003	59,328	70,761	84,802	102,07	123,35	149,58	181,94
32	37,494	44,227	52,503	62,701	75,299	90,890	110,22	134,21	164,04	201,14
33	38,869	46,112	55,078	66,210	80,064	97,34	118,93	145,95	179,80	222,25
34	40,258	48,034	57,730	69,858	85,067	104,18	128,26	158,63	196,98	245,48
35	41,660	49,994	60,462	73,652	90,320	111,43	138,24	172,32	215,71	271,02
36	43,077	51,994	63,276	77,598	95,84	119,12	148,91	187,10	236,12	299,13
37	44,508	54,034	66,174	81,702	101,63	127,27	160,34	203,07	258,38	330,04
38	45,953	56,115	69,159	85,970	107,71	135,90	172,56	220,32	282,63	364,04
39	47,412	58,237	72,234	90,409	114,10	145,06	185,64	238,94	309,07	401,45
40	48,886	60,402	75,401	95,026	120,80	154,76	199,64	259,06	337,88	442,59
41	50,375	62,610	78,663	99,83	127,84	165,05	214,61	280,78	369,29	487,85
42	51,879	64,862	82,023	104,82	135,23	175,95	230,63	304,24	403,53	537,64
43	53,398	67,159	85,484	110,01	142,99	187,51	247,78	329,58	440,85	592,40
44	54,932	69,503	89,048	115,41	151,14	199,76	266,12	356,95	481,52	652,64
45	56,481	71,893	92,720	121,03	159,70	212,74	285,75	386,51	525,86	718,90
46	58,046	74,331	96,501	126,87	168,69	226,51	306,75	418,43	574,19	791,80
47	59,626	76,817	100,40	132,95	178,12	241,10	329,22	452,90	626,86	871,97
48	61,223	79,354	104,41	139,26	188,03	256,56	353,27	490,13	684,28	960,2
49	62,835	81,941	108,54	145,83	198,43	272,96	379,00	530,34	746,87	1.057,2
50	64,463	84,579	112,80	152,67	209,35	290,34	406,53	573,77	815,08	1.163,9
100	170,48	312,23	607,29	1.237,6	2.610,0	5.638,4	12.382	27.485	61.423	137.796

n = Laufzeit in Jahren Zinssatz p = 1,0 bis 10,0 % p.a.

Abb. 3-22 Nachschüssige Rentenendwertfaktoren

n	f/q = 0,92	0,94	0,96	0,97	0,98	0,99	1,00	1,02	1,04	1,06
1	0,920	0,940	0,960	0,970	0,980	0,990	1,000	1,020	1,040	1,060
2	1,766	1,824	1,882	1,911	1,940	1,970	2,000	2,060	2,122	2,184
3	2,545	2,654	2,766	2,824	2,882	2,940	3,000	3,122	3,246	3,375
4	3,261	3,435	3,616	3,709	3,804	3,901	4,000	4,204	4,416	4,637
5	3,921	4,169	4,431	4,568	4,708	4,852	5,000	5,308	5,633	5,975
6	4,527	4,859	5,214	5,401	5,594	5,793	6,000	6,434	6,898	7,394
7	5,085	5,507	5,965	6,209	6,462	6,726	7,000	7,583	8,214	8,897
8	5,598	6,117	6,687	6,992	7,313	7,648	8,000	8,755	9,583	10,491
9	6,070	6,690	7,379	7,753	8,146	8,562	9,000	9,950	11,006	12,181
10	6,505	7,228	8,044	8,490	8,963	9,466	10,000	11,169	12,486	13,972
11	6,904	7,735	8,682	9,205	9,764	10,362	11,000	12,412	14,026	15,870
12	7,272	8,211	9,295	9,899	10,549	11,248	12,000	13,680	15,627	17,882
13	7,610	8,658	9,883	10,572	11,318	12,125	13,000	14,974	17,292	20,015
14	7,921	9,078	10,448	11,225	12,072	12,994	14,000	16,293	19,024	22,276
15	8,208	9,474	10,990	11,858	12,810	13,854	15,000	17,639	20,825	24,673
16	8,471	9,845	11,510	12,472	13,534	14,706	16,000	19,012	22,698	27,213
17	8,713	10,195	12,010	13,068	14,243	15,549	17,000	20,412	24,645	29,906
18	8,936	10,523	12,490	13,646	14,938	16,383	18,000	21,841	26,671	32,760
19	9,141	10,832	12,950	14,207	15,620	17,209	19,000	23,297	28,778	35,786
20	9,330	11,122	13,392	14,751	16,287	18,027	20,000	24,783	30,969	38,993
21	9,504	11,394	13,816	15,278	16,941	18,837	21,000	26,299	33,248	42,392
22	9,663	11,651	14,224	15,790	17,583	19,639	22,000	27,845	35,618	45,996
23	9,810	11,892	14,615	16,286	18,211	20,432	23,000	29,422	38,083	49,816
24	9,945	12,118	14,990	16,768	18,827	21,218	24,000	31,030	40,646	53,865
25	10,070	12,331	15,350	17,234	19,430	21,996	25,000	32,671	43,312	58,156
26	10,184	12,531	15,696	17,687	20,022	22,766	26,000	34,344	46,084	62,706
27	10,289	12,719	16,029	18,127	20,601	23,528	27,000	36,051	48,968	67,528
28	10,386	12,896	16,347	18,553	21,169	24,283	28,000	37,792	51,966	72,640
29	10,475	13,062	16,654	18,966	21,726	25,030	29,000	39,568	55,085	78,058
30	10,557	13,219	16,947	19,367	22,271	25,770	30,000	41,379	58,328	83,802
31	10,633	13,366	17,230	19,756	22,806	26,502	31,000	43,227	61,701	89,890
32	10,702	13,504	17,500	20,134	23,330	27,227	32,000	45,112	65,210	96,343
33	10,766	13,633	17,760	20,500	23,843	27,945	33,000	47,034	68,858	103,18
34	10,825	13,755	18,010	20,855	24,346	28,655	34,000	48,994	72,652	110,43
35	10,879	13,870	18,250	21,199	24,839	29,359	35,000	50,994	76,598	118,12
36	10,928	13,978	18,480	21,533	25,323	30,055	36,000	53,034	80,702	126,27
37	10,974	14,079	18,700	21,857	25,796	30,745	37,000	55,115	84,970	134,90
38	11,016	14,174	18,912	22,171	26,260	31,427	38,000	57,237	89,409	144,06
39	11,055	14,264	19,116	22,476	26,715	32,103	39,000	59,402	94,026	153,76
40	11,091	14,348	19,311	22,772	27,161	32,772	40,000	61,610	98,827	164,05
41	11,123	14,427	19,499	23,059	27,597	33,434	41,000	63,862	103,82	174,95
42	11,153	14,502	19,679	23,337	28,026	34,090	42,000	66,159	109,01	186,51
43	11,181	14,572	19,852	23,607	28,445	34,739	43,000	68,503	114,41	198,76
44	11,207	14,637	20,018	23,869	28,856	35,381	44,000	70,893	120,03	211,74
45	11,230	14,699	20,177	24,123	29,259	36,018	45,000	73,331	125,87	225,51
46	11,252	14,757	20,330	24,369	29,654	36,647	46,000	75,817	131,95	240,10
47	11,272	14,812	20,477	24,608	30,041	37,271	47,000	78,354	138,26	255,56
48	11,290	14,863	20,618	24,840	30,420	37,888	48,000	80,941	144,83	271,96
49	11,307	14,911	20,753	25,064	30,792	38,499	49,000	83,579	151,67	289,34
50	11,322	14,956	20,883	25,283	31,156	39,104	50,000	86,271	158,77	307,76
100	11,497	15,634	23,595	30,796	42,502	62,76	100,00	318,48	1.287,1	5.976,7

n = Laufzeit in Jahren Preissteigerungsfaktor/Zinsfaktor = 0,92 bis 1,06

Abb. 3-23 Kumulierte Barwertfaktoren einer geometrischen Reihe nachschüssiger Zahlungen

Aufgabe 1: Anforderungen an eine wirtschaftliche Investition

Welche vier Anforderungen stellt ein Investor bei ausschließlich monetärer Sichtweise an eine wirtschaftliche Investition?

Aufgabe 2: Vollständiger gegenseitiger Ausschluss von Investitionsalternativen

Ein Sparer hat 10.000 € für ein Jahr frei verfügbar. Es bieten sich ihm zwei Anlagemöglichkeiten:

A: genau 10.000 € auf ein Jahr festverzinslich zu 11,5 % p. a.
B: genau 9.000 € auf ein Jahr festverzinslich zu 12,0 % p. a.

Welche Anlage ist für ihn vorteilhafter?

Aufgabe 3: Vorteilhaftigkeit eines Doppelhauses

Ein Bauherr beabsichtigt, auf seinem Grundstück ein Doppelhaus mit einer Wohnfläche (WF) von 120 m² pro Doppelhaushälfte zu bauen. Sein Architekt legt ihm einen Entwurf vor und kommt in der Kostenberechnung auf 312.000 € (Baukosten incl. Baunebenkosten) für das Doppelhaus insgesamt.

Die Nutzungskosten für das gesamte Doppelhaus werden voraussichtlich für Heizenergie jährlich 2.000 € und für Instandsetzungsmaßnahmen alle 10 Jahre 30.000 € betragen.

(1) Wie ist die Vorteilhaftigkeit des Entwurfs zu beurteilen, wenn für Doppelhäuser gleichen Standards der Durchschnittswert der Baukosten einschl. Baunebenkosten 1.275 €/m²WF *) beträgt?

(2) Beurteilen Sie die Vorteilhaftigkeit des Entwurfs, wenn Sie zusätzlich den Kennwert des Barwertes der Heizenergieausgaben von 250 €/m²WF und den des Barwertes der Instandsetzungsausgaben von 300 €/m²WF für Doppelhäuser gleichen Standards berücksichtigen.

Rechnen Sie mit einem Kalkulationszinssatz von 3,0 % p. a. (als Realverzinsung) und einer Nutzungsdauer von 50 Jahren. Gehen Sie davon aus, dass die angegebenen Daten auf einem einheitlichen Preisstand basieren.

*) nach: BKI Baukosten 2007, Statistische Kostenkennwerte für Gebäude, S. 282 f. (Doppel- und Reihenendhäuser, einfacher Standard)

Aufgabe 4: Wirtschaftlichkeit und Nutzungskosten

Die Herstellung eines Gebäudes erfolgt grundsätzlich nur einmal. Aus der Nutzung eines Gebäudes resultieren die Folgekosten wiederholt; sie werden in der Regel pro Jahr ermittelt bzw. als Jahresdurchschnittswerte angegeben.

a) Wie ist grundsätzlich vorzugehen, um den Aufwand für die Herstellung eines Gebäudes zu periodisieren, d. h. in Jahreswerte umzurechnen?

b) In einem Gebäude ist Kapital gebunden. Hierfür sind im Falle einer Ermittlung der Nutzungskosten bzw. bei Anwendung der Kostenvergleichsrechnung entsprechende Kosten zu berücksichtigen. Welche Kosten sind dies und was ist dabei zu berücksichtigen?

c) Erläutern Sie die Kostenart kalkulatorische Abschreibung im Zusammenhang mit einer Immobilie (Grundstück und Gebäude).

Aufgabe 5: Überschlägige Beurteilung einer Bauinvestition

Ein Investor beabsichtigt, ein bestehendes Bürogebäude mit 1000 m² Nutzfläche zu erwerben und zu vermieten. Voraussetzung für die Durchführung dieser Investition ist, dass er im Vergleich zu einer Kapitalmarktanlage keinen Verlust erleidet.

Der geforderte Kaufpreis beträgt einschließlich Erwerbsnebenkosten 1.500.000 €, davon entfallen 80 % auf das Gebäude und 20 % auf das Grundstück. Die Investition erfolgt vollständig aus Eigenmitteln. Die Restnutzungsdauer des Gebäudes beträgt schätzungsweise 30 Jahre. Bei Vermietung des Gebäudes ist mit einem Einnahmeüberschuss (Mieteinnahmen abzüglich Ausgaben für Verwaltung, Grundsteuern u. a., Gebäudebetrieb und Instandsetzung sowie nicht umlegbare Ausgaben für Gebäudebetrieb) von 125.000 € im Jahr zu rechnen.

Beurteilen Sie überschlägig die Vorteilhaftigkeit der Investition, wenn auf dem Kapitalmarkt eine Verzinsung von 6 % p. a. zu erwarten ist.

Aufgabe 6: Vorteilhaftigkeit eines Wohnungsbauvorhabens

Eine Kapitalanlagegesellschaft beabsichtigt, einen größeren Geldbetrag gewinnbringend anzulegen. Als eine Anlagemöglichkeit bietet sich die Errichtung von 60 Wohneinheiten à 90 m² Wohnfläche (WF) auf einem in Erbpacht zu übernehmenden Grundstück an. Die Gesellschaft engagiert sich aus geschäftspolitischen Gründen jedoch nur im Wohnungsbau, wenn die Verzinsung mindestens 2 % p.a. über der Kapitalmarktverzinsung liegt.

Folgende Angaben über das Wohnungsbauvorhaben liegen vor:

- Die Investitionsausgabe für das Gebäude beträgt nach Kostenschätzung

5.000.000 €.

- Es wird mit einer Mieteinnahme von 6 €/m²WF monatlich gerechnet, wobei von steigenden Mieteinnahmen entsprechend der allgemeinen Teuerung auszugehen ist.
- Für Erbpacht, Verwaltung, Steuern, Gebäudebetrieb (nur nicht umlegbare Kosten) und Instandsetzungsmaßnahmen fallen jährlich Kosten in Höhe von 25 % der Mieteinnahmen an.
- Es wird eine Nutzungsdauer von 50 Jahren erwartet.

Beurteilen Sie die Vorteilhaftigkeit mit einem Verfahren, das geeignet ist, unter Berücksichtigung der geforderten Mindestverzinsung unmittelbar einen Vergleich mit der Kapitalmarktanlage durchzuführen. Nicht investiertes Kapital lässt auf dem Kapitalmarkt eine Realverzinsung von 3 % p. a. erwarten.

Aufgabe 7: Vergleich von Mieträumen

Ein Architekt beabsichtigt, Räume zu mieten, um darin ein Architekturbüro zu betreiben. Er geht davon aus, dass er nach fünf Jahren das Büro wieder aufgeben wird, um in den Ruhestand zu treten. Es werden ihm zwei leer stehende Büros angeboten, die sich zwar im Erhaltungszustand unterscheiden, die aber nach erfolgter Renovierung und Einrichtung gleich gut nutzbar sein werden.

	Büro 1	Büro 2
Mietvertragsdauer	5 Jahre	5 Jahre
Mietzins pro Monat mit 5-jähriger Mietzinsfestschreibung	225 €	350 €
Ausgaben für die Renovierung (einmalig vor dem Einzug)	4.000 €	1.500 €
Ausgaben für Büroeinrichtung (einmalig vor dem Einzug)	6.000 €	4.500 €
Wiederverkaufserlös der Büroeinrichtung nach fünf Jahren	1.000 €	500 €
Heizkosten während der fünf Jahre (voraussichtliche Energiepreissteigerung berücksichtigt)	5.000 €	4.000 €

Geben Sie auf der Grundlage einer überschlägigen Ermittlung eine Empfehlung für die Auswahl nach wirtschaftlichen Gesichtspunkten ab. Nicht investiertes Kapital lässt auf dem Kapitalmarkt eine Verzinsung von 6 % p. a. erwarten.

Aufgabe 8: Vorteilhaftigkeit einer zusätzlichen Wärmedämmung

Sie wollen das Dachgeschoss einer Altbauwohnung mit einer neuen Wärmedämmung ausstatten lassen. Von fachkundigen Firmen erhalten Sie zwei Angebote, die sich auch im Hinblick auf den Wärmeschutz unterscheiden:

	Variante 1	Variante 2
Ausgaben für Material und Verarbeitung	1.850 €	3.000 €
Einsparung an Heizenergie	55 €/Monat	70 €/Monat

Die Preissteigerung für die Heizenergie, die in Höhe der allgemeinen Teuerung zu erwarten ist, ist in den obigen Werten nicht berücksichtigt.

(1) Welche Wärmedämmung ist die vorteilhaftere, wenn Sie berücksichtigen, dass das Gebäude in absehbarer Zeit, frühestens jedoch nach 3 Jahren einer Straßenerweiterung weichen soll? Berücksichtigen Sie die Energiepreissteigerungen, indem Sie die Werte für die monatliche Einsparung pauschal um 5 % erhöhen.

(2) Für welche Variante entscheiden Sie sich, wenn der Abriss des Gebäudes definitiv erst in 10 Jahren erfolgen wird?

Nicht investiertes Kapital lässt auf dem Kapitalmarkt eine Nominalverzinsung von 6 % p. a. erwarten. Es ist mit einer allgemeinen Teuerung von durchschnittlich ca. 3 % p. a. zu rechnen.

Benutzen Sie für die Vorteilhaftigkeitsbestimmung in beiden Fällen ein überschlägiges Verfahren.

Aufgabe 9: Auswahl einer Wandkonstruktion

Es stehen zwei Außenwandkonstruktionen zur Wahl, bei denen die zweite Außenwand im Vergleich zur ersten in der Herstellung teurer, dafür aber energiesparender und instandsetzungsfreundlicher ist.

(1) Beurteilen Sie die Vorteilhaftigkeit der beiden Außenwandkonstruktionen

(1.1) für den Fall, dass die Ausgaben für Heizenergie sowie Instandsetzungsmaßnahmen entsprechend der allgemeinen Teuerung steigen, und

(1.2) für den Fall, dass die Ausgaben für Heizenergie sowie Instandsetzungsmaßnahmen um 1 % p. a. stärker steigen als die allgemeine Teuerung.

(2) Wie verändert sich der Vorteilhaftigkeitskennwert der Variante 1 für Fall (1.1), wenn vom 6. bis 50. Jahr eine jährliche Instandhaltungsrücklage von 2,00 €/m² zu leisten ist und diese genau ausreicht, um alle erforderlichen Instandsetzungsmaßnahmen auszuführen?

(3) Wie verändert sich tendenziell der Vorteilhaftigkeitskennwert, wenn die gleichen Instandsetzungsmaßnahmen statt in den oben angegebenen Zeitintervallen nur alle 9 Jahre anfallen?

Vorliegende Daten der beiden Außenwandkonstruktionen:

		Variante 1	Variante 2
Nutzungsdauer		50 Jahre	50 Jahre
Erstinvestitionsausgaben (Baukosten)		115 €/m²	140 €/m²
Ausgaben für Heizenergie €/m²·a (zu heutigen Preisen)		0,80 €/m²·a	0,45
Ausgaben für Instandsetzungsmaßnahmen (zu heutigen Preisen) nach:			
	8 Jahren	17 €/m²	6 €/m²
	17 Jahren	17 €/m²	6 €/m²
	25 Jahren	22 €/m²	16 €/m²
	33 Jahren	17 €/m²	6 €/m²
	42 Jahren	17 €/m²	6 €/m²

Nicht investiertes Kapital lässt auf dem Kapitalmarkt eine Nominalverzinsung von 6 % p. a. erwarten. Es ist mit einer allgemeinen Teuerung von durchschnittlich 3 % p. a. zu rechnen.

Aufgabe 10: Auswahl aus mehreren Investitionsmöglichkeiten

Eine Leasing-Gesellschaft beabsichtigt, am Stadtrand ein Lagergebäude mit 2.000 m² Nutzfläche zu errichten und zu vermieten.

Folgende Einnahmen und Ausgaben werden monatlich unabhängig von der Bauweise anfallen:

Mieteinnahmen	5 €/m² NF
Folgekosten	1 €/m² NF

Der beauftragte Architekt hat drei Entwurfsvarianten erarbeitet, die sich in folgenden Daten unterscheiden:

	Bauweise	Ausführungsart	Erstinvestitionsausgaben	angenommene Nutzungsdauer
Variante 1	eingeschossig	Leichtbau	1.000.000 €	15 Jahre
Variante 2	eingeschossig	Holzbau	1.700.000 €	30 Jahre
Variante 3	zweigeschossig	Massivbau	2.600.000 €	50 Jahre

Das erforderliche Baugrundstück ist in allen Fällen gleich groß.

Welche Variante sollte aus wirtschaftlicher Sicht gewählt werden?

Nicht investiertes Kapital lässt auf dem Kapitalmarkt eine Nominalverzinsung von 6 % p. a. erwarten. Es ist mit einer allgemeinen Teuerung von durchschnittlich ca. 3 % p. a. zu rechnen. Eine nur überschlägige Ermittlung reicht der Leasing-Gesellschaft nicht aus.

Aufgabe 11: Beurteilung verschiedener Bauinvestitionen

Ein Investor beabsichtigt, ein Bürogebäude auf ein für 250.000 € gekauftes Grundstück zu bauen und an ein Unternehmen zu vermieten.

Der monatliche Mietreinertrag beträgt bei Beginn des Mietverhältnisses 5 €/m² NF, wobei mit einer Steigerung entsprechend der allgemeinen Teuerungsrate zu rechnen ist. Die Nutzungsdauer des Bürogebäudes soll 50 Jahre betragen.

Der mit der Planung des Gebäudes beauftragte Architekt entwickelt drei grundsätzlich verschiedene Varianten mit folgenden Daten:

	Variante 1	Variante 2	Variante 3
Erstinvestitionsausgaben	550.000 €	500.000 €	525.000 €
Nutzfläche	500 m²	500 m²	500 m²

(1) Beurteilen Sie die Wirtschaftlichkeit und bestimmen Sie die vorteilhafteste Gebäudevariante.

Nehmen Sie an, dass der Grundstückswert entsprechend der Kapitalmarktverzinsung steigt, so dass der Kapitalwert des Grundstückes sich während der gesamten Nutzungsdauer nicht verändert und somit außer Acht gelassen werden kann.

(2) Bei der planerischen Durcharbeitung der vorteilhaftesten Variante soll die Wirtschaftlichkeit weiter verbessert werden. Der Architekt entwickelt für die Außenwand zwei weitere Varianten mit dem Ziel, bei jeweils gleicher Brutto-Grundfläche durch Verringerung der Wandstärke die Nutzfläche zu erhöhen. Hierbei ergeben sich folgende Veränderungen der entsprechenden Werte gegenüber der vorteilhaftesten Variante aus Aufgabenteil (1):

	Außenwand-variante 1	Außenwand-variante 2
Erstinvestitionsausgaben (zusätzlich)	40.000 €	12.500 €
Nutzfläche (zusätzlich)	25,0 m²	10,0 m²

Beurteilen Sie die Vorteilhaftigkeit dieser beiden weiteren Außenwandvarianten.

Nicht investiertes Kapital lässt auf dem Kapitalmarkt eine Nominalverzinsung von 6 % p. a. erwarten. Es ist mit einer allgemeinen Teuerung von durchschnittlich ca. 3 % p. a. zu rechnen.

Aufgabe 12: Wirtschaftlichkeit einer Photovoltaikanlage

Ein Hausbesitzer überlegt, ob er auf seinem Dach eine 10 m² große Photovoltaikanlage installieren soll. Für die Installation ist mit einer Investitionsausgabe von 7.500 € zu rechnen. Die Kosten der Beseitigung am Ende der erwarteten Nutzungsdauer von 20 Jahren sind bei dieser Aufgabe zu vernachlässigen. Es wird mit einem laufenden Überschuss aus der Einspeisung in das Netz des Energieversorgungsunternehmens bzw. aus der verminderten Stromabnahme in Höhe von jährlich 700 € gerechnet.

(1) Wie würde sich das eingesetzte Kapital verzinsen?

(2) Dem Hausbesitzer bietet sich alternativ die besondere Gelegenheit die 7.500 € als Festgeld über 20 Jahre zu 5 % p. a. anzulegen, wobei Zins und Zinseszins gemeinsam mit dem eingezahlten Kapital am Ende der zwanzigjährigen Laufzeit ausgezahlt werden. Ansonsten können beliebige Geldbeträge über beliebige Zeiträume zu 3 % p. a. angelegt werden. Ist diese Festgeldanlage aus rein monetärer Sicht vorteilhaft?

(3) Würden Sie dem Hausbesitzer zur Festgeldanlage raten?

Lösung zu Aufgabe 1: Anforderungen an eine wirtschaftliche Investition

Eine Investition beginnt typischerweise mit einer größeren Investitionsausgabe. Sind dann auch noch die Ausgaben in der Nutzungsphase höher als die Einnahmen, kann die Investition aus rein monetärer Sicht nicht wirtschaftlich sein. Davon ausgehend ergeben sich schrittweise folgende Anforderungen:

(1) Die laufenden Ausgaben in der Nutzungsphase müssen mindestens durch die Einnahmen gedeckt werden.

(2) Der Investor möchte das eingesetzte Kapital zurückbekommen.

(3) Der Investor möchte mit der Investition nicht schlechter gestellt sein, als wenn er sein Kapital in eine sichere Anlage am Kapitalmarkt investiert hätte.

Aber auch damit gibt sich der Investor noch nicht zufrieden.

(4) Er stellt die sichere Kapitalmarktanlage nur zurück, wenn er mit der zu beurteilenden Investition eine höhere Verzinsung als am Kapitalmarkt erwarten kann.

Lösung zu Aufgabe 2: Vollständiger gegenseitiger Ausschluss von Investitionsalternativen

Die Alternativen A und B schließen sich gegenseitig nicht vollständig aus. Könnte der Sparer bei der Alternative B auch 10.000 € anlegen, würden sich A und B vollständig gegenseitig ausschließen und die Vorteilhaftigkeit der Alternative B wäre offensichtlich.

So aber würde der Sparer bei der Alternative B 1.080 € und bei Alternative A 1.150 € im betrachteten Jahr verdienen und die Vorteilhaftigkeit hängt von der Frage ab, was der Sparer im Falle der Entscheidung für die Alternative B mit dem verbleibenden Betrag von 1.000 € macht (siehe Abb. 3-24).

(1) Kann der Sparer diesen Differenzbetrag von 1.000 € zu 10,0 % p. a. anlegen, würden die Zinsen auf 1.180 € ansteigen und die Alternative B würde sich als vorteilhaft darstellen.

(2) Dagegen wäre die Alternative B nachteilig, wenn der Sparer den Differenzbetrag nur zu 5,0 % p. a. anlegt. Der kritische Zinssatz beträgt 7,0 % p. a.

(3) Aus der Sicht des Sparers kann es aber auch vorteilhaft sein, die 9.000 € in der Alternative B anzulegen und den Differenzbetrag für einen mildtätigen Zweck zu spenden. Diese gute Tat kann ihm mehr Befriedigung verschaffen, als es dem um [1.150 € (Zinsen A) - 1.080 € (Zinsen B) + 1.000 € (Spende)] = 1.070 € höheren Kapitalzuwachs bei der Alternative A gelingen mag. Ebenso könnte ein mit dem Differenzbetrag finanzierter Kurzurlaub für die Befindlichkeit des Sparers zuträglicher sein als die zusätzliche Kapitalanlage und Gewinnerzielung.

Die Vorteilhaftigkeit der beiden Alternativen hängt also von der Verwendung des Differenzkapitals und damit von der persönlichen Wertschätzung des aus dieser Verwendung resultierenden Nutzens ab (siehe Abb. 3-24).

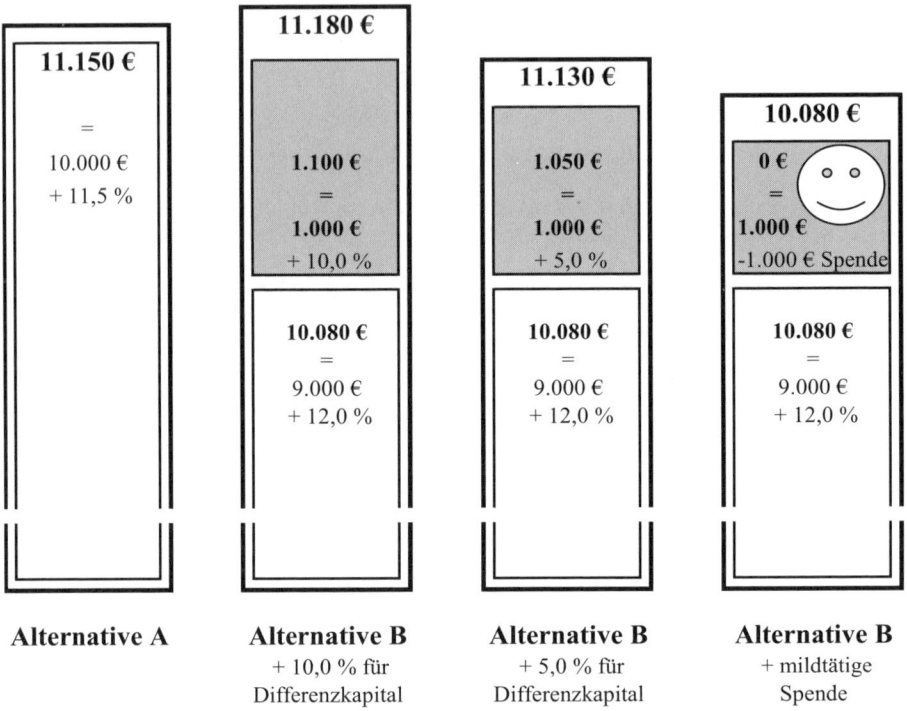

Abb. 3-24 Vollständiger gegenseitiger Ausschluss von Investitionsalternativen

Lösung zu Aufgabe 3: Vorteilhaftigkeit eines Doppelhauses

(1) Verfahrensauswahl (nach Abbildung 3-16)

Beurteilungsgegenstand:	Einzelinvestition	
externe Vergleichsgröße:	Baukosten	
gewähltes Verfahren:	**Baukostenvergleich**	(Lehrbuch Band 1, S. 103 ff.)

Die Vorteilhaftigkeit des Doppelhauses ist aufgrund des Vergleichs der Baukosten incl. Baunebenkosten mit der entsprechenden in der Aufgabenstellung genannten externen Vergleichsgröße (Durchschnittswert für Doppelhäuser einfachen Standards) zu beurteilen:

312.000 € : 240 m² WF = 1.300 €/m² WF > 1.275 €/m² WF

Demnach würde das betrachtete Doppelhaus überdurchschnittliche Baukosten incl. Baunebenkosten im Vergleich zu üblichen Doppelhäusern gleichen Standards verursachen und wäre somit keine vorteilhafte Investition.

(2) Verfahrensauswahl (nach Abbildung 3-16)

Beurteilungsgegenstand:	Einzelinvestition	
externe Vergleichsgrößen:	Nutzungsbarwert bestehend aus	
	Baukosten	1.275 €/ m² WF
	Barwert Heizenergiekosten	250 €/ m² WF
	Barwert Instandsetzungskosten	200 €/ m² WF
gewähltes Verfahren:	**Kapitalwertmethode** (Lehrbuch Band 1, S. 90 ff.)	

Da die externen Vergleichsgrößen als Barwerte (bezogen auf den Anfangszeitpunkt 0) angegeben sind, kann ein Kennwert für den **Nutzungsbarwert** gebildet werden, der durchschnittlichen Verhältnissen entspricht:

$$1.275\ €/m^2\ WF + 250\ €/m^2\ WF + 300\ €/m^2\ WF = 1.825\ €/m^2\ WF$$

Der Nutzungsbarwert des zu beurteilenden Doppelhauses ist mit dem Verfahren der Kapitalwertmethode über einen Zeitraum von 50 Jahren zu ermitteln:

Die Bauwerkskosten fallen zum Zeitpunkt 0 an, daher ist ihr Zeitwert gleich dem Barwert: 1.300 €/m² WF.

Der Barwert der Heizenergieausgaben (zum Anfangszeitpunkt 0) ergibt sich aus der Multiplikation des jährlichen Ausgabenbetrages (jährliche Rente r) mit dem entsprechenden nachschüssigen Rentenbarwertfaktor (gelegentlich auch als Abzinsungssummenfaktor bezeichnet).

Für die genaue Berechnung gilt bei p = 3,0 % Realzins p. a. und n = 50 Jahren:

Zinsfaktor $q = 1 + p / 100 = 1{,}03$

Barwert einer nachschüssigen Rente $RB_n = r \cdot \frac{q^n - 1}{q^n \cdot (q - 1)}$

Barwert Heizenergieausgaben

$$= (\text{Ø Heizenergieausgaben pro Jahr}) \cdot \text{Rentenbarwertfaktor}$$

$$= (\text{Ø Heizenergieausgaben pro Jahr}) \cdot \frac{q^n - 1}{q^n \cdot (q - 1)}$$

$$= 2.000\ € \cdot 25{,}73$$

$$= 51.460\ €\ \text{bezogen auf den Zeitpunkt 0}$$

Der Kapitalwert der Instandsetzungsmaßnahmen ergibt sich als Summe der Barwerte der einzelnen Jahresausgaben für Instandhaltung. Dazu muss man diese Instandsetzungsausgaben jahresweise abzinsen, was durch Multiplikation mit dem jeweiligen Abzinsungsfaktor (Barwertfaktor) oder Division der Jahresausgaben durch den jeweiligen Aufzinsungsfaktor $q^n = (1 + p/100)^n$ erfolgt. Für die genaue Berechnung gilt:

Barwert der im n-ten Jahr fälligen Instandsetzungsmaßnahme

= Instandsetzungsausgaben im n-ten Jahr * $1/q^n$

Im Folgenden wird der Nutzungsbarwert berechnet:

Ausgaben und Berechnungen	Barwert bezogen auf den Zeitpunkt 0
Erstinvestitionsausgaben	1.300 €/m² WF
Heizenergieausgaben	
2.000,00 € · 25,73 = 51.460 € auf 50 Jahre	
51.460,00 € : 240 m² WF = 214,42 €/m² WF	214 €/m² WF
Instandsetzungsausgaben	
30.000,00 € : 240 m² WF = 125,00 €/m² WF alle 10 Jahre	
125,00 €/m² WF * $1/(1+p/100)^n$ Abzinsungsfaktor	
125,00 €/m² WF * $1/(1+0{,}03)^n$	
125,00 €/m² WF * 0,744 = 93,00 €/m² WF (10. Jahr)	
125,00 €/m² WF * 0,554 = 69,25 €/m² WF (20. Jahr)	
125,00 €/m² WF * 0,412 = 51,50 €/m² WF (30. Jahr)	
125,00 €/m² WF * 0,307 = 38,38 €/m² WF (40. Jahr)	252 €/m² WF
Nutzungsbarwert	**1.766 €/m² WF**

Das betrachtete Doppelhaus stellt sich nun aufgrund des günstigen Nutzungsbarwertes (1.766 €/m² WF < 1.825 €/m² WF), der sich durch die zusätzliche Berücksichtigung der Barwerte der Heizenergie- und Instandsetzungsausgaben ergibt, als vorteilhafte Investition heraus.

Es liegt also der Schluss nahe, dass die energiesparende und unterhaltungsarme Konstruktionsweise des geplanten Doppelhauses zu den überdurchschnittlich hohen Bauwerkskosten führt, die sich aber längerfristig bezahlt machen.

Lösung zu Aufgabe 4: Wirtschaftlichkeit und Nutzungskosten

Will man die Wirtschaftlichkeit eines (selbst genutzten) Gebäudes im Sinne der Kostenwirtschaftlichkeit beurteilen, so muss man sowohl die Herstellungs- als auch die Folgekosten berücksichtigen.

a) Herstellungs- und Folgekosten lassen sich nur zusammenfassen, wenn sie die gleiche Dimension – € oder €/a – haben. Wählt man Jahreswerte als Wirtschaftlichkeitskriterium, so muss man die Herstellungskosten periodisieren. Dies ist mit Hilfe der statischen oder dynamischen Investitionsrechnung, wie Kostenvergleichsrechnung, Gewinnvergleichsrechnung oder Annuitätenrechnung möglich.

b) Bei der Kostenvergleichsrechnung werden die Herstellungskosten des Gebäudes durch den Ansatz der tatsächlich gezahlten und/oder der kalkulatorischen Zinsen sowie der Abschreibung in jährliche Kosten transformiert. Bei linearer Abschreibung ergibt sich der jährliche Abschreibungsbetrag als Quotient aus der Wertminderung (Anfangswert abzüglich eines eventuellen Restwertes) und der erwarteten Nutzungsdauer des Gebäudes. Im Gegensatz zu dieser nominellen Abschreibung kann der Abschreibungsbetrag auch mit Hilfe des Baupreisindex' fortgeschrieben werden (substanzielle Abschreibung vom Wiederbeschaffungswert). Die kalkulatorischen Zinsen werden auf das durchschnittlich gebundene Kapital berechnet, und dies beträgt bei gleichmäßiger Abnutzung die Hälfte des Anfangswertes bzw. den Durchschnitt von Anfangs- und Restwert.

c) Die Ausgabe für eine Immobilie wird beim Erwerb und ggf. bei der Errichtung eines Gebäudes nebst Außenanlagen und Zubehör getätigt. Will man beim Wirtschaftlichkeitsvergleich den durchschnittlichen Aufwand pro Jahr ermitteln, so muss man hierfür eine kalkulatorische Abschreibung ansetzen. Ist auch das Baugrundstück Gegenstand einer Wirtschaftlichkeitsermittlung, dann darf hierfür keine Abschreibung angesetzt werden, da Grundstücke im Allgemeinen nicht abnutzungsfähige Wirtschaftsgüter sind. Dies hat zur Folge, dass die Kapitalbindung, soweit sie das Grundstück betrifft, nominell nicht abnimmt und die kalkulatorischen Zinsen auf den vollen Grundstückswert zu beziehen sind.

Lösung zu Aufgabe 5: Überschlägige Beurteilung einer Bauinvestition

Verfahrensauswahl (nach Abbildung 3-16)

Beurteilungsgegenstand: Einzelinvestition
externe Vergleichsgröße: Gewinn = 0 (nach Abzug der kalkulatorischen Zinsen)
gewähltes Verfahren: **Gewinnvergleichsrechnung** (Lehrbuch Band 1, S. 75 ff.)

Der jährliche Gewinn ergibt sich aus dem jährlichen Einnahmeüberschuss und den davon abzuziehenden kalkulatorischen Kosten (Zinsen und Abschreibung). Bei der Ermittlung der kalkulatorischen Zinsen ist von der durchschnittlichen Kapitalbindung auszugehen. Diese setzt sich zusammen aus:

Baugrundstück (nicht abnutzbares Anlagegut)	
1.500.000 € · 20 % =	300.000 €
Gebäude (abnutzbares Anlagegut)	
1.500.000 € · 0,5 · 80 % =	600.000 €
durchschnittliche Kapitalbindung:	900.000 €

Dann ermittelt sich der jährliche Gewinn folgendermaßen:

Einnahmeüberschuss:	+ 125.000 €/a
abzüglich	
jährliche Abschreibung für das Gebäude 1.200.000 € : 30 Jahre =	- 40.000 €/a
kalkulatorische Zinsen mit 6 % p. a. für das durchschnittlich gebundene Kapital 900.000 € · 6 % p. a. =	- 54.000 €/a
Gewinn	**+ 31.000 €/a**

Der beabsichtigte Erwerb des Bürogebäudes ist vorteilhaft, da der hierdurch erzielbare Gewinn durchschnittlich um 31.000 €/a höher ist als bei einer Geldanlage in gleicher Höhe auf dem Kapitalmarkt. Der Aspekt der Geldentwertung bleibt bei dieser überschlägigen Beurteilung außer Betracht.

Lösung zu Aufgabe 6: Vorteilhaftigkeit eines Wohnungsbauvorhabens

Verfahrensauswahl (nach Abbildung 3-16)

Beurteilungsgegenstand: Einzelinvestition
externe Vergleichsgröße: Rendite: 3 % + 2 % = 5 % p. a.
gewähltes Verfahren: **Interne Zinsfuß-Methode** (Lehrbuch Band 1, S. 97 ff.)

Mit dem gewählten Verfahren der Internen Zinsfuß-Methode lässt sich ein unmittelbarer Vergleich mit der Kapitalmarktanlage durchführen. Der interne Zinsfuß ist der Kalkulationszinsfuß, der zu einem Kapitalwert = 0 führt, das heißt die Summe der Barwerte der Einzahlungen müssen gleich groß sein wie die Summe der Barwerte der Auszahlungen:

Kapitalwert =
$\sum$ Barwerte der Einzahlungen - $\sum$ Barwerte der Auszahlungen = 0

$\sum$ Barwerte der Auszahlungen = $\sum$ Barwerte der Einzahlungen

Investitionsausgabe = Rentenbarwert des jährlichen Mietreinertrages

Investitionsausgabe = Rentenbarwertfaktor · jährlicher Mietreinertrag

$$\text{Rentenbarwertfaktor} = \frac{\text{Investitionsausgabe}}{\text{jährlicher Mietreinertrag}}$$

Daher kann im vorliegenden Fall der interne Zinsfuß aus der Tabelle der nachschüssigen Rentenbarwertfaktoren (siehe Abbildung 3-21, S. 58 ff.) in der Weise ermittelt werden, dass man feststellt, für welchen Zinsfaktor der Rentenbarwertfaktor bei einer Laufzeit von 50 Jahren möglichst nahe an dem Quotienten aus Investitionsausgabe und Mietreinertrag liegt. Weiter an den genauen Wert annähern kann man sich durch lineare Interpolation oder genauere Näherungsverfahren (besonders geeignet ist die Zielwertsuche in EXCEL).

Ermittlung des jährlichen Mietreinertrages:

Der jährliche Mietreinertrag für das gesamte Wohnhaus beträgt bei 60 Wohneinheiten (WE), 90 m² WF/WE und Mieteinnahmen von 6 €/m²WF monatlich:

60 WE · 90 m²/WE · 6 €/m²·Monat · 12 Monate/a =	+ 388.800 €/a
abzüglich jährlicher Kosten für Erbpacht, Verwaltung, Steuern, Gebäudebetrieb (soweit nicht umlegbar) und Bauunterhaltung in Höhe von 25 % der Mieteinnahmen	
388.800 €/a · 0,25 =	- 97.200 €/a
Mietreinertrag	291.600 €/a

Ermittlung des Rentenbarwertfaktors (RBF), der zu einem Kapitalwert = 0 führen würde (Bedingung für den internen Zinsfuß):

RBF = 5.000.000 € : 291.600 €/a = 17,147

Der interne Zinsfuß liegt bei nachschüssiger Zahlungsweise zwischen 5,4 % p. a. (RBF = 17,183) und 5,6 % p. a. (RBF = 16,686; siehe Abbildung 3-21.2, S. 59). Durch lineare Interpolation erhält man den genauen Wert von 5,41 % p.a.

Die Rendite des Wohnungsbauvorhabens übertrifft die auf dem Kapitalmarkt erzielbare Rendite nicht nur um die geforderten 2% p.a., sondern sogar um 2,41 % p. a. Das zur Diskussion stehende Wohnungsbauvorhaben entspricht also den geschäftspolitischen Anforderungen der Kapitalanlagegesellschaft.

Lösung zu Aufgabe 7: Vergleich von Mieträumen

Da in der Aufgabenstellung keine externen Vergleichswerte genannt sind, ist davon auszugehen, dass der Architekt sich vorab davon überzeugt hat, dass zumindest eines der beiden angebotenen Büros für ihn wirtschaftlich akzeptabel ist.

Verfahrensauswahl (nach Abbildung 3-16)

Beurteilungsgegenstand:	zwei Investitionsmöglichkeiten
Kapitalrückgewinnung:	nicht vorrangig
Nutzungsdauer der Vergleichsinvestitionen:	gleich
Genauigkeitsgrad:	überschlägig
gewähltes Verfahren:	**Kostenvergleichsrechnung**(Lehrbuch Band 1, S. 76 ff.)

Die Kostenvergleichsrechnung wird gewählt, weil nur eine überschlägige Ermittlung gefordert ist und die Mieträume für den Architekten nur mit Ausgaben verbunden sind und zu keinen direkt zurechenbaren Einnahmen führen.

Wegen der Mietzinsfestschreibung und der bereits berücksichtigten Energiepreissteigerung sind die Kapitalkosten mit dem Nominalzinssatz zu berechnen. Das durchschnittlich gebundene Kapital der Büroeinrichtung ergibt sich als Mittelwert aus Kaufpreis und Wiederverkaufserlös.

Kostenarten	Büro 1	Büro 2
Renovierung		
Abschreibung		
4.000 €/5 Jahre	800 €/a	
1.500 €/5 Jahre		300 €/a
Kapitalkosten (kalk. Zinsen)		
4.000 € · 0,5 · 6 % p. a.	120 €/a	
1.500 € · 0,5 · 6 % p. a.		45 €/a
Büroeinrichtung		
Abschreibung		
(6.000 € - 1.000 €)/5 Jahre	1.000 €/a	
(4.500 € - 500 €)/5 Jahre		800 €/a
Kapitalkosten (kalk. Zinsen)		
(6.000 € + 1.000 €) · 0,5 · 6 % p. a.	210 €/a	
(4.500 € + 500 €) · 0,5 · 6 % p. a.		150 €/a
Mietzins		
225 €/Monat · 12 Monate/a	2.700 €/a	
350 €/Monat · 12 Monate/a		4.200 €/a
Heizenergie		
5.000 €/5 Jahre	1.000 €/a	
4.000 €/5 Jahre		800 €/a
Kosten	**5.830 €/a**	**6.295 €/a**

Aufgrund der geringeren jährlichen Kosten ist Büro 1 dem Büro 2 vorzuziehen.

Anmerkung:

Bei dieser Rechnung ist davon ausgegangen worden, dass die Renovierung der Büroräume einmalig vor dem Einzug anfällt und dass keine weiteren Renovierungsmaßnahmen während der fünfjährigen Mietdauer erforderlich werden. Damit bekommt die Renovierung Investitionscharakter und wird wie die Anschaffungsausgaben für die Büroeinrichtung behandelt.

Lösung zu Aufgabe 8: Vorteilhaftigkeit einer zusätzlichen Wärmedämmung

(1) Verfahrensauswahl (nach Abbildung 3-16)

Beurteilungsgegenstand:	zwei Investitionsmöglichkeiten
Kapitalrückgewinnung:	vorrangig (in Anbetracht des absehbaren Abrisses)
Genauigkeitsgrad:	überschlägig
gewähltes Verfahren:	statische **Amortisationsrechnung** (Lehrbuch Band 1, S. 75 f.)

Mit Hilfe der Amortisationsrechnung kann die Frage beantwortet werden, ob sich die Investition im Rahmen der Mindest-Nutzungsdauer amortisiert. Außerdem ist die Amortisationsrechnung anzuwenden, wenn der Investor das Risiko, das investierte Kapital nicht zurückzuerhalten, möglichst gering halten möchte. Dieses Risiko ist umso geringer, je schneller er das investierte Kapital zurückgewinnt (in diesem Fall einspart).

Ermittlung der Amortisationsdauer

$$\text{Amortisationsdauer} = \frac{\text{Anschaffungsausgabe}}{\text{jährlicher Überschuss oder Einsparungen}} \text{ (Jahre)}$$

Variante 1:

$$\text{Amortisationsdauer} = \frac{1.850\,€}{1{,}05 \cdot 55\ €\,/\text{Monat} \cdot 12\text{Monate}\,/\,\text{Jahr}} = 2{,}7 \text{ Jahre}$$

Variante 2:

$$\text{Amortisationsdauer} = \frac{3.000\,€}{1{,}05 \cdot 70\ €\,/\text{Monat} \cdot 12\text{ Monate/Jahr}} = 3{,}4 \text{ Jahre}$$

Es sollte die Variante 1 mit der kürzeren Amortisationsdauer gewählt werden, da Variante 2 sich im Falle des Gebäudeabrisses zu dem frühestgenannten Zeitpunkt, also nach 3 Jahren, nicht mehr amortisiert.

Durch diese überschlägige Berechnung haben Sie sich vergewissert, dass Sie auch im ungünstigsten Fall des Abrisses nach 3 Jahren mit der Variante 1 Ihr eingesetztes Kapital zurückgewinnen. Ob sich in diesem Fall Ihr Kapital angemessen verzinst, ist damit noch nicht geklärt!

(2) Verfahrensauswahl (nach Abbildung 3-16)

Beurteilungsgegenstand:	zwei Investitionsmöglichkeiten
Kapitalrückgewinnung:	nicht vorrangig
Genauigkeitsgrad:	überschlägig
Einnahmen:	Einsparungen
gewähltes Verfahren:	**Gewinnvergleichsrechnung** (Lehrbuch Band 1, S. 75 ff.)

Die Gewinnvergleichsrechnung wird gewählt, weil nur eine überschlägige Ermittlung gefordert ist und durch die Wärmedämmung Einsparungen erzielt werden (die in diesem Fall Einnahmen gleichzusetzen sind). Die Amortisationsdauer liegt bei beiden Varianten innerhalb der 10-jährigen Nutzungsdauer und bedarf daher keiner weiteren Berücksichtigung.

Der Inflationseinfluss kann in erster Annäherung durch Ansatz der Realverzinsung in Höhe von 3 % p. a. berücksichtigt werden. Dadurch wird – indirekt – auch die Energiepreissteigerung erfasst, die laut Aufgabenstellung in Höhe der allgemeinen Teuerung zu erwarten ist.

Ermittlung des jährlichen Gewinns gegenüber dem Beibehalten des alten Zustandes und Anlage des Geldes am Kapitalmarkt:

Gewinnarten (+) Kostenarten (-)	Variante 1	Variante 2
Energieeinsparung		
55 €/Monat · 12 Monate/a	+ 660,00 €/a	
70 €/Monat · 12 Monate/a		+ 840,00 €/a
abzüglich Kosten für Material und Verarbeitung		
Abschreibung		
1.850 €/10 Jahre	- 185,00 €/a	
3.000 €/10 Jahre		- 300,00 €/a
Kapitalkosten (kalkulatorische Zinsen)		
1.850 € · 3 % p. a. · 0,5	- 27,75 €/a	
3.000 € · 3 % p. a. · 0,5		- 45,00 €/a
Gewinn gegenüber Kapitalmarktanlage	**+ 447,25 €/a**	**+ 495,00 €/a**

Die Wahl fällt zugunsten der Variante 2 aus, da die hierdurch erzielbare jährliche Gesamtersparnis größer ist als bei Variante 1. Das nach Gewinnvergleichsrechnung ermittelte Ergebnis ist der **über die Kapitalmarktverzinsung** des durchschnittlich gebundenen Kapitals **hinausgehende Gewinn** (Kapitalmarktvariante). Unterstellt man dagegen als Vergleichsmaßstab eine unverzinsliche Aufbewahrung des Kapitals (Sparschweinvariante), so muss man die kalkulatorischen Zinsen zum Gewinn wieder hinzuzählen, was an der Vorteilhaftigkeitsaussage aber nichts ändert.

Investitionen beginnen im Regelfall mit einer erheblichen Anschaffungsausgabe, die sich – bei günstigem Verlauf – nach und nach amortisiert, bis schließlich auch die Gewinnschwelle überschritten wird. Kapitalintensive Investitionen haben oft eine längere Amortisationsdauer als weniger kapitalintensive, überflügeln diese dann aber mit fortschreitender Nutzungsdauer.

Dies trifft auch auf den hier dargestellten Fall zu: bei kurzer Nutzungsdauer ist die Variante 2 ungünstiger, sie wird mit fortschreitender Nutzungsdauer immer günstiger und überflügelt die Variante 1 nach ca. 7 Jahren.

Lösung zu Aufgabe 9: Auswahl einer Wandkonstruktion

(1) Bestimmung der Vorteilhaftigkeit

Verfahrensauswahl (nach Abbildung 3-16)

Beurteilungsgegenstand: zwei Investitionsmöglichkeiten

Kapitalrückgewinnung: nicht vorrangig
Nutzungsdauer: gleich
Genauigkeitsgrad: hoch
gewähltes Verfahren: **Kapitalwertmethode** (Lehrbuch Band 1, S. 90 ff.)

Die Kapitalwertmethode wird gewählt, da ein mehr als überschlägiger Genauigkeitsgrad verlangt wird und Einnahmen den zu vergleichenden Wandkonstruktionen nicht zurechenbar sind. Dementsprechend ist die Variante mit dem niedrigeren Barwert aus Baukosten, Energiekosten und Instandsetzungskosten die vorteilhaftere. Der Barwert der einzelnen Heizenergieausgaben ergibt sich aus der Multiplikation der Ausgaben mit dem entsprechenden Tabellenwert für den kumulierten Barwertfaktor einer geometrischen Reihe (siehe Abb. 3-23, S. 63). Für die genaue Berechnung gilt:

$$\text{Barwert Heizenergie} = \begin{matrix}\text{jährliche Heizenergieausgaben}\\ \text{zu heutigen Preisen}\end{matrix} \cdot (f_e/q) \cdot \frac{(f_e/q)^n - 1}{f_e/q - 1}$$

Der Quotient aus Preissteigerungsfaktor f_e bzw. f_u und Zinsfaktor q ermittelt sich folgendermaßen:

Preissteigerung e = 3 %, $f = 1 + \frac{e}{100} = 1{,}03$; Zinsatz p = 6 %, $q = 1 + \frac{p}{100} = 1{,}06$

Preissteigerung 3 % p.a. f/q = 1,03/1,06 = 0,9717

4 % p.a. f/q = 1,04/1,06 = 0,9811

(Bei einem gerundeten Wert für f/q = 0,97 erhält man einen Barwertfaktor von 25,283 ; s. Abb. 3-23, S. 63)

Der Barwert der Instandsetzungsmaßnahmen ergibt sich aus der Multiplikation der Ausgaben mit den entsprechenden Abzinsungs- bzw. Preissteigerungsfaktoren. Für die genaue Berechnung gilt:

Barwert Instandsetzungsmaßnahmen =
Instandsetzungsmaßnahmen im n-ten Jahr zu heutigen Preisen $\cdot (f_u/q)^n$

Die Variante 2 ist in beiden Fällen wegen des geringeren betragsmäßigen Nutzungsbarwertes die vorteilhaftere Wandkonstruktion (siehe Abbildung 3-25).

(2) Der Nutzungsbarwert ändert sich in dem Maße, wie sich der Kapitalwert für die Instandsetzungsmaßnahmen verändert.

Die Schwierigkeit der Aufgabe liegt darin, einen (Renten-)Barwertfaktor (RBF bzw. BF) für eine Zahlungsreihe zu ermitteln, die erst an einem zukünftigen Zeitpunkt beginnt.
Hierfür gibt es zwei Möglichkeiten:

- Man subtrahiert vom (Renten-)Barwertfaktor für 50 Jahre den (Renten-)Barwertfaktor für 5 Jahre oder
- man zinst den (Renten-)Barwertfaktor für 45 Jahre über 5 Jahre ab.

Bei einer vereinfachten Annahme mit einem Realzinssatz von ca. 3 %, ergibt sich (siehe Abbildung 3-21.1, S. 58):

Ausgaben	x	Barwertfaktor =		Barwerte **Variante 1**		Barwerte **Variante 2**	
		jährl. Preissteig.		jährliche Preissteigerung			
		3 %	4 %	3%	4 %	3%	4 %
Erstinvestitionsausgaben (Baukosten							
115,00 €		1,00		-115,00 €	-115,00 €		
140,00 €		1,00				-140,00 €	-140,00 €
Ausgaben für Heizenergie über 50 Jahre							
0,80 €		26,16		-20,93 €	-25,55 €		
0,45 €		31,94				-11,77 €	-14,37 €
Ausgaben für Instandsetzungsmaßnahmen							
nach 8 Jahren							
16,50 €		0,79	0,86	-13,11 €	-14,17 €		
6,00 €						- 4,77 €	- 5,15 €
nach 17 Jahren							
16,50 €		0,61	0,72	-10,13 €	-11,94 €		
6,00 €						- 3,68 €	- 4,34 €
nach 25 Jahren							
22,00 €		0,49	0,62	-10,73 €	-13,76 €		
16,00 €						- 7,81 €	- 9,94 €
nach 33 Jahren							
16,50 €		0,39	0,53	- 6,40 €	- 8,80 €		
6,00 €						- 2,33 €	- 3,20 €
nach 42 Jahren							
16,50 €		0,30	0,45	- 4,94 €	- 7,41 €		
6,00 €						- 3,68 €	- 4,34 €
Kapitalwert bzw. Nutzungsbarwert				**-181,24 €**	**-196,53 €**	**-172,16 €**	**-179,70 €**

Abb. 3-25 Nutzungsbarwert von Wandkonstruktionen

RBF = 25,73 - 4,58 = 21,15 oder RBF = 24,52 / $1{,}03^5$ = 21,15
(da die Preissteigerung durch den Ansatz des Realzinssatzes berücksichtigt wird, handelt es sich jetzt um Zahlungen von gleich bleibender Höhe → Rente)

Berechnung des Kapitalwertes der Ausgaben für Instandsetzungsmaßnahmen:

- 2,00 € · 21,15 = - 42,30 €

Gegenüber dem Kapitalwert der Ausgaben für Instandsetzungsmaßnahmen für Fall (1.1) ergibt sich folgende Veränderung:

(13,11 € + 10,13 € + 10,73 € + 6,40 € + 4,94 €) - 42,30 € = 3,01 €

Demnach verringert sich der Nutzungsbarwert der Variante 1 betragsmäßig um 3,01 € auf – 178,23 €.

(3) Änderung des Nutzungsbarwertes

Der Barwert einer zukünftigen Zahlung ist umso kleiner, je weiter der Zahlungszeitpunkt in der Zukunft liegt. Aus diesem Grund wird sich der Barwert jeder nun später erfolgenden Instandsetzungsmaßnahme verringern. Zusätzlich wird der Nutzungsbarwert abnehmen, da sich die Anzahl der Instandsetzungsmaßnahmen auf Grund der größeren Intervalle verringert.

Lösung zu Aufgabe 10: Auswahl aus mehreren Investitionsmöglichkeiten

Verfahrensauswahl (nach Abbildung 3-16)

Beurteilungsgegenstand:	drei Investitionsmöglichkeiten	
Kapitalrückgewinnung:	nicht vorrangig	
Nutzungsdauer:	ungleich	
Genauigkeitsgrad:	hoch	
gewähltes Verfahren:	**Annuitätenmethode**	(Lehrbuch Band 1, S. 96 f.)

Die Annuitätenmethode wird gewählt, da ein mehr als überschlägiger Genauigkeitsgrad verlangt wird und für die zu vergleichenden Investitionsobjekte unterschiedliche Nutzungsdauern anzunehmen sind.

Im vorliegenden Fall kann die äquivalente Annuität einer Zahlungsreihe in der Weise ermittelt werden, dass man von dem jährlichen, gleich bleibenden Einnahmeüberschuss (Gesamtmieteinnahmen - Gesamtfolgekosten) die den Erstinvestitionsausgaben (Baukosten) entsprechende Annuität subtrahiert.

Ermittlung des jährlichen Einnahmeüberschusses:

(5 €/m² NF - 1 €/m² NF) · 2000 m² NF · 12 Monate = 96.000 €/a

Ermittlung der Annuität der Erstinvestitionsausgaben:

Investition	Erstinvestitionsausgaben	Nutzungsdauer	Wiedergewinnungsfaktor	Annuität
Variante 1	1.000.000 €	15 Jahre	1/11,94	83.752 €/a
Variante 2	1.700.000 €	30 Jahre	1/19,60	86.735 €/a
Variante 3	2.600.000 €	50 Jahre	1/25,73	101.049 €/a

Die Wiedergewinnungsfaktoren werden als Kehrwerte der jeweiligen Rentenbarwertfaktoren gebildet (siehe Abbildung 3-21.1, S. 58).

Folgende Annuitäten ergeben sich insgesamt:

Variante 1: 96.000 €/a - 83.752 €/a = 12.248 €/a

Variante 2: 96.000 €/a - 86.735 €/a = 9.265 €/a

Variante 3: 96.000 €/a - 101.049 €/a = -5.049 €/a

Aufgrund einer negativen Annuität und damit auch eines negativen Kapitalwertes wird Variante 3 nicht weiter berücksichtigt, da bei Durchführung dieser Investition die Kapitalmarktverzinsung nicht erreicht wird. Variante 1 ist die vorteilhafteste, da ihre Annuität am größten ist.

Ermittelt man hingegen den Kapitalwert der Varianten 1 und 2 durch Multiplikation der Annuität mit dem Rentenbarwertfaktor, so ergibt sich:

Variante 1: 12.248 €/a · 11,94 = 146.241 €
Variante 2: 9.265 €/a · 19,60 = 181.594 €

Die Berechnung mittels **Kapitalwertmethode** weist die Variante 2 als vorteilhafter aus und führt damit zu einem anderen Ergebnis als die Annuitätenmethode bei der o. a. Berechnungsweise. Der Grund für dieses konträre Ergebnis liegt in den unterschiedlichen Annahmen der beiden Berechnungsweisen für die Variante 1 vom 16. bis 30. Jahr. Bei der Kapitalwertmethode wird angenommen, dass alle zurückfließenden Beträge – also auch die zurückgewonnene Erstinvestitionsausgabe – bis zum 30. Jahr zum Kalkulationszinsfuß angelegt werden. Bei der obigen Berechnung nach der Annuitätenmethode wird dagegen (stillschweigend) unterstellt, dass die Investition Variante 1 in den zweiten 15 Jahren wiederholt wird.

Wenn der Investor die über 30 Jahre laufende Investition der Variante 2 grundsätzlich in Erwägung zieht, ist es auch wahrscheinlich, dass er die Variante 1 nach 15 Jahren wiederholen würde. Unter dieser Annahme führt die erste Berechnungsweise (Annuitätenmethode) zur richtigen Vorteilhaftigkeitsaussage.

Lösung zu Aufgabe 11: Beurteilung verschiedener Bauinvestitionen

(1) Bestimmung der vorteilhaftesten Gebäudevariante

Aufgrund der einzigen unterschiedlichen Vergleichsgröße *Baukosten* (Erstinvestitionsausgabe) ist Variante 2 die relativ vorteilhafteste. Dies lässt jedoch unberücksichtigt, dass Variante 2 unter Umständen gegenüber der Unterlassensalternative, d. h. der Anlage auf dem Kapitalmarkt, nachteilig ist. Zur Überprüfung dieser Fragestellung ist die relativ vorteilhafteste Variante 2 als Einzelinvestition zu betrachten:

Verfahrensauswahl

Beurteilungsgegenstand: Einzelinvestition
externe Vergleichsgröße: Kapitalwert = 0 bei p = 3% p. a. Realverzinsung
gewähltes Verfahren: **Kapitalwertmethode** (Lehrbuch Band 1, S. 97 ff.)

Der Kapitalwert des Mietreinertrages ergibt sich aus der Multiplikation der Einnahmen mit dem entsprechenden Tabellenwert für den nachschüssigen Rentenbarwertfaktor (3 %, 50 Jahre, s. Abb. 3-21.1, S. 58).

Einnahmen und Ausgaben	Barwertfaktor	Barwert
Erstinvestitionsausgaben 500.000 €	1,00	- 500.000 €
Mietreinertrag 500 m² · 5 €/(m² · Monat) · 12 Monate = 30.000 €/Jahr	25,73	+ 771.900 €
Kapitalwert		+ **271.900 €**

Variante 2 ist aufgrund des positiven Kapitalwertes vorteilhafter als die Unterlassensalternative und wegen der geringeren Baukosten vorteilhafter als die Variante 1 und Variante 3.

(2) Bestimmung der vorteilhaftesten Außenwandvariante

Verfahrensauswahl (nach Abbildung 3-16)

Beurteilungsgegenstand: 3 Investitionsmöglichkeiten
Kapitalrückgewinnung: nicht vorrangig
Nutzungsdauer: gleich
Genauigkeitsgrad: hoch
gewähltes Verfahren: **Kapitalwertmethode** (Lehrbuch Band 1, S. 90 ff.)

Berechnung der Veränderung des Kapitalwertes

Einnahmen und Ausgaben	Barwert-faktor	Barwert Variante 1	Barwert Variante 2
Erhöhung der Erstinvestitionsausgaben (Baukosten)			
40.000 €	1,00	- 40.000 €	
12.500 €	1,00		- 12.500 €
Erhöhung der Netto-Mieteinnahmen			
25 m² · 5 €/(m² · Monat) · 12 Monate = 1.500 €/Jahr	25,73	+ 38.595 €	
10 m² · 5 €/(m² · Monat) · 12 Monate = 600 €/Jahr	25,73		+ 15.438 €
Kapitalwert-Änderung		**- 1.405 €**	**+ 2.938 €**

Der Kapitalwert der Gebäudevariante 2 verbessert sich bei einem Austausch der zunächst vorgesehenen Außenwandkonstruktion durch die Außenwandvariante 2 um 2.938 €. Er beträgt dann 274.838 €. Da die Außenwandvariante 1 zu einer Verschlechterung des Kapitalwertes führt, ist die Gebäudevariante 2 in Verbindung mit der Außenwandvariante 2 die vorteilhafteste Variante.

Lösung zu Aufgabe 12: Vorteilhaftigkeit einer Photovoltaikanlage

(1) Verfahrensauswahl (nach Abbildung 3-16)

Beurteilungsgegenstand: Einzelinvestition
Vorteilhaftigkeitskriterium: Rendite
Genauigkeitsgrad: hoch
gewähltes Verfahren: **Interne Zinsfuß-Methode**
(Lehrbuch Bd. 1, S. 97 ff.)

Mit dem gewählten Verfahren der Internen Zinsfuß-Methode lässt sich ein unmittelbarer Vergleich mit der Kapitalmarktanlage durchführen. Der interne Zinsfuß ist der Kalkulationszinsfuß, der zu einem Kapitalwert = 0 führt, das heißt die Summe der Barwerte der Einzahlungen müssen gleich groß sein wie die Summe der Barwerte der Auszahlungen:

Kapitalwert =
$\sum$ Barwerte der Einzahlungen - $\sum$ Barwerte der Auszahlungen = 0

$\sum$ Barwerte der Auszahlungen = $\sum$ Barwerte der Einzahlungen

Investitionsausgabe = Rentenbarwert des jährlichen Ertrages

Investitionsausgabe = Rentenbarwertfaktor · jährlicher Ertrag

$$\text{Rentenbarwertfaktor} = \frac{\text{Investitionsausgabe}}{\text{jährlicher Ertrag}}$$

Daher kann im vorliegenden Fall der interne Zinsfuß aus der Tabelle der nachschüssigen Rentenbarwertfaktoren (siehe Abbildung 3-21, S.58 ff.) in der Weise ermittelt werden, dass man feststellt, für welchen Zinsfaktor der Rentenbarwertfaktor bei einer Laufzeit von 20 Jahren möglichst nahe an dem Quotienten aus Investitionsausgabe und Einnahmeüberschuss liegt. Weiter an den genauen Wert annähern kann man sich durch lineare Interpolation oder z. B. die EXCEL-Zielwertsuche.

Ermittlung des Rentenbarwertfaktors (RBF), der zu einem Kapitalwert = 0 führen würde (Bedingung für den internen Zinsfuß):

RBF = 7.500 € : 700 €/a = 10,714

Der interne Zinsfuß liegt bei nachschüssiger Zahlungsweise zwischen 6,8 % p. a. (RBF = 10,761) und 7,0 % p. a. (RBF = 10,594; siehe Abbildung 3-21.2, S. 59). Durch lineare Interpolation erhält man den genauen Wert von 6,86 % p.a.

Das eingesetzte Kapital würde sich also unter den genannten Rahmenbedingungen mit 6,86 % p. a. verzinsen.

(2) Verfahrensauswahl (nach Abbildung 3-16)

Beurteilungsgegenstand:	zwei Investitionsmöglichkeiten, die sich nicht gegenseitig vollständig ausschließen
Wiederanlageprämisse:	Wiederanlage zu 6,86 % ist nur bedingt plausibel
Vorteilhaftigkeitskriterium:	VOFI-Rentabilität
gewähltes Verfahren:	**Vollständiger Finanzplan** (Lehrbuch Bd. 1, S. 99 ff.)

Bei den meisten Verfahren der Investitionsrechnung wird beim Vergleich zweier Investitionsvarianten angenommen, dass bei Unterschieden in der Kapitalbindung der Varianten die Differenzbeträge zum Kalkulationszinsfuß angelegt werden (Wiederanlageprämisse). Diese Annahme kann bei der Internen Zinsfuß-Methode unplausibel sein – nämlich dann, wenn aufgrund einer hohen Rendite angenommen wird, dass Differenzkapital zu eben dieser hohen Verzinsung angelegt wird. Hier erlaubt der Vollständige Finanzplan eine explizite (Wieder-)Anlage von Differenzkapital zu einem eigens dafür festgelegten und damit plausiblen Zinssatz.

Die Festgeldanlage wird einschließlich ihrer Zinsen mit 5,0 % p. a. verzinst und ist bis zum Ablauf der 20-jährigen Laufzeit vollständig gebunden. Dementsprechend beträgt auch die VOFI-Rentabilität 5,0 % p. a. (siehe Abb. 3-26). Diese lässt sich ermitteln, in dem man die 20. Wurzel aus dem Verhältnis von Endkapital zu Anfangskapital zieht:

$$\text{VOFI} - \text{Rentabilität} = \sqrt[20]{\frac{19.900\,€}{7.500\,€}} = 1{,}05 \quad \rightarrow \quad 5{,}0\ \%\ \text{p.a.}$$

Jahr	Investitionsausgabe bzw. Kapitalanlage		Zinssatz für Wiederanlage	Haben-Zinsen	Guthaben am Jahresende	
1	2	3	4	5	6	7
0	7.500 €				7.500 €	
1			5,00%	375 €	7.875 €	
2			5,00%	394 €	8.269 €	
3			5,00%	413 €	8.682 €	
4			5,00%	434 €	9.116 €	
5			5,00%	456 €	9.572 €	
6			5,00%	479 €	10.051 €	
7			5,00%	503 €	10.553 €	
8			5,00%	528 €	11.081 €	
9			5,00%	554 €	11.635 €	
10			5,00%	582 €	12.217 €	
11			5,00%	611 €	12.828 €	
12			5,00%	641 €	13.469 €	
13			5,00%	673 €	14.142 €	
14			5,00%	707 €	14.849 €	
15			5,00%	742 €	15.592 €	
16			5,00%	780 €	16.372 €	
17			5,00%	819 €	17.190 €	
18			5,00%	860 €	18.050 €	
19			5,00%	902 €	18.952 €	
20			5,00%	948 €	19.900 €	**5,00%**
					Endvermögen	VOFI-Rentabilität

Abb. 3-26 VOFI-Endvermögen und VOFI-Rentabilität der Festgeldanlage

Dagegen erzielt der Hausbesitzer bei der Photovoltaikanlage laufende Überschüsse, die auf dem Kapitalmarkt wiederangelegt werden müssen, um den vollständigen gegenseitigen Ausschluss der beiden Anlagealternativen zu gewährleisten. Wenn diese laufenden Überschüsse zu 3 % p. a. angelegt werden, ergibt sich bei nachschüssiger Zahlungsweise eine VOFI-Rentabilität von 4,7 % p. a. (siehe Abb. 3-27).

Jahr	Anschaffungs-ausgabe	Ausschüttungen (nachschüssig)	Zinssatz für Wiederanlage	Haben-Zinsen	Guthaben am Jahresende	
1	2	3	4	5	6	7
0	7.500 €					
1		700 €	3,00 %	0 €	700 €	
2		700 €	3,00 %	21 €	1.421 €	
3		700 €	3,00 %	43 €	2.164 €	
4		700 €	3,00 %	65 €	2.929 €	
5		700 €	3,00 %	88 €	3.716 €	
6		700 €	3,00 %	111 €	4.528 €	
7		700 €	3,00 %	136 €	5.364 €	
8		700 €	3,00 %	161 €	6.225 €	
9		700 €	3,00 %	187 €	7.111 €	
10		700 €	3,00 %	213 €	8.025 €	
11		700 €	3,00 %	241 €	8.965 €	
12		700 €	3,00 %	269 €	9.934 €	
13		700 €	3,00 %	298 €	10.932 €	
14		700 €	3,00 %	328 €	11.960 €	
15		700 €	3,00 %	359 €	13.019 €	
16		700 €	3,00 %	391 €	14.110 €	
17		700 €	3,00 %	423 €	15.233 €	
18		700 €	3,00 %	457 €	16.390 €	
19		700 €	3,00 %	492 €	17.582 €	
20		700 €	3,00 %	527 €	18.809 €	**4,70%**
					Endvermögen	VOFI-Rentabilität

Abb. 3-27 VOFI-Endvermögen und VOFI-Rentabilität der Photovoltaikanlage

Aus rein monetärer Sicht ist daher die Festgeldanlage zu 5 % p. a. vorteilhafter als die Investition in die Photovoltaikanlage mit Wiederanlage der laufenden Überschüsse zum Zinssatz von 3 % p. a.

(3) Unter Nachhaltigkeitsaspekt sollten Sie der Investition in die Nutzung erneuerbarer Energien den Vorzug geben und die Minderung der Rendite um 0,3 % p. a. in Kauf nehmen.

3.4 Grundflächen und Rauminhalte

Grundlage jeder Kostenermittlung und Wirtschaftlichkeitsbeurteilung sind Mengenermittlungen. Bei den zu ermittelnden Mengen kann es sich um Nutzungseinheiten, wie Arbeitsplätze oder Hotelzimmer, handeln, meistens geht es aber um Grundstücksflächen oder Flächen und Rauminhalte von Bauwerken. Um zu vergleichbaren Ergebnissen zu gelangen, muss man von einheitlichen Messvorschriften ausgehen. Solche finden sich vor allem in der DIN 277, *Grundflächen und Rauminhalte von Bauwerken im Hochbau* sowie in der *Verordnung zur Berechnung der Wohnfläche (Wohnflächenverordnung).*

Mengenermittlungen nach diesen Regelungen sind Gegenstand der folgenden Aufgaben. Diese beziehen sich auf das Kapitel 3.6 des Lehrbuches Band 1.

Aufgabenverzeichnis

1 Einhaltung der Grundflächenzahl und der Geschossflächenzahl
2 Grundflächen nach DIN 277
3 Raumprogramm und Brutto-Grundfläche
4 Anrechenbarkeit von Grundflächen und Rauminhalten nach DIN 277
5 Anrechenbarkeit von Grundflächen nach der Wohnflächenverordnung
6 Kennziffern und ihre Anwendung
7 Ermittlung von Grundflächen und Rauminhalten
8 Ermittlung der Wohnfläche

Vorschriften und Normen

DIN 277-1:2005-02, Grundflächen und Rauminhalte von Bauwerken im Hochbau –Begriffe, Ermittlungsgrundlagen
DIN 277-2:2005-02, Grundflächen und Rauminhalte von Bauwerken im Hochbau –Gliederung der Netto-Grundfläche
WoFlV Verordnung zur Berechnung der Wohnfläche (Wohnflächenverordnung), Januar 2004
BauNVO Baunutzungsverordnung, Januar 1990
BbgBO Brandenburgische Bauordnung, Juli 2008
SächsBO Sächsische Bauordnung, Mai 2004

Zeichnung: Ernst Hürlimann

Empfohlene Literatur zur weiteren Vertiefung

Frommhold, H.; H. D. Fleischmann, S. Hasenjäger: Wohnungsbau-Normen, Düsseldorf 2006

Fröhlich, P. J.: Hochbaukosten – Flächen – Rauminhalte, Wiesbaden 2007

Aufgabe 1: Einhaltung der Grundflächenzahl und der Geschossflächenzahl

Überprüfen Sie, ob das in Abb. 3-28 als Lageplan dargestellte Einfamilienhaus gemäß den folgenden Festsetzungen im Bebauungsplan (§ 9 BauGB) zulässig ist:

Grundflächenzahl (GRZ): 0,3
Geschossflächenzahl (GFZ): 0,7

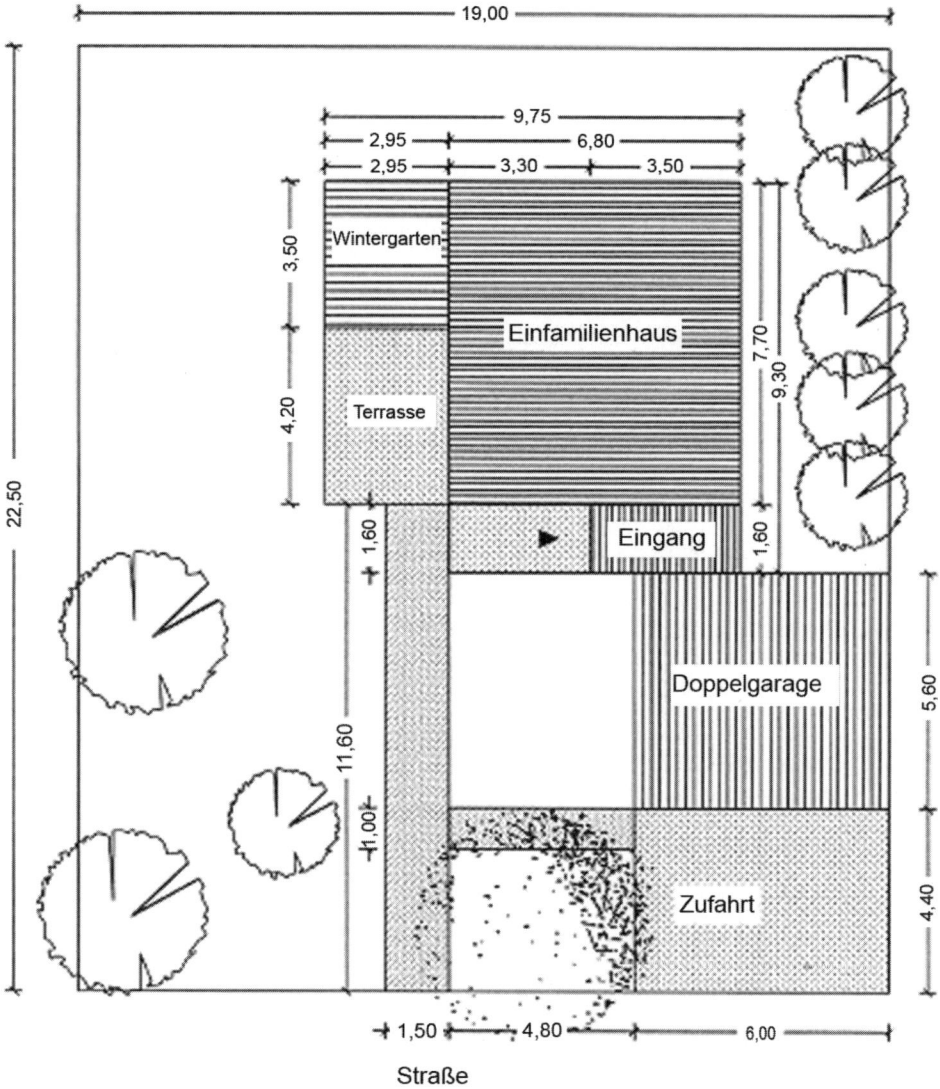

Abb. 3-28 Lageplan eines Einfamilienhauses

Das Einfamilienhaus hat ein Kellergeschoss, ein Erdgeschoss und ein Obergeschoss mit je 2,50 m lichte Höhe. Das Obergeschoss hat eine Grundfläche von 6,80 m mal 7,70 m und ist ebenso wie das Erdgeschoss ein Vollgeschoss nach Landesbauordnung. Der Hauseingang und der Wintergarten sind eingeschossig geplant.

Aufgabe 2: Grundflächen nach DIN 277

In einer Gebäudedokumentation für ein Zweifamilienhaus finden Sie folgende Angaben:

Nutzfläche	225 m²
Verkehrsfläche	40 m²
Bebaute Fläche	160 m²
Konstruktions-Grundfläche	30 m²
Technische Funktionsfläche	10 m²

Wie groß ist die Brutto-Grundfläche dieses Zweifamilienhauses?

Aufgabe 3: Raumprogramm und Brutto-Grundfläche

Das vom Bauherrn aufgestellte Raum- und Funktionsprogramm für ein Bürogebäude umfasst rund 25.000 m². Die ersten vom Architekten vorgelegten Zeichnungen (Vorplanung) ergeben bei vollständiger Erfüllung des Programms eine Brutto-Grundfläche von rund 42.000 m². Der Bauherr ist überrascht.

Wie kann man diesen Unterschied erklären?

Aufgabe 4: Anrechenbarkeit von Grundflächen und Rauminhalten nach DIN 277

(1) Welche Flächen eines Bauwerks werden bei der Ermittlung der **Brutto-Grundfläche** nach DIN 277 berücksichtigt?

( ) Grundrissebenen nach Rohbaumaß

( ) Grundrissebenen nach Fertigmaß

( ) ausschließlich die Grundrissebene des Kellergeschosses

( ) die Grundrissebenen des Kellergeschosses, des Erdgeschosses und aller Obergeschosse mit Dachgeschoss

( ) eine Loggia

( ) eine nicht überdachte Dachterrasse

( ) konstruktive und gestalterische Vorsprünge

( ) die Grundrissebene des Kriechkellers

( ) eine Garage unterhalb der Geländeoberfläche

(2) Welche Flächen eines Bauwerks werden bei der Ermittlung der **Netto-Grundfläche** nach DIN 277 berücksichtigt?

( ) lichte Fertigmaße in Höhe des Fußbodens mit Berücksichtigung von Fußleisten, Sockelleisten u. a.

( ) lichte Fertigmaße in Höhe des Fußbodens ohne Berücksichtigung von Fußleisten, Sockelleisten u. a.

( ) die Grundflächen von freiliegenden Leitungen und Rohren

( ) die Grundflächen von Türöffnungen

( ) die Grundflächen von Installationsschächten mit lichtem Querschnitt über 1 m^2

( ) die Grundflächen von Installationsschächten mit lichtem Querschnitt bis 1 m^2

( ) die Grundflächen versetzbarer Trennwände

( ) die Grundflächen von Einbauschränken

( ) die Grundflächen eines in den Raum greifenden, eine Wandöffnung überdeckenden Sturzes

( ) die Grundflächen von Heizkörpernischen

(3) Welche Flächen eines Bauwerks werden bei der Ermittlung der **Konstruktions-Grundfläche** nach DIN 277 berücksichtigt?

( ) Brutto-Grundfläche abzüglich Netto-Grundfläche

( ) die Grundfläche des Aufzugsschachtes

( ) die lotrechte Projektion des Treppenlaufs

(4) Welche Flächen eines Bauwerks werden bei der Ermittlung der **Nutzflächen** nach DIN 277 berücksichtigt?

( ) Brutto-Grundfläche, die allseitig umschlossen und überdeckt ist

( ) Brutto-Grundfläche, die allseitig umschlossen und überdeckt ist, nach Abzug der Verkehrsfläche, der Technischen Funktionsfläche und der Konstruktions-Grundfläche

( ) Dachterrasse und Balkone ohne Überdeckung

( ) der Vorratskeller eines Einfamilienhauses

(5) Welche Teile eines Bauwerks werden bei der Ermittlung des **Brutto-Rauminhalts** nach DIN 277 berücksichtigt?

( ) Dachgauben

( ) Spitzboden
( ) Dachüberstände
( ) der Rauminhalt des Fundamentbereiches
( ) eine Garage unterhalb der Erdoberfläche
( ) ein Balkon mit Überdachung
( ) ein Balkon ohne Überdachung

Aufgabe 5: Anrechenbarkeit von Grundflächen nach der Wohnflächenverordnung

Welche Flächen von Bauwerken werden bei der Berechung der Wohnfläche nach der **Wohnflächenverordnung** berücksichtigt?

( ) die Summe der Grundflächen der Räume, die ausschließlich zu der Wohnung gehören

( ) Räume, die den nach ihrer Nutzung zu stellenden Anforderungen des Bauordnungsrechts nicht genügen

( ) Geschäftsräume

( ) Fenster- und offene Wandnischen, die bis zum Boden herunterreichen und mehr als 0,13 m tief sind

( ) Raumteile unter Treppen mit einer Höhe von unter 2 m

( ) Erker mit einer Grundfläche von 0,40 m²

( ) ein Wintergarten von 12 m²

( ) bei einem Einfamilienhaus kann die ermittelte Grundfläche zur Ermittlung der Wohnfläche um 10 v. H. gekürzt werden

( ) der Balkon, der zum Wohnraum gehört.

Aufgabe 6: Kennziffern und ihre Anwendung

Welche Informationen können aus den Flächen- und Rauminhaltsdaten gewonnen werden und wofür werden sie üblicherweise weiterverwendet?

Aufgabe 7: Ermittlung von Grundflächen und Rauminhalten

Ermitteln Sie für das in den Abbildungen 3-29.1 bis 3-29.6 gezeigte Einfamilienhaus folgende Mengen:

- **Brutto-Grundfläche** (gegliedert in BGFa, BGFb, BGFc)

- **Brutto-Rauminhalt** (gegliedert in BRIa, BRIb, BRIc)

- **Netto-Grundfläche** (gegliedert in NGFa, NGFb, NGFc)

- **Konstruktions-Grundfläche** (KGFa)

und berechnen Sie die Anteile von **Nutzfläche**, **Verkehrsfläche** und **Technischer Funktionsfläche** an der Netto-Grundfläche des Einfamilienhauses. Bei der Berechnung dieser Aufgabe werden die Werte auf zwei Kommastellen gerundet.

Gehen Sie davon aus, dass die Rohbaumaße zugleich Fertigmaße sind.

Aufgabe 8: Ermittlung der Wohnfläche

(1) Berechnen Sie die Wohnfläche des in den Abbildungen 3-29.1 bis 3-29.6 dargestellten Einfamilienhauses nach den Vorschriften der Wohnflächenverordnung. Gehen Sie bei der Berechnung davon aus, dass die angegebenen Maße Fertigmaße sind.

(2) Wäre die Wohnfläche auch zu ermitteln, wenn es sich bei den angegebenen Maßen um Rohbaumaße handelte?

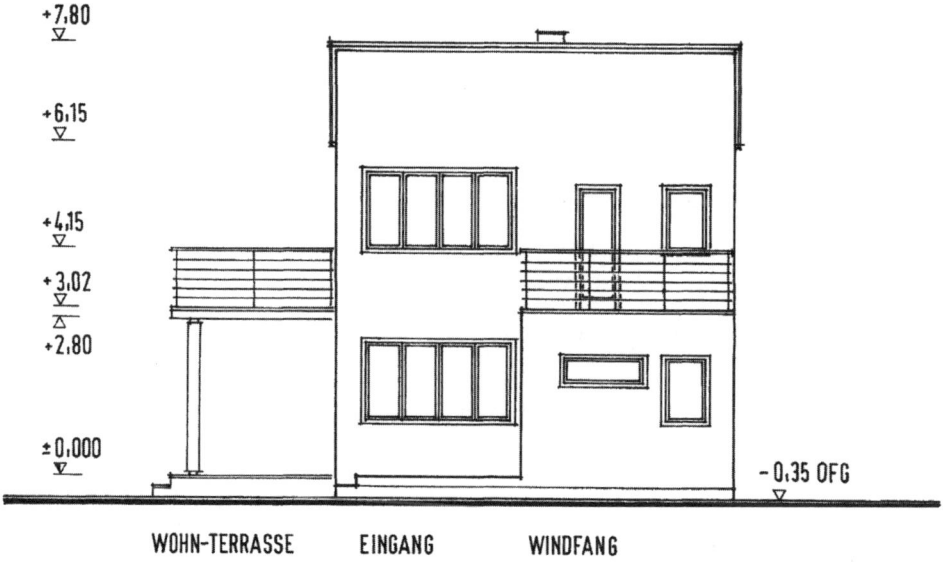

Abb. 3-29.1 Einfamilienhaus – Ansicht von Süden

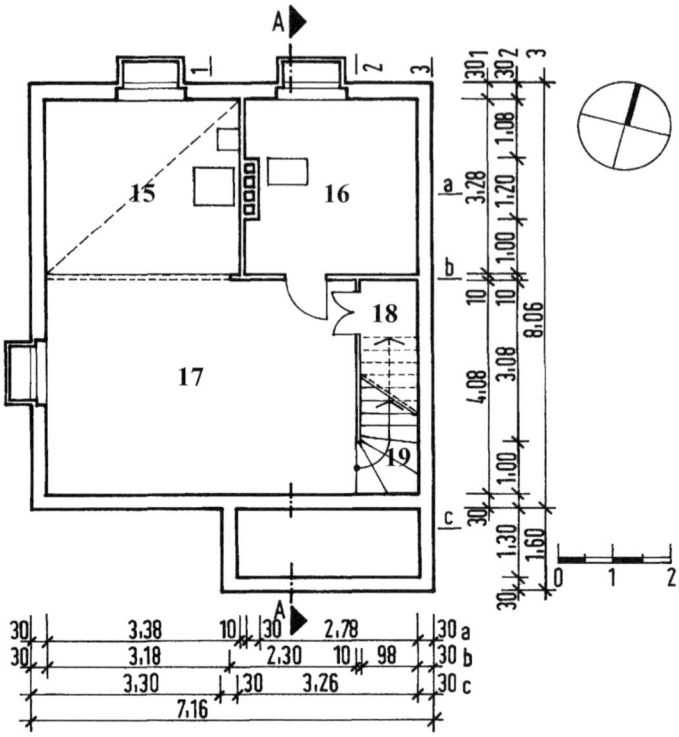

15 Waschküche
16 Heizung, Hausanschlussraum
17 Keller
18 Abstellkammer,
b = 0,98 m:
H > 1,50 m: l = 1,60 m
H < 1,50 m: l = 2,48 m
19 Treppe UG - EG

Abb. 3-29.2 Einfamilienhaus – Grundriss Untergeschoss

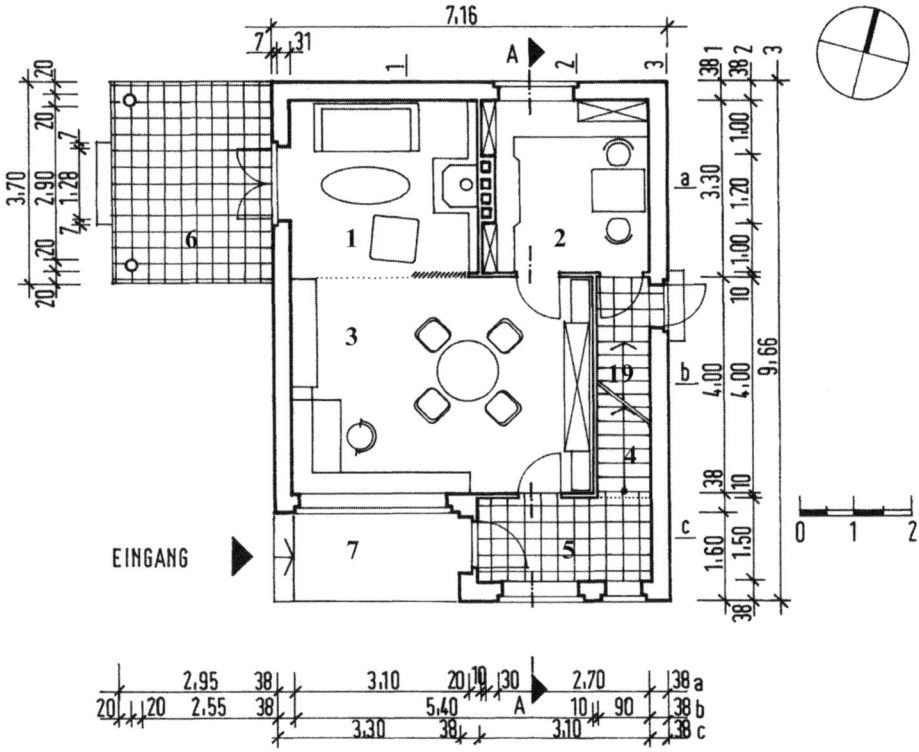

1 Wohnraum
2 Küche
3 Wohnzimmer mit Essplatz
4 Treppe EG - OG
5 Windfang
6 Terrasse,
Stufe zur Terrasse: l = 1,42 m; b = 0,32 m
7 Eingangs-Podest
19 Treppe UG - EG,
Stufe zum Podest: l = 1,30 m; b = 0,32 m

Abb. 3-29.3 Einfamilienhaus – Grundriss Erdgeschoss

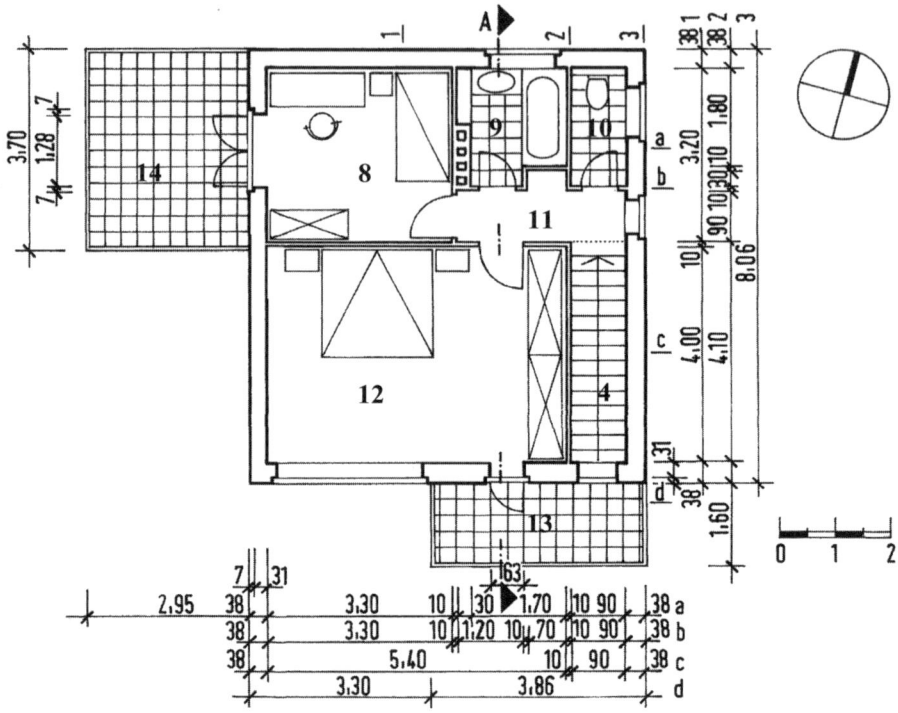

4 Treppe EG - OG
8 Kinderzimmer
9 Bad
10 WC
11 Flur
12 Schlafzimmer
13 Dachterrasse
14 Balkon

Abb. 3-29.4 Einfamilienhaus – Grundriss Obergeschoss

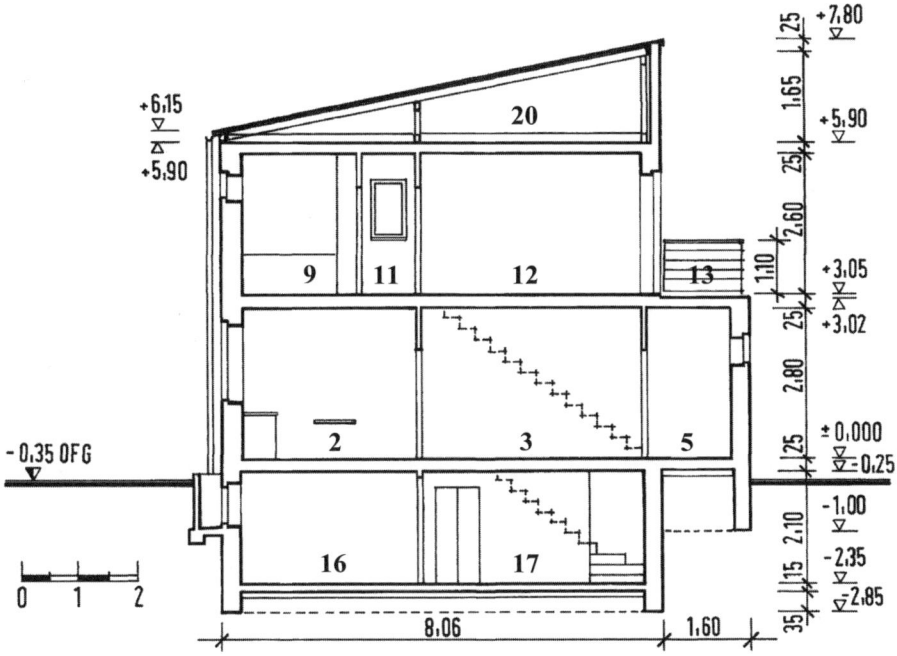

2 Küche
3 Wohnzimmer mit Essplatz
5 Windfang
9 Bad
11 Flur
12 Schlafzimmer
13 Dachterrasse
16 Heizung, Hausanschlussraum
17 Keller
20 Dachraum, dient ausschließlich zur Durchführung von Instandsetzungsmaßnahmen

Abb. 3-29.5 Einfamilienhaus – Schnitt A - A

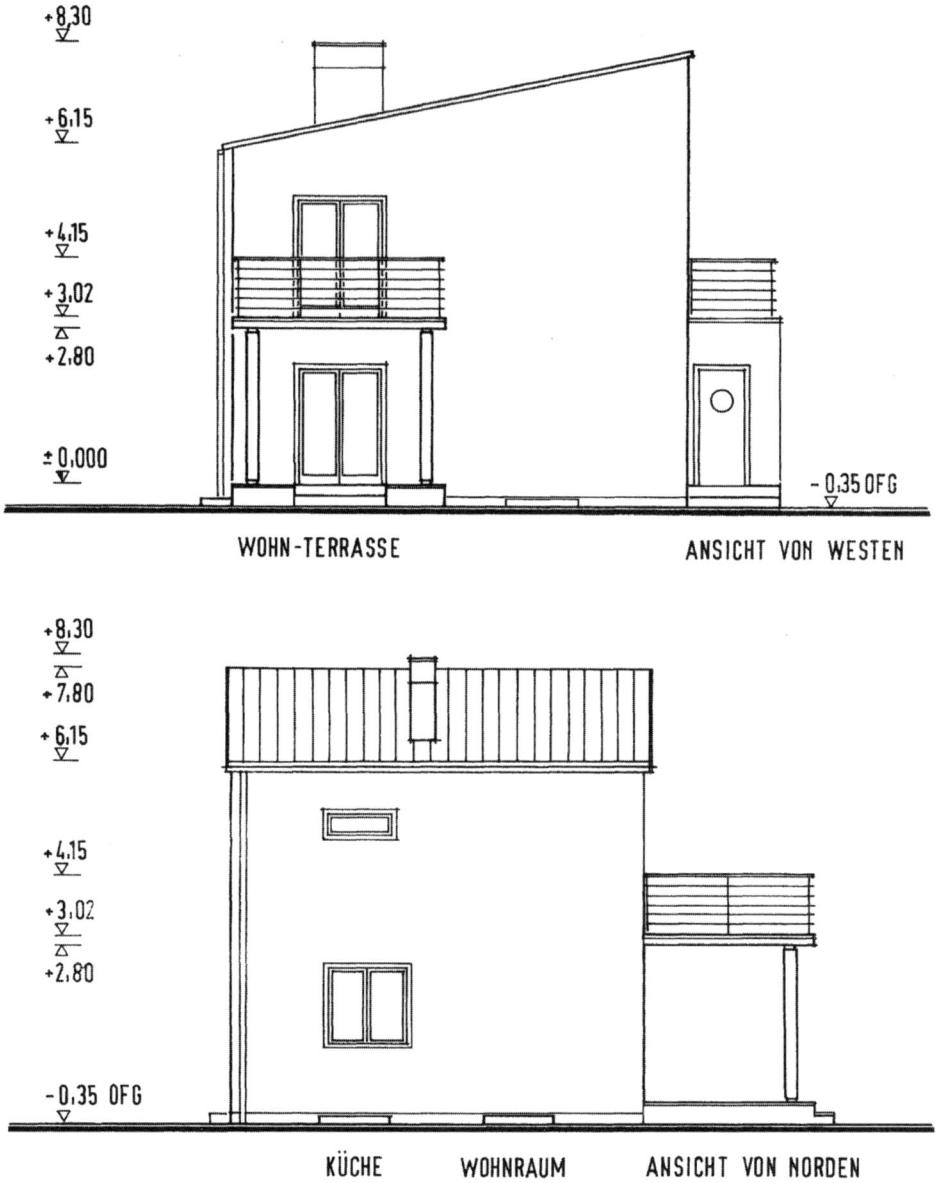

Abb. 3-29.6 Einfamilienhaus – Ansichten von Westen und Norden

Lösung zu Aufgabe 1: Einhaltung der Grundflächenzahl und der Geschossflächenzahl

Zur Überprüfung der Zulässigkeit des Bauvorhabens sind zunächst die Grundfläche und die Geschossfläche des Einfamilienhauses gemäß der Baunutzungsverordnung §§ 19 und 20 sowie der jeweiligen Landesbauordnung zu ermitteln und diese den zulässigen Flächen gegenüberzustellen, die sich aus der Grundstücksfläche multipliziert mit der Grundflächenzahl (GRZ) bzw. der Geschossflächenzahl (GFZ) ergeben. Der Beantwortung dieser Aufgabe wird die Brandenburgische Bauordnung zugrunde gelegt. Auf die abweichende Behandlung nach Sächsischer Bauordnung wird hingewiesen.

	GRZ*	GFZ***	1. Dim. (m)	2. Dim. (m)	Fläche GRZ (m^2)	Fläche GFZ (m^2)
Fläche Grundstück:			19,00	22,50	427,50	427,50
Bauliche Anlagen nach BauNVO § 19 (2) (Hauptanlagen):						
Haus	x	x	6,80	7,70	52,36	52,36
Eingang	x	x	3,50	1,60	5,60	5,60
Haus 1. OG		x				52,36
Wintergarten	x		2,95	3,50	10,33	-
Terrasse	x		2,95	4,20	12,39	-
Zwischensumme:					80,68	110,32
Nebenanlagen nach BauNVO § 19 (4):						
Garage****	x		6,00	5,60	33,60	-
Zufahrt	x		6,00	4,40	26,40	-
Zwischensumme:					60,00	-
Eingangspodest + Fußwege**						
Eingangspodest	(x)		3,30	1,60	5,28	-
Fußweg zum Haus (befestigt)	(x)		1,50	11,60	17,40	-
Fußweg zw. Zufahrt und Hauptweg (befestigt)	(x)		1,00	4,30	4,30	-
Zwischensumme:					26,98	-
Summe gesamt (ohne Fußwege + Eingangspodest):					140,68	110,32
Summe gesamt (mit Fußwege + Eingangspodest):			-	-	(167,66)	-

Abb. 3-30 Ermittlung der Flächen zur Kontrolle der Einhaltung der GRZ und GFZ

* Berechnung der zulässigen GRZ erfolgt nach § 19 BauNVO. Die Definition der baulichen Anlagen ist in den jeweiligen Landesbauordnungen festgesetzt. So definiert die BbgBO in § 2 (1) bauliche Anlagen als mit dem Erdboden verbundene, aus Bauprodukten hergestellte Anlagen. Eine Verbindung mit dem Boden besteht auch dann, wenn die Anlage durch eigene Schwere auf dem Boden ruht oder auf ortsfesten Bahnen begrenzt beweglich ist oder wenn die Anlage nach ihrem Verwendungszweck dazu bestimmt ist, überwiegend ortsfest benutzt zu werden, z. B. auch Aufschüttungen und Abgrabungen oder Lagerplätze, Abstellplätze und Ausstellungsplätze. Sinngemäß findet sich diese Definition auch in der SächsBO § 2, Abs. 1. Eingang, Wintergarten und Terrasse sind Teile der Hauptanlage und werden bei der Berechnung der GRZ berücksichtigt.

** Der Umgang mit dem Eingangspodest und dem Fußweg muss individuell entschieden werden. Die Frage der Anrechenbarkeit ist in der Praxis nicht eindeutig geklärt. Als untergeordnetes Bauteil wäre das Eingangspodest bei der Überprüfung der zulässigen Grundfläche nicht anzurechnen. Wird jedoch als entscheidendes Kriterium der Grad der Versiegelung angesetzt, dann sind komplett versiegelte Flächen, also Eingangspodest und Fußweg, bei der Berechnung als Nebenanlage einzubeziehen. Die Auslegung, was zu der „versiegelten Flächen" zählt, ist individuell ggf. in Abstimmung mit der Genehmigungsbehörde zu klären.

*** Für die Berechnung der zulässigen GFZ ist § 20 BauNVO zu berücksichtigen. Nach § 20 (3) sind die Flächen der Vollgeschosse anzusetzen. Terrassen und Nebenanlagen sowie bauliche Anlagen, soweit sie nach Landesrecht in den Abstandsflächen zulässig sind, bleiben nach § 20 (4) unberücksichtigt. Der Wintergarten, als Aufenthaltsraum und Teil des Vollgeschosses, müsste eigentlich angerechnet werden. Aber in § 20 (4) erfolgt der Verweis auf die Landesbauordnung, d. h. die Fläche des Wintergartens ist nach BbgBO § 6 (7) Satz 1 Nr. 3a nicht anzurechnen.

Nach SächsBO § 6 Abs. (6), 2 ist der Wintergarten bei der Ermittlung der Geschossfläche zu berücksichtigen, da er tiefer als 1,50 m und auch länger als 1/3 der Hauslänge ist; er muss entsprechend BauNVO § 20 (4) als Geschossfläche angerechnet werden.

**** Die Garage ist nach BbgBO § 6 (10) und nach SächsBO § 6 (7) Nr. 1 in den Abstandsflächen zulässig. Somit bleibt die Garage nach BauNVO § 20 (4) bei der Berechnung der GF unberücksichtigt.

Überprüfung der Grundfläche der Hauptanlagen auf Zulässigkeit (GRZ)

maßgebende Grundstücksfläche		427,50 m^2
Grundflächenzahl GRZ		0,3
zulässige Grundfläche der baulichen Anlage	$0{,}3 \cdot 427{,}50\ m^2 =$	128,25 m^2

vorhandene Fläche nach BauNVO §19 (2) $80{,}68\ m^2 < 128{,}25\ m^2$ zulässige Grundfläche §19 (2)

Die zulässige Grundfläche der baulichen Anlagen nach BauNVO §19 (2) wird nicht überschritten. Die geplante Ausnutzung des Grundstücks ist daher hinsichtlich der Grundfläche der Hauptanlagen zulässig.

Überprüfung der Grundfläche der Haupt- und Nebenanlagen auf zulässige Überschreitung

zulässige Überschreitung um 50 % durch Grundflächen		
nach BauNVO § 19 (4)	0,5 · 128,25 m²	64,13 m²
zulässige Grundfläche		
(einschl. Überschreitung nach BauNVO § 19 (4))		192,38 m²

vorhandene Fläche		zulässige Grundfläche
nach BauNVO	140,68 m² < 192,38 m²	einschließlich Überschreitung
§ 19 (2) und (4)		nach BauNVO § 19 (4)

Die Grundfläche aller baulichen Anlagen überschreitet also nicht die zulässige Grundfläche nach BauNVO § 19 (2) und (4).

Überprüfung der Geschossflächenzahl (GFZ) auf Zulässigkeit

maßgebende Grundstücksfläche	427,50 m²
Geschossflächenzahl GFZ	0,7
zulässige Geschossfläche 0,7 x 427,50 m² =	299,25 m²

2 Vollgeschosse (BbgBO § 2 bzw. nach SächsBO § 90 (2), § 2 (6))

Geschossfläche EG (Haus + Eingang) zuzüglich Fläche 1. OG (Nebenanlagen nach BauNVO § 14, Garage und Wintergarten bleiben nach BbgBO unberücksichtigt, nach SächsBO ist der Wintergarten mit 10,33 m² GF zu berücksichtigen.)

Geschossfläche gesamt (BbgBO)	110,32 m²

Geschossfläche 110,32 m² < 299,25 m² zulässige Geschossfläche

Die Geschossfläche des Einfamilienhauses überschreitet nicht die zulässige Geschossfläche. An diesem Ergebnis ändert sich auch im Freistaat Sachsen nichts, da auch die zusätzliche Berücksichtigung des Wintergartens nicht zu einem Überschreiten der zulässigen Geschossfläche führen würde:

Geschossfläche (SächsBO) 110,32 + 10,33 = 120,65 m² < 299,25 m² zulässige GF

Lösung zu Aufgabe 2: Grundflächen nach DIN 277

	Nutzfläche	225 m²
+	Technische Funktionsfläche	10 m²
+	Verkehrsfläche	40 m²
=	Netto-Grundfläche	275 m²
+	Konstruktions-Grundfläche	30 m²
=	Brutto-Grundfläche	305 m²

Die Brutto-Grundfläche des Zweifamilienhauses beträgt 305 m². Die Bebaute Fläche gehört nicht zu den Grundflächen nach DIN 277.

Lösung zu Aufgabe 3: Raumprogramm und Brutto-Grundfläche

Zur Erklärung der in der Vorplanung entstandenen Flächendifferenz muss man sich die Flächenarten nach DIN 277 vor Augen halten.

Die im Raum- und Funktionsprogramm des Bauherrn enthaltenen Flächenvorgaben sind meist Nutzflächen und beziehen sich auf die vom Bauherrn gewünschten Funktionen und deren räumliche Umsetzung. Die Flächenanteile für Funktions- und Verkehrsfläche sowie Konstruktions-Grundfläche sind abhängig von Form, Funktion und Baukonstruktion des zu entwerfenden Baukörpers. Sie sind im Raum- und Funktionsprogramm durch den Bauherrn nur schwer definierbar, oft auch gar nicht enthalten. Dies gilt auch für Räume, die meistens geschossweise angeordnet werden, wie z. B. Wasch- und WC-Räume, häufig auch Stützpunkte für die Gebäudereinigung. Erst in der Vorplanungs- und Entwurfsphase werden die Erfordernisse an die Flächen für die technische Ver- und Entsorgung des Gebäudes, für seine Erschließung sowie an die zusätzlich erforderlichen Räume und Flächen, die sich aus der Anwendung der baurechtlichen Vorschriften ergeben, konkretisiert.

Im Fall des Bürogebäudes wurde die vorgegebene Fläche im Vorentwurf um 68 % vergrößert. Dies kann – über die genannten Faktoren hinaus – seine Ursache haben in vom Bauherrn im Raumprogramm nicht erfassten

- Stellplätzen (eventuell erforderliche Parkebene in UG oder OG) mit zugehörigen Rampen und Fahrbahnen,
- Flur- und Erschließungsflächen (Treppenaufgänge, Aufzüge, Fluchtwege und Schleusen)
- Flächen für die Gebäudetechnik (Lüftung, Klimatisierung, Notstromversorgung).

Die Flächenanteile in Bürogebäuden stellen sich heute folgendermaßen dar:

Bürogebäude	**einfacher Standard**	**hoher Standard**
Brutto-Grundfläche	100 %	100 %
Konstruktions-Grundfläche	13,7 %	11,0 %
Nutzfläche	69,4 %	65,6 %
Technische Funktionsfläche	2,7 %	4,9 %
Verkehrsfläche	14,2 %	18,6 %

Quelle: BKI – Baukosten 2007 Teil 1 – Kostenkennwerte für Gebäude, S. 51 und S. 71

Lösung zu Aufgabe 4: Anrechenbarkeit von Grundflächen und Rauminhalten nach DIN 277

(1) Welche Flächen eines Bauwerks werden bei der Ermittlung der **Brutto-Grundfläche** (BGF) nach DIN 277 berücksichtigt?

Antworten gemäß DIN 277-1, Nr. 3.1 und 4.2.1 sowie Bilderläuterungen 1, 3 bis 8, 13 und 16 in: P. J. Fröhlich 2007, S. 123 ff. und 153 ff.:

( ) Grundrissebenen nach Rohbaumaß

(X) Grundrissebenen nach Fertigmaß

( ) ausschließlich die Grundrissebene des Kellergeschosses

(X) die Grundrissebenen des Kellergeschosses, des Erdgeschosses und aller Obergeschosse mit Dachgeschoss

(X) eine Loggia (als BGFb) *)

(X) eine nicht überdachte Dachterrasse (als BGFc) **)

( ) konstruktive und gestalterische Vorsprünge

( ) die Grundrissebene des Kriechkellers (nicht begehbar)

(X) eine Garage unterhalb der Geländeoberfläche (wie Kellergeschoss)

*) Brutto-Grundfläche, die nicht allseitig in voller Höhe umschlossen, jedoch überdeckt ist

**) Brutto-Grundfläche, die nicht überdeckt ist

(2) Welche Flächen eines Bauwerks werden bei der Ermittlung der **Netto-Grundfläche** nach DIN 277 berücksichtigt?

Antworten gemäß DIN 277-1, Nr. 3.1.1 und 4.2.2 sowie Bilderläuterungen 1, 3 bis 5, 8 bis 11, 13 bis 16 in: P. J. Fröhlich 2007, S. 123 ff. und 153 ff.:

( ) lichte Fertigmaße in Höhe des Fußbodens mit Berücksichtigung von Fußleisten, Sockelleisten u. a.

(X) lichte Fertigmaße in Höhe des Fußbodens ohne Berücksichtigung von Fußleisten, Sockelleisten u. a.

(X) die Grundflächen von freiliegenden Leitungen und Rohren

( ) die Grundflächen von Türöffnungen

(X) die Grundflächen von Installationsschächten mit lichtem Querschnitt über 1 m²

( ) die Grundflächen von Installationsschächten mit lichtem Querschnitt bis 1 m²

(X) die Grundflächen versetzbarer Trennwände

(X) die Grundflächen von Einbauschränken

( ) die Grundflächen eines in den Raum greifenden, eine Wandöffnung überdeckenden Sturzes

( ) die Grundflächen von Heizkörpernischen

(3) Welche Flächen eines Bauwerks werden bei der Ermittlung der **Konstruktions- Grundfläche** nach DIN 277 berücksichtigt?

Antworten gemäß DIN 277-1, Nr. 3.1.2 und 4.2.3 sowie Bilderläuterungen 1, 3 bis 5, 8, 10 bis 16 in: P. J. Fröhlich 2007, S. 123 ff. und 153 ff.:

(X) Brutto-Grundfläche abzüglich Netto-Grundfläche

( ) die Grundfläche des Aufzugsschachtes (Verkehrsfläche)

( ) die lotrechte Projektion des Treppenlaufs (Verkehrsfläche)

(4) Welche Flächen eines Bauwerks werden bei der Ermittlung der **Nutzfläche** nach DIN 277 berücksichtigt?

Antworten gemäß DIN 277-1, Nr. 3.1.1.1 und Bilderläuterungen 1 und 9 in: P. J. Fröhlich 2007, S. 123 ff. und 153 ff.:

( ) Brutto-Grundfläche, die allseitig umschlossen und überdeckt ist

(X) Brutto-Grundfläche, die allseitig umschlossen und überdeckt ist, nach Abzug
der Verkehrsfläche, der Technischen Funktionsfläche und der Konstruktions-Grundfläche

(X) Dachterrasse und Balkone ohne Überdeckung (NFc) *)

(X) der Vorratskeller eines Einfamilienhauses

*) Nutzflächen, die von Bauteilen umschlossen, jedoch nicht überdeckt sind

(5) Welche Teile eines Bauwerks werden bei der Ermittlung des **Brutto-Rauminhalt**s nach DIN 277 berücksichtigt?

Antworten gemäß DIN 277-1, Nr. 3.3.1 und Bilderläuterungen 1, 6 und 7, 16 bis 20 in: P. J. Fröhlich 2007, S. 123 ff. und 153 ff.:

(X) Dachgauben

(X) Spitzboden (Dachgeschoss)

( ) Dachüberstände (untergeordnete Bauteile)

( ) der Rauminhalt des Fundamentbereiches (untergeordnete Bauteile)

(X) eine Garage unterhalb der Erdoberfläche

(X) ein Balkon mit Überdachung (BRIb) **)

(X) ein Balkon ohne Überdachung (BRIc) ***)

**) Brutto-Rauminhalt, der überdeckt, jedoch nicht allseitig in voller Höhe umschlossen ist

***) Brutto-Rauminhalt, der nicht überdeckt ist

Lösung zu Aufgabe 5: Anrechenbarkeit von Grundflächen nach der Wohnflächenverordnung

Welche Flächen von Bauwerken werden bei der Berechung der Wohnfläche nach der **Wohnflächenverordnung (WoFlV)** berücksichtigt?

(X) die Summe der anrechenbaren Grundflächen der Räume, die ausschließlich zu der Wohnung gehören
(WoFlV §§ 1 (2) und 2 (1))

( ) Räume, die den nach ihrer Nutzung zu stellenden Anforderungen des Bauordnungsrechts nicht genügen
(WoFlV § 2 (3) Nr. 2)

( ) Geschäftsräume
WoFlV § 2 (3) Nr. 3)

(X) Fenster- und offene Wandnischen, die bis zum Boden herunterreichen und mehr als 0,13 m tief sind
(WoFlV § 3 (3) Nr. 4)

(X) Raumteile unter Treppen mit einer Höhe von unter 2,00 m
(nur zur Hälfte, sofern die lichte Höhe mindestens 1,00 m beträgt, WoFlV § 4 Nr. 2)

(X) Erker mit einer Grundfläche von 0,40 m²
(in Abweichung von der alten Regelung der II. BV gibt es in der WoFlV für die Anrechenbarkeit keine Mindestgröße)

(X) ein Wintergarten von 12 m²
(Wintergärten, Schwimmbäder und ähnliche, nach allen Seiten geschlossene Räume werden zur Hälfte angerechnet, (WoFlV § 2 (2) Nr. 1)

( ) bei einem Einfamilienhaus kann die ermittelte Grundfläche zur Ermittlung der Wohnfläche um 10 v. H. gekürzt werden (auch diese Regelung aus der II. BV ist in der WoFlV nicht enthalten)

(X) der Balkon, der zum Wohnraum gehört
(ist zu einem Viertel, höchstens zur Hälfte anzurechnen, WoFlV § 2 (2) Nr. 2 in Verbindung mit § 4 Nr. 4)

Lösung zu Aufgabe 6: Kennziffern und ihre Anwendung

Mit Hilfe von Kennziffern, z. B. KGF/BGF (Anteil der Konstruktions-Grundfläche an der Brutto-Grundfläche) können Gebäude und Gebäudeplanungen auch unterschiedlicher Größe miteinander verglichen werden. Durch Vergleich der Werte von Kennziffern, wie dem Konstruktions-Grundflächenanteil, können z. B. Gebäudeentwürfe mit unterschiedlichen Wandkonstruktionen und -dicken hinsichtlich ihrer Flächenausnutzung beurteilt werden.

Entsprechendes gilt für den Verkehrsflächenanteil (VF/BGF) und den Anteil der Technischen Funktionsflächen (TF/BGF).

Ein wichtiges Ziel der wirtschaftlichen Planung ist meist die Maximierung der anteiligen Nutzfläche. Nutzflächenanteile (NF/BGF) im Wohnungsbau von etwa 0,70 können als sehr gut bezeichnet werden.

Die (Kosten-)Wirtschaftlichkeit von Gebäuden wird häufig anhand der Kosten pro m^2 Nutzfläche bzw. Brutto-Grundfläche oder pro m^3 Brutto-Rauminhalt gemessen. Weiterhin werden diese Kennziffern bei der Kostenschätzung auf der Basis von Grundflächen oder Rauminhalt verwendet.

Anwendung an Beispielen (Quelle: Baukostendaten des BKI –Baukosteninformationszentrums Deutscher Architektenkammern GmbH: BKI Objektdaten N8: Kosten abgerechneter Bauwerke. Stuttgart: 2007 – S. 164 - 171, 242 - 249, 256 - 263, die Werte wurden gerundet eingesetzt):

6100-569: Wohnungsbau Nordrhein-Westfalen / Einfamilienhaus, Doppelgarage
6100-607: Wohnungsbau Sachsen-Anhalt / Zweifamilienhaus
6100-614: Wohnungsbau Nordrhein-Westfalen / Einfamilienhaus, Doppelgarage

Grundflächen in % an BGF	Objekt Aufgabe 7	6100-569	6100-607	6100-614
Nutzfläche	69,9	66,8	70,9	70,7
Technische Funktionsfläche	4,7	1,3	0,5	1,1
Verkehrsfläche	7,3	11,1	10,2	9,3
Netto-Grundfläche	81,9	79,2	81,6	81,0
Konstruktions-Grundfläche	18,1	20,8	18,4	19,0
Brutto-Grundfläche in %	100,0	100,0	100,0	100,0

Lösung zu Aufgabe 7: Ermittlung von Grundflächen und Rauminhalten

Ermittlung der Mengen für ein Einfamilienhaus

BGFa, BRIa	1. Dim. (m)	2. Dim. (m)	Fläche (m^2)	3. Dim. (m)	Rauminh. (m^3)
Untergeschoss UG	8,06	7,16	57,71	2,50	144,28
Erdgeschoss	8,06	7,16	57,71	3,05	176,02
5 Windfang	3,86	1,60	6,18	3,27	20,21
6 Terrasse	-	-	-	-	-
7 Eingangs-Podest	-	-	-	-	-
Zwischensumme EG			63,89		196,23
Obergeschoss OG bis Oberkante Dach h = (4,75 + 3,10) / 2	8,06	7,16	57,71	3,93	226,80
Brutto-Grundfläche BGFa			179,31		
Brutto-Rauminhalt BRIa					567,31

BGFb, BRIb	1. Dim. (m)	2. Dim. (m)	Fläche (m^2)	3. Dim. (m)	Rauminh. (m^3)
Untergeschoss UG	-	-	-	-	-
Erdgeschoss: 6 Terrasse EG	3,70	2,95	10,92	3,37	36,80
Obergeschoss	-	-	-	-	-
Brutto-Grundfläche BGFb			10,92		
Brutto-Rauminhalt BRIb					36,80

BGFc, BRIc	1. Dim. (m)	2. Dim. (m)	Fläche (m^2)	3. Dim. (m)	Rauminh. (m^3)
Untergeschoss UG Kellerlichtschächte bleiben unberücksichtigt	-	-	-	-	-
Erdgeschoss EG Treppenstufen zur Terrasse bzw. Kellertreppe bleiben außer Ansatz	-	-	-	-	-
Obergeschoss OG					
13 Dachterrasse	3,86	1,60	6,18	1,10	6,80
14 Balkon	3,70	2,95	10,92	1,10	12,01
Brutto-Grundfläche BGFc			17,10		
Brutto-Rauminhalt BRIc					18,81

Abb. 3-31 Ermittlung der Brutto-Grundfläche und des Brutto-Rauminhalts für ein Einfamilienhaus

Die Werte in den Spalten (m^2) und (m^3) sind in der Berechnung auf zwei Kommastellen gerundet worden und so in die weiteren Berechnungen eingegangen.

NGFa	Art	1. Dim. (m)	2. Dim. (m)	Teilfläche je Raum (m^2)	NGF je Raum (m^2)	NGF je Geschoss (m^2)
Untergeschoss UG						
15 Waschküche	NF	3,38	3,28		11,09	
17 Keller	NF	5,48	4,08		22,36	
18 Abstellkammer	NF	4,08	0,98	4,00	4,00	
Nutzfläche UG						37,45
16 Heizungsraum	TF	3,28	3,08	10,10		
- Schornstein		1,20	0,30	0,36	9,74	
Funktionsfläche UG						9,74
NGFa UG						47,19

Abb. 3-32 Ermittlung der Netto-Grundfläche für ein Einfamilienhaus

NGFa	Art	1. Dim. (m)	2. Dim. (m)	Teilfläch. je Raum (m^2)	NGF je Raum (m^2)	NGF je Geschoss (m^2)
Erdgeschoss EG						
1 Wohnraum	NF	3,30	3,30	10,89		
- Wandvorlage		0,20	0,10	- 0,02	10,87	
2 Küche	NF	3,20	3,00	9,60		
- Schornstein		1,20	0,30	- 0,36	9,24	
3 Wohnzimmer mit Essplatz	NF	5,40	4,00		21,60	
Nutzfläche EG						41,71
19 Treppe + Podest	VF	4,10	0,90		3,69	
5 Windfang	VF	3,10	1,50		4,65	
Verkehrsfläche EG						8,34
NGFa EG						50,05
Obergeschoss OG						
8 Kinderzimmer	NF	3,30	3,20		10,56	
9 Bad	NF	2,20	2,00	4,40		
- Schornstein		1,10	0,30	- 0,33		
- Nische		0,80	0,40	- 0,32	3,75	
10 WC	NF	2,20	0,90		1,98	
12 Schlafzimmer	NF	5,40	4,00		21,60	
Nutzfläche OG						37,89
11 Flur	VF	3,00	0,90	2,70		
		0,70	0,40	+ 0,28	2,98	
4 Treppe + Podest	VF	4,10	0,90		3,69	
Verkehrsfläche OG						6,67
NGFa OG						44,56
Dachgeschoss DG (nicht begehbar) bleibt unberücksichtigt						
Netto-Grundfläche NGFa gesamt						141,80

NGFb	Art	1. Dim. (m)	2. Dim. (m)	Teilfläch. je Raum (m^2)	NGF je Raum (m^2)	NGF je Geschoss (m^2)
Untergeschoss UG		-	-	-	-	-
Erdgeschoss EG						
6 Terrasse	NF	3,70	2,95	10,92		
- 2 Stützen $2 \cdot \pi \cdot r^2 = 2 \cdot \pi \cdot 0{,}10^2$				- 0,06	10,86	10,86
Obergeschoss OG		-	-	-	-	-
Netto-Grundfläche NGFb gesamt						10,86

Abb. 3-32 Ermittlung der Netto-Grundfläche für ein Einfamilienhaus (Fortsetzung)

NGFc	Art	1. Dim. (m)	2. Dim. (m)	Teilfläche je Raum (m²)	NGF je Raum (m²)	NGF je Geschoss (m²)
Untergeschoss UG		-	-	-	-	-
Erdgeschoss EG 7 Eingangs-Podest Treppenstufen zur Terrasse bzw. Kellertreppe bleiben unberücksichtigt	VF	3,30	1,60		5,28	5,28
Obergeschoss OG 13 Dachterrasse 14 Balkon	 NF NF	 3,86 3,70	 1,60 2,95		 6,18 10,92	 17,10
Netto-Grundfläche NGFc gesamt						22,38

Abb. 3-32 Ermittlung der Netto-Grundfläche für ein Einfamilienhaus (Fortsetzung)

Die **Konstruktions-Grundfläche** kann als Differenz von Brutto-Grundfläche und Netto-Grundfläche errechnet werden:

Brutto-Grundfläche (BGFa)	179,31 m²	
- Nutzfläche (NFa)	117,05 m²	Netto-Gundfläche (NGFa) = 141,80 m²
- Verkehrsfläche (VFa)	15,01 m²	
- Technische Funktionsfläche (TFa)	9,74 m²	
= Konstruktions-Grundfläche (KGFa)	37,51 m²	

Flächenart	Bereich a (m²)	Bereich b (m²)	Bereich c (m²)	gesamt	Anteil an NGF	Anteil an BGF
Nutzfläche	117,05	10,86	17,10	145,01	85,42 %	69,94 %
Verkehrsfläche	15,01	-	-	15,01	8,84 %	7,24 %
Technische Funktionsfläche	9,74	-	-	9,74	5,74 %	4,70 %
Netto-Grundfläche	141,8	10,86	17,10	169,76	100,00 %	81,88 %
Konstruktions-Grundfläche	37,51	0,06	-	37,57	21,13 %	18,12 %
Brutto-Grundfläche	179,31	10,92	17,10	207,33	122,13 %	100,00 %

Abb. 3-33 Übersicht über die Mengen und Anteile der verschiedenen Flächenarten

Lösung zu Aufgabe 8: Ermittlung der Wohnfläche

Die Wohnfläche wird nach der **Wohnflächenverordnung** (WoFlV) ermittelt. Dabei finden die vorhandenen Flächen z. T. in anderer Weise Anrechnung als bei der Flächenberechnung nach DIN 277. So gehören folgende Räume des Einfamilienhauses aus Aufgabe 7 nicht zur Wohnfläche (WoFlV § 2 (3)): 15 Waschküche, 16 Heizungs- und Hausanschlussraum, 17 Keller, 18 Abstellkammer.

(1) Berechnung der **Wohnfläche** anhand von lichten Maßen zwischen den Bauteilen (WoFlV § 3 (1)); Türnischen zählen nicht zur Wohnfläche:

Wohnfläche	1. Dim. (m)	2. Dim. (m)	Teilfl.je Raum (m^2)	Wohnfl. je Raum (m^2)
Untergeschoss UG Abstellraum nicht auf Wohnfläche anrechenbar, da sich in dieser Ebene keine Wohnräume befinden (nach §2 (3))	-	-	-	-
Wohnfläche UG				0,00
Erdgeschoss EG				
1 Wohnraum mit Ofen, (§ 3 (1) Nr. 3)	3,30	3,30	10,89	10,89
Wandvorsprung 0,20 x 0,10 = 0,02 < 0,10 bleibt in Fläche enthalten (§ 3 (3) Nr. 1)				
2 Küche	3,20	3,00	9,60	
- Schornstein (§ 3 (3) Nr. 1)	1,20	0,30	- 0,36	9,24
3 Esszimmer	5,40	4,00		21,60
4 Treppe EG-OG wie 19(§ 3 (3) Nr. 2)	-	-	-	-
5 Windfang	3,10	1,50		4,65
6 Terrasse, Anrechnung in der Regel zu einem Viertel, höchstens zur Hälfte (§ 4 Nr. 4); Stützen werden nicht abgezogen $2 \cdot \pi \cdot 0{,}20^2 = 0{,}06 < 0{,}10$	3,70	2,95	10,92 x 0,5	5,46
Wohnfläche EG				51,84
Obergeschoss OG				
8 Kinderzimmer	3,30	3,20	10,56	10,56
9 Bad	2,20	1,20	2,64	
	1,80	0,80	1,44	
- Schornstein (§ 3 (3) Nr. 1)	1,10	0,30	- 0,33	3,75
10 WC	2,20	0,90		1,98
11 Flur	3,00	0,90	2,70	
	0,70	0,40	+ 0,28	2,98
12 Schlafzimmer	5,40	4,00	21,60	21,60
13 Dachterrasse, Anrechnung wie 6	3,86	1,60	6,18 x 0,5	3,09
14 Balkon, Anrechnung wie 6	3,70	2,95	10,92 x 0,5	5,46
Wohnfläche OG				49,42
Wohnfläche gesamt				101,26

Abb. 3-34: Berechnung der Wohnfläche eines Einfamilienhauses

(2) Wenn es sich bei den Maßen in den Plänen um Rohbaumaße handeln würde, so könnten diese nicht zur Berechnung der Wohnfläche herangezogen werden, es sei denn, man könnte aus den Angaben der Pläne auch die lichten Maße ableiten (etwa durch Angabe der Putzstärke). Ist dies nicht der Fall, so ist die Grundfläche durch Aufmaß im fertig gestellten Wohnraum auf Grund einer berichtigten Bauzeichnung neu zu ermitteln (WoFlV § 3 (4)).

3.5 Kosten

Kosten – im betriebswirtschaftlichen Sinne – entstehen bei der Nutzung von Gebrauchsgütern und beim Einsatz von Verbrauchsgütern. Für den selbst nutzenden oder vermietenden Bauherrn entstehen die Kosten also bei der (Ab-)Nutzung des Gebäudes, aber noch nicht bei der Beschaffung bzw. Errichtung des Gebäudes. Kosten in diesem Sinne sind also die in Abschnitt 3.5.2 behandelten Nutzungskosten.

Die DIN 276-1:2008-12 definiert dagegen Kosten im Bauwesen als „Aufwendungen für Güter, Leistungen und Abgaben, die für die Vorbereitung, Planung und Ausführung von Bauprojekten erforderlich sind." Wegen dieses im Bauwesen gängigen Verständnisses des Kostenbegriffs werden die nach betriebswirtschaftlicher Terminologie als Ausgaben zu bezeichnenden Kosten im Hochbau auch in diesem – mit *Kosten* überschriebenen – Abschnitt behandelt.

3.5.1 Kosten im Hochbau

Die für den Bauherrn wichtigste monetäre Größe ist die der Gesamtkosten des Bauvorhabens. Aus ihr leitet sich – in Abhängigkeit vom Eigenkapitalanteil und der übrigen Finanzierung – die laufende Belastung ab. Eine Kostensteigerung führt bei konstantem Eigenkapitalanteil (> 0) fast ausnahmslos zu einer überproportionalen Belastungssteigerung und kann den Bauherrn leicht an seine Belastungsgrenze bringen.

Nicht nur aus diesem Grunde ist für den Bauherrn eine hohe Kostensicherheit von besonderer Bedeutung. Dementsprechend sind die den Planungs- und Bauprozess begleitenden **Kostenermittlungen** sehr wichtige und verantwortungsvolle Architektenaufgaben.

Eine wesentliche Grundlage der Kostenermittlungen ist die **DIN 276-1:2008-12**, ***Kosten im Bauwesen – Teil 1: Hochbau***, die in drei Teile (Begriffe – Grundsätze der Kostenplanung – Kostengliederung) untergliedert ist.

Die aktuelle Ausgabe der DIN 276-1 sieht folgende fünf Stufen der Kostenermittlung vor:

Kostenrahmen
Kostenschätzung
Kostenberechnung
Kostenanschlag
Kostenfeststellung.

Bei dem neu hinzugekommenen **Kostenrahmen** müssen innerhalb der Gesamtkosten mindestens die Bauwerkskosten – also die Summe der Kostengruppen 300 und 400 – gesondert ausgewiesen werden. Dabei ist das Bauvorhaben ebenso wie bei der Kostenschätzung, bei der die Gesamtkosten in die sieben Hauptkostengruppen zu unterteilen sind, als eine geschlossene Einheit zu sehen. Die Berechnung des Kostenrahmens kann pauschal über die Anzahl der Nutzungseinheiten, die Brutto-Grundfläche, Netto-Grundfläche, Nutzfläche oder den Brutto-Rauminhalt erfolgen. Da hierbei die Gebäudegeometrie nicht oder nur unzureichend erfasst werden kann, empfiehlt es sich, bereits bei der Kostenschätzung die zweite, nach Elementen gegliederte Ebene einzubeziehen. Dies ist für die Kostenberechnung ohnehin vorgeschrieben.

Die Aufgaben dieses Abschnittes sollen dazu dienen, insbesondere folgende Kenntnisse und Fähigkeiten zu überprüfen bzw. zu vervollständigen:

- Begriffsdefinitionen und Ermittlung der Kosten im Hochbau insgesamt und einzelner Kostengruppen
- Unterschiede von Schätzmethoden
- Berücksichtigung unterschiedlicher Kostenstände mittels Preisindex
- Elementmengen und Kostenkennwerte
- Kostensicherheit bzw. Bausummenüberschreitung

Aufgabenverzeichnis

1 Unterschiedliche Schätzmethoden
2 Stufen von Kostenermittlungen nach DIN 276-1:2008-12
3 Indexrechnung am Beispiel von Baupreisen
4 Vergleichsobjekte und Kostenkennwerte nach BRI, BGF und NF
5 Ermittlung der Elementmengen und Kosten des Bauwerks
6 Gesamtkosten des Bauvorhabens
7 Kostenschätzung mit Kennwerten für unterschiedliche Qualitäten von Grundflächen
8 Anteilige Kosten für Technische Anlagen
9 Kostenermittlungen in verschiedenen Planungsstadien
10 Kostensicherheit
11 Arten von Bausummenüberschreitungen

Vorschriften und Normen

DIN 276-1:2008-12, Kosten im Bauwesen – Teil 1: Hochbau
DIN 277-3:2005-04, Grundflächen und Rauminhalte von Bauwerken im Hochbau – Teil 3: Mengen und Bezugseinheiten

Empfohlene Literatur zur weiteren Vertiefung

Baukosteninformationszentrum Deutscher Architektenkammern GmbH: BKI – Baukosten 2008 Teil 1 - 3, Stuttgart 2008
Baukosteninformationszentrum Deutscher Architektenkammern GmbH: BKI – Objekte 2007 Band N8, Stuttgart: 2007
Dickenbrock, D.: Kostenermittlung in der Altbaumodernisierung, Heidelberg, New York, Tokyo 1985
Fröhlich, P. J.: Hochbaukosten, Flächen, Rauminhalte, Wiesbaden 2007
Schmitz, H., R. Oesterreich, R. Gerlach: Kostengünstiges Bauen in Beispielen, Köln-Braunsfeld 1984
Stamm-Teske, W.: Preiswerter Wohnungsbau 1990 - 96: eine Projektauswahl Deutschland, Düsseldorf 1996

Aufgabe 1: Unterschiedliche Schätzmethoden

Beschreiben Sie die **Kostenschätzung mit einer Bezugsgröße** und die **Kostenschätzung nach der Elementmethode** und zählen Sie die Vor- und Nacheile auf.

Aufgabe 2: Stufen von Kostenermittlungen nach DIN 276-1:2008-12

Welche Stufen von Kostenermittlungen kennen Sie?
Ordnen Sie diese den Leistungsphasen der Objektplanung nach § 15 HOAI zu!

Aufgabe 3: Indexrechnung am Beispiel von Baupreisen

Ein Bauherr hat 1999 ein Einfamilienhaus mit einem Brutto-Rauminhalt von 370 m³ errichten lassen. Die damaligen Bauwerkskosten beliefen sich auf 289 €/m³ (Kostengruppen 300 und 400). Zwischenzeitlich hat sich der Baupreisindex folgendermaßen entwickelt:

Jahr	Index Basis 1995	Index Basis 2000	Jahr	Index Basis 1995	Index Basis 2000
1995	100,0		2003	98,5	99,9
1998	98,7		2004	99,9	101,2
1999	98,4		2005	100,8	102,1
2000	99,9	100,0	2006	103,1	104,4
2001	98,5	99,9	2007		112,1
2002	98,5	99,9	2008		115,2

(1) Wie viel hätte der Bauherr für den Neubau des gleichen Hauses 2006 zahlen müssen?

(2) Der Bauherr möchte im Jahr 2007 eine Wohngebäudeversicherung auf dieses Einfamilienhaus zum aktuellen Neuwert desselben abschließen. Wie hoch ist, gemessen an der Baupreisentwicklung für den Neubau von Wohngebäuden, die Summe, auf die er das Gebäude versichern muss?

Anmerkung:

Die folgenden Aufgaben 4 bis 7 beziehen sich alle auf das in den Abbildungen 3-29.1 bis 3-29.6 gezeigte Einfamilienhaus. Die Ergebnisse der Aufgaben 5 und 6 dieses Abschnittes sind Grundlage für die Aufgabe 3 im Abschnitt *3.9 Honorarordnung für Architekten und Ingenieure (HOAI)*.

Aufgabe 4: Vergleichsobjekte und Kostenkennwerte nach BRI, BGF und NF

Prüfen Sie beispielhaft die in der **Baukosten-Datei** des BKI – Baukosteninformationszentrums Deutscher Architektenkammern veröffentlichten **Vergleichsobjekte** Einfamilienhaus 6100-562, 6100-531 und Einfamilienhaus 6100-502 (Abbildungen 3-35.1 bis 3-35.6) auf ihre Eignung für die Kostenschätzung des in den Abbildungen 3-29.1 bis 3-29.6 gezeigten Einfamilienhauses.

6100-562
Einfamilienhaus

Objektübersicht

Kennwerte	bis 3.Ebene DIN 276
Region	unter Durchschnitt
Konjunktur	unter Durchschnitt
Standard	Durchschnitt
Land	Sachsen-Anhalt
Kreis	Halle
m³ BRI	1.120
m² BGF	379
m² NF	266

2.112 €/m² WFL **299 €/m³ BRI** **885 €/m² BGF** **1.263 €/m² NF**

Architekt:
Architekt- & Ingenieurbüro
Dipl.-Ing. Reinhard Pescht
Klosterplatz 6
06526 Sangerhausen

© **BKI** Baukosteninformationszentrum

Kostenstand: 2.Quartal 2007, inkl. MwSt., Bundesdurchschnitt

Abb. 3-35.1 Baukostendatei des BKI: Vergleichsobjekt Einfamilienhaus 6100–562

6100-562
Einfamilienhaus

Planungskennwerte für Flächen und Rauminhalte nach DIN 277

Flächen des Grundstücks		Menge, Einheit	% an FBG
BF	Bebaute Fläche	131,00 m²	14,9
UBF	Unbebaute Fläche	747,00 m²	85,1
FBG	Fläche des Baugrundstücks	878,00 m²	100,0

Grundflächen des Bauwerks		Menge, Einheit	% an NF	% an BGF
NF	Nutzfläche	265,56 m²	100,0	70,1
TF	Technische Funktionsfläche	2,00 m²	0,8	0,5
VF	Verkehrsfläche	43,84 m²	16,5	11,6
NGF	Netto-Grundfläche	311,40 m²	117,3	82,2
KGF	Konstruktions-Grundfläche	67,60 m²	25,5	17,8
BGF	Brutto-Grundfläche	379,00 m²	142,7	100,0

Brutto-Rauminhalt des Bauwerks		Menge, Einheit	BRI/NF (m)	BRI/BGF (m)
BRI	Brutto-Rauminhalt	1.120,00 m³	4,22	2,96

Lufttechnisch behandelte Flächen	Menge, Einheit	% an NF	% an BGF
Entlüftete Fläche	– m²	–	–
Be- und entlüftete Fläche	– m²	–	–
Teilklimatisierte Fläche	– m²	–	–
Klimatisierte Fläche	– m²	–	–

KG	Kostengruppen (2.Ebene)	Menge, Einheit	Menge/NF	Menge/BGF
310	Baugrube	376,39 m³ BGI	1,42	0,99
320	Gründung	130,71 m² GRF	0,49	0,34
330	Außenwände	412,37 m² AWF	1,55	1,09
340	Innenwände	293,81 m² IWF	1,11	0,78
350	Decken	232,79 m² DEF	0,88	0,61
360	Dächer	234,50 m² DAF	0,88	0,62

Kostenkennwerte für die Kostengruppen der 1.Ebene DIN 276

KG	Kostengruppen (1.Ebene)	Einheit	Kosten €	€/Einheit	€/m² BGF	€/m³ BRI	% 300+400
100	Grundstück	m² FBG	–	–	–	–	–
200	Herrichten und Erschließen	m² FBG	–	–	–	–	–
300	Bauwerk - Baukonstruktionen	m² BGF	282.389	745,09	745,09	252,13	84,2
400	Bauwerk - Technische Anlagen	m² BGF	53.007	139,86	139,86	47,33	15,8
	Bauwerk 300+400	**m² BGF**	**335.396**	**884,95**	**884,95**	**299,46**	**100,0**
500	Außenanlagen	m² AUF	32.950	44,11	86,94	29,42	9,8
600	Ausstattung und Kunstwerke	m² BGF	–	–	–	–	–
700	Baunebenkosten	m² BGF	–	–	–	–	–

© BKI Baukosteninformationszentrum Kostenstand: 2.Quartal 2007, inkl. MwSt., Bundesdurchschnitt

Abb. 3-35.2 Baukostendatei des BKI: Kostenkennwerte – Einfamilienhaus 6100-562

6100-531
Einfamilienhaus
Garage

Objektübersicht

Kennwerte	bis 4.Ebene DIN 276/BKI
Region	unter Durchschnitt
Konjunktur	unter Durchschnitt
Standard	Durchschnitt
Land	Baden-Württemberg
Kreis	Alb-Donau, Ulm
m³ BRI	1.070
m² BGF	351
m² NF	260

1.748 €/m² WFL | **255 €/m³ BRI** | **777 €/m² BGF** | **1.048 €/m² NF**

Architekt:
ott_architekten
Matthias Ott, Thomas Ott
Friedrichstr. 5
89150 Laichingen

www.architekten-ott.de

© **BKI** Baukosteninformationszentrum

Kostenstand: 2.Quartal 2007, inkl. MwSt., Bundesdurchschnitt

Abb. 3-35.3 Baukostendatei des BKI: Vergleichsobjekt Einfamilienhaus 6100–531

6100-531
Einfamilienhaus
Garage

Planungskennwerte für Flächen und Rauminhalte nach DIN 277

Flächen des Grundstücks		Menge, Einheit	% an FBG
BF	Bebaute Fläche	179,00 m²	33,2
UBF	Unbebaute Fläche	361,00 m²	66,9
FBG	Fläche des Baugrundstücks	540,00 m²	100,0

Grundflächen des Bauwerks		Menge, Einheit	% an NF	% an BGF
NF	Nutzfläche	260,23 m²	100,0	74,2
TF	Technische Funktionsfläche	2,25 m²	0,9	0,6
VF	Verkehrsfläche	27,38 m²	10,5	7,8
NGF	Netto-Grundfläche	289,86 m²	111,4	82,6
KGF	Konstruktions-Grundfläche	61,00 m²	23,4	17,4
BGF	Brutto-Grundfläche	350,86 m²	134,8	100,0

Brutto-Rauminhalt des Bauwerks		Menge, Einheit	BRI/NF (m)	BRI/BGF (m)
BRI	Brutto-Rauminhalt	1.069,90 m³	4,11	3,05

Lufttechnisch behandelte Flächen	Menge, Einheit	% an NF	% an BGF
Entlüftete Fläche	– m²	–	–
Be- und entlüftete Fläche	– m²	–	–
Teilklimatisierte Fläche	– m²	–	–
Klimatisierte Fläche	– m²	–	–

KG	Kostengruppen (2.Ebene)	Menge, Einheit	Menge/NF	Menge/BGF
310	Baugrube	225,00 m³ BGI	0,86	0,64
320	Gründung	179,30 m² GRF	0,69	0,51
330	Außenwände	438,30 m² AWF	1,68	1,25
340	Innenwände	127,60 m² IWF	0,49	0,36
350	Decken	216,00 m² DEF	0,83	0,62
360	Dächer	222,50 m² DAF	0,86	0,63

Kostenkennwerte für die Kostengruppen der 1.Ebene DIN 276

KG	Kostengruppen (1.Ebene)	Einheit	Kosten €	€/Einheit	€/m² BGF	€/m³ BRI	% 300+400
100	Grundstück	m² FBG	–	–	–	–	–
200	Herrichten und Erschließen	m² FBG	–	–	–	–	–
300	Bauwerk - Baukonstruktionen	m² BGF	230.426	656,75	656,75	215,37	84,5
400	Bauwerk - Technische Anlagen	m² BGF	42.285	120,52	120,52	39,52	15,5
	Bauwerk 300+400	**m² BGF**	**272.711**	**777,26**	**777,26**	**254,89**	**100,0**
500	Außenanlagen	m² AUF	7.743	21,45	22,07	7,24	2,8
600	Ausstattung und Kunstwerke	m² BGF	–	–	–	–	–
700	Baunebenkosten	m² BGF	–	–	–	–	–

© BKI Baukosteninformationszentrum

Kostenstand: 2.Quartal 2007, inkl. MwSt., Bundesdurchschnitt

Abb. 3-35.4 Baukostendatei des BKI: Kostenkennwerte – Einfamilienhaus 6100-531

6100-502
Einfamilienhaus
barrierefrei

Objektübersicht

Kennwerte	bis 2.Ebene DIN 276
Region	unter Durchschnitt
Konjunktur	unter Durchschnitt
Standard	Durchschnitt
Land	Baden-Württemberg
Kreis	Reutlingen
m³ BRI	1.122
m² BGF	398
m² NF	270

1.523 €/m² WFL | **314 €/m³ BRI** | **886 €/m² BGF** | **1.306 €/m² NF**

Architekt:
Hartmaier + Partner
Freie Architekten
Kirchplatz 3
72525 Münsingen

© **BKI** Baukosteninformationszentrum

Kostenstand: 2.Quartal 2007, inkl. MwSt., Bundesdurchschnitt

Abb. 3-35.5 Baukostendatei des BKI: Vergleichsobjekt Einfamilienhaus 6100–502

6100-502
Einfamilienhaus
barrierefrei

Planungskennwerte für Flächen und Rauminhalte nach DIN 277

Flächen des Grundstücks		Menge, Einheit	% an FBG
BF	Bebaute Fläche	135,57 m²	11,9
UBF	Unbebaute Fläche	1.008,00 m²	88,5
FBG	Fläche des Baugrundstücks	1.139,00 m²	100,0

Grundflächen des Bauwerks		Menge, Einheit	% an NF	% an BGF
NF	Nutzfläche	269,98 m²	100,0	67,8
TF	Technische Funktionsfläche	2,20 m²	0,8	0,6
VF	Verkehrsfläche	35,58 m²	13,2	8,9
NGF	Netto-Grundfläche	307,76 m²	114,0	77,3
KGF	Konstruktions-Grundfläche	90,31 m²	33,5	22,7
BGF	Brutto-Grundfläche	398,07 m²	147,4	100,0

Brutto-Rauminhalt des Bauwerks		Menge, Einheit	BRI/NF (m)	BRI/BGF (m)
BRI	Brutto-Rauminhalt	1.121,62 m³	4,15	2,82

Lufttechnisch behandelte Flächen	Menge, Einheit	% an NF	% an BGF
Entlüftete Fläche	– m²	–	–
Be- und entlüftete Fläche	– m²	–	–
Teilklimatisierte Fläche	– m²	–	–
Klimatisierte Fläche	– m²	–	–

KG	Kostengruppen (2.Ebene)	Menge, Einheit	Menge/NF	Menge/BGF
310	Baugrube	1.031,19 m³ BGI	3,82	2,59
320	Gründung	135,75 m² GRF	0,50	0,34
330	Außenwände	239,08 m² AWF	0,89	0,60
340	Innenwände	349,89 m² IWF	1,30	0,88
350	Decken	255,94 m² DEF	0,95	0,64
360	Dächer	197,55 m² DAF	0,73	0,50

Kostenkennwerte für die Kostengruppen der 1.Ebene DIN 276

KG	Kostengruppen (1.Ebene)	Einheit	Kosten €	€/Einheit	€/m² BGF	€/m³ BRI	% 300+400
100	Grundstück	m² FBG	–	–	–	–	–
200	Herrichten und Erschließen	m² FBG	3.772	3,31	9,48	3,36	1,1
300	Bauwerk - Baukonstruktionen	m² BGF	286.499	719,72	719,72	255,43	81,3
400	Bauwerk - Technische Anlagen	m² BGF	66.061	165,95	165,95	58,90	18,7
	Bauwerk 300+400	**m² BGF**	**352.560**	**885,67**	**885,67**	**314,33**	**100,0**
500	Außenanlagen	m² AUF	27.720	27,50	69,64	24,71	7,9
600	Ausstattung und Kunstwerke	m² BGF	–	–	–	–	–
700	Baunebenkosten	m² BGF	48.189	121,06	121,06	42,96	13,7

© **BKI** Baukosteninformationszentrum

Kostenstand: 2.Quartal 2007, inkl. MwSt., Bundesdurchschnitt

Abb. 3-35.6 Baukostendatei des BKI: Kostenkennwerte – Einfamilienhaus 6100-502

(1) Welche Merkmale ziehen Sie als Beurteilungskriterien heran?

(2) Stellen Sie die **Kennwerte** von Brutto-Rauminhalt, Brutto-Grundfläche und Nutzfläche der ausgewählten Vergleichsobjekte zusammen und schlagen Sie Kennwerte für das Baujahr 2008 vor.

Alle in den Abbildungen 3-35.1 bis 3-35.6 angegebenen Kostengrößen beziehen sich auf das Jahr 2007 = 100 %, incl. MwSt. (19 %). Die Aktualisierung der Kennwerte kann mit Hilfe der in Aufgabe 3 dieses Abschnittes angegebenen Preisindices für den Neubau von Wohngebäuden erfolgen.

(3) Ermitteln Sie die Bauwerkskosten für das Einfamilienhaus anhand der genannten Bezugsgrößen und der hochgerechneten Kennwerte aus (2). Ermitteln Sie den gerundeten Durchschnittswert als Ergebnis Ihrer Kostenschätzung.

Aufgabe 5: Ermittlung der Elementmengen und Kosten des Bauwerks

Ermitteln Sie für das in den Abbildungen 3-29.1 bis 3-29.6 gezeigte Einfamilienhaus die Elementmengen für die **Grobelemente**. Setzen Sie dabei für die Baugrube 120 m³ an. Führen Sie unter Verwendung der vorgeschlagenen Kennwerte eine Kostenschätzung für die Kostengruppen *300 Bauwerk – Baukonstruktionen* und *400 Bauwerk – Technische Anlagen* durch.

Bezeichnung und Abkürzungen der Grobelemente sind den Angaben des BKI, Objekte Band 1 entnommen. Die vorgeschlagenen Kennwerte sind Angaben des BKI – Baukosten 2007 Teil 1, S. 203.

Kostengruppen	Ein- und Zweifamilienhäuser, unterkellert, mittlerer Standard	gewählte Kennwerte (Stand 1. Quart. 2007)
300	Bauwerk – Baukonstruktionen	
310	Baugrube	20 €/m³ BGI
320	Gründung	148 €/m² GRF
330	Außenwände	274 €/m² AWF
340	Innenwände	147 €/m² IWF
350	Decken	233 €/m² DEF
360	Dach	224 €/m² DAF
390	Sonstige Maßnahmen für Baukonstruktionen	24 €/m² BGF
400	Bauwerk – Technische Anlagen	147 €/m² BGF

(alle Angaben enthalten 19 % MwSt.)

Aufgabe 6: Gesamtkosten des Bauvorhabens

Die Kosten des Bauwerks sind nur ein Teil der Gesamtkosten des Bauvorhabens. Ergänzen Sie unter Verwendung der aufgeführten Daten und Erfahrungswerte das Ergebnis von Aufgabe 5 zu den Gesamtkosten nach DIN 276-1:2008-12.

KG	Kostengruppen-Bezeichnung	Kosten	Anteil an Kosten des Bauwerks *)
100	Grundstück	64.000,00 €	-
200	Herrichten und Erschließen		3,6 %
300	Bauwerk - Baukonstruktionen (siehe Lösung Aufgabe 5)	168.670,63 €	} 100,0 %
400	Bauwerk - Technische Anlagen (siehe Lösung Aufgabe 5)	30.477,51 €	
500	Außenanlagen		6,1 %
600	Ausstattung und Kunstwerke	8.000,00 €	-
700	Baunebenkosten		14,3 %
	Gesamtkosten ohne KG 100 und KG 600		124,0 %

*) Quelle: BKI - Baukosten 2007 Teil 1, S. 203

Aufgabe 7: Kostenschätzung mit Kennwerten für unterschiedliche Qualitäten von Grundflächen

Ermitteln Sie die Kosten der Kostengruppe 300 *Bauwerk - Baukonstruktionen* für das in den Abbildungen 3-29.1 bis 3-29.6 gezeigte Einfamilienhaus in Anlehnung an die **Kostenflächenarten-Methode** (KFA). Gehen Sie dabei von folgenden Kostenansätzen aus:

Grundflächen unterschiedlicher Qualitäten		Kennwert (€/m² NGFa)
1	Wohnraum, Wohnzimmer mit Essplatz, Kinderzimmer, Schlafzimmer	1.060,00
2	Küche, Bad, WC, Waschküche, Heizung/Hausanschlussraum	1.270,00
3	Treppe, Windfang, Flur, Keller, Abstellkammer	850,00

Aufgabe 8: Anteilige Kosten für Technische Anlagen

Ein Entwurf für ein Mehrfamilienwohnhaus wurde zur Senkung der Kosten des Bauwerks – im Wesentlichen flächenproportional – um ca. 10 % verkleinert. Die Intensität der Nutzung (Anzahl Wohneinheiten, Anzahl Räume) wurde beibehalten. Welches Problem ergibt sich bei der Ermittlung der anteiligen Kosten für die Technischen Anlagen des Bauwerks?

Aufgabe 9: Kostenermittlungen in verschiedenen Planungsstadien

Bei der Kostenermittlung sind die zugrunde gelegten Leistungen, Mengen und Einheitspreise so zu gliedern und sortiert einzugeben, dass sie eindeutig zugeordnet und zur Auswertung selektiert werden können. Die Gliederungsstruktur (Codierung) der Daten und die Zuordnung zu Merkmalsklassen passen sich den jeweiligen Erfordernissen und dem Planungsstadium an.

Als Merkmalsklassen der Codierung bieten sich grundsätzlich an:

- Einzelprojekte (Gebäude, andere Bauwerke)
- Bereiche, Räume (Raumbuch)
- Kostengruppen (DIN 276-1:2008-12)
- Leistungsbereiche (STLB-Bau)
- Dimensionen (m^2, m, Stück u. a.).

Welche Merkmale sind als primäre und sekundäre Zuordnungs- oder Auswahlkriterien für folgende Aufgaben in der Planungs- und Ausführungsphase zweckmäßigerweise geeignet, wenn die Kostendaten über kombinierte Schlüssel (Kostengruppen, Leistungsbereiche sowie weitere Merkmalsklassen) codiert werden:

(1) Überschlägige Kostenermittlung (Kostenschätzung) auf der Grundlage noch ungenauer Zeichnungen

(2) Kostenberechnung nach Zeichnungen im Maßstab 1:100 und Angaben zu Material und Standard (Entwurfsplanung)

(3) Ausschreibung

(4) Ermittlung von Mieten und Nebenkosten für Verträge mit den Nutzern noch vor der Baufertigstellung?

Aufgabe 10: Kostensicherheit

Der Bauherr erwartet, dass die Ergebnisse der Kostenermittlungen eine hohe Kostensicherheit aufweisen. Diese ist natürlich von dem jeweiligen Planungsstand und Detaillierungsgrad abhängig.

Über Mengen aus der Planung und Kostenkennwerte aus vergleichbaren realisierten Bauvorhaben, die nach den Erfordernissen aufzubereiten und zu aktualisieren sind, werden mit der Entwicklung der Entwurfs- und Ausführungsplanung auch die Kostenermittlungen entsprechend genauer. Erläutern Sie Schwankungen und Änderungen der Mengenansätze und Kostenkennwerte bzw. Einheitspreise von Kostenermittlungen in den verschiedenen Stadien des Planungs- und Ausführungsprozesses und ihren Einfluss auf die Kostensicherheit.

Aufgabe 11: Arten von Bausummenüberschreitungen

Sich abzeichnende **Bausummenüberschreitungen** können besonders bei fortgeschrittenem Bauverlauf den Bauherrn vor erhebliche Probleme stellen. Neben der

Frage, wie der zusätzliche Finanzbedarf zu decken ist, stellt sich natürlich stets die Frage nach der Ursache und gegebenenfalls auch nach der Verantwortung des Architekten.

Hauptursachen können sein:

- Bauherren- und Nutzerwünsche
- Planungsfehler seitens der Architekten oder Fachingenieure
- Auflagen von Behörden oder anderen Institutionen
- ausführungsbedingte Ursachen seitens der Baufirmen
- Marktsituation.

Handelt es sich bei den folgenden Sachverhalten, die zur Überschreitung der bisher ermittelten Gesamtkosten führen, um **echte** oder um **unechte Bausummenüberschreitungen**?

(1) Bei der Bemusterung für die Fassade eines Verwaltungsgebäudes entscheidet sich der Vorstand der Gesellschaft für eine Fassade aus Aluminium statt aus Stahlblech, wie sie bisher vorgesehen war.

(2) Wegen zu kurzer Ausführungsfristen für Rohbauleistungen fällt das Ausschreibungsergebnis unerwartet ungünstig aus. Zuschläge für Beschleunigungsmaßnahmen ergeben ein Preisniveau von mehr als 10 % über dem üblichen Preisniveau.

(3) Während der Bauausführung wird festgestellt, dass die fachgerechte Fertigstellung des Bauvorhabens nur über zahlreiche Nachträge sichergestellt werden kann. Die Ausschreibung zahlreicher Leistungsbereiche war wegen vieler Planungsänderungen und der dadurch entstandenen Verzögerungen auf der Grundlage von Entwurfsplanungen statt Ausführungsplanungen erfolgt.

(4) Im Zuge der Genehmigungsplanung für eine Lagerhalle stellt sich heraus, dass für den größten Teil der Flächen eine vollständige Sprinkleranlage erforderlich wird.

(5) Im Pflegebereich eines Krankenhauses werden in der Phase der Ausführungsplanung die Breiten der Stationsflure zur Verbesserung des Verkehrsflusses (Betten, Geräte usw.) – mit der Folge einer Verbreiterung des Baukörpers – vergrößert.

(6) Bei der Neuplanung eines Hotels wird mehrfach die Vorplanung korrigiert bzw. teilweise neu erstellt, um die bestmögliche Funktion des Restaurant- und Küchenbereiches zu erreichen. Zu den bisherigen Planungshonoraren kommen zusätzliche Honorarforderungen des Architekten hinzu.

Lösung zu Aufgabe 1: Unterschiedliche Schätzmethoden

Bei der **Kostenschätzung** mit einer Bezugsgröße, die auch als Zwei-Faktoren-Methode bezeichnet wird, rechnet man mit Erfahrungswerten, die sich auf geometrische oder funktionale Bezugsgrößen des Gebäudes beziehen.

Beispiele: Kosten des Bauwerks (€) / Nutzeinheit (z. B. Hotelbett)
Kosten des Bauwerks (€) / Brutto-Rauminhalt (m^3)
Kosten des Bauwerks (€) / Wohnfläche (m^2)

Vorteile

Der Zeitaufwand ist sehr gering. Die Honorierung dieser Leistung ist über die HOAI als Grundleistung der Leistungsphase 2 abgedeckt.

Nachteile

Die Kosten des Bauwerks sind in Abhängigkeit von nur zwei Variablen (z. B. Brutto-Rauminhalt und Kostenkennwert) zu schätzen; dabei stehen geeignete Vergleichsobjekte, die dem zu schätzenden Bauvorhaben hinsichtlich Standort, Nutzung, Standard der Ausführung, Gebäudegeometrie und Angebotssituation in ausreichendem Maße entsprechen, nicht immer zur Verfügung. Fehler bei der Kostenschätzung von 30 % und mehr sind deswegen keine Seltenheit.

Architekt und Bauherr haben einen relativ geringen Einblick in das Kostengefüge; kostenwirksame Planungsänderungen können mit dem auf nur einer Bezugsgröße basierenden Instrumentarium nur unzureichend beurteilt werden.

Die **Kostenschätzung nach der Elementmethode** gehört zu den Verfahren, die mit mehreren Bezugsgrößen arbeiten. Sie erfüllt die Anforderungen der Kostenberechnung nach DIN 276-1:2008-12 hinsichtlich der Mindestgliederungstiefe.

In den vor 1993 geltenden Ausgaben der DIN 276 waren die Kosten **nicht** elementweise gegliedert. Damals stand die Elementmethode im Gegensatz zur Kostengliederung der DIN 276 und stellte eine wesentliche Verbesserung dar. Heute ist die Kostenschätzung nach der Elementmethode eine DIN-gemäße Kostenschätzung, die lediglich eine Gliederungsebene über die Mindestgliederung hinausgeht.

Die Schätzung der Kosten der Baukonstruktionen erfolgt nach den sog. **Grobelementen** (Kostengruppen 310 – 360)

Baugrube (BGI, ggf. in Gründungsflächen enthalten)

Gründungsflächen (GRF)

Außenwandflächen (AWF)

Innenwandflächen (IWF)

Deckenfläche (DEF)

Dachflächen (DAF),

denen ziemlich genau die anteilig verursachten Kosten zugerechnet werden können.

Ferner wird die Brutto-Grundfläche (BGF) für Baukonstruktive Einbauten, Sonstige Maßnahmen für Baukonstruktionen, Technische Anlagen sowie Ausstattung und sonstige, nicht zurechenbare Kosten als Bezugsgröße herangezogen.

Mit Hilfe der Kostendaten des BKI – Baukosteninformationszentrums Deutscher Architektenkammern GmbH können für jedes Grobelement einzeln (z. B. Außenwandflächen) die als geeignet erscheinenden Kennwerte aus einer Vielzahl gebauter Beispiele ausgewählt und kombiniert werden. Dabei sind diese Daten im Hinblick auf diverse Kosteneinflüsse zu relativieren.

Vorteile

Die Fehlerwahrscheinlichkeit dieser Art von Schätzung ist aufgrund der höheren Differenzierung wesentlich geringer. Die Einflussfaktoren Standort, Nutzung, Standard der Ausführung, Gebäudegeometrie und Angebotssituation fließen – bei Zugrundelegung der o. a. Baukosten-Datei – ein.

Die Zusammensetzung der Gesamtkosten wird für alle am Planungsprozess beteiligten Personen wesentlich transparenter. Der Einfluss von Änderungen des Entwurfs oder der Konstruktion wird ablesbar.

Nachteile

Der Arbeitsaufwand ist gegenüber der Kostenschätzung mit einer Bezugsgröße etwas höher – allerdings nicht soviel höher, dass sie als Besondere Leistung in der (nicht abschließenden) Aufzählung der HOAI aufgeführt ist.

Lösung zu Aufgabe 2: Stufen von Kostenermittlungen nach DIN 276-1:2008-12

In der DIN 276-1 werden folgende **Stufen der Kostenermittlungen** unterschieden, die im Leistungsbild der Objektplanung (HOAI § 15) den einzelnen Leistungsphasen folgendermaßen zugeordnet werden:

Kostenermittlungen nach DIN 276-1:2008-12	als Bestandteil der Grundleistungen der Leistungsphasen nach § 15 HOAI
Kostenrahmen	1. Grundlagenermittlung *)
Kostenschätzung	2. Vorplanung
Kostenberechnung	3. Entwurfsplanung
Kostenanschlag	7. Mitwirkung bei der Vergabe
Kostenfeststellung	8. Objektüberwachung

*) Der Kostenrahmen ist in der DIN 276-1:2006-11 neu eingeführt worden und ist in der HOAI, die seitdem nicht novelliert worden ist, nicht ausdrücklich erwähnt. Allerdings kann kein Zweifel daran bestehen, dass im Rahmen der zur Grundlagenermittlung gehörenden Grundleistung *Klären der Aufgabenstellung* ein Kostenrahmen mit dem Bauherrn abgestimmt werden muss.

Lösung zu Aufgabe 3: Indexrechnung am Beispiel von Baupreisen

(1) Preis des Einfamilienhauses mit BRI = 370 m³ im Jahr 1999

370 m³ · 289 €/m³ = 106.930 €

Eingabedaten:

Gebäudepreis 1999:	$P_{99} = 106.930$ €
Preisindex für das Jahr 1999 mit Basis 1995:	$I_{95}^{99} = 98{,}4$
Preisindex für das Jahr 2006 mit Basis 1995:	$I_{95}^{06} = 103{,}1$

Preisänderung von 1999 bis 2006:

$$P_Y = \frac{I_B^Y}{I_B^X} \cdot P_X \qquad P_{06} = \frac{I_{95}^{06}}{I_{95}^{99}} \cdot P_{99} = \frac{103{,}1}{98{,}4} \cdot 106.930\,€$$

$$= 1{,}048 \cdot 106.930\,€$$

$$\underline{\underline{= \mathbf{112.063\,€}}}$$

Im Jahr 2006 würde den Bauherrn das Einfamilienhaus 112.063 € kosten – gemessen an der Baupreisentwicklung für den Neubau von Wohngebäuden auf der Basis von 1995.

(2) Eingabedaten:

Gebäudepreis 1999:	$P_{99} = 106.930$ €
Preisindex für das Jahr 1999 mit Basis 1995:	$I_{95}^{99} = 98{,}4$
Preisindex für das Jahr 2007 mit Basis 2000:	$I_{00}^{07} = 112{,}1$
Preisindex für das Jahr 2000 mit Basis 1995:	$I_{95}^{00} = 99{,}9$

Preisänderung von 1999 bis 2007:

$$P_Y = \frac{I_{B2}^Y \cdot I_{B1}^{B2}}{I_{B1}^X \cdot 100} \cdot P_X \qquad P_{00} = \frac{I_{00}^{07} \cdot I_{95}^{00}}{I_{95}^{99} \cdot 100} \cdot P_{99} = \frac{112{,}1 \cdot 99{,}9}{98{,}4 \cdot 100} \cdot 106.930\,€$$

$$= 1{,}138 \cdot 106.930\,€$$

$$\underline{\underline{= \mathbf{121.686\,€}}}$$

Der Neuwert des Hauses als Grundlage für die Versicherungssumme würde 121.686 € im Jahr 2007 betragen.

Lösung zu Aufgabe 4: Vergleichsobjekte und Kostenkennwerte nach BRI, BGF und NF

(1) Zur Prüfung von Vergleichsobjekten für eine Kostenschätzung sind vor allem folgende projektspezifische Merkmale heranzuziehen:

- Art der Nutzung (z. B. Wohngebäude)
- Größe des Bauvorhabens (z. B. BRI)
- Beschaffenheit des Baugrundstücks (z. B. Hanglage, Baugrund)
- Art der Konstruktion (z. B. Mischbauweise, Flachdach)
- Technischer Ausbau: Standard (z. B. mittel)
- Bauzeit, Konjunktur (z. B. 1993, Konjunkturhoch)
- Standort, Region (z. B. Ballungsraum)
- besondere Kosteneinflüsse (z. B. Fließsand).

Mit Hilfe dieser Merkmale sollen möglichst passende Vergleichsobjekte ausgewählt werden. Bei abweichenden Merkmalsausprägungen sind die Kostenkennwerte entsprechend anzupassen (z. B. Erhöhung bei gehobenem statt mittlerem Standard, Senkung bei ländlicher Region statt Großstadt), oder es ist der Mittelwert mehrerer Vergleichsobjekte anzusetzen.

Die hier getroffene Vorauswahl von drei Vergleichsobjekten ist für eine hinreichend sichere Ermittlung nicht ausreichend, besser wären 5 bis 10 geeignete Gebäude. Dennoch kann hiermit die Vorgehensweise verdeutlicht werden. Im Übrigen zeigt die Gegenüberstellung in Abbildung 3-36 die weitgehende Eignung der vorgeschlagenen Vergleichsobjekte.

projektspezifische Merkmale	zu schätzendes Objekt	Vergleichsobjekte		
		6100-562	6100-531	6100-502
Art der Nutzung	Wohngebäude	Wohngebäude	Wohngebäude	Wohngebäude
Größe des Bauvorhabens (m^3 BRI)	623	1.120	1.070	1.122
Bauweise	freistehend	freistehend	freistehend	freistehend
Grundstück	eben	eben	eben	geneigtes Gel.
Art der Konstruktion	massiv, Pultdach	massiv, Satteldach	massiv, Pultdach	massiv, Satteldach
Technischer Ausbau	Standard mittel	mittel	mittel	mittel
Bauzeit	2008	2004	2003	1996
Konjunktur	Durchschnitt	unter Durchschnitt	unter Durchschnitt.	unter Durchschnitt
Standort, Region	Stadtrand	ländlich	ländlich	ländlich
besondere Kosteneinflüsse	keine	keine	Garagenanbau	barrierefrei

Abb. 3-36 Gegenüberstellung von Vergleichsobjekten

(2) In Abbildung 3-37 sind die Kennwerte nach BRI, BGF und NF der drei ausgewählten Vergleichsobjekte zusammengestellt, und daraus ist das arithmetische Mittel für jede Bezugsgröße gebildet worden. Der gewählte Kennwert für das geplante Einfamilienhaus ist unter Berücksichtigung der projektspezifischen Eigenschaften und eventueller Abweichungen der Merkmalsausprägungen der einzelnen Vergleichsobjekte festzulegen. Das arithmetische Mittel kann der ersten Orientierung dienen, ist aber nicht zwingend als Kennwert zu übernehmen.

Bezugsgröße	Einheit	Vergleichsobjekte			Mittel	gewählt
		6100-562	6100-531	6100-502	Stand: 2007	Stand: 2007
BRI - Brutto-Rauminhalt	€/m³	299,00	255,00	314,00	289,00	300,00
BGF - Brutto-Grundfläche	€/m²	885,00	777,00	886,00	849,00	850,00
NF - Nutzfläche	€/m²	1.263,00	1.048,00	1.306,00	1.206,00	1.210,00

Abb. 3-37 Auswahl der Kennwerte nach BRI, BGF und NF

Unter Zugrundelegung der in Aufgabe 3 dieses Abschnittes angegebenen Preisindizes sind die Kennwerte für das Jahr 2008 zu ermitteln.

Bezugsgröße	Kennwert 2007	Index 2008	Kostenkennwert 2008 berechnet	gewählt
BRI Brutto-Rauminh.	300 €/m³	Faktor	308,40 €/m³	310 €/m³
BGF Brutto-Grundfl.	850 €/m²	115,2/112,1	873,80 €/m²	875 €/m²
NF Nutzfläche	1.210 €/m²	= 1,028	1.243,88 €/m²	1.245 €/m²

Abb. 3-38 Hochrechnung der Kennwerte nach BRI, BGF und NF

(3) Schätzung der Bauwerkskosten des Einfamilienhauses

Einfamilienhaus			Kostenkennwert 2008		Bauwerkskosten (KG 300 + 400)
BRI_{a+b+c}	622,92 m³	x	310 €/m³	=	193.105 €
BGF_{a+b+c}	207,33 m²	x	875 €/m²	=	181.414 €
NF_{a+b+c}	145,01 m²	x	1.245 €/m²	=	180.537 €
geschätzte, durchschnittliche Kosten des Bauwerks:					185.019 €
gerundet:					**185.000 €**

Abb. 3-39 Schätzung der Bauwerkskosten des Einfamilienhauses anhand der hochgerechneten Kennwerte nach BRI, BGF und NF

Lösung zu Aufgabe 5: Ermittlung der Elementmengen und Kosten des Bauwerks

Grobelemente	Anzahl (m^2)	(m)	(m)	(m^2)
GRF Gründung	1	7,16	8,06	57,71
	1	3,86	1,60	6,18
				63,89
AWF Außenwandfläche				
Untergeschoss	2	8,06		
	2	7,16		
Höhe = 2,10 + 0,15 + 0,25 = 2,50 bis OKD		30,44	2,50	76,10
Windfang (Unterbau)	1	3,86		
	2	1,60		
Höhe = 1,00 + 0,25 = 1,25 bis OKD		7,06	1,25	8,82
Erdgeschoss		7,16		
	1	3,30		
2 x 0,38 + 3,30 + 4,00	2	8,06		
Höhe = 2,80 + 0,25 = 3,05 bis OKD		26,58	3,05	81,07
Windfang	2	1,60		
2 x 0,38 + 3,10	1	3,86		
Höhe = 2,80 + 0,22 = 3,02 bis OKD		7,06	3,02	21,32
Obergeschoss	2	8,06		
	1	3,30		
Höhe = 2,60 + 0,25 = 2,85 bis OKD		19,42	2,85	55,35
Bereich Dachterrasse				
Höhe = 0,03 + 2,60 + 0,25 = 2,88 bis OKD		3,86	2,88	11,12
Dachgeschoss				
Höhe = 1,65 + 0,25 = 1,90 bis OK First	1	7,16	1,90	13,60
Höhe = (0,25 + 1,90) x 0,5 = 4,075	2	8,06		
bis OK Ortgang		16,12	4,075	65,69
				333,07
IWF Innenwandflächen				
Untergeschoss		3,28		
		3,08		
2,30 + 0,10 + 0,98		3,38		
Höhe = 2,10		9,74	2,10	20,45
Erdgeschoss		3,30		
		4,00		
0,20 + 0,10 + 0,30 + 2,70		3,30		
3,10 - 0,90		2,20		
Höhe = 2,80		12,80	2,80	35,84
Obergeschoss		1,80		
		0,30		
		3,20		
		4,10		
0,10 + 0,70		0,80		
0,90 + 0,10		1,00		
1,20 + 0,10		1,30		
		5,40		
Höhe = 2,60		17,90	2,60	46,54
				102,83

Abb. 3-40 Ermittlung der Mengen der Grobelemente eines Einfamilienhauses
Die Werte sind in der Berechnung auf zwei Kommastellen gerundet.

Grobelemente	Anzahl (m^2)	(m)	(m)	(m^2)
DEF Deckenflächen *)				
Decke über UG				
- über Raum 15 bis 19		8,06	7,16	57,71
- unter Raum 5		3,86	1,60	6,18
Decke über EG				
- über Raum 1 bis 4		8,06	7,16	57,71
- über Terrasse 6		3,70	2,95	10,92
				132,52
DAF Dachflächen				
- über Raum 5		3,86	1,60	6,18
- über Raum 4 und 8 bis 12				
$\sqrt{8{,}06^2 + 1{,}65^2} = 8{,}227$		8,23	7,16	58,93
				65,11
BGF Brutto-Grundfläche	siehe Aufgabe 7 von Abschnitt 3.4			207,33

*) Die nicht begehbare Zwischendecke über dem Obergeschoss ist als Bekleidung der Dachfläche zu verstehen und ist insofern Teil des Grobelementes DAF.

Abb. 3-40 Ermittlung der Mengen der Grobelemente eines Einfamilienhauses (Fortsetzung)

KG	Kostengruppen/Elemente Bezeichnung	Menge m^2 bzw. m^3	Kennwert €/ME	Kosten €
300	Bauwerk – Baukonstruktionen			(168.670,63)
310	Baugrube (m^3)	120,00	20,00	2.400,00
320	GRF Gründungsflächen	63,89	148,00	9.455,72
330	AWF Außenwandflächen	333,07	274,00	91.261,18
340	IWF Innenwandflächen	102,83	147,00	15.116,01
350	DEF Deckenflächen	132,52	233,00	30.877,16
360	DAF Dachflächen	65,11	224,00	14.584,64
390	Sonstige Maßnahmen für Baukonstruktionen (m^2 BGF)	207,33	24,00	4.975,92
400	Bauwerk - Technische Anlagen	207,33	147,00	30.477,51
	Summe (KG 300 + 400)			199.148,14
	Kosten des Bauwerks (aufgerundet)			200.000,00

Abb. 3-41 Ermittlung der Kosten des Bauwerks eines Einfamilienhauses

Lösung zu Aufgabe 6: Gesamtkosten des Bauvorhabens

KG	Kostengruppen-Bezeichnung	Kosten	Anteil an Kosten des Bauwerks
100	Grundstück	64.000,00 €	-
200	Herrichten und Erschließen	7.169,33 €	3,6 %
300	Bauwerk - Baukonstruktionen	168.670,63 €	} 100,0 %
400	Bauwerk - Technische Anlagen	30.477,51 €	
500	Außenanlagen	12.148,04 €	6,1 %
600	Ausstattung und Kunstwerke	8.000,00 €	4,0 %
700	Baunebenkosten	28.478,18 €	14,3 %
	Summe KG 200-700	254.943,69 €	128,0 %
	Gesamtkosten (KG 100 – 700)	318.943,69 €	-
	Gesamtkosten (gerundet)	**320.000,00 €**	-

Abb. 3-42 Ermittlung der Gesamtkosten eines Einfamilienhauses

Lösung zu Aufgabe 7: Kostenschätzung mit Kennwerten für unterschiedliche Qualitäten von Grundflächen

Die Kosten der Baukonstruktionen ermitteln sich folgendermaßen:

	Grundflächen unterschiedlicher Qualitäten (NGFa)	(m²)	Menge (m²)	Kennwert (€/m²)	Kosten (€)
1	Wohnraum (1)	10,87			
	Wohnzimmer mit Essplatz (3)	21,60			
	Kinderzimmer (8)	10,56			
	Schlafzimmer (12)	21,60	64,63	1.060,00	68.507,80
2	Küche (2)	9,24			
	Bad (9)	3,75			
	WC (10)	1,98			
	Waschküche (15)	11,09			
	Heizung, Hausanschlussraum (16)	9,74	35,80	1.270,00	45.466,00
3	Treppe EG - OG (4)	3,78			
	Windfang (5)	4,65			
	Flur (11)	2,98			
	Keller (17)	22,36			
	Abstellkammer (18)	4,00			
	Treppe UG - EG (19)	4,10	41,87	850,00	35.589,50
	Summe				149.563,30
	Kosten der Baukonstruktionen (gerundet)				**150.000,00**

Abb. 3-43 Kostenschätzung nach Kostenflächenarten

In Aufgabe 5 führt die Ermittlung nach der Elementmethode zu 168.670,63 € für die Kostengruppe 300. Die Differenz zu dem hier vorliegenden Ergebnis ist zufällig und lässt keinen Schluss auf die bessere Eignung der einen oder der anderen Methode zu.

Aufgrund ihrer Konzeption können allerdings mit der Elementmethode die gebäudegeometrischen Verhältnisse grundsätzlich besser berücksichtigt werden.

Lösung zu Aufgabe 8: Anteilige Kosten für Technische Anlagen

Der Vorteil der Elementmethode besteht in einer genaueren Erfassung aller Konstruktionen über die Elementflächen. Werden z. B. die Außenwandflächen um 10 % verringert, so verändern sich auch die anteiligen Investitionsausgaben um etwa 10 %. Die Kosten der Technischen Anlagen des Bauwerks werden jedoch pauschal auf Grundlage einer Bezugsgröße, nämlich der Brutto-Grundfläche, berechnet. Bleiben, wie in der Aufgabe beschrieben, Anschlüsse und Objekte für Wasser, Heizungs- und Elektroinstallationen nahezu gleich, so entsteht aufgrund der verringerten Brutto-Grundfläche bei unverändertem Kennwert eine Ungenauigkeit in der Kostenschätzung. Der Grund hierfür ist folgender:

Art und Umfang der Technischen Anlagen hängt vom Ausstattungsgrad bzw. Standard ab. Im Allgemeinen hat jede Wohnung eine Küche und ein Bad, unabhängig von Anzahl und Größe der Räume. Verringert sich die Berechnungsgrundlage (Fläche) um 10 %, verkürzen sich u. U. zwar die horizontalen Leitungen und auch die zu beheizende Fläche, jedoch bleibt die Anzahl der Objekte nahezu gleich und alle vertikalen Leitungen fallen wie bisher an. Eine pauschale Schätzung über die Brutto-Grundfläche berücksichtigt diesen Sachverhalt im Allgemeinen nicht.

Lösung zu Aufgabe 9: Kostenermittlungen in verschiedenen Planungsstadien

Für die genannten Phasen oder Leistungen sind jeweils folgende Zuordnungs- oder Auswahlkriterien heranzuziehen, wobei weitere Bedingungen zu berücksichtigen sind:

(1) Kostenschätzung

Durch die **Kostenschätzung** werden Kostendaten über Mengenermittlungen und deren Bewertung über Kennwerte zur Eingabe in die Kostendatei geschaffen. Zur Sortierung dienen je nach Einzelprojekt primär die Kostengruppen nach DIN 276-1 zunächst mit noch geringer Differenzierung (z. B. nach den Kostengruppen *300 Bauwerk - Baukonstruktionen, 400 Bauwerk - Technische Anlagen, ..., 600 Ausstattung und Kunstwerke* usw.). Die Mengenangaben sind auf ein bis zwei Dimensionen (m^2, m^3) beschränkt, sie entsprechen noch nicht den Mengenansätzen von eigentlichen Bauleistungen, Angaben von Leistungsbereichen fehlen noch. Bei großen Projekten kann über eine weitere, d. h. sekundäre Kennzeichnung mit der Unterscheidung von Bereichen begonnen werden (z. B. Beherbergungsbereich, Restaurationsbereich beim Hotel).

(2) Kostenberechnung

Mit der **Kostenberechnung** werden die Eingaben der Kostenschätzung verfeinert und entsprechend dem Planungsablauf fortgeschrieben. Aufbauend auf der vorhandenen primären Sortierung nach ein- bis zweistelligen Kostengruppen wird diese auf bis zu vier Stellen bzw. nach Gebäudeunterelementen erweitert und über konstruktionsgerechte Dimensionen und die hierfür vorrangigen Leistungsbereiche beschrieben.

In dieser Phase der Planung ist die Sortierbarkeit über die Leistungsbereiche (sekundäre Kennzeichnung) eine Hilfe, um die Kostenermittlung über die Kostenanteile der Leistungsbereiche zu prüfen (Plausibilitätsprüfung über Vergleich mit anderen Projekten, Kennwerte über Prozentanteile oder LB-Flächenkennwerte), ferner ist die Auswertung über Leistungsbereiche (LB) bei der Suche nach Einsparungsmöglichkeiten hilfreich, z. B. bei der Überlegung, wo höherwertige Schlosserarbeiten (DIN 18 360) durch nicht ganz so hochwertige Stahlbauarbeiten (DIN 18 335) ersetzt werden können.

(3) Ausschreibung

Zur **Ausschreibung** können aus den vorhandenen Kostendaten Teilmengen selektiert werden. Primäres Auswahlkriterium ist der bzw. sind die Leistungsbereiche des Leistungsverzeichnisses. Werden die in der Kostenberechnung gewählten Dimensionen über die Normalpositionen des Leistungsverzeichnisses beibehalten, so können die Submissionsergebnisse mit der Kostenberechnung mengengenau verglichen werden.

Als sekundäre Kennzeichnungen sind Kostengruppen und geometrische Zuordnungen geeignet, z. B. wenn es darum geht, verschiedene Leistungsbereiche sinnvoll zusammenzufassen (Kostengruppe *320 Gründung* mit allen LB) oder wenn bei großem Umfang von Bauleistungen eines Gewerkes eine ausführungsbedingte Trennung in Lose bzw. Bauabschnitte über eine geometrische Sortierung erfolgen soll.

(4) Ermittlung von Mieten und Nebenkosten

Zur vertragsvorbereitenden Mietpreisermittlung sind als primäres Kennzeichen Grundflächen des Projektes anzusprechen, wobei anteilig Kostendaten zuzuordnen sind. Je nach Planungs- und Bauverlauf werden z. B. den Nutzflächen Kostendaten nach Kostenschätzung, Kostenberechnung oder Kostenanschlag selektiert zugeordnet und mit diesen verrechnet. Diese Kostenflächenkennwerte sind quantitative Grundlage der **Mietpreiskalkulation**.

Zur Ermittlung von Nebenkosten können als sekundäre Merkmale folgende Beispiele herangezogen werden:

- Kostengruppen (z. B. *460 Förderanlagen* für die überschlägige Kostenermittlung von Betriebskosten und Instandsetzungskosten)
- Dimensionen (z. B. m^2 Bodenbeläge für die überschlägige Kostenermittlung von Reinigungsarbeiten).

Anmerkung:

Beim Aufbau einer Kostendatenbank sind alle Ermittlungs- und Auswertungserfordernisse zu prüfen. Änderungen in laufenden Systemen sind wegen des hierfür erforderlichen Arbeitsaufwandes und wegen des Termindrucks in der praktischen Projektabwicklung kaum möglich.

Lösung zu Aufgabe 10: Kostensicherheit

Absolute Kostensicherheit – genaue Kenntnis der anfallenden Baukosten – besteht erst nach der Schlussabrechnung aller Bauleistungen, also mit der Kostenfeststellung.
Die Mengenansätze (m^2 BGF, m^3 Mauerarbeiten o. ä.) – Basis jeder Kostenermittlung – werden von der Grundlagenermittlung bis zur Ausschreibung und schließlich bis zur Abrechnung zunehmend genauer. Nach der Vergabe ändern sie sich bei sorgfältiger Planung i. Allg. nur noch geringfügig. Jedoch hängt die Mengensi-

cherheit bei der Vergabe von der Qualität der Ausschreibungsunterlagen ab. Ausschreibungen auf der Grundlage von Entwurfsplanungen mit der Folge von Änderungen der Planung bis kurz vor Fertigstellung können leicht zu Mengenabweichungen von 10 % oder auch mehr führen.

Anders sieht es bei den Einheitspreisen aus. Bis zur Vergabe haben alle Einheitspreise vorkalkulatorischen Charakter, auch wenn sie aus einer großen Menge statistischer Daten aufbereitet sind. Unsicherheiten bestehen hier besonders im Hinblick auf mögliche konjunkturelle, saisonale und regionale Einflüsse.

Nach Abschluss eines Einheitspreisvertrages sind die Einheitspreise Vertragsbestandteil und somit nicht mehr veränderlich, es sei denn, es kommt zu erheblichen Mengenabweichungen (± 10 %) und eine Vertragspartei verlangt die Änderung des betreffenden Einheitspreises (VOB/B, § 2 Nr. 3).

Lösung zu Aufgabe 11: Arten von Bausummenüberschreitungen

(1) Der Bauherr entscheidet sich für eine Fassade höheren Standards. Daher ist mit der Bausummenüberschreitung auch eine Werterhöhung des Gebäudes verbunden. Somit handelt es sich um eine unechte Bausummenüberschreitung.

(2) Die Anbieter der Rohbauleistungen reagieren auf ungünstige Ausführungsbedingungen. Sie kalkulieren Beschleunigungskosten ein, mit denen aber keine Werterhöhung des Bauwerks verbunden ist. Daher liegt in diesem Fall eine echte Bausummenüberschreitung vor.

(3) Mängel bei der Planung und Ausschreibung (Fehlmengen) führen zu Nachträgen. Soweit diese Nachtragsleistungen zu marktüblichen Preisen angeboten werden, handelt es sich um eine unechte Bausummenüberschreitung, denn dem bisherigen Kostenanschlag lag ein unvollständiges Angebot zugrunde. Der bisherige Kostenanschlag und die Nachträge – in beiden Fällen marktübliche Preise unterstellt – entsprechen dem tatsächlichen Wert des Bauwerks.

Allerdings bieten Nachtragsangebote Spielraum für höhere Kalkulationsansätze, da der Wettbewerb hierbei praktisch ausgeschlossen ist. Die hierdurch bedingten Kostensteigerungen stellen eine echte Bausummenüberschreitung dar.

(4) Eine verbesserte gebäudetechnische Ausstattung führt in diesem Fall zu einer erhöhten Sicherheit bei der Nutzung. Unabhängig davon, ob der Bauherr oder die Bauaufsichtsbehörde diese Entscheidung veranlasst haben, handelt es sich um eine unechte Bausummenüberschreitung.

(5) Sofern keine Zusatzforderungen für Umplanungen erhoben werden, liegt eine unechte Bausummenüberschreitung vor, denn den erhöhten Kosten steht auch ein vergrößerter Baukörper mit einem ggf. besser nutzbaren Grundriss gegenüber.

(6) Die Unterscheidung in echte und unechte Bausummenüberschreitungen ist vor allem im Hinblick auf die Haftung des Architekten im Kostenbereich wichtig. Entsteht die Bausummenüberschreitung allerdings durch eine berechtigte und durchgesetzte Mehrforderung seitens des Architekten, so ist diese Unterscheidung bedeutungslos. Grundsätzlich fallen die mehrfachen Änderungen unter die Grundleistung *Erarbeiten eines Planungskonzeptes einschließlich Untersuchung der alternativen Lösungsmöglichkeiten nach gleichen Anforderungen*, HOAI § 15 (2) 2., woraus sich kein zusätzlicher Honoraranspruch und damit auch keine Bausummenüberschreitung ergibt. Fallen diese Änderungen dagegen unter die

Besondere Leistung *Untersuchung von Lösungsmöglichkeiten nach grundsätzlich verschiedenen Anforderungen*, HOAI § 15 (2) 2., so ergibt sich ein zusätzlicher Honoraranspruch nach HOAI § 20. Die für die Honorar- und damit Baukostenerhöhung ursächlichen *grundsätzlich verschiedenen Anforderungen* fallen in den Verantwortungsbereich des Bauherrn, so dass es bedeutungslos ist, ob das erweiterte Anforderungsspektrum die Chance auf eine Werterhöhung des Objektes eröffnet (unechte Bausummenüberschreitung) oder nicht (echte Bausummenüberschreitung).

3.5.2 Nutzungskosten im Hochbau und Lebenszykluskosten

Nutzungskosten im Hochbau sind nach DIN 18 960:2008-02 „alle in baulichen Anlagen und deren Grundstücken entstehenden regelmäßig oder unregelmäßig wiederkehrenden Kosten von Beginn ihrer Nutzbarkeit bis zu ihrer Beseitigung (Nutzungsdauer)".

Die Nutzungskosten im Hochbau bzw. der Nutzungsbarwert sind ein wichtiges monetäres Kriterium zur Beurteilung der Vorteilhaftigkeit von geplanten sowie von genutzten Gebäuden. Für die Erfassung dieser Kosten gibt die DIN 18 960 ein Gliederungssystem mit drei Ebenen vor, von denen im Folgenden die ersten beiden wiedergegeben werden:

100 Kapitalkosten
- 110 Fremdmittel
- 120 Eigenmittel
- 130 Abschreibung
- 190 Kapitalkosten, sonstiges

200 Objektmanagementkosten
- 210 Personalkosten
- 220 Sachkosten
- 230 Fremdleistungen
- 290 Objektmanagementkosten, sonstiges

300 Betriebskosten
- 310 Versorgung
- 320 Entsorgung
- 330 Reinigung und Pflege von Gebäuden
- 340 Reinigung und Pflege von Außenanlagen
- 350 Bedienung, Inspektion und Wartung
- 360 Sicherheits- und Überwachungsdienste
- 370 Abgaben und Beiträge
- 390 Betriebskosten, sonstiges

400 Instandsetzungskosten
- 410 Instandsetzung der Baukonstruktionen
- 420 Instandsetzung der Technischen Anlagen
- 430 Instandsetzung der Außenanlagen
- 440 Instandsetzung der Ausstattung
- 490 Instandsetzungskosten, sonstiges

Die Ermittlung der jährlichen Nutzungskosten entspricht der Vorgehensweise der Kostenvergleichsrechnung, einem statischen Verfahren der Investitionsrechnung (siehe Band 1, S. 75 ff.). Hierbei wird die einmalige Investitionsausgabe mittels kalkulatorischer Abschreibung und kalkulatorischer Zinsen in jährliche Kosten umgerechnet und kann dadurch mit den laufenden Kosten zu einem Vorteilhaftigkeitskriterium zusammengefasst werden.

Diese Zusammenfassung kann auch mit Hilfe der Kapitalwertmethode, einem dynamischen Verfahren der Investitionsrechnung erfolgen (siehe Band 1, S. 81 ff.). Dabei werden alle mit der Investition verbundenen Zahlungen erfasst und durch Abzinsung vergleichbar gemacht. Die kalkulatorischen Kostengruppen Eigenkapitalkosten und Abschreibung bleiben unberücksichtigt, da sie nicht zahlungswirksam sind. Auf diese Weise werden die Zahlungen, die mit der Errichtung und Nutzung eines Objektes verbunden sind, zu einem Barwert zusammengefasst, den wir als **Nutzungsbarwert** bezeichnen.

Nach betriebswirtschaftlicher Definition sind unter Ausgaben Auszahlungen, Schuldenzugänge und Forderungsabgänge zu verstehen. Wenn im Folgenden nichts anderes gesagt ist, handelt es sich bei Ausgaben immer um Auszahlungen. Entsprechendes gilt für Einnahmen und Einzahlungen. Wichtig sind bei der Ermittlung von Barwerten die Zahlungszeitpunkte, keinesfalls ist ein ggf. davon abweichender Zeitpunkt eines Forderungs- bzw. Schuldenzu- oder -abganges der Berechnung zugrunde zu legen.

Die Aufgaben dieses Abschnittes sollen dazu dienen, folgende Kenntnisse und Fähigkeiten zu überprüfen bzw. zu vervollständigen:

- Begriffsdefinitionen und Ermittlung der Nutzungskosten insgesamt und der einzelnen Kostengruppen sowie des Nutzungsbarwertes
- Unterscheidung von Auszahlungen und Kosten.

Aufgabenverzeichnis

Die folgenden Aufgaben beziehen sich auf die Kapitel 3.7.2 bis 3.7.4 des Lehrbuches Band 1:

1 Kalkulatorische Kosten und zahlungswirksame Kosten
2 Abschreibung und Absetzung für Abnutzung (AfA)
3 Grundsteuer
4 Jährliche Nutzungskosten
5 Wirtschaftlichkeitsvergleich mittels Nutzungskosten
6 Barwert der Ausgaben für Heizenergie
7 Barwert der Ausgaben für Instandsetzung
8 Nutzungsbarwert
9 Wirtschaftlichkeitsvergleich von Bodenbelägen
10 Lebenszykluskosten
11 Computereinsatz bei der Nutzungskostenoptimierung

Vorschriften und Normen

DIN 18 960:2008-02, Nutzungskosten im Hochbau
Einkommensteuergesetz (EStG 2002), Stand 14.08.2007
Grundsteuergesetz (GrStG), Stand 01.09.2005
Verordnung über Wohnungswirtschaftliche Berechnungen (Zweite Berechnungsverordnung - II. BV) in der Fassung der Bekanntmachung vom 12.10.1990, zuletzt geändert am 25.11.2003

Empfohlene Literatur zur weiteren Vertiefung:

Institut für Bauforschung e.V.: Bau-Nutzungskosten. Bau-Nutzungskosten-Kennwerte für Wohngebäude, Stuttgart 2007

Institut für Bauforschung e. V.: Grundlagen und Randbedingungen der Nutzungskostenplanung im Wohnungsbau, in: Schriftenreihe *Bau- und Wohnforschung* des Bundesamtes für Bauwesen und Raumordnung, Stuttgart 2007

Küsgen, H., N. Küsgen, C. Riepl, R. Röthlingshöfer: Planen mit Baunutzungskosten, Institut für Bauökonomie der Universität Stuttgart 1983

Naber, S.: Planung unter Berücksichtigung der Baunutzungskosten als Aufgabe des Architekten im Feld des Facility-Management, Europäische Hochschulschriften Reihe 37 - Architektur 24, Frankfurt am Main 2002

Schub, A., K. Stark: Life cycle cost von Bauobjekten, Köln 1985

Simons, K., R. Sager: Berechnungsmethoden für Baunutzungskosten, in: Schriftenreihe *Bau- und Wohnforschung* des Bundesministers für Raumordnung, Bauwesen und Städtebau 04.063, Bonn/Braunschweig 1980

Stoy, C.: Benchmarks und Einflussfaktoren der Baunutzungskosten, Zürich 2005

Aufgabe 1: Kalkulatorische Kosten und zahlungswirksame Kosten

(1) Ordnen Sie die in der 1. Spalte der Abbildung 3-44 stehenden Kostenarten der jeweils in Frage kommenden Kostengruppe der DIN 18 960 zu und geben Sie an, ob die jeweilige Kostenart zahlungswirksam ist und ob sie einmalig, aperiodisch oder periodisch anfällt.

	Kostengruppen			keine	zeitlicher Anfall der Zahlungen		
	Kapital-kosten	Betriebs-kosten	übrige	Zahlung	einmalig	aperiodisch	periodisch
Wartung und Inspektion							
Kalkul. Eigen-kapitalverzinsung							
Gebäudereinigung							
Strom (Treppenhaus)							
Instandsetzungs-kosten							
Fremdkapital-verzinsung							
Abschreibung							
Grundsteuer							
Grunderwerbs-steuer							
Verwaltungskosten							
Hinweis: aperiodisch = z. B. einmal nach 5 Jahren, dann wieder nach 8 Jahren periodisch = z. B. monatlich oder jährlich							

Abb. 3-44 Zuordnung von Kostenarten (Aufgabenstellung)

(2) Welche mit der Gebäudenutzung zusammenhängenden Zahlungen (Ausgaben) fallen im laufenden Nutzungsjahr an?

Inwieweit unterscheiden sich diese Zahlungen (Ausgaben) von den jährlichen Nutzungskosten

(2.1) - bei vollständiger **Eigenfinanzierung**?

(2.2) - bei vollständiger **Fremdfinanzierung**?

Aufgabe 2: Abschreibung und Absetzung für Abnutzung (AfA)

Erläutern Sie die Begriffe Abschreibung und Absetzung für Abnutzung (AfA). In welcher Weise sind sie in Wirtschaftlichkeitsvergleiche (z. B. in die Kostenvergleichsrechnung) einzubeziehen?

Aufgabe 3: Grundsteuer

Ein Bauherr besitzt ein Grundstück in den alten Bundesländern mit einem Einheitswert im Jahr 1994 in Höhe von 15.000 €. Er lässt sich darauf ein Einfamilienhaus mit 150 m² Wohnfläche zur Eigennutzung errichten. Dadurch erhöht sich der Einheitswert auf 40.000 €. Der Grundsteuer-Hebesatz beträgt in dieser Gemeinde 300 %.

(1) Wie hoch ist die jährliche Grundsteuer?

(2) Wie hoch ist die jährliche Grundsteuer, wenn es sich bei unveränderter Wohnfläche und unverändertem Einheitswert um ein Zweifamilienhaus handeln würde?

Aufgabe 4: Jährliche Nutzungskosten

Am Beispiel eines Wohnhauses mit 4 Wohneinheiten (WE) und insgesamt 280 m² Wohnfläche sind die jährlichen Nutzungskosten zu ermitteln.

Folgende Daten sind bekannt:

Gesamtkosten nach DIN 276-1	350.000	€
Kosten des Baugrundstücks und der Erschließung (KG 100 und 200)	42.000	€
Kosten des Bauwerks – Baukonstruktion (KG 300)	250.000	€
Kosten des Bauwerks – Technische Anlagen (KG 400)	58.000	€
Eigenkapital	100.000	€
Objektmanagementkosten (Verwaltungskosten nach II. BV Stand 2008)	259,04	€/a
Steuern	850,00	€/a
Betriebskosten	5,00	€/m² WF·a
davon nicht umlagefähig	1,00	€/m² WF·a
Instandsetzungskosten	4,00	€/m² WF·a
erwartete Nutzungsdauer	100	Jahre

Für die Kapitalkosten sind anzusetzen:

(1) 6 % p. a. für das Eigenkapital und 7 % p. a. für das Fremdkapital

(2) 3 % p. a. (real) für das durchschnittlich gebundene Kapital.

(3) Interpretieren Sie die beiden unterschiedlichen Ansätze.

Aufgabe 5: Wirtschaftlichkeitsvergleich mittels Nutzungskosten

Sie haben den Auftrag, ein Lagergebäude mit 2.000 m² Nutzfläche (NF) zu planen. Grundsätzlich stehen verschiedene Bauweisen und Ausführungsarten zur Diskussion:

	Bauweise	Ausführungsart	Erstinvestitionsausgabe (Bauwerkskosten)	angenommene Nutzungsdauer
Variante 1	eingeschossig	Leichtbau	350 €/m² NF	30 Jahre
Variante 2	eingeschossig	Holzbau	425 €/m² NF	60 Jahre
Variante 3	zweigeschossig	Massivbau	545 €/m² NF	100 Jahre

Für das Grundstück sind bei eingeschossiger Bauweise 360.000 € und bei zweigeschossiger Bauweise 240.000 € anzusetzen. Die Erschließung macht in jedem Fall einen Aufwand von 20.000 € erforderlich. Für Ausstattung, Außenanlagen und zusätzliche Maßnahmen sind einheitlich 250.000 € anzusetzen. Die Baunebenkosten betragen 14 % der Kosten des Bauwerks. Für gebundenes Kapital (Eigen- bzw. Fremdfinanzierung) beträgt die Nominalverzinsung 6 % p. a. bei einer durchschnittlichen Teuerung von ca. 3 % p. a.

Neben diesen Erstinvestitionsausgaben (aus denen sich die Kapitalkosten und die Abschreibung ergeben) sind die Folgekosten zu erfassen, die im ersten Jahr folgende Beträge ausmachen:

KG 200	Objektmanagementkosten		1.250 € /a
KG 300	Betriebskosten *) (ohne KG 371)		12.000 € /a
KG 371	Steuern	Variante 1	5.400 € /a
	(Grundsteuern)	Variante 2	6.600 € /a
		Variante 3	7.250 € /a
KG 400	Instandsetzungskosten		1,2 % p. a. der Baukosten (KG 300-700)

Welche Variante verursacht die geringsten Nutzungskosten?

*) Anmerkung:
Die Betriebskosten von Gebäuden können durch die Gebäudeplanung ganz wesentlich beeinflusst werden. Zur Vereinfachung wurde hier ein einheitlicher Wert pauschal angenommen. Die Ermittlung der Energiekosten als wesentlicher Bestandteil der Betriebskosten ist Gegenstand einer anderen Übungsaufgabe.

Aufgabe 6: Barwert der Ausgaben für Heizenergie

Ermitteln Sie den Barwert der Ausgaben für Heizenergie pro m² Dachfläche eines Wohnhauses. Die Ausgaben für Heizenergie (HE) im ersten Jahr ermitteln sich überschlägig nach folgender Formel:

$$HE = P \cdot (h_a \cdot U \cdot D) / (H_u \cdot \eta) \quad [€/m^2 \cdot a]$$

Dabei bedeuten:		anzusetzender Wert:
P	Einheitspreis für Heizenergie (im ersten Jahr)	0,60 €/l Heizöl
h_a	Jahresheizstunden	1.600 h/a

U	Wärmedurchgangskoeffizient (U-Wert)	0,45 W/m²·K
D	Temperaturdifferenz	32 K
H_u	unterer Heizwert	10.000 (W·h/l)
η	Gesamtwirkungsgrad der Heizanlage	0,75

Der Betrachtungszeitraum beträgt 50 Jahre. Gehen Sie von einer nachschüssigen Zahlungsweise aus. Auf dem Kapitalmarkt ist eine Nominalverzinsung von 6 % p. a. zu erzielen. Es ist mit einer durchschnittlich 5 %igen Teuerung der Heizenergie zu rechnen.

Aufgabe 7: Barwert der Ausgaben für Instandsetzung

Ermitteln Sie den Barwert der Instandsetzungsausgaben über 50 Jahre für das Grobelement Dachfläche eines Wohnhauses. Folgende Informationen liegen vor:

Bauteil	Lebens-dauer (Jahre)	Instand-setzungs-intervalle (Jahre)	Kosten der Instand-setzungs-maßnahmen (€/Einheit)	Menge	Barwert-faktor	Barwerte der ein-zelnen Maßnahmen (€)
Dachdeckung Pappdach	30	I : 15 E : 30	30,00 45,00	90 m² 90 m²		
Dachrinne Zinkblech	30	W : 15 E : 30	5,00 25,00	20 m 20 m		
Laubfangkorb	30	E : 30	10,00	2 St.		
Schornstein über Dach	30	W : 15 E : 30	200,00 1.250,00	1 St. 1 St.		
Schornstein-abdeckung	30	E : 30	65,00	1 St.		
Schornstein-einfassung Zinkblech	30	W : 15 E : 30	100,00 400,00	1 St. 1 St.		
Summe: Barwert der Ausgaben für Instandsetzung						
I = Ausgaben für Instandsetzungsarbeiten E = Ausgaben für Ersatzbeschaffung W = Ausgaben für Wartung und Pflege						

Abb. 3-45 Barwert der Ausgaben für Instandsetzung (Aufgabenstellung)

Nicht investiertes Kapital lässt auf dem Kapitalmarkt eine Nominalverzinsung von 6 % p. a. erwarten. Die Teuerung für Instandsetzungsmaßnahmen wird mit durchschnittlich 4 % pro Jahr angenommen. Der Betrachtungszeitraum soll 50 Jahre betragen. Gehen Sie von nachschüssiger Zahlungsweise aus.

Aufgabe 8: Nutzungsbarwert

Ermitteln Sie den Nutzungsbarwert eines Einfamilienhauses (Aufgabe 5 des Abschnittes 3.5.1) aus den Ausgaben für das Bauwerk, Heizenergie und Instandsetzung (betrachtet über einen Zeitraum von 50 Jahren). Folgende Daten stehen Ihnen zur Verfügung:

Grobelement	Menge	Bauwerk		Heizenergie		Instandsetzung	
		Kennwert (€/ME)	Ausgaben (€)	Kennwert (€ /a)	Ausgaben (€ /a)	Kennwert (€ /a)	Ausgaben (€ /a)
Baugrube	120,00 m³	20,00		-	-	-	
Gründungsfläche	63,89 m²	148,00		1,00		0,75	
Außenwandfläche	333,07 m²	274,00		2,00		3,65	
Innenwandfläche	102,83 m²	147,00		-	-	1,05	
Deckenfläche	132,52 m²	233,00		-	-	0,85	
Dachfläche	65,11 m²	224,00		1,50		2,75	
Sonstige Baukonstruktionen	pausch.	-	4.976	-	-	50,00	
Technische Anlagen	pausch.	-	30.478	-	-	800,00	
Summe		-		-		-	
Barwertfaktor							
Barwert (€)							
Nutzungsbarwert (€)							

Abb. 3-46 Nutzungsbarwert (Aufgabenstellung)

Gehen Sie bei der Ermittlung des Nutzungsbarwertes von einem Kalkulationszinsfuß von 6 % p. a., einer Preissteigerung für Heizenergie von 5 % p. a. und für Instandsetzungsmaßnahmen von 4 % p. a. sowie von nachschüssiger Zahlungsweise aus.

Aufgabe 9: Wirtschaftlichkeitsvergleich von Bodenbelägen

Mit Hilfe der *Nutzungskosten im Hochbau* soll ein Wirtschaftlichkeitsvergleich von Bodenbelägen durchgeführt werden. Als Bodenbeläge in einem Verwaltungsgebäude kommen grundsätzlich in Betracht (Auswahl):

1 Natursteinbelag
2 Teppichboden (textiler Belag)
3 Holzparkett
4 Linoleumbelag.

(1) Welche Informationen sind für den wirtschaftlichen Vergleich der Bodenbeläge erforderlich?

(2) Welche technischen und gestalterischen Aspekte sind bei der Auswahl von Bodenbelägen zu berücksichtigen bzw. führen zum Ausschluss eines Bodenbelages?

(3) Führen Sie eine Berechnung der Nutzungskosten für die verschiedenen Bodenbeläge durch. Legen Sie dabei die in Abb. 3-47 enthaltenen Informationen sowie den dort angegebenen Kostenstand zugrunde. Gehen Sie weiter davon aus, dass die Objektmanagementkosten und die Betriebskosten mit Ausnahme der Reinigungskosten bei allen Belägen gleich sind.

Der Betrachtungszeitraum beträgt 50 Jahre, die Verzinsung des gebundenen Kapitals beträgt 3 % (Realverzinsung).

Welcher Bodenbelag ist unter den o. g. Annahmen wirtschaftlich?

Aufgabe 10: Lebenszykluskosten

Was versteht man unter den Lebenszykluskosten von Immobilien?

Aufgabe 11: Computereinsatz bei der Nutzungskostenoptimierung

Wie können bei der Gebäudeplanung die Nutzungskosten optimiert werden?

Abb. 3-47 Informationen für den Vergleich von Bodenbelägen

Informationen für den Vergleich von Bodenbelägen

Ausführung: Beläge auf Boden- und Fundamentplatten, KG 325 nach DIN 276-1: 2006-11

Ausführungsklasse (AK) und Ausführungsart (AA) nach BKI [1] Einheit: m² belegte Fläche Kostenstand 1. Quartal 2007 incl. MwSt.	Baukosten Neubau [1] €/m²	Technische Lebensdauer [2] Jahre	Betriebskosten [3] KG 330 Reinigung u. Pflege ca. 250 Arbeitstage Häufigkeit €/m²	Instandsetzungskosten [4] KG 400 Art der Maßnahmen Häufigkeit €/m²
325.43.81 Naturwerksteinbelag auf Estrich mit Abdichtung 014 Natur-, Betonwerk **71,0 %** 018 Abdichtung **6,0 %** 025 Estrich [5] 24,0 %	von 150,00 **200,00** bis 230,00 **77 % = 154,00**	100	täglich wischen 0,06	Fugen ausbessern alle 10 Jahre 7,50
325.62.81 Textilbelag auf schwimmendem Estrich 025 Estrich 38,00 % 036 Bodenbelag **62,00 %**	von 52,00 **66,00** bis 90,00 **62 % = 41,00**	10	täglich saugen 0,08 jährl. shampoonieren 6,00	Schadstellen ausbessern alle 5 Jahre 5,00
325.71.01 Parkettbelag Eiche d=20-25mm 028 Parkettarbeiten **100 %**	von 72,00 **93,00** bis 110,00	50	täglich wischen 0,06	schleifen und versiegeln alle 10 Jahre 12,50
325.82.83 Linoleumbelag auf schwimmendem Estrich 025 Estrich 25,0 % 027 Tischlerarbeiten **33,0 %** 036 Bodenbelag **42,0 %**	von 67,00 **75,00** bis 83,00 **75 % = 56,25**	30	täglich wischen 0,06	Schadstellen ausbessern alle 5 Jahre 6,00

Anmerkungen:
1) BKI Baukosten 2007, Teil 2: Kostenkennwerte für Bauelemente, Seite 189 ff.
2) Kleiber, W.; Simon, J.: Verkehrswertermittlung von Grundstücken. 5. Aufl. Köln : Bundesanzeiger, 2007. - S. 1584
3) Kennwerte wurden angenommen für die Nutzung in öffentlichen Gebäuden, z. B. Stadtverwaltung
4) Kennwerte wurden angenommen für die Nutzung in öffentlichen Gebäuden, z. B. Stadtverwaltung
5) Es wird davon ausgegangen, dass ein Untergrund aus Estrich bereits vorhanden ist.

Lösung zu Aufgabe 1: Kalkulatorische Kosten und zahlungswirksame Kosten

(1) Es ergibt sich die in der Abbildung 3-48 dargestellte Zuordnung:

	Kostengruppen			keine	zeitlicher Anfall der Zahlungen		
	Kapital-kosten	Betriebs-kosten	übrige	Zahlung	einmalig	aperiodisch	periodisch
Wartung und Inspektion		X					X
Kalkul. Eigen-kapitalverzinsung *	X			X			
Gebäudereinigung		X					X
Strom (Treppenhaus)		X					X
Instandsetzungs-kosten			X			X	
Fremdkapital-verzinsung	X						X
Abschreibung	X			X			
Grundsteuer		X					X
Grunderwerbs-steuer	Teil der Grundstücksnebenkosten nach DIN 276-1, fällt einmalig bei Erwerb des Grundstückes an				X		
Verwaltungskosten			X				X

* Eigenfinanzierung verursacht keine Zinszahlungen. Es erfolgt eine Auszahlung zu Beginn der Nutzungsdauer in Form der Erstinvestition und in der Regel nach Ablauf der wirtschaftlichen Nutzungsdauer (z. B. 50 Jahre) in Form einer Ersatzinvestition aus den zurückgelegten Beträgen der Abschreibung

Abb. 3-48 Zuordnung von Kostenarten (Lösung)

(2) Im laufenden Nutzungsjahr fallen in Zusammenhang mit der Gebäudenutzung Zahlungen an, die folgenden Nutzungskostengruppen zuzuordnen sind:

- Fremdmittel (KG 110)
- Objektmanagementkosten (KG 200)
- Betriebskosten (KG 300)
- Instandsetzungskosten (KG 400; die Instandsetzungsmaßnahmen fallen mit ihren Zahlungen aperiodisch an und werden vielfach als jährliche Durchschnittswerte angegeben).

Zu den Nutzungskosten zählen außerdem die kalkulatorischen – also nicht zahlungswirksamen – Kostengruppen

- Eigenmittel (KG 120)
- Abschreibung (KG 130).

Je nach Darlehensvereinbarung sind auch Tilgungszahlungen zu leisten, die aber nicht kostenwirksam (da vermögensneutral) sind.

(2.1) Bei vollständiger **Eigenkapital-Finanzierung** entfallen Zins- und Tilgungszahlungen. Jedoch sind bei der Ermittlung der Nutzungskosten kalkulatorische Eigenkapitalzinsen (KG 121) ebenso anzusetzen wie die kalkulatorische Abschreibung (KG 130).

(2.2) Bei vollständiger **Fremdkapital-Finanzierung** ergeben sich die Kapitalkosten aus den laut Kreditvertrag zu zahlenden Zinsen. Hinzu kommt wie unter (2.1) die kalkulatorische Abschreibung, welche nicht zahlungswirksam ist.

Lösung zu Aufgabe 2: Abschreibung und Absetzung für Abnutzung (AfA)

Unter der kalkulatorischen Abschreibung versteht man die in Geld bewertete Abnutzung von Anlagegütern wie Gebäuden, Maschinen, Kraftfahrzeugen usw. während ihrer Nutzungsdauern. Für diesen abnutzungsbedingten Werteverzehr wird bei der Kalkulation des Mietpreises ein Gegenwert (Abschreibungsgegenwert) angesetzt, um Rücklagen für die Wiederbeschaffung der Anlagegüter zu bilden. Unter Absetzung für Abnutzung (AfA) versteht man die steuerliche Absetzung der Abschreibungsbeträge vom zu versteuernden Einkommen. Die Finanzbehörden arbeiten mit AfA-Tabellen, in denen die AfA-Höchstsätze festgelegt sind, die ohne besonderen Nachweis anerkannt werden.

In der Kostenvergleichsrechnung sind die jährlichen Abschreibungsbeträge entsprechend dem tatsächlich zu erwartenden Nutzungsverlauf anzusetzen. Mangels anderer Werte werden hierfür vielfach die AfA-Sätze übernommen. Dies ist nur insoweit vertretbar, wie die AfA-Sätze (ungefähr) der tatsächlich zu erwartenden Nutzungsdauer entsprechen. Gänzlich falsch wäre es, wenn man beim Kostenvergleich der Berechnung der Abschreibung AfA-Sätze zugrunde legen würde, die z. B. aus konjunkturpolitischen Gründen erhöht worden sind; allerdings kann man die daraus resultierenden durchschnittlichen jährlichen Steuerersparnisse als Einsparungen im Kostenvergleich berücksichtigen.

Lösung zu Aufgabe 3: Grundsteuer

Die **Grundsteuer** ergibt sich aus dem Produkt von Einheitswert, Grundsteuer-Messzahl und Grundsteuer-Hebesatz. Zu beachten ist, dass die Lage des Grundstücks in den neuen bzw. alten Bundesländern für den Bezugszeitpunkt des Einheitswertes eine entscheidende Rolle spielt, da die Einheitswerte (Verkehrswerte) als Basis der Besteuerung für Westdeutschland zuletzt am 1. Januar 1964 und für Ostdeutschland am 1. Januar 1935 festgelegt wurden und voneinander abweichen.

(1) Die Grundsteuer-Messzahl beträgt bei Einfamilienhäusern für die ersten 38.347 € des Einheitswertes 0,26 % und für den Rest 0,35 % (GrStG §15 (2)). Der Grundsteuer-Hebesatz beträgt laut Aufgabenstellung 300 %.

Jährliche Grundsteuer:	38.347 € · 0,26% · 300% =	299,11 €
	1.653 € · 0,35% · 300% =	17,36 €
		316,47 €

(2) Die Grundsteuer-Messzahl beträgt bei Zweifamilienhäusern 0,31 % (GrStG §15 (2)).

Jährliche Grundsteuer:

40.000 € · 0,31% · 300% = **372,00 €**

Lösung zu Aufgabe 4: Jährliche Nutzungskosten

Kostenart	Ansatz (1)	Ansatz (2)
100 Kapitalkosten		
Baugrundstück + Erschließung (nicht abnutzbares Anlagegut) 42.000 € · 3 % p. a.		1.260,00 €
Bauwerk (Kostengruppen 300 und 400 nach DIN 276-1) wird abgeschrieben, deswegen durchschnittlich halbe Kapitalbindung; der Restwert des Gebäudes soll nach Ablauf der Nutzungszeit den Abbruchkosten entsprechen. 308.000 € · 0,5 · 3 % p. a.		4.620,00 €
Eigenkapital 100.000 € · 6 % p. a.	6.000,00 €	
Fremdkapital 250.000 € · 7 % p. a. keine öffentlichen Darlehen	17.500,00 €	
Abschreibung Bauwerk (wie oben) 308.000 €/100a	3.080,00 €	
200 Objektmanagementkosten Pauschalsatz 259,04 €/WE · 4 WE	1.036,16 €	
300 Betriebskosten, (ohne KG 371 Steuern) 5 €/m² WF · 280 m² WF	1.400,00 €	
371 Steuern Grundsteuer	850,00 €	
400 Instandsetzungskosten 4 €/m² WF · 280 m² WF	1.120,00 €	
Nutzungskosten für das Wohnhaus pro Jahr	**30.986,16 €**	**13.366,16 €**
pro m² WF und Jahr	110,66 €	47,74 €
pro m² WF und Monat	9,22 €	3,98 €

Abb. 3-49 Ermittlung der Nutzungskosten

(3) Interpretation der unterschiedlichen Ansätze:

Bei Ansatz (1) handelt es sich um die zahlungswirksamen Nutzungskosten im ersten Jahr zuzüglich der kalkulatorischen Eigenkapitalzinsen im ersten Jahr und der kalkulatorischen Abschreibung. Außerdem sind die durchschnittlichen jährlichen Instandsetzungskosten berücksichtigt, die der erforderlichen Instandsetzungsrücklage entsprechen sollen.

Bei Ansatz (2) sind die Nutzungskosten so ermittelt worden, dass mit ihrer Hilfe ein Wirtschaftlichkeitsvergleich mit ähnlich großen Wohnhäusern durchgeführt werden kann. Dazu ist nicht von der anfänglichen (100 %), sondern von der durchschnittlichen (50 %) Kapitalbindung des Bauwerks auszugehen. Zu beachten ist eine Verzerrung des Wirtschaftlichkeitsvergleiches, wenn man – wie bei Ansatz (1) – einerseits mit dem Nominalzins (der eine Inflationskomponente enthält) rechnen und andererseits die inflationsbedingten Preissteigerungen bei den Folgeausgaben vernachlässigen würde.

Dagegen stellt der Ansatz der Realverzinsung (3 % p. a. anstelle von 6 % p. a. bei Ansatz (1)) eine Näherung für eine inflationsbereinigte Betrachtungsweise dar. Durch die Verwendung dieses einheitlichen Zinssatzes wird der Wirtschaftlichkeitsvergleich unabhängig gemacht von speziellen Fremdkapitalkonditionen.

Lösung zu Aufgabe 5: Wirtschaftlichkeitsvergleich mittels Nutzungskosten

Kostenart - Nutzungskosten			Variante 1	Variante 2	Variante 3
100 Kapitalkosten					
Baugrundstück und Erschließung					
Variante 1 und 2 :					
Baugrundstück	360.000 € · 0,03		10.800 €	10.800 €	
Erschließung	20.000 € · 0,03		600 €	600 €	
Variante 3:					
Baugrundstück	240.000 € · 0,03				7.200 €
Erschließung	20.000 € · 0,03				600 €
Gebäude (abnutzbares Anlagegut)					
Variante 1:					
2.000 m² · 350 €/m²	=	700.000 €			
+ 14 % Baunebenkosten	=	98.000 €			
+ Ausstattung und Außenanlagen	=	250.000 €			
	=	1.048.000 €			
	1.048.000 € · 0,5 · 0,03		15.720 €		
Variante 2:					
2.000 m² · 425 €/m²	=	850.000 €			
+ 14 % Baunebenkosten	=	119.000 €			
+ Ausstattung und Außenanlagen	=	250.000 €			
	=	1.219.000 €			
	1.219.000 € · 0,5 · 0,03			18.285 €	
Übertrag			27.120 €	29.685 €	7.800 €

Abb. 3-50 Wirtschaftlichkeitsvergleich mittels Nutzungskosten

Kostenart - Nutzungskosten	Variante 1	Variante 2	Variante 3
Übertrag	27.120 €	29.685 €	7.800 €
Variante 3: 2.000 m² · 545 €/m² = 1.090.000 € + 14 % Baunebenkosten = 152.600 € + Ausstattung u. Außenanl. = 250.000 € = 1.492.600 € 1.492.600 € · 0,5 · 0,03			22.389 €
Abschreibung (Gebäude) Variante 1: 1.048.000 € / 30 Variante 2: 1.219.000 € / 60 Variante 3: 1.492.600 € / 100	34.933 €	20.317 €	14.926 €
200 Objektmanagementkosten pauschal	1.250 €	1.250 €	1.250 €
371 Steuern Variante 1: 5.400 € Variante 2: 6.600 € Variante 3: 7.250 €	5.400 €	6.600 €	7.250 €
300 Betriebskosten, ohne 371 Steuern pauschal	12.000 €	12.000 €	12.000 €
400 Instandsetzungskosten Variante 1: 1.048.000 € · 0,012 Variante 2: 1.219.000 € · 0,012 Variante 3: 1.492.600 € · 0,012	12.576 €	14.628 €	17.911 €
Nutzungskosten pro Gebäude im Jahr **pro m² NF im Monat**	**93.279 €** **3,89 €**	**84.480 €** **3,52 €**	**83.526 €** **3,48 €**
Rangfolge	3	2	1

Abb. 3-50 Wirtschaftlichkeitsvergleich mittels Nutzungskosten (Fortsetzung)

Bei den Folgekosten wird der jeweils angegebene Betrag des ersten Jahres angesetzt. Dies entspricht einer inflationsbereinigten Betrachtungsweise. Dementsprechend werden auch die Kapitalkosten inflationsbereinigt, d. h. mit einem Realzinssatz von 3 % p. a. (6 % p. a. Nominalzins abzüglich ca. 3 % p. a. Teuerung), berechnet. Die Variante 3 ist über die jeweilige Nutzungszeit betrachtet die kostengünstigste Variante.

Lösung zu Aufgabe 6: Barwert der Ausgaben für Heizenergie

Ermittlung der Ausgaben für Heizenergie im ersten Jahr:

$$HE = P \cdot (h_a \cdot U \cdot D) / (H_u \cdot \eta)$$
$$= 0{,}60\ €/l \cdot (1.600\ h/a \cdot 0{,}45\ W/(m^2 \cdot K) \cdot 32\ K) / (10.000\ W \cdot h/l \cdot 0{,}75)$$
$$\underline{\underline{= 1{,}84\ €/m^2 \cdot a}}$$

Ermittlung des Barwertes der Ausgaben für Heizenergie:

$$\text{Barwert (HE)} = \text{HE} \cdot (f/q) \cdot \frac{(f/q)^n - 1}{(f/q) - 1} \qquad f/q = 1{,}05/1{,}06 = 0{,}9906$$

$$= 1{,}84 \cdot 0{,}9906 \cdot \frac{0{,}9906^{50} - 1}{0{,}9906 - 1}$$

$$\underline{\underline{= \mathbf{72{,}98\ €/m^2}}}$$

Dieser Barwert besagt, dass es ausreicht, zum Bezugszeitpunkt 72,98 €/m² zu 6 % p. a. anzulegen, um daraus 50 Jahre lang die Ausgaben für Heizenergie unter Berücksichtigung einer 5 %igen Teuerung bestreiten zu können.

Lösung zu Aufgabe 7: Barwert der Ausgaben für Instandsetzung

Es ist die Summe der Barwerte der einzelnen Instandsetzungsmaßnahmen zu bilden. Dazu sind die Barwertfaktoren unter Berücksichtigung der erwarteten Preissteigerungen zu ermitteln. Zu unterscheiden sind solche Maßnahmen, die im 15. und 45. Jahr anfallen, und solche, die nur im 30. Jahr anfallen. Man beachte, dass in der dritten Spalte der Abbildung 3-45 die Instandsetzungsintervalle und nicht die Instandsetzungszeitpunkte angegeben sind.

Barwertfaktoren (BF) bei einer Preissteigerungsrate von 4 % p. a. und einem Kalkulationszinsfuß von 6 % p. a.:

$$f = 1 + e/100\,,\ e = 4\,\% \qquad q = 1 + p/100\,,\ p = 6\,\%$$

$$BF = (f/q)^n = 0{,}9811^n$$

Zeitpunkt n der Maßnahme (Jahr)	Barwertfaktor (BF_n)
15.	0,7515
30.	0,5647
45.	0,4244

Kumulierter Barwert der Instandsetzungs- bzw. Wartungsmaßnahmen (wegen der Ersatzbeschaffung entfällt die Wartung im 30. Jahr!):

Zeitpunkte n der Wartungsmaßnahme (Jahr)	Barwertfaktor (BF_n)
15. und 45.	1,1758

Das in Abbildung 3-51 ermittelte Ergebnis bedeutet, dass es ausreicht, zum Bezugszeitpunkt 7.194,12 € zu 6 % anzulegen, um davon die aufgeführten Instandsetzungsmaßnahmen über einen Zeitraum von 50 Jahren zu bezahlen, sofern die Preissteigerung der Instandsetzungsmaßnahmen durchschnittlich 4 % p. a. beträgt.

Bauteil	Lebens-dauer (Jahre)	Instand-setzungs-zeitpunkte (Jahre)	Kosten der Instand-setzungs-maßnahmen (€ /Einheit)	Menge	Barwert-faktor	Barwerte der ein-zelnen Maßnahmen (€)
Dachdeckung	30	I : 15 + 45	30,00	90 m²	1,1758	3.174,66
Pappdach		E : 30	45,00	90 m²	0,5647	2.287,04
Dachrinne		W : 15 + 45	5,00	20 m	1,1758	117,58
Zinkblech	30	E : 30	25,00	20 m	0,5647	282,35
Laubfangkorb	30	E : 30	10,00	2 St.	0,5647	11,29
Schornstein		W : 15 + 45	200,00	1 St.	1,1758	235,16
über Dach	30	E : 30	1.250,00	1 St.	0,5647	705,88
Schornstein-abdeckung	30	E : 30	65,00	1 St.	0,5647	36,71
Schornstein-einfassung	30	W : 15 + 45	100,00	1 St.	1,1758	117,58
Zinkblech		E : 30	400,00	1 St.	0,5647	225,88
Barwert der Ausgaben für Instandsetzung						**7.194,12**

I = Ausgaben für Instandsetzungsarbeiten E = Ausgaben für Ersatzbeschaffung
W = Ausgaben für Wartung und Pflege

Abb. 3-51 Barwert der Ausgaben für Instandsetzung (Lösung)

Lösung zu Aufgabe 8: Nutzungsbarwert

Im oberen Teil der Abbildung 3-52 werden die Summe der Ausgaben für das Bauwerk (Bauwerkskosten) sowie die jährlichen Ausgaben für Heizenergie und Instandsetzungsmaßnahmen ermittelt. Für die weitere Berechnung sind die Barwertfaktoren nach folgender Formel zu berechnen:

$$\text{Barwertfaktor} = (f/q) \cdot \frac{(f/q)^n - 1}{(f/q) - 1}$$

f = Preisteigerungsfaktor = 1,05 (Heizenergie) bzw. 1,04 (Instandsetzung)
q = Zinsfaktor = 1,06
n = Nutzungsdauer = 50 Jahre

Danach ergeben sich ein Barwertfaktor von 39,6326 für die Heizenergieausgaben und ein Barwertfaktor von 31,9379 für die Instandsetzungsmaßnahmen.

Grobelement	Menge	Bauwerk		Heizenergie		Instandsetzung	
		Kennwert (€/ME)	Ausgaben (€)	Kennwert (€ /a)	Ausgaben (€ /a)	Kennwert (€ /a)	Ausgaben (€ /a)
Baugrube	120,00 m³	20,00	2.400	-	-	-	-
Gründungsfläche	63,89 m²	148,00	9.456	1,00	64	0,75	48
Außenwandfläche	333,07 m²	274,00	91.261	2,00	666	3,65	1216
Innenwandfläche	102,83 m²	147,00	15.116	-	-	1,05	108
Deckenfläche	132,52 m²	233,00	30.877	-	-	0,85	113
Dachfläche	65,11 m²	224,00	14.585	1,50	98	2,75	179
Sonstige Baukonstruktionen	pausch.	-	4.976	-	-	50,00	50
Technische Anlagen	pausch.	-	30.478	-	-	800	800
Summe		-	199.149	-	828	-	2513
Barwertfaktor			1,0000		39,6326		31,9379
Barwert (€)			199.149		32.804		80.269
Nutzungsbarwert (€)		**312.222**					

Abb. 3-52 Nutzungsbarwert (Lösung)

Das Ergebnis besagt, dass der Bauherr, wenn ihm zum Bezugszeitpunkt 312.222 € zur Verfügung stehen, damit alle auf ihn zukommenden Ausgaben für das Bauwerk, die Heizung und die Instandsetzung einschließlich der angegebenen Preissteigerungen bezahlen kann, sofern er die noch nicht benötigten Beträge zu einem Zinssatz von 6 % p. a. anlegt.

Lösung zu Aufgabe 9: Wirtschaftlichkeitsvergleich von Bodenbelägen

(1) Für den wirtschaftlichen Vergleich der Bodenbeläge sind alle erforderlichen Angaben zur Berechnung der Kostengruppen nach DIN 18960, *Nutzungskosten im Hochbau,* Voraussetzung:

- Baukosten des eingesetzten Bodenbelages
- Lebensdauer des Belages, auch unter dem Gesichtspunkt der Erneuerung
- Betrachtungszeitraum (für KG 100 Kapitalkosten)
- Betriebskosten (hier KG 330 Reinigung und Pflege von Gebäuden)
- Art und Weise der KG 400 Instandsetzung (Bauunterhaltung)

(2) Bei der Auswahl von Bodenbelägen sind folgende technische und gestalterische Aspekte zu berücksichtigen bzw. bestimmen die Entscheidung maßgeblich:

- konstruktive Möglichkeiten der Befestigung von z. B. leichten Trennwänden, Schalteranlagen, Informationselementen (teilweise mit Elektroversorgung)
- Brandschutz, Bodenbelag als Brandlast

- Hygiene, Reinigungsfreundlichkeit der Bodenbeläge, z. B. im Krankenhausbau
- besondere Beanspruchung der Oberflächen durch mechanische oder chemische Einwirkungen, z. B. Nässe, Chemikalien, Punktlasten, Verkehrslasten, bei Nutzung der Flächen als Warteräume, Lagerflächen, Labor u. v. m.
- Rutsch- und Verletzungsgefahr, z. B. bei Sporthallen, Kindergärten, Schulen, Altersheimen
- optische Eignung, gegebenenfalls Berücksichtigung von Corporate Design hinsichtlich Farbe, Struktur und eventuell Ornament
- Erneuerung des Bodenbelags ist im Falle eines Mieterwechsels bei Teppichboden ggf. notwendig, bei anderen Bodenbelagsarten meistens nicht

(3) Ermittlung der Nutzungskosten der vier Bodenbeläge
Gewählte Methode: Kostenvergleichsrechnung, siehe Lehrbuch Band 1, S. 76 ff. Wegen des 50-jährigen Betrachtungszeitraumes wird auch der Natursteinbelag (trotz der Lebensdauer von 100 Jahren) über 50 Jahre abgeschrieben.

KG	Kostenart	Berechnung	Kosten pro Jahr
100	Kapitalkosten (Realzins 3 %)	154,00 €/m² · 0,5 · 0,03	2,31 €/m²
130	Abschreibung	154,00 €/m² : 50 Jahre	3,08 €/m²
300	Betriebskosten	250 AT · 0,06 €/(AT·m²)	15,00 €/m²
400	Instandsetzungskosten	7,50 €/m² : 10 Jahre	0,75 €/m²
	Nutzungskosten - Naturstein	**Rang III**	**21,14 €/m²**

KG	Kostenart	Berechnung	Kosten pro Jahr
100	Kapitalkosten (Realzins 3 %)	41,00 €/m² · 0,5 · 0,03	0,62 €/m²
130	Abschreibung	5 · 41,00 €/m² : 50 Jahre	4,10 €/m²
300	Betriebskosten	250 AT · 0,08 €/(AT·m²)+ 6 €	26,00 €/m²
400	Instandsetzungskosten	5,00 €/m² : 5 Jahre	1,00 €/m²
	Nutzungskosten - Textilbelag	**Rang IV**	**31,72 €/m²**

KG	Kostenart	Berechnung	Kosten pro Jahr
100	Kapitalkosten (Realzins 3 %)	93,00 €/m² · 0,5 · 0,03	1,40 €/m²
130	Abschreibung	93,00 : 50 Jahre	1,86 €/m²
300	Betriebskosten	250 AT · 0,06 €/(AT·m²)	15,00 €/m²
400	Instandsetzungskosten	12,50 €/m² : 10 Jahre	1,25 €/m²
	Nutzungskosten - Parkett	**Rang II**	**19,51 €/m²**

KG	Kostenart	Berechnung	Kosten pro Jahr
100	Kapitalkosten (Realzins 3 %)	56,25 €/m² · 0,5 · 0,03	0,84 €/m²
130	Abschreibung	2 · 56,25 € : 50 Jahre	2,25 €/m²
300	Betriebskosten	250 AT · 0,06 €/(AT·m²)	15,00 €/m²
400	Instandsetzungskosten	6,00 €/m² : 5 Jahre	1,20 €/m²
	Nutzungskosten - Linoleum	**Rang I**	**19,29 €/m²**

(AT = Arbeitstage)

Abb. 3-53 Ermittlung der Nutzungskosten von Bodenbelägen

Unter den getroffenen Annahmen und bei mindestens gleich guter Erfüllung der Nutzungsanforderungen stellt sich der Linoleumbelag als am wirtschaftlichsten heraus.

Lösung zu Aufgabe 10: Lebenszykluskosten

Unter den Lebenszykluskosten einer Immobilie sind alle Ausgaben zu verstehen, die im Lebenszyklus dieser Immobilie erforderlich sind, um sie zu erwerben, in einen den Anforderungen entsprechenden Zustand zu versetzen und – soweit dafür erforderlich – bauliche Anlagen zu planen, zu realisieren, zu betreiben, weiterzuverwerten und schließlich abzureißen. Zu den Lebenszykluskosten gehören also sowohl die Ausgaben für den Erwerb des Baugrundstückes, für die Planung sowie für die Errichtung der baulichen Anlagen als auch die nach der Inbetriebnahme anfallenden Ausgaben.

Abzugrenzen sind die Lebenszykluskosten der Immobilie von den haushalts- bzw. betriebsspezifischen und produktionsbedingten Personal- und Sachkosten. Demzufolge gehören weder die Kosten der Nahrungsmittel eines Haushaltes noch die Lohnkosten des Frisörs und die Kosten seiner Seifenartikel zu den Lebenszykluskosten der Wohnung bzw. des Frisiersalons.

Lösung zu Aufgabe 11: Computereinsatz bei der Nutzungskostenoptimierung

Die Optimierung von Gebäudeentwürfen stellt sich im Regefall als Näherungsprozess mit mehrfacher Variantenbildung, -bewertung und -auswahl dar. Der Zeitbedarf für die an sich aufwändige Variantenbewertung kann durch Computerunterstützung wesentlich reduziert werden. Dies gilt insbesondere für die Ermittlung der Nutzungskosten.

Die Anwendung der Nutzungskosten als Wirtschaftlichkeitskriterium bringt den Vorteil mit sich, dass die Baukosten (Investitionsausgabe) und die während der Nutzungsphase anfallenden Betriebs- und Instandsetzungskosten gleichermaßen Berücksichtigung finden (Die Objektmanagementkosten können bei solchen Variantenvergleichen in der Regel vernachlässigt werden). Dazu muss jedoch die anfängliche Investitionsausgabe durch den Ansatz von kalkulatorischen Zinsen und Abschreibung in jährliche Kapitalkosten transformiert werden.

Höhere Investitionsausgaben führen vielfach zu sinkenden Betriebs- und/oder Instandsetzungskosten (z. B. niedrigere Heizwärmekosten infolge dickerer Wärmedämmschicht, geringere Instandsetzungskosten durch qualitativ hochwertigere bzw. abnutzungsbeständigere Baustoffe). Bei solchen gegenläufigen Tendenzen besteht ein besonderer Anreiz das Kostenoptimum zu finden.

Zur Rationalisierung des Optimierungsprozesses empfiehlt es sich, sowohl den Gebäudeentwurf als auch die Nutzungskostenermittlung computergestützt durchzuführen. Dazu ist eine Gebäudeelementdatei anzulegen, die als Attribute sowohl den konstruktiven Aufbau als auch die anteiligen Baukosten, Instandsetzungskosten und Wärmedurchgangszahlen enthält. Auf diese Weise kann eine die einzelnen Entwurfsschritte begleitende Nutzungskostenermittlung durchgeführt werden. Durch systematische Variantenbildung ist es möglich, sich dem gesuchten Optimum weitestgehend zu nähern.

3.6 Erträge und Erlöse

Investoren, die ihr Geld in Bauinvestitionen anlegen und diese nicht selbst nutzen, erwarten laufende Erträge oder Verkaufserlöse aus diesen Investitionen. Und zwar erwarten sie in ihrem Wirtschaftlichkeitsstreben, dass die mit der Investition verbundenen Kosten mehr als gedeckt werden.

Hierzu haben sich in der Praxis der Wohnungswirtschaft spezielle Verfahren – wie die Ermittlung einer Kosten deckenden Miete nach der Zweiten Berechnungsverordnung oder die Deckungsbeitragsrechnung von Bauträgern – entwickelt.

Die folgenden Aufgaben sollen dazu dienen, das grundsätzliche Verständnis dieser Verfahren zu prüfen bzw. zu festigen.

Aufgabenverzeichnis

Die hier behandelten Aufgaben beziehen sich auf Kapitel 3.8 des Lehrbuches Band 1:

1 Kalkulation des Mietpreises
2 Deckungsbeitrag

Vorschriften und Normen

Verordnung über wohnungswirtschaftliche Berechnungen (Zweite Berechnungsverordnung - II. BV) – in der Fassung der Bekanntmachung vom 12.10.1990, zuletzt geändert durch Artikel 3 der Verordnung vom 25.11.2003

Empfohlene Literatur zur weiteren Vertiefung

Brauer, K.-U. (Hrsg.): Grundlagen der Immobilienwirtschaft, Wiesbaden 2006
Murfeld, E. (Hrsg.): Spezielle Betriebswirtschaftslehre der Grundstücks- und Wohnungswirtschaft, Hamburg 2000
Schulte, K.-W.; St. Bone-Winkel (Hrsg.): Handbuch Immobilien-Projektentwicklung, Köln 2008

Aufgabe 1: Kalkulation des Mietpreises

Ein Wohnungsunternehmen hat ein 6-Familienhaus errichtet und möchte wissen, zu welchem Mietpreis die Wohnungen vermietet werden müssen, damit sich das Eigenkapital mit 4 % p. a. (vor Steuern) verzinst. Dabei hält das Unternehmen die Höchstsätze der Zweiten Berechnungsverordnung (II. BV) ein.

Folgende Daten sind bekannt:

6 Wohnungen mit jeweils 100 m² WF (Wohnfläche)

Kosten des Baugrundstücks	120.000 €	
Baukosten	600.000 €	1 % Abschreibung
davon Sammelheizung einschl. Wärmeversorgungsanlage	48.000 €	zusätzlich 3 % Abschreibung
Eigenkapital	108.000 €	
Fremdkapital	612.000 €	5 % p. a. Zinsen 1 % p. a. Tilgung zuzüglich ersparter Zinsen
Verwaltungskosten	259 € je Wohnung	
Instandhaltungskosten	8,00 € pro m² WF	
Mietausfallwagnis	2 % des Mietrohertrages	

In den abzuschließenden Mietverträgen wird geregelt, dass die Betriebskosten vollständig auf die Mieter umgelegt werden können.

Aufgabe 2: Deckungsbeitrag

Ein Bauträger hat eine Wohnanlage mit zehn Eigentumswohnungen errichtet. Folgende Daten sind bekannt:

Kosten des voll erschlossenen Baugrundstückes	200.000 €
Baukosten (ohne 760 Finanzierungskosten)	1.000.000 €

Zwischenfinanzierung zu 5 % p. a. über folgende Zeiträume:

KG 100 + 200 Kosten des Grundstücks und der Erschließung	24 Monate
KG 300 – 700 Baukosten	6 Monate (im Mittel)

Vertriebskosten: 3 % des Verkaufpreises zuzüglich 19 % MwSt.

Der Bauträger erwartet einen Verkaufserlös in Höhe von 1.500.000 €. Wie groß ist sein Deckungsbeitrag?

Lösung zu Aufgabe 1: Kalkulation des Mietpreises

Entsprechend den Anforderungen eines Investors an eine wirtschaftliche Investition müssen in dem Mietpreis Gegenwerte für folgende Kosten enthalten sein:

- laufende Kosten wie Fremdkapitalkosten, Verwaltungskosten (Objektmanagementkosten), Instandhaltungskosten
- Abschreibung
- entgangene Zinsen für das eingesetzte Eigenkapital
- Mietausfallwagnis.

Der so in Abbildung 3-54 ermittelte Mietrohertrag sichert die gewünschte Mindestverzinsung des Eigenkapitals in Höhe von 4 % p. a. (im 1. Jahr). Zusätzlich wird ein Gewinn erzielt, da diese Art der Berechnung die abnehmende Eigen- und Fremkapitalbindung nicht berücksichtigt.

Gesamtkosten:	720.000 €	Wohnungsanzahl:	6 WE	
Grundstücksanteil:	120.000 €	Wohnfläche:	600 m²	
Gebäudeanteil:	600.000 €	Eigenkapital (15 %):	108.000 €	
Sammelheizung:	48.000 €	Fremdkapital (85 %):	612.000 €	
	Kennwert pro Jahr	Bezugsgröße	pro Wohnung und Jahr	pro m² Wohnfläche und Monat
Eigenkapitalkosten	4,0 %	108.000 €	4.320 €	0,60 €
Fremdkapitalkosten	5,0 %	612.000 €	30.600 €	4,25 €
Abschreibung				
Gebäude	1,0 %	600.000 €	6.000 €	0,83 €
Sammelheizung	3,0 %	48.000 €	1.440 €	0,20 €
Verwaltungkosten	259,00	Wohnung	1.554 €	0,22 €
Betriebskosten	umlegbar		0 €	0,00 €
Instandhaltungskosten	8,00 €	m² Wohnfläche	4.800 €	0,67 €
Mietausfallwagnis	2,0 %	Mietrohertrag	994 €	0,14 €
Mietrohertrag			**49.708 €**	**6,90 €**

Abb. 3-54 Mietpreiskalkulation nach der II. BV

Lösung zu Aufgabe 2: Deckungsbeitrag

Um den Deckungsbeitrag des Bauträgers zu erhalten, müssen zunächst die Gesamtkosten ermittelt werden. Dazu sind zu den bisher bekannten Grundstücks- und Baukosten die Finanzierungskosten bis zum Eingang der Verkaufserlöse und die Vertriebskosten hinzuzurechnen.

Der Überschuss der erwarteten Verkaufserlöse über die Gesamtkosten stellt den Deckungsbeitrag des Bauträgers dar (siehe Abbildung 3-55). Zur Vergleichbarkeit mit Projekten unterschiedlicher Größenordnung wird der Deckungsbeitrag sinnvoller Weise in Prozent der Gesamtkosten angegeben.

Kostenermittlung		
100 + 200 Kosten des Grundstücks und der Erschließung		200.000 €
300 - 700 Baukosten (ohne 760 Finanzierungskosten)		1.000.000 €
760 Finanzierungskosten für das Grundstück	200.000 € • 2 a • 5 % p. a.	20.000 €
760 Finanzierungskosten für die Baumaßnahmen	1.000.000 € • 0,5 a • 5 % p. a.	25.000 €
Zwischensumme		1.245.000 €
Vertriebskosten	1.500.000 € • 3,57 %	53.550 €
Gesamtkosten		1.298.550 €

Ermittlung des Deckungsbeitrages	
Erwarteter Verkaufserlös	1.500.000 €
abzügl. Gesamtkosten	1.298.550 €
Deckungsbeitrag	**201.450 €**
in Prozent der Gesamtkosten	**15,5%**

Abb. 3-55 Deckungsbeitrag eines Bauträgers

3.7 Ökologisches und kostengünstiges Bauen

Ökologisches Bauen ist langfristig die wirtschaftlichste Art des Bauens. Kostengünstiges Bauen – im Sinne niedriger Baukosten – ist nur dann wirtschaftlich, wenn die Baukostenvorteile nicht durch Folgekosten bzw. Folgebelastungen überkompensiert werden.

Wirtschaftlichkeitsbeurteilungen im ganzheitlichen Sinne müssen daher die monetären und ökologischen Konsequenzen im Lebenszyklus eines Bauwerks und darüber hinaus berücksichtigen.

Die folgenden Aufgaben sollen dazu dienen, die grundsätzlichen Zusammenhänge von Baukosten, Folgekosten und ökologischen Auswirkungen zu vertiefen.

Aufgabenverzeichnis

Diese Aufgaben beziehen sich auf Kapitel 3.9 des Lehrbuches Band 1:

1 Zusammenhang zwischen Bau- und Folgekosten
2 Ökobilanz

Vorschriften und Normen

DIN EN ISO 14 040:2006-10, Umweltmanagement – Ökobilanz – Grundsätze und Rahmenbedingungen
DIN EN ISO 14 044:2006-10, Umweltmanagement – Ökobilanz – Anforderungen und Anleitungen

Empfohlene Literatur zur weiteren Vertiefung

Bauer, M., P. Mösle, M. Schwarz: Green Building – Konzept für nachhaltige Architektur, München 2007
Gruhler, K., C. Deilmann: Ökobilanzierung im Kontext planerischer Interessen – Bewertungsverfahren für Bauprodukte, Dresden 1999
Hofstetter, P., O. Tietje: Ökobilanz-Bewertungsmethoden. State-of-the-art, Neuentwicklungen 1998, Perspektiven, Nachbearbeitung des 6. Diskussionsforums Ökobilanzen vom 12.03.1998 ETH Zürich
Kohler, N.: Stand der Ökobilanzierung von Gebäuden und Gebäudebeständen, Institut für Industrielle Bauproduktion der Universität Karlsruhe, 1999
Spritzendorfer, J.: Nachhaltiges Bauen mit ‚wohngesunden Baustoffen'. Heidelberg 2007

Aufgabe 1: Zusammenhang zwischen Bau- und Folgekosten

Die Veränderungen der Baukosten und der Folgekosten erfolgen nicht bei allen Entwurfsentscheidungen in der gleichen Richtung. Nennen Sie Beispiele für Entwurfsvarianten bei denen

(1) eine Erhöhung der Baukosten mit einer Steigerung der Folgekosten

oder

(2) eine Erhöhung der Baukosten mit einer Senkung der Folgekosten

verbunden ist.

Aufgabe 2: Ökobilanz

Was versteht man unter einer Ökobilanz und in welchen Schritten ist sie zu erstellen?

Lösung zu Aufgabe 1: Zusammenhang zwischen Bau- und Folgekosten

(1) Unter sonst gleichen Voraussetzungen führt z. B.

- die Vergrößerung eines Bauwerks
- die Erhöhung des Außenwand- oder Dachanteils eines Gebäudes
- der Ersatz eines manuell zu bedienenden durch ein motorisch betriebenes Garagentor

sowohl zu einer Erhöhung der Baukosten als auch der Folgekosten.

(2) Die Verstärkung der Wärmedämmschicht oder der Einbau einer Wärmerückgewinnungsanlage führt zu einer Erhöhung der Baukosten, aber zu einer Senkung der Heizenergiekosten.

Der Einbau von Naturwerksteinbelag an Stelle von Linoleum- oder textilem Bodenbelag führt zu erhöhten Baukosten, aber verminderten Instandsetzungskosten.

Die Anordnung von Balkonen vor Glasfassaden hat eine Erhöhung der Baukosten, aber eine Minderung der Fensterreinigungskosten zur Folge.

Lösung zu Aufgabe 2: Ökobilanz

Eine Ökobilanz dient der Abschätzung der potenziellen Umweltwirkungen von Betrieben, Prozessen und Produkten.

Die Erstellung einer Ökobilanz soll in folgenden Schritten erfolgen:

(1) Festlegung des Ziels und des Untersuchungsrahmens
(2) Aufstellung einer Sachbilanz
(3) Ableitung einer Wirkungsbilanz
(4) Bilanzbewertung.

Nach Festlegung des Untersuchungsgegenstandes (einzelnes Bauteil, gesamtes Gebäude, Stadt(-teil) u. a.) und der Grenzen der Untersuchung (Erfassung von Produktionsvorstufen, zeitlicher Horizont) sind Art und Menge der einzusetzenden (Bau-)Stoffe zu ermitteln. Mittels Ökoinventaren lässt sich dann auf die Stoff- und Energieflüsse während des gesamten Lebenszyklusses des Untersuchungsgegenstandes schließen und damit die Sachbilanz erstellen.

Aus dieser Sachbilanz ist die Wirkungsbilanz abzuleiten, wobei wegen der unübersehbar großen Zahl von Einzelwirkungen eine Zusammenfassung zu wenigen Wirkungskategorien (Treibhauseffekt, Versäuerung, Humantoxizität u. a.) erforderlich ist. Diese Aggregation erfolgt mit Hilfe von Äquivalenzzahlen. So wird z. B. die Versäuerung in kg ausgestoßenes Schwefeldioxid SO_2 gemessen und 1 kg angefallene Salzsäure HCl mit 0,88 kg SO_2 angesetzt.

Abschließend ist das Ergebnis zu bewerten und eine entsprechende Schlussfolgerung daraus zu ziehen: Erteilung eines Umweltzertifikates, Weiterentwicklung mit dem Ziel einer Verbesserung der Ökobilanz oder Rücknahme wegen ökologischer Bedenklichkeit.

3.8 Baufinanzierung

Unter Baufinanzierung versteht man die Beschaffung der zur Durchführung eines Bauvorhabens erforderlichen Mittel. Zum Nachweis der ausreichenden Mittel wird ein Finanzierungsplan erstellt, zu dem auch die Ermittlung der laufenden Belastung gehört.

Für die optimale Zusammenstellung einer Baufinanzierung ist die Kenntnis der Darlehensangebote auf dem Kapitalmarkt ebenso unerlässlich wie die der vielfältigen staatlichen Förderungsangebote. Die öffentliche Förderung setzt sich zusammen aus Darlehen, Zuschüssen, Steuervorteilen, Lastenzuschüssen und der Sparförderung. In Abhängigkeit von der wirtschaftlichen Entwicklung werden Förderungsart und -umfang angepasst. Eine laufende Aktualisierung des Kenntnisstandes ist demzufolge unerlässlich.

Das Aufstellen des Finanzierungsplanes sowie die Mitwirkung bei der Kreditbeschaffung kann der Architekt als *Besondere Leistung* in der Leistungsphase 2. Vorplanung nach HOAI übernehmen. Er sollte sich daher in den Grundlagen der Finanzierung auskennen und in der Lage sein, einen Finanzierungsplan aufzustellen.

Aufgabenverzeichnis

Die folgenden Aufgaben beziehen sich auf Kapitel 4. des Lehrbuches Band 1:

1 Endkapital
2 Spardauer
3 Restdarlehen
4 Darlehenslaufzeit
5 Effektivzins und Steuervorteil infolge Disagios
6 Finanzierungsplan
7 Finanzierungsoptimierung
8 Reihenfolge der Finanzierungsbausteine
9 Selbsthilfe

Vorschriften und Normen

Verordnung über wohnungswirtschaftliche Berechnungen (Zweite Berechnungsverordnung - II. BV) – in der Fassung der Bekanntmachung vom 12.10.1990, zuletzt geändert am 25.11.2003

Zeichnung: Gabor Benedek

Empfohlene Literatur zur weiteren Vertiefung

Gerhards H., Keller, H.: Lexikon Baufinanzierung, Wiesbaden 2002
Glücklich, D.: Energie- und kostenbewußtes Bauen von Wohnhäusern, Köln-Braunsfeld 1985
Jenkis, H.: Grundlagen der Wohnungsbaufinanzierung, München 1995
Klein, R.: Die richtige Baufinanzierung, München 2003
Laux, H.: Die Bausparfinanzierung, Frankfurt am Main 2005
Peters, H.: Selbsthilfe am Bau, Wiesbaden, Berlin 1984
Reifner, U.: Risiko Baufinanzierung, Neuwied, Kriftel /Ts., Berlin 1996
Schulze, E./ Stein, A.: Praxisratgeber Baufinanzierung, München 2005
Sternberger-Frey, B: Handbuch rund ums Geld: alles über Bankgeschäfte, Baufinanzierung, Geldanlage, Berlin 1996

Aufgabe 1: Endkapital

Ein Bausparer zahlt jährlich vorschüssig 3.000 € auf seinen Bausparvertrag ein. Wie hoch ist sein Bausparguthaben nach 5 Jahren bei 3 %iger Verzinsung?

Aufgabe 2: Spardauer

Wie lange dauert es, bis man einen Bausparvertrag zu 40 % angespart hat, wenn man jährlich nachschüssig den Regelsparbeitrag von 4,8 % der Bausparsumme einzahlt und das Sparguthaben mit 3 % p. a. verzinst wird?

Aufgabe 3: Restdarlehen

Ein Bauherr hat ein Hypothekendarlehen über 50.000 € zu folgenden Konditionen aufgenommen:

Zins	6 % p. a.
Tilgung	1 % p. a. zuzüglich ersparter Zinsen
Zahlungsweise	vierteljährlich nachschüssig
Tilgungsverrechnung	vierteljährlich.

Wie hoch ist die Restschuld nach Ablauf der Zinsfestschreibungsdauer von 10 Jahren?

Aufgabe 4: Darlehenslaufzeit

Wie lange dauert es, bis das Hypothekendarlehen von Aufgabe 3 bei unveränderlichem Zinssatz von 6 % p. a. vollständig getilgt ist?

Aufgabe 5: Effektivzins und Steuervorteil infolge Disagios

Dem Bauherrn eines Mietwohngebäudes wird ein Darlehen wahlweise zu folgenden Konditionen angeboten:

Variante	A	B
Auszahlungskurs (%)	100,0	96,0
Nominalzins (% p. a.)	7,0	6,0
Tilgung (% p. a.)	1,0	1,0
Zinsfestschreibungsdauer (Jahre)	5,0	5,0
Zahlungsweise	jährlich nachschüssig	

Wie hoch ist der Effektivzins mit bzw. ohne Berücksichtigung des Einkommensteuervorteils infolge der Absetzung des Disagios? Gehen Sie von einem Steuersatz von 50 % aus und vernachlässigen Sie den Zeitabstand von der Darlehensauszahlung bis zur Steuerrückzahlung.

Zur Beantwortung dieser Frage ist die Abb. 4-3 aus dem Lehrbuch Band 1 im Folgenden auszugsweise wiedergegeben.

Dauer *	Nominal-zins (%)	Auszahlungskurs (%) 95	96	97	98	99	100
5	3,00	4,15	3,91	3,68	3,45	3,22	3,00
	4,00	5,18	4,94	4,70	4,46	4,23	4,00
	5,00	6,22	5,97	5,72	5,48	5,24	5,00
	6,00	7,25	7,00	6,74	6,49	6,24	6,00
	7,00	8,29	8,02	7,76	7,50	7,25	7,00
	8,00	9,32	9,05	8,78	8,52	8,26	8,00
	9,00	10,36	10,08	9,80	9,53	9,26	9,00
	10,00	11,39	11,11	10,82	10,55	10,27	10,00

* Dauer der Zinsfestschreibung (in Jahren)
Tilgungssatz 1 % p. a., Zahlungsweise: jährlich nachschüssig

Abb. 3-56 Effektivzins bei 5-jähriger Zinsfestschreibung in Abhängigkeit von Nominalzins und Auszahlungskurs

Aufgabe 6: Finanzierungsplan

Die Gesamtkosten eines Bauvorhabens betragen 150.000 € (ohne Disagio). Der Bauherr verfügt über 50.000 € Eigenkapital. Der Rest soll über einen noch abzuschließenden und vorzufinanzierenden Bausparvertrag mit folgenden Konditionen finanziert werden. Die Bausparsumme ist auf volle 1.000 € zu runden.

	Bankvorausdarlehen	Bausparvertrag monatlich	jährlich
Auszahlungskurs (%)	95,0		
Nominalzins (% p. a.)	5,25	5,0	
Tilgung (% p. a., zuzüglich ersparter Zinsen)	0,0		
Guthabenzins (% p. a.)	-	3,0	
Regelsparbeitrag (% p. a. der Bausparsumme)	-	0,4	4,8
Annuität des Bauspardarlehens (% p. a. der Bausparsumme)		0,6	7,2

Der Bausparvertrag wird mit Erreichen eines Sparguthabens von 40 % der Bausparsumme nach rund 8 Jahren zugeteilt. Stellen Sie den Finanzierungsplan auf und ermitteln Sie die monatliche Belastung bis zur vollständigen Tilgung des Bauspardarlehens.

Aufgabe 7: Finanzierungsoptimierung

Ersetzen Sie bei der in Aufgabe 6 angegebenen Finanzierung das Bankvorausdarlehen und den Bausparvertrag durch ein Hypothekendarlehen (Auszahlungskurs 95,0 %, Nominalzins 5,5 % p. a., Tilgung 1,0 % p. a.) und vergleichen Sie beide Finanzierungsvarianten mit Hilfe der Kapitalwertmethode (Kalkulationszinsfuß 6,0 % p. a., alle Zahlungen jährlich nachschüssig).

Aufgabe 8: Reihenfolge der Finanzierungsbausteine

In welcher Reihenfolge sollte man die verschiedenen Kapital- und Darlehensarten einsetzen, um in erster Annäherung ein günstiges Finanzierungsergebnis zu erreichen?

Aufgabe 9: Selbsthilfe

Eigenleistungen in Form von Selbsthilfe kommen vor allem bei kleineren Wohnbauten (Einfamilienhäuser, Reihenhäuser, Erweiterungen) in Betracht.

(1) Schätzen Sie den prozentualen Anteil der Kosten des Bauwerks, der durch Selbsthilfe von Laien mit oder ohne Anleitung durch Fachkräfte geleistet werden kann.

(2) Wie kann – ausgehend von einer Entwurfsplanung mit differenzierter Erfassung der Mengen- und Preisansätze nach Baukonstruktionen und Gewerken – der Selbsthilfeanteil sinnvoll gesteigert werden?

Lösung zu Aufgabe 1: Endkapital

Gefragt ist nach dem Endkapital einer vorschüssigen Rente (RE_V):

$$RE_V = r \cdot REF_V$$

Der Endwertfaktor einer vorschüssigen Rente (REF_V) über 5 Jahre beträgt bei einer jährlichen 3 %igen Verzinsung 5,468 (siehe Abbildung 3-20, S. 57). Dann beläuft sich bei einer jährlichen Zahlung von r = 3.000 € das Bausparguthaben nach 5 Jahren auf

$$RE_V = 3.000\ € \cdot 5{,}468$$

$$\underline{\underline{= \mathbf{16.404\ €}}}.$$

Lösung zu Aufgabe 2: Spardauer

Bei der Frage, wann bei einer Rentenzahlung (regelmäßig wiederkehrende Zahlung von gleich bleibender Höhe) ein bestimmtes Endkapital erreicht wird, ist von der Formel für den Rentenendwert auszugehen:

$$RE_n = r \cdot (q^n - 1) / (q - 1)$$

Diese Formel ist nach der gesuchten **Laufzeit** n aufzulösen:

$$n = \log\ [RE_n \cdot (q - 1) / r + 1] / \log q$$

Eingabedaten: Endwert RE_n = 40 % ; Zinsfaktor q = 1,03 ; Rente r = 4,8 %

Somit ergibt sich:

$$n = \log [40 \cdot (1{,}03 - 1) / 4{,}8 + 1] / \log 1{,}03$$

$$\underline{\underline{= \mathbf{7{,}54\ Jahre}}}$$

Nach (abgerundet) 7,5 Jahren ist das 40 %ige Sparguthaben erreicht, wobei am Ende dieser Zeit noch eine Zahlung in Höhe etwa eines halben Jahresbeitrages fällig ist.

Überschlägig kann man die Spardauer auch mit Hilfe der Rentenendwertfaktoren in Abb. 3-22 ermitteln, indem man die obige Formel nach dem erforderlichen Rentenendwertfaktor (REF_n) auflöst:

$$RE_n = r \cdot (q^n - 1) / (q - 1) = r \cdot REF_n$$

$$REF_n = RE_n / r$$

$$= 40\ \% / 4{,}8\ \%$$

$$\underline{\underline{= \mathbf{8{,}33}}}$$

Der Rentenendwertfaktor von 8,33 wird laut Abb. 3-22 beim Zinssatz von 3 % p. a. zwischen 7 und 8 Jahren (interpoliert nach 7,3 Jahren) erreicht.

Lösung zu Aufgabe 3: Restdarlehen

Ein Restdarlehen RD ermittelt sich bei nachschüssiger Zahlungsweise und unterjährlicher Tilgungsverrechnung nach folgender Formel (siehe Lehrbuch Band 1, Kapitel Grundlagen der Baufinanzierung, S. 204):

$$RD_n = D \cdot \{1 - 100 \cdot t_o \cdot [(1 + p / 100 \cdot m)^{m \cdot n} - 1] / p\}$$

Eingabedaten:

(Nominal-)Darlehensbetrag D	50.000 €
Anfangstilgung t_O	0,01
Zinssatz p	6 % p.a.
Unterjährlichkeitsfaktor m	4
Zinsfestschreibungsdauer n	10 Jahre

Danach ergibt sich nach 10 Jahren ein Restdarlehen in Höhe von:

$$RD_n = 50.000\,€ \cdot \{1-100 \cdot 0{,}01 \cdot [(1 + 6 / (100 \cdot 4))^{4 \cdot 10} - 1] / 6\}$$

$$\underline{\underline{= \mathbf{43.217\,€}}}.$$

Lösung zu Aufgabe 4: Darlehenslaufzeit

Die Frage nach der Gesamtlaufzeit eines Darlehens bei unveränderlichem Zinssatz lässt sich mit Hilfe der folgenden Formel (Lehrbuch Band 1, Kapitel Grundlagen der Baufinanzierung, S. 204) beantworten:

$$\text{Gesamtlaufzeit } n_n = \log (a / t_o)/[m \cdot \log (1 + p / 100 \cdot m)]$$

Eingabedaten:

Annuität a	0,07
Anfangstilgung t_O	0,01
Unterjährlichkeitsfaktor m	4
Zinssatz p	6 % p. a.

Das Hypothekendarlehen ist vollständig getilgt nach einer Gesamtlaufzeit von:

$$n_n = \log (0{,}07 / 0{,}01)/[4 \cdot \log (1 + 6 / 100 \cdot 4)]$$

$$\underline{\underline{= \mathbf{32{,}67\ Jahren}}}.$$

Lösung zu Aufgabe 5: Effektivzins und Steuervorteil infolge Disagios

Den Effektivzins der beiden Varianten kann man der Abbildung 3-56 auf S. 169 entnehmen:

Variante A 7,00 % p. a.

Variante B 7,00 % p. a. (ohne Berücksichtigung des Steuervorteils)

Bei der Variante B bekommt der Bauherr aufgrund des 4 %igen Disagios die Hälfte davon vom Finanzamt zurück (angenommener Steuersatz 50 %), die Auszahlungsminderung beträgt dann im Ergebnis nur 2 %, d. h. die Auszahlung einschließlich der Steuerrückzahlung beträgt 98 %. Dann ergibt sich nach Abb. 3-56 ein Effektivzins von

Variante B 6,49 % p. a. (mit Berücksichtigung des Steuervorteils).

Lösung zu Aufgabe 6: Finanzierungsplan

Bei der vorliegenden Aufgabenstellung ergibt sich der in Abbildung 3-57 dargestellte **Finanzierungsplan**:

Zur Deckung des Kapitalbedarfs ist ein Bankvorausdarlehen über nominal 105.300 € aufzunehmen und ein Bausparvertrag über die selbe Höhe abzuschließen. Die Belastung beträgt in den ersten 8 Jahren 888 € monatlich und in den folgenden 11 Jahren 636 € monatlich.

Ermittlung des Kapitalbedarfs				Gesamtkosten ohne Disagio Disagio Gesamtkosten nach DIN 276-1	150.000 € 5.300 € 155.300 €		
Finanzierungsmittel und monatliche Belastung							
Finanzierungsmittel	Konditionen (%)	Nominalbetrag (€)	(€)	Disagio (€)	Auszahlungsbetrag (€)	Monatliche Belastung 1. - 8. Jahr (€)	9. - 19. Jahr (€)
Bankvorausdarlehen	A = 95,0 p = 5,25 t = 0,0	106.000		5.300	100.700	464	-
Bauspardarlehen	A = 100,0 a = 12 • 0,6 = 7,2 s = 12 • 0,4 = 4,8		Bausparsumme 106.000,00	-		424	636
Eigenmittel		50.000		-	50.000	-	-
Summe Über-/Unterdeckung		156.000 + **700**		5.300	150.700 + **700**	888	636
Steuervorteil						0	
effektive Belastung						**888**	**636**
A = Auszahlungskurs p = Darlehenszinssatz t = Tilgungssatz a = Annuität des Bauspardarlehens s = Sparbeitrag							

Abb. 3-57 Finanzierungsplan

Lösung zu Aufgabe 7: Finanzierungsoptimierung

Entsprechend der Abbildung 4-7 (Lehrbuch Band 1, Abschnitt 4, S. 218) berechnet sich der Barwert der beiden Finanzierungsvarianten folgendermaßen:

Finanzierungsmittel	Nominal-betrag (€)	Annuität p = 5,5 % t = 1,0 % (€)	Laufzeit (Jahre)	Rentenbar-wertfaktor bei p = 6 %	Barwert (€)
Hypothekendarlehen	106.000	6.890	0 – 35,0	14,498	99.891
Eigenmittel	50.000	-	-	1	50.000
	156.000				
Barwert					**149.891**

Abb. 3-58 Barwert der Finanzierungsvariante Hypothekendarlehen

Finanzierungsmittel	Nominal-betrag (€)	Annuität (% p. a.)	Annuität (€)	Laufzeit (Jahre)	Renten-barwert-faktor bei p = 6 %	Barwert (€)
Bankvorausdarlehen	106.000	5,25	5.565	0 - 7,6	5,963	33.184
Bausparvertrag	(106.000)					
Ansparen		12 · 0,4 = 4,8 *)	5.088	0 - 7,6	5,963	30.340
Darlehen		12 · 0,6 = 7,2 *)	7.632	7,6 - 18,6	5,065	38.656
Eigenmittel	50.000	-	-	-	1,000	50.000
	156.000					
Barwert						**152.180**

*) bezogen auf die Bausparsumme

Abb. 3-59 Barwert der Finanzierungsvariante Bankvorausdarlehen/Bausparvertrag

Danach ist der Barwert der Finanzierungsvariante Hypothekendarlehen um 2.289 € oder 1,5 % günstiger als der der Variante Bankvorausdarlehen/Bausparvertrag. Dies ist eine nicht sehr erhebliche Differenz. Bedenken sollte man bei der Finanzierungsentscheidung auch, dass sich die Vorteilhaftigkeit bei einem Kalkulationszinsfuß von 5,53 % p. a. und weniger zugunsten des vorfinanzierten Bausparvertrages umkehrt.

Lösung zu Aufgabe 8: Reihenfolge der Finanzierungsbausteine

Die günstigste Reihenfolge der **Finanzierungsbausteine** ist abhängig von dem Ziel, das der Bauherr verfolgt: Minimierung der Anfangsbelastung oder Maximierung des Vermögens?

Bei der Minimierung der Anfangsbelastung ist folgende Reihenfolge empfehlenswert:

(1) verfügbares Eigenkapital (einschließlich unverzinsliche und nicht rückzahlbare Darlehen) und mögliche Selbsthilfe
(2) zinsfreie oder zinsverbilligte Darlehen (möglichst mit Tilgungsaussetzung am Anfang)
- von Verwandten und Freunden
- vom Arbeitgeber
- vom Staat

(3) weitgehend angesparte oder zuteilungsreife Bausparverträge
(4) sonstige Darlehen (vorrangig erststellige Hypothekendarlehen).

Verfolgt der Bauherr das Ziel der Vermögensmaximierung und verfügt er über mehr Eigenkapital, als zur Kreditgewährung erforderlich ist, so wird er prüfen, ob er für diesen Teil des Eigenkapitals auf dem Kapitalmarkt mehr Geld verdienen kann, als er im anderen Fall, nämlich beim Finanzierungseinsatz, sparen kann. Bei einem am Kapitalmarkt erzielbaren Habenzinssatz von über 5 % p. a. würde dieser überschüssige Eigenkapitalanteil an die vorletzte oder letzte Stelle in der obigen Reihe rücken.

Lösung zu Aufgabe 9: Selbsthilfe

Entscheidend für die Selbsthilfemöglichkeit sind neben der zur Verfügung stehenden Zeit die Kenntnisse der Ausführenden sowie die Art der Konstruktionen und der Materialien, die sich von Gewerk zu Gewerk unterschiedlich auf den möglichen Selbsthilfeumfang auswirken.

(1) Gemessen an den Kosten des Bauwerks kann der Selbsthilfeanteil etwa 10 % bei Ausführung ohne Anleitung und etwa 20 % bei Ausführung mit Anleitung betragen.

(2) Ausgehend von einer genauen Analyse der zu beurteilenden Planung eines Gebäudes, bietet es sich an, die Planung dahingehend zu optimieren, dass solche Konstruktionen bzw. Gewerke mit geringerer Selbsthilfemöglichkeit durch solche mit hoher Selbsthilfemöglichkeit ersetzt werden, z. B. Holz- statt Metallkonstruktionen, Fertigteile oder -elemente statt konventionelle Bauweise, Leichtbauweise statt Massivbauweise usw. Dabei ist darauf zu achten, dass die Einsparungen durch Selbsthilfe wirtschaftlich sinnvoll sind. Zwar kann man auch Einsparungen erzielen, wenn man den Baugrubenaushub in Selbsthilfe durchführt, nur stehen im Allgemeinen die Einsparungen in keinem akzeptablen Verhältnis zu dem erforderlichen Zeitaufwand.

3.9 Honorarordnung für Architekten und Ingenieure (HOAI)

Bei der Vergabe von Architektenleistungen gilt der Grundsatz, dass diese mittels Leistungswettbewerb und nicht mittels Preiswettbewerb erfolgen soll. Da also die Preisbildung für Architektenleistungen nicht dem Wettbewerb auf dem Markt überlassen bleiben soll, ist die Ermittlung des Architektenhonorars in der Honorarordnung für Architekten und Ingenieure (HOAI) festgelegt. Ihre Kenntnis ist für den Architekten auch im eigenen Interesse unverzichtbar.

Leider hat sich die Bundesregierung bzw. der Bundesrat bei der zum 1.1.2002 in Kraft getretenen letzten Novellierung der HOAI nicht entschließen können, die jeweils aktuelle Ausgabe der DIN 276 als Grundlage der Honorarermittlung festzulegen, vielmehr sind auch weiterhin die anrechenbaren Kosten unter Zugrundelegung der DIN 276:1981-04 zu ermitteln. Da jedoch für Kostenermittlungen die DIN 276 ab Ausgabe 1993-06 besser geeignet ist, sollte der Architekt mit seinem Auftraggeber vertraglich vereinbaren, dass die anrechenbaren Kosten nach der aktuellen Ausgabe der DIN 276 zu ermitteln sind. Andernfalls sind die Kostenermittlungen für die Honorarermittlung in die Kostengliederung der DIN 276:1981-04 zu überführen. Eine entsprechende Gegenüberstellung ist in der DIN 276:1993-06 noch enthalten, in den jüngeren Ausgaben ist diese Gegenüberstellung jedoch nicht mehr zu finden.

Die Planungskosten und damit auch das Architektenhonorar gehen als Teil der Baunebenkosten in die Gesamtkosten des Bauvorhabens (nach DIN 276-1) ein. Eine ungefähre Vorstellung von dem Ausmaß und der prozentualen Zusammensetzung der Baunebenkosten ist daher für eine hinreichend genaue Kostenermittlung hilfreich.

Die Aufgaben dieses Abschnittes sollen dazu dienen, folgende Kenntnisse und Fähigkeiten zu überprüfen bzw. zu vervollständigen:

- Ermittlung des Architektenhonorars für verschiedene Gebäudearten und in den wesentlichen Sonderfällen
- Zusammensetzung der Baunebenkosten
- Rechtsfragen bei mündlichem Vertrag und bei vorzeitiger Kündigung.

Grundlage für die Lösungen dieser Aufgaben ist die HOAI in der Bekanntmachung vom 4.3.1991 und der seit 1.1.2002 gültigen Honorartafel (siehe Abbildung 3-60). Seit dem gelten folgende Stundensätze:

(1) für den Auftragnehmer	38 bis 82 €
(2) für Mitarbeiter, die technische oder wirtschaftliche Aufgaben erfüllen, soweit sie nicht unter (3) fallen	36 bis 59 €
(3) für Technische Zeichner und sonstige Mitarbeiter mit vergleichbarer Qualifikation, die technische oder wirtschaftliche Aufgaben erfüllen	31 bis 43 €

Aufgabenverzeichnis

Die folgenden Aufgaben beziehen sich auf Kapitel 5. des Lehrbuches Band 1.

1 Vorgehensweise bei der Honorarermittlung
2 Vorgehensweise bei der Rechnungslegung
3 Honorarermittlung für ein Einfamilienhaus

4 Honorarermittlung für ein Hochschulgebäude
5 Kostensteigerung und Honorar
6 Kosteneinsparung und Honorar
7 Honorar für mehrere gleiche Gebäude
8 Honorar bei Modernisierung mit Selbsthilfe
9 Honorar bei Neubau mit Eigenleistung
10 Teilleistung oder Einzelleistung
11 Honorar bei Großbauvorhaben
12 Baunebenkosten
13 Mangel beim Abschluss des Architektenvertrages
14 Entgangener Gewinn bei Kündigung des Architektenvertrages

Zeichnung: Ernst Hürlimann

Vorschriften und Normen

Honorarordnung für Architekten und Ingenieure (HOAI) in der Fassung der Fünften Änderungsverordnung in der Bekanntmachung vom 4.3.1991, letzte Änderung zum 10.11.2001
DIN 276:1981-04 und 1993-06, Kosten von Hochbauten
DIN 276-1:2008-12, Kosten im Bauwesen – Teil 1: Hochbau

Empfohlene Literatur zur weiteren Vertiefung

Enseleit, D., W. Osenbrück: HOAI-Praxis, Wiesbaden 2006
Jochem, R.: HOAI-Kommentar zur Honorarordnung für Architekten und Ingenieure, Wiesbaden 2003
Locher, H. und U., W. Koeble, W. Frik: Kommentar zur HOAI, München-Unterschleißheim 2006
Motzke, G., R. Wolff: Praxis der HOAI – Ein Leitfaden für Architekten, Ingenieure, Sachverständige, Bauherren und deren Berater, München 2004
Wirth, A., S. Theiß: Architekt und Bauherr – Fallorientierte Erläuterungen zum Architekten- und Ingenieurvertrag, Essen 1997

Anrechenbare Kosten	Zone I		Zone II		Zone III		Zone IV		Zone V	
	von	bis	von	bis	von	bis	von	bis	von	bis
€	€	€	€	€	€	€	€	€	€	€
25 565	1 984	2 413	2 413	2 991	2 991	3 855	3 855	4 433	4 433	4 862
30 000	2 325	2 826	2 826	3 497	3 497	4 498	4 498	5 169	5 169	5 670
35 000	2 719	3 299	3 299	4 075	4 075	5 236	5 236	6 012	6 012	6 593
40 000	3 101	3 762	3 762	4 647	4 647	5 968	5 968	6 853	6 853	7 513
45 000	3 494	4 234	4 234	5 221	5 221	6 702	6 702	7 689	7 689	8 429
50 000	3 881	4 697	4 697	5 780	5 780	7 413	7 413	8 496	8 496	9 312
100 000	7 755	9 278	9 278	11 311	11 311	14 360	14 360	16 393	16 393	17 916
150 000	11 635	13 753	13 753	16 578	16 578	20 818	20 818	23 644	23 644	25 761
200 000	15 510	18 115	18 115	21 586	21 586	26 792	26 792	30 263	30 263	32 868
250 000	19 385	22 384	22 384	26 380	26 380	32 373	32 373	36 369	36 369	39 368
300 000	22 484	25 983	25 983	30 650	30 650	37 643	37 643	42 309	42 309	45 808
350 000	25 060	29 131	29 131	34 561	34 561	42 700	42 700	48 131	48 131	52 201
400 000	27 272	31 922	31 922	38 127	38 127	47 432	47 432	53 637	53 637	58 287
450 000	29 144	34 382	34 382	41 362	41 362	51 840	51 840	58 820	58 820	64 059
500 000	30 671	36 488	36 488	44 243	44 243	55 876	55 876	63 631	63 631	69 447
1 000 000	55 293	65 535	65 535	79 193	79 193	99 682	99 682	113 340	113 340	123 582
1 500 000	80 167	94 804	94 804	114 317	114 317	143 592	143 592	163 105	163 105	177 742
2 000 000	105 005	124 033	124 033	149 401	149 401	187 455	187 455	212 823	212 823	231 851
2 500 000	129 845	153 271	153 271	184 503	184 503	231 352	231 352	262 584	262 584	286 006
3 000 000	155 660	182 183	182 183	217 541	217 541	270 581	270 581	305 940	305 940	332 462
3 500 000	181 605	211 053	211 053	250 321	250 321	309 221	309 221	348 488	348 488	377 937
4 000 000	207 550	239 927	239 927	283 101	283 101	347 856	347 856	391 030	391 030	423 407
4 500 000	233 491	268 798	268 798	315 877	315 877	386 495	386 495	433 574	433 574	468 881
5 000 000	259 435	297 672	297 672	348 656	348 656	425 135	425 135	476 119	476 119	514 356
10 000 000	518 870	589 823	589 823	684 426	684 426	826 334	826 334	920 937	920 937	991 890
15 000 000	778 305	877 041	877 041	1 008 690	1 008 690	1 206 165	1 206 165	1 337 814	1 337 814	1 436 550
20 000 000	1 037 740	1 159 131	1 159 131	1 320 989	1 320 989	1 563 771	1 563 771	1 725 629	1 725 629	1 847 020
25 000 000	1 297 175	1 442 062	1 442 062	1 635 242	1 635 242	1 925 012	1 925 012	2 118 192	2 118 192	2 263 075
25 564 594	1 326 470	1 474 024	1 474 024	1 670 759	1 670 759	1 965 861	1 965 861	2 162 596	2 162 596	2 310 145

Abb. 3-60 Ab 1.1.2002 gültige Honorartafel zu § 16 (1) HOAI

Aufgabe 1: Vorgehensweise bei der Honorarermittlung

Stellen Sie in einer Checkliste die für die Ermittlung des Architektenhonorars wichtigsten zu prüfenden Fragen, Arbeitsschritte und Formeln zusammen.

Aufgabe 2: Vorgehensweise bei der Rechnungslegung

Eine **Honorarschlussrechnung** nach § 15 HOAI muss vom Bauherrn nachvollziehbar und auf ihre rechtliche sowie rechnerische Richtigkeit hin überprüfbar sein.

Erstellen Sie eine Checkliste mit den Angaben, die Voraussetzung für die Prüffähigkeit einer solchen Schlussrechnung sind.

Aufgabe 3: Honorarermittlung für ein Einfamilienhaus

Im Abschnitt 3.5.1 Kosten im Hochbau, Aufgaben 5 und 6, ist für ein Einfamilienhaus eine Kostenschätzung nach der Elementmethode anzufertigen bzw. angefertigt worden. Dieser Kostenschätzung sind folgende Daten entnommen:

KG	Kostengruppe nach DIN 276-1:2008-12	Kosten incl. 19 % MwSt.
100	Grundstück	64.000 €
200	Herrichten und Erschließen	7.169 €
300	Bauwerk - Baukonstruktionen	168.671 €
400	Bauwerk - Technische Anlagen *)	30.478 €
470	Nutzungsspezifische Anlagen *)	1.542 €
500	Außenanlagen	12.148 €
610	Ausstattung **)	8.000 €

*) vom Architekten weder geplant noch überwacht - Die Kostengruppe 470 ist hier separat aufgeführt und gehört abweichend von den Angaben in Aufgabe 6 (siehe S. 134) zur Summe der KG 400 (mit insgesamt 32.020 €).
**) Mitwirkung des Architekten bei der Beschaffung

Abb. 3-61 Kostendaten zur Honorarermittlung für ein Einfamilienhaus

(1) Wie hoch ist das Architektenhonorar für die Leistungsphasen 1 bis 3 (Grundleistungen) nach Mindestsatz?

(2) Können *Besondere Leistungen* abgerechnet werden?

(3) Für die bisherige Planungsarbeit haben Sie (Inhaber eines Architekturbüros) 20 Arbeitsstunden und Ihr Mitarbeiter 60 Arbeitsstunden verwendet. Ist diese Planung im Sinne eines wirtschaftlichen Bürobetriebes erfolgreich gewesen oder nicht?

Zur Kalkulation eigener Planungsleistungen sollten eigene Kostendaten verwendet werden. Liegen diese nicht vor, so sind die **Stundensätze** nach § 6 HOAI eine hilfreiche Orientierung.

Aufgabe 4: Honorarermittlung für ein Hochschulgebäude

Ihr Büro hat den Neubau eines Institutsgebäudes für Chemieingenieurwesen geplant, überwacht und einrichten lassen. Gestalterische und konstruktive Anforderungen sowie die Anforderungen an die Einbindung des Gebäudes ins Gelände waren durchschnittlich zu bewerten. Überdurchschnittliche Planungsanforderungen wurden hinsichtlich der Anzahl der Funktionsbereiche, an die technische Ausrüstung und den Ausbau des Gebäudes gestellt. Folgende Daten der Kostenberechnung und Kostenfeststellung liegen übereinstimmend (!) vor:

Code	Kostengruppe nach DIN 276:1981-04	Kosten (ohne MwSt.)
1.1	Wert des Baugrundstücks	112.050 €
2.1	Öffentliche Erschließung	1.446.650 €
3.1	Baukonstruktionen	15.847.900 €
3.2/3.3	Installationen und Zentrale Betriebstechnik	6.145.950 €
3.4	Betriebliche Einbauten	1.421.100 €
3.5.2-3.5.4	Besondere Bauausführungen	32.600 €
6	Zusätzliche Maßnahmen	16.015 €
7	Baunebenkosten (noch ohne Architektenhonorar)	1.518.400 €

Abb. 3-62 Kostendaten eines Hochschulgebäudes zur Honorarermittlung

(1) In welche **Honorarzone** ordnen Sie die Planungsaufgabe ein? Ermitteln Sie diese nach Punkten anhand folgender in der Praxis empfohlenen Matrix:

Honorarzone (Punkte nach § 11 (2))	I (bis 10)	II (11-18)	III (19-26)	IV (27-34)	V (35-42)
Planungsanforderungen	sehr gering	gering	durch-schnittlich	überdurch-schnittlich	sehr hoch
1 Einbindung in die Umgebung	1	2	3-4	5	6
2 Anzahl der Funktionsbereiche	1-2	3-4	5-6	7-8	9
3 Gestalterische Anforderungen	1-2	3-4	5-6	7-8	9
4 Konstruktive Anforderungen	1	2	3-4	5	6
5 Technische Gebäudeausrüstung	1	2	3-4	5	6
6 Ausbau	1	2	3-4	5	6

Für die einzelnen Qualifizierungsgrade der Planungsanforderungen soll in diesem Fall die jeweils höchste Punktzahl gewählt werden.

(2) Wie hoch ist die Honorarforderung Ihres Büros für die Leistungsphasen 1 bis 9 (Grundleistungen) nach **Mindestsatz**?

Aufgabe 5: Kostensteigerung und Honorar

Um wieviel Prozent steigt das Architektenhonorar, wenn die anrechenbaren Kosten des Einfamilienhauses (Aufgabe 3) durch eine nicht vorhersehbare Teuerung um 15 % steigen?

Aufgabe 6: Kosteneinsparung und Honorar

Sie haben Ihrem Bauherrn eine Vorplanung für ein Einfamilienhaus mit einer Kostenschätzung in Höhe von 149.000 € (anrechenbare Kosten) vorgelegt. Dies ist dem Bauherrn jedoch zu teuer. Nach erneuter Bearbeitung können Sie eine gleichwertige Variante für voraussichtlich 131.000 € vorlegen. Haben sich Ihre Bemühungen gelohnt?

Aufgabe 7: Honorar für mehrere gleiche Gebäude

(1) Wenn das von Ihnen geplante, in Aufgabe 3 beschriebene Einfamilienhaus nicht nur einmal, sondern gleich sechsmal als Hausgruppe gebaut werden würde, welchen Einfluss hätte dieser Umstand auf das Gesamthonorar (Leistungsphasen 1 - 9)? Berechnen Sie die Höhe des sich in diesem Fall ergebenden Honorars!

(2) Wäre es unter dem Gesichtspunkt des Honorars vorteilhafter gewesen, anstelle der sechs gleichen Einfamilienhäuser ein 6-Familienhaus zu planen?

Aufgabe 8: Honorar bei Modernisierung mit Selbsthilfe

Sie haben im Schwarzwald ein altes Bauernhaus in eine Jugendherberge umgeplant (bis einschließlich Genehmigungsplanung). Die Bauausführung wird vom Träger der Jugendherberge, einer gemeinnützigen Organisation, und freiwilligen Helfern vollkommen eigenständig durchgeführt (Selbsthilfe).

Die Berechnung der Kosten des Bauwerks ergab einen Betrag in Höhe von 302.050 € (ohne MwSt.). Dabei wurden die Materialkosten mit 210.750 € angesetzt und die Selbsthilfeleistungen zu marktüblichen Preisen mit 91.300 € bewertet.

(1) Wie hoch ist Ihr Honoraranspruch mindestens?

(2) Welches ist das nach HOAI höchstzulässige Honorar für diese Leistungen unter Berücksichtigung der besonderen Aufgabenstellung?

Die Kosten für Installationen, die Zentrale Betriebstechnik und Betriebliche Einbauten, die der Auftragnehmer nicht plant und auch nicht überwacht, betragen weniger als 25 vom Hundert der sonstigen anrechenbaren Kosten.

Aufgabe 9: Honorar bei Neubau mit Eigenleistung

Ein handwerklich sehr geschickter Bauherr führt auf der Grundlage einer Architektenplanung wesentliche Teile der Innenausbauarbeiten (Estrich- und Fliesenarbeiten, Malerarbeiten, Elektroinstallationen) selbst aus. Das Material kauft er im Baumarkt. Die Bauarbeiten führt er nach Feierabend und am Wochenende durch. Nach Fertigstellung und Abnahme des Gebäudes wird der auch mit der Bauüberwachung beauftragte Architekt dem Bauherrn seine Honorarrechnung vorlegen.

Welche Auswirkungen hat die Eigenleistung des Bauherrn auf den Honoraranspruch des Architekten?

Aufgabe 10: Teilleistung oder Einzelleistung

Eine Bauträgergesellschaft hat das Architekturbüro A beauftragt, einen Einfamilienhaustyp zu entwerfen. Im Architektenvertrag wird schriftlich vereinbart, dass dem Büro A alle Leistungsphasen für zunächst einen Prototyp übertragen werden. Der Bau weiterer Gebäude gleichen Typs wird diskutiert, jedoch von Seiten der Gesellschaft nicht zugesagt.

Der Inhaber des Büros A stellt daraufhin einen weiteren Mitarbeiter ein und beginnt mit der Arbeit. Sechs Wochen später legt A nach Durchführung der Grundlagenermittlung und Vorplanung eine im Sinne der HOAI vollständige Entwurfsplanung vor.

Die vorliegenden Daten der Kostenberechnung sind in Abbildung 3-63 aufgeführt.

Code	Kostengruppe nach DIN 276:1981-4	Kosten (ohne MwSt.)
3.1	Baukonstruktionen	122.150 €
3.2/3.3	Installationen und Zentrale Betriebstechnik *)	21.400 €
3.4/3.5	Betriebliche Einbauten u. a. *)	1.850 €
4	Gerät *)	500 €
*) weder Planung noch Überwachung der Ausführung bzw. Mitwirkung bei der Beschaffung durch den Architekten		

Abb. 3-63 Kostendaten des Berechnungsobjektes zur Honorarermittlung bei Teil- und Einzelleistungen

(1) Wie hoch ist der Honoraranspruch (Mindestsatz) für die bisher erbrachten Leistungen von Büro A?

(2) Da dieser Entwurf nicht auf die volle Zustimmung der Gesellschafter trifft, wird zusätzlich Büro B beauftragt, auf der Basis der Vorplanung von A eine alternative Entwurfsplanung durchzuführen. Dieser Alternativvorschlag führt zu denselben Kosten wie der Entwurf von A, wird aber verworfen, da er gegenüber A keine Vorteile aufweist.

Wie hoch kann die Honorarforderung des Architekturbüros B für die erbrachte Entwurfsplanung sein, wenn der Mindestsatz angesetzt wird?

Aufgabe 11: Honorar bei Großbauvorhaben

Bei Großbauvorhaben ergeben sich nicht nur für die Planung und Durchführung besondere Bedingungen, auch Fragen der Honorierung sind abweichend von solchen bei kleinen und mittleren Projekten besonders zu regeln.

Ein Großprojekt von schätzungsweise 70 Millionen € anrechenbaren Kosten (Stand Vorplanung und Kostenschätzung) soll nach mehrfachen Alternativvorschlägen zur Realisierung kommen. Die weitere Planungszeit und die Bauzeit werden voraussichtlich 3 Jahre in Anspruch nehmen.

Erläutern Sie an diesem Beispiel, welche Probleme hier auftreten können und welche Lösungen denkbar sind, wenn

(1) Sie berücksichtigen, dass in der Honorartafel des § 16 (1) HOAI das Honorar nur für anrechenbare Kosten bis rund 25 Millionen € geregelt ist,

(2) Sie bereits im ersten Jahr mit sehr hohen Kosten Ihres Architekturbüros rechnen müssen,

(3) die geplante Planungs- und Bauzeit über die vorgesehenen 3 Jahre hinausgeht,

(4) im weiteren Verlauf der Planung und Ausführung Planungsänderungen anfallen.

Aufgabe 12: Baunebenkosten

Wie hoch ist die Summe der Baunebenkosten (incl. MwSt.) für das Hochschulgebäude nach Aufgabe 4 (errechnetes Architektenhonorar gerundet auf volle 1.000 €), wenn sie sich zusammensetzt aus dem Architektenhonorar, den Ingenieurhonoraren und den sonstigen Baunebenkosten?

Wie ist in etwa die prozentuale Zusammensetzung der Baunebenkosten, wenn der Anteil der Ingenieurhonorare 25,0 % beträgt?

Aufgabe 13: Mangel beim Abschluss des Architektenvertrages

Ein Bekannter beauftragt Sie (Inhaber eines 2-Personen-Architekturbüros), von einer Geschosswohnung, die er umzubauen beabsichtigt, ein genaues Aufmaß anzufertigen. Über ein Honorar werde man sich später einigen.

In der darauf folgenden Woche sind Sie 8 Stunden mit dem Vermessen der Wohnung und den weiteren Berechnungen beschäftigt. Ihr Mitarbeiter (Technischer Zeichner) benötigt 5 Stunden für die Reinzeichnung.

Als Sie dem Auftraggeber die Zeichnung vorbeibringen, teilt er Ihnen mit, dass er es sich anders überlegt habe, ein Honorar würde sich demzufolge erübrigen.

(1) Haben Sie einen Honoraranspruch und – wenn ja – in welcher Höhe?

(2) Die Nachkalkulation hat ergeben, dass Ihnen durch das Aufmaß der Wohnung 480 € Selbstkosten (ohne MwSt.) entstanden sind. Unter welchen Voraussetzungen hätten Sie ein kostendeckendes Honorar erzielen können – welche Stundensätze müssten angesetzt werden, um kostendeckend zu arbeiten?

Aufgabe 14: Entgangener Gewinn bei Kündigung des Architektenvertrages

Obwohl das Architekturbüro A von der Bauträgergesellschaft mit dem gesamten Leistungsbild (Grundleistungen) der Objektplanung eines Einfamilienhaustyps beauftragt worden war, vergibt die Bauträgergesellschaft den gleichen Auftrag, zunächst nur bis zur Entwurfsplanung, an das Architekturbüro B, nachdem das Büro A die Grundleistungen der Phasen 1 bis 3 vollständig erbracht hat.

Die Entwurfsplanung von Büro B findet die volle Zustimmung des Auftraggebers, Büro B wird mit allen weiteren Leistungsphasen betraut. Die Bauträgergesellschaft kündigt den Architektenvertrag mit Büro A.

Besteht seitens des Büros A ein Anspruch auf Schadenersatz und – wenn ja – in welcher Höhe, da entgegen vorheriger Abmachungen der Vertrag vorzeitig gekündigt worden ist? Der Honoraranspruch für die Leistungsphasen 1 bis 9 beläuft sich auf 10.680 € zuzüglich 19 % MwSt.

Lösung zu Aufgabe 1: Vorgehensweise bei der Honorarermittlung

Vorschlag für eine Checkliste

(1) Prüfen der vertraglichen Grundlagen: Wurde ein schriftlicher Architektenvertrag abgeschlossen? Welche Vereinbarungen wurden getroffen (§ 4 HOAI)?

(2) Auf welcher Grundlage ist das Honorar zu ermitteln: nach Stundensätzen (§ 6 HOAI) oder nach anrechenbaren Kosten (§ 10 HOAI, DIN 276)?

(3) Welcher Art sind die erbrachten Arbeiten: Leistungen bei Gebäuden, Freianlagen usw. (§§ 10 ff. HOAI)? Im Folgenden werden nur Leistungen bei Gebäuden berücksichtigt.

(4) Ermittlung der **anrechenbaren Kosten** unter Zugrundelegung der Kostenermittlungsarten nach DIN 276:1981-04, sofern nicht nach Stundensätzen abgerechnet wird (HOAI § 10 (2)):
- für die Leistungsphasen 1 bis 4 nach der Kostenberechnung, solange diese nicht vorliegt, nach der Kostenschätzung
- für die Leistungsphasen 5 bis 7 nach dem Kostenanschlag, solange dieser nicht vorliegt, nach der Kostenberechnung
- für die Leistungsphasen 8 und 9 nach der Kostenfeststellung, solange diese nicht vorliegt, nach dem Kostenanschlag.

Grundlage sind die Kostenermittlungen nach DIN 276-1. Die auf die Kosten von Objekten entfallende Umsatzsteuer (z. Z. 19 % MwSt.) ist nicht Bestandteil der anrechenbaren Kosten (§ 9 (2) HOAI).

(5) Feststellung der **Honorarzone**, der das betreffende Objekt angehört (Honorarzonen I bis V), Bewertungsmerkmale nach § 11 HOAI bzw. Objektliste nach § 12 HOAI.

(6) Wird das vollständige Leistungsbild (§ 15 HOAI) bzw. ein Teil davon oder nur eine Einzelleistung (§ 19 HOAI) abgerechnet?

(7) Welcher Honorarsatz wurde vereinbart (Spanne zwischen Mindest- und Höchstsätzen der Honorartafel zu § 16 (1) HOAI)?

(8) Ermittlung des Honorars für die Grundleistungen aus der Honorartafel zu § 16 (1) HOAI (lineare Interpolation, § 5a HOAI):

$$H = H_N + (H_H - H_N) \cdot \frac{AK - AK_N}{AK_H - AK_N}$$

H = Honorar für die zugrunde zu legenden anrechenbaren Kosten
H_N = Honorar für den nächst niedrigeren in der Honorartafel angegebenen Wert der anrechenbaren Kosten
H_H = Honorar für den nächst höheren in der Honorartafel angegebenen Wert der anrechenbaren Kosten
AK = zugrunde zu legende anrechenbare Kosten
AK_N = nächst niedrigerer in der Honorartafel angegebener Wert der anrechenbaren Kosten
AK_H = nächst höherer in der Honorartafel angegebener Wert der anrechenbaren Kosten

(9) Sind für das Honorar Minderungen zu berücksichtigen oder wurden Erhöhungen vereinbart (schriftlicher Architektenvertrag)?

Es sind zu prüfen:

§ 20 HOAI Mehrere Vor- und Entwurfsplanungen (Erhöhung)
§ 21 HOAI Zeitliche Trennung der Ausführung (Erhöhung)
§ 22 HOAI Auftrag für mehrere Gebäude (Minderung)
§ 24 HOAI Umbauten und Modernisierungen (Erhöhung)
§ 25 HOAI Leistungen des raumbildenden Ausbaus (Erhöhung).

(10) Zusammenstellung des Honoraranspruchs für Grundleistungen (netto)
zuzüglich 19 % MwSt.
= Honoraranspruch für Grundleistungen (brutto).

(11) Wurden Vorauszahlungen bzw. Abschlagszahlungen geleistet?

(12) Weiterhin sind zu prüfen:

Honorar für Besondere Leistungen (§ 5 HOAI)
Honorar für Zusätzliche Leistungen (Teil III HOAI)
Nebenkosten (§ 7 HOAI).

Lösung zu Aufgabe 2: Vorgehensweise bei der Rechnungslegung

Um die Prüffähigkeit bei Leistungen nach § 15 HOAI gewährleisten zu können, müssen in der **Honorarschlussrechnung** folgende Angaben enthalten sein:

- Objektname und Vertragsgrundlage
- Anrechenbare Kosten nach Kostenberechnung für die Bemessung der Leistungsphasen 1 bis 4, alternativ Honorarermittlungsvereinbarung nach § 4a HOAI
- Anrechenbare Kosten nach Kostenanschlag für die Bemessung der Leistungsphasen 5 bis 7 (entfällt bei Anwendung des § 4a)
- Anrechenbare Kosten nach Kostenfeststellung für die Bemessung der Leistungsphasen 8 und 9 (entfällt bei Anwendung des § 4a)
- Honorarzone und Honorarsatz
- erbrachte Grundleistungen und ggf. Mehrleistungen, ggf. nicht erbrachte Grundleistungen
- Zu- bzw. Abschläge nach den §§ 19 bis 24
- ggf. Abzüge für ersparte Aufwendungen (bei nicht oder nur teilweise erbrachten Grundleistungen)
- Besondere Leistungen
- Honorarberechnung nach den Tabellen ab § 16 einschl. Darstellung der Interpolation nach § 5a
- Zusatzhonorar für Mehrleistungen oder für Verlängerung von Planungs- und Bauzeiten
- Erfolgshonorar, falls vereinbart
- Nebenkosten nach Vereinbarung bzw. auf Nachweis
- Mehrwertsteuer.

(Checkliste nach G. Motzke 2004, S. 229)

Lösung zu Aufgabe 3: Honorarermittlung für ein Einfamilienhaus

(1) **Honorarermittlung** anteilig für die Leistungsphasen 1 bis 3 nach Mindestsatz

Nach HOAI § 10 (2) muss die Honorarberechnung hinsichtlich der anrechenbaren Kosten auf Grundlage der DIN 276:1981-04 angefertigt werden. Da generell die Kostenermittlung jedoch nach der gültigen Kostengliederung der DIN 276-1 zu erfolgen hat (wie auch im Abschnitt 3.5.1 in Aufgabe 6), ist es erforderlich, für die Honorarermittlung die Kostendaten nach DIN 276:1993-06 (S.16 ff. Tabelle 3) anzupassen.

KG (2008)	Kostengruppen nach DIN 276:1981-04		Kosten (incl. 19 % MwSt.)
100	1	Baugrundstück	64.000 €
200	2.1	Öffentliche Erschließung	7.169 €
300	3.1	Baukonstruktionen	168.671 €
400	3.2/3.3	Installationen und Zentrale Betriebstechnik *)	30.478 €
470	3.4/3.5	Betriebliche Einbauten u. a. *)	1.542 €
610	4	Gerät **)	8.000 €
500	5	Außenanlagen	12.148 €

* vom Architekten weder geplant noch überwacht
** Mitwirkung des Architekten bei der Beschaffung

Abb. 3-64 An die DIN 276:1981-04 zur Honorarermittlung angepasste Kostendaten eines Einfamilienhauses

Für das Wohnhaus (mit durchschnittlicher Ausstattung) wird Honorarzone III angesetzt. Da die auf die Kosten von Objekten entfallende Umsatzsteuer nicht Bestandteil der anrechenbaren Kosten ist (HOAI § 9 (2)), müssen die in der Aufgabenstellung angegebenen Kosten durch 1,19 dividiert werden.

Die aufgeführten Kostengruppen 1, 2.1 und 5 zählen laut HOAI § 10 (5) 1., 3. und 5. nicht zu den anrechenbaren Kosten.

Anrechenbare Kosten (4)		HOAI § 10 (4)	nicht HOAI § 10
3.1	Baukonstruktionen		168.671 €
3.2/3.3	Installationen und Zentrale Betriebstechnik	30.478 €	
3.4/3.5	Betriebliche Einbauten u. a.	1.542 €	
4.0	Gerät (in diesem Fall anrechenbar, da der Architekt bei der Beschaffung mitwirkte, § 10 (5) HOAI)		8.000 €
Zwischensumme		32.020 €	176.671 €

Übertrag	32.020 €	176.671 €
davon bis zu 25 v. H. der sonstigen anrechenbaren Kosten voll, § 10 (4) HOAI		
	176.671 € · 0,25 = 44.168 €	
	32.020 € < 44.168 €	32.020 €
mit dem 25 v. H. der sonstigen anrechenbaren Kosten übersteigenden Betrag zur Hälfte, § 10 (4) HOAI(entfällt)		0 €
Anrechenbare Kosten		208.691 €

Honorar

Prozentualer Anteil der Leistungsphasen 1 bis 3: 3 % + 7 % + 11 % = 21 %

$$H(1 \text{ bis } 3) = 0{,}21 \cdot (H_N + (H_H - H_N) \cdot \frac{AK - AK_N}{AK_H - AK_N})$$

$$H(1 \text{ bis } 3) = 0{,}21 \cdot (21.586 + (26.380 - 21.586) \cdot \frac{208.691 - 200.000}{250.000 - 200.000}) \text{ €}$$

$$H(1 \text{ bis } 3) = 0{,}21 \cdot (21.586 + 4.794 \cdot 0{,}17382) \text{ €}$$

$$= 0{,}21 \cdot 22.419 \text{ €}$$

= 4.708 € zuzüglich 19 % MwSt.

≡ 5.603 € **Honoraranspruch** (brutto)
für die Grundleistungen der Leistungsphasen 1 bis 3

(2) **Besondere Leistungen**

Als Besondere Leistung kann z. B. eine Kostenberechnung mittels Bauelementkatalog abgerechnet werden. Voraussetzung ist die zuvor erfolgte, schriftliche Vereinbarung dieser Leistung und des dafür anfallenden Honorars.

(3) **Nachkalkulation** des Planungsaufwandes

Zur Nachkalkulation des Planungsaufwandes wird hilfsweise das **Zeithonorar** (Mindestsätze) nach § 6 HOAI herangezogen.

20 h Auftragnehmer	à 38 €/h	= 760 €
60 h Mitarbeiter	à 36 €/h	= 2.160 €
		2.920 € zuzüglich 19 % MwSt.
		≡ 3.475 €

Das zu beanspruchende Honorar in Höhe von 5.603 € ist gemessen an dem Zeithonorar (Mindestsätze) nach § 6 HOAI bei dem hier angefallenen Aufwand mehr als ausreichend für einen wirtschaftlichen Bürobetrieb.

Lösung zu Aufgabe 4: Honorarermittlung für ein Hochschulgebäude

Honorarermittlung für die Leistungsphasen 1 bis 9:

(1) Für das Institutsgebäude besteht die Möglichkeit, sowohl **Honorarzone** IV als auch Honorarzone V anzusetzen. Um in einem solchen Fall Sicherheit in der Wahl der Honorarzone zu erlangen, ist es sinnvoll, die Ermittlung der Honorarzone nach Punkten vorzunehmen (siehe H. Locher u. a., 2006, S. 363 ff.).

Die Punkteverteilung würde nach allgemeiner Qualifizierung der Planungsanforderungen folgendermaßen aussehen:

Planungsanforderung	Punkte	Planungsanforderung	Punkte
1. Einbindung in die Umgebung	4	4. Konstruktive Anforderungen	4
2. Anzahl der Funktionsbereiche	8	5. Technische Gebäudeausrüstung	5
3. Gestalterische Anforderungen	6	6. Ausbau	5
		Summe - Punktanzahl	32

Nach HOAI § 11 (2) gilt für eine Punktanzahl von 27 - 34 Punkten die Honorarzone IV. In diese ist das Institutsgebäude einzuordnen.

(2) Vereinbart sind **Honorarzone** IV und Grundleistungen nach Mindestsatz.

Anrechenbare Kosten		HOAI § 10 (4)	nicht HOAI § 10 (4)
3.1	Baukonstruktionen		15.847.900 €
3.2/3.3	Installationen und Zentrale Betriebstechnik	6.145.950 €	
3.4	Betriebliche Einbauten	1.421.100 €	
3.5.2-4	Besondere Bauausführungen	32.600 €	
Kostengruppen 3.2 bis 3.5		7.599.650 €	
bis zu 25 v. H. der sonstigen anrechenbaren Kosten voll, § 10 (4) HOAI			
15.847.900 € · 0,25 = 3.961.975 €			
7.599.650 € > 3.961.975 €			3.961.975 €
der 25 v. H. der sonstigen anrechenbaren Kosten übersteigende Betrag zur Hälfte (§ 10 (4) HOAI)			
(7.599.650 € - 3.961.975 €) / 2 =			1.818.838 €
Summe			**21.628.713 €**

Honorar:

$$H(1 \text{ bis } 9) = H_N + (H_H - H_N) \cdot \frac{A_K - AK_N}{AK_H - AK_N}$$

$$= 1.563.771 + (1.925.012 - 1.563.771) \cdot \frac{21.628.713 - 20.000.000}{25.000.000 - 20.000.000} \text{ €}$$

$$= 1.563.771 + 361.241 \cdot 0{,}325743 \text{ €}$$

$$= 1.681.443 \text{ €} \text{ zuzüglich 19 \% MwSt.}$$

$$= \underline{\underline{\mathbf{2.000.917\ €}}}$$ **Honoraranspruch für Grundleistungen** (brutto)

Lösung zu Aufgabe 5: Kostensteigerung und Honorar

Anrechenbare Kosten vor Kostensteigerung (Aufgabe 3):	208.691 €
Honorar für Leistungsphasen 1 bis 3 bei Honorarzone III und Mindestsatz (Aufgabe 3):	5.603 € incl. 19 % MwSt.
Anrechenbare Kosten nach Kostensteigerung um 15 % :	239.995 €

Honorar für Leistungsphasen 1 bis 3 bei Honorarzone III und Mindestsatz:

$$H(1 \text{ bis } 3) = 0{,}21 \cdot (21.586 + (26.380 - 21.586) \cdot \frac{239.995 - 200.000}{250.000 - 200.000}) \text{ €}$$

$$= 0{,}21 \cdot (21.586 + 4.794 \cdot 0{,}7999) \text{ €}$$

$$= 0{,}21 \cdot 25.421 \text{ €}$$

$$= 5.338 \text{ €} \text{ zuzüglich 19 \% MwSt.}$$

$$= \mathbf{6.352\ €}$$ Honoraranspruch nach Kostensteigerung

Vergleich: $\frac{\text{Honorar nach Kostensteigerung}}{\text{Honorar vor Kostensteigerung}} = \frac{6.352 \text{ €}}{5.603 \text{ €}} = 1{,}133 \approx 1{,}13$

Die 15 %ige Baukostensteigerung führt in diesem Fall zu einer 13 %igen Honorarsteigerung. Wegen der degressiven Honorarfunktion steigt das Honorar unterproportional zu den anrechenbaren Kosten.

Lösung zu Aufgabe 6: Kosteneinsparung und Honorar

Ja, die Bemühungen haben sich gelohnt, wenn vor Auftragsbearbeitung mit dem Bauherrn schriftlich ein Erfolgshonorar vereinbart wurde (§ 5 (4a) HOAI).

Dieses betrüge in diesem Fall maximal 4.284 € brutto.

149.000 € - 131.000 € = 18.000 € eingesparte Kosten (netto)

Erfolgshonorar max. 20 vom Hundert der eingesparten Kosten:

$$0{,}2 \cdot 18.000 \text{ €} = 3.600 \text{ €} \text{ zuzüglich 19 \% MwSt.}$$

$$= \underline{\underline{\mathbf{4.284\ €}}}$$

Ohne vorherige schriftliche Vereinbarung ist eine besondere Vergütung in der Regel nicht zu erwarten, da die Untersuchung alternativer Lösungsmöglichkeiten (einschließlich Kostenschätzung nach DIN 276-1) auch als Bestandteil der Grundleistungen der Leistungsphase 2 anzusehen ist. Dann ist vielmehr das Gegenteil der Fall: Da das Architektenhonorar an die anrechenbaren Kosten gekoppelt ist, müssen Sie eine Honorarminderung in Kauf nehmen.

Lösung zu Aufgabe 7: Honorar für mehrere gleiche Gebäude

(1) Das Honorar für sechs gleiche Einfamilienhäuser beträgt nicht das Sechsfache des Honorars für ein Haus, auch dann nicht, wenn unberücksichtigt bleibt, dass die Wiederholung gleicher Gebäude in der Bauausführung durch die Rationalisierung bzw. durch Mengenrabatte zu Preissenkungen führen könnte. Vielmehr ist nach § 22 HOAI das Honorar für die Leistungsphasen 1 bis 7 bei der 1. bis 4. Wiederholung um 50 % und bei allen weiteren Wiederholungen um 60 % zu mindern.

Für ein Haus besteht für die Leistungsphasen 1 – 9 ein Honoraranspruch von

22.419 € (s. Aufgabe 3).

Haus 1:			
H(1 bis 9) = 1,00 · 22.419 € vollständig			22.419 €
Haus 2 bis 5 (1. bis 4. Wiederholung) jeweils:			
H(1 bis 7) = 0,66 · 22.419 € zu 50 v. H.		= 7.398 €	
H(8 und 9) = 0,34 · 22.419 € vollständig		= 7.622 €	
pro Haus		15.020 €	
Haus 2 bis 5 gesamt:	15.020 €· 4 Häuser	= 60.080 €	60.080 €
Haus 6:			
H(1 bis 7) = 0,66 · 22.419 € zu 40 v. H.		= 5.919 €	
H(8 und 9) = 0,34 · 22.419 € vollständig		= 7.622 €	
		13.541 €	
Haus 6 gesamt:			13.541 €
alle 6 Häuser zusammen (ohne MwSt.)			96.040 €
Honorar (incl. 19 % MwSt.)			**114.288 €**

Die Honorarforderung beträgt 114.288 € (incl. 19 % MwSt.), das macht im Durchschnitt pro Haus 19.048 € anstatt (22.419 € · 1,19 =) 26.679 € für das gleiche Gebäude als Einzelplanung aus.

Häufig handelt es sich bei solchen Bauvorhaben nicht um vollständig gleiche, sondern nur um im Wesentlichen gleichartige Gebäude, bei denen in der Kostenberechnung und vor allem in der Kostenfeststellung die anrechenbaren Kosten mehr oder weniger geringfügig differieren. Dann ist der Prozentsatz der Honorarminderung auf alle sechs Häuser gleichmäßig zu verteilen, also:

$(4 \cdot 50\,\% + 1 \cdot 60\,\%) : 6 = 43{,}33\,\%$ Honorarminderung bei jedem Haus (in den Leistungsphasen 1 bis 7).

(2) Das Honorar für das 6-Familienhaus wäre nicht durch die Minderung des § 22 HOAI geschmälert worden, auch wenn die Wohnungsgrundrisse in diesem einen Gebäude alle gleich gewesen wären. Insofern wäre diese Planungsaufgabe unter Honoraraspekt vorteilhafter gewesen.

Lösung zu Aufgabe 8: Honorar bei Modernisierung mit Selbsthilfe

(1) Honorar für die Leistungsphasen 1 bis 4 bei Honorarzone III nach **Mindestsatz** zuzüglich eines Umbau-Zuschlags von 20 v. H. (bei durchschnittlichem Schwierigkeitsgrad, sofern nichts anderes vereinbart ist)

Anrechenbare Kosten:

Kosten des Bauwerks (KG 3) 302.050 €

Die Kosten der Kostengruppen 3.2/3.3, 3.4 und 3.5 betragen weniger als 25 v. H. der sonstigen anrechenbaren Kosten, so dass sie voll anrechenbar sind.

Grundlage der Honorarermittlung sind die in der Kostenberechnung angenommenen marktüblichen Preise.

Das Honorar bzw. die anrechenbaren Kosten werden durch Selbsthilfe (Eigenleistungen = Art der Kapitalbeschaffung) nicht berührt.

Honorar nach Mindestsatz:

$$H\,(1 \text{ bis } 4) = 0{,}27 \cdot \left(H_N + (H_H - H_N) \cdot \frac{AK - AK_N}{AK_H - AK_N}\right)$$

$$= 0{,}27 \cdot \left(30.650 + (34.561 - 30.650) \cdot \frac{302.050 - 300.000}{350.000 - 300.000}\right) €$$

$$= 0{,}27 \cdot (30.650 + 3.911 \cdot 0{,}041)\ €$$

$$= 0{,}27 \cdot 30.810\ €$$

$$= 8.319\ €$$

$$+\ 1.664\ €\ \text{Zuschlag 20 v. H.}$$

$$= 9.983\ €\ \text{zuzüglich 19 \% MwSt.}$$

$$= \underline{\underline{11.880\ €}}$$ **Honoraranspruch nach Mindestsatz mit Zuschlag von 20 v. H.** (brutto)

(2) Höchstzulässiges Honorar

Unter Berücksichtigung der besonderen Aufgabenstellung könnte der Honorarrahmen bis zum **Höchstsatz** ausgeschöpft werden. Zusätzlich kann bei durchschnittlichem Schwierigkeitsgrad der Leistungen das Honorar nach § 24 HOAI Umbauten und Modernisierungen um (20 bis) 33 v. H. erhöht werden. Beides muss schriftlich vereinbart werden.

Honorar:

$$H(1 \text{ bis } 4) = 0{,}27 \cdot (37.643 + (42.700 - 37.643) \cdot \frac{302.050 - 300.000}{350.000 - 300.000}) \text{ €}$$

$$H(1 \text{ bis } 4) = 0{,}27 \cdot (37.643 + 5.057 \cdot 0{,}041) \text{ €}$$

= 0,27 · 37.850 €
= 10.220 €
+ 3.373 € Zuschlag 33 v. H.
= 13.593 € zuzüglich 19 % MwSt.
= **16.176 €** **höchstzulässiger Honoraranspruch** (brutto)

Lösung zu Aufgabe 9: Honorar bei Neubau und Eigenleistung

Die Eigenleistung des Bauherrn mindert zwar die von ihm zu leistenden Zahlungen für die Bauleistungen (Lohnleistungen werden in Form von Eigenleistungen erbracht), aber auf die Höhe des Architektenhonorars hat die Eigenleistung des Bauherrn keinen Einfluss, da die für die Errichtung des Bauwerks geplanten Leistungen vollständig erbracht wurden – unabhängig davon, wer sie erbracht hat.

In der Honorarermittlung werden in einem solchen Fall die in der Kostenberechnung angenommenen marktüblichen Preise zugrunde gelegt.

Lösung zu Aufgabe 10: Teilleistung oder Einzelleistung

(1) Honoraranspruch für die bisher erbrachten Leistungen von Büro A

Honorarermittlung für die Leistungsphasen 1 bis 3:

Für das Einfamilienhaus ist Honorarzone III anzusetzen. Da nichts Weiteres vereinbart ist, sind die Grundleistungen nach Mindestsatz zu berechnen.

Anrechenbare Kosten: (4)		HOAI § 10 (4)	nicht HOAI § 10
3.1	Baukonstruktionen		122.150 €
3.2/3.3	Installationen und Zentrale Betriebstechnik	21.400 €	
3.4	Betriebliche Einbauten	1.850 €	
3.2-3.4	Zwischensumme	23.250 €	

davon bis zu 25 v. H. der sonstigen anrechenbaren Kosten voll:

122.150 € · 0,25 = 30.538 €	
23.250 € < 30.538 €	23.250 €
der 25 v. H. der sonstigen anrechenbaren Kosten übersteigende Betrag zur Hälfte (entfällt)	0 €
	145.400 €

Die Kosten der KG 4 Gerät sind nach § 10 (5) in diesem Fall nicht anrechenbar.

$$H(1 \text{ bis } 3) = 0{,}21 \cdot (H_N + (H_H - H_N) \cdot \frac{AK - AK_N}{AK_H - AK_N})$$

$$= 0{,}21 \cdot (11.311 + (16.578 - 11.311) \cdot \frac{145.400 - 100.000}{150.000 - 100.000}) \text{ €}$$

$$= 0{,}21 \cdot (11.311 + 5.267 \cdot 0{,}908) \text{ €}$$

$$= 0{,}21 \cdot 16.093 \text{ €}$$

= 3.380 € zuzüglich 19 % MwSt.

= 4.022 € **Honoraranspruch für Grundleistungen** (brutto) **von Büro A**

(2) Honorarforderung für erbrachte Teilleistung von Büro B

Anrechenbare Kosten (wie (1)): 145.400 €

Honorarforderung auf Grundlage von § 19 HOAI als Einzelleistung

$$H(3) = 0{,}18 \cdot 16.093 \text{ €}$$

= 2.897 € zuzüglich 19 % MwSt.

= 3.447 € **Honoraranspruch für die Entwurfsplanung als Einzelleistung** (brutto)

Dieses Beispiel zeigt, dass die Einzelleistung Entwurfsplanung nach § 19 fast so hoch (18 % statt 21 %) honoriert wird wie die Leistungsphasen 1 bis 3 nach § 16 HOAI.

Lösung zu Aufgabe 11: Honorar bei Großbauvorhaben

Zu den vorgestellten Punkten ist zu überlegen, ob nicht folgende Lösungen sinnvoll sind:

(1) Honorarberechnung

Die genaue Ermittlung des Architektenhonorars unter Berücksichtigung von Honorarzone sowie Mindest- bis Höchstsatz ist nur für anrechenbare Kosten zwischen 25.565 € und 25.564.594 € vorgesehen.

Liegen die anrechenbaren Kosten über 25.564.594 €, sollte man zunächst prüfen, ob der entsprechende Prozentsatz, der für den Bereich zwischen 25.000.000 € und 25.564.594 € gilt, auch für die über 25.564.594 € hinausgehenden anrechenbaren Kosten auskömmlich ist. Der entsprechende Prozentsatz gibt das zusätzliche Honorar für jeden zusätzlichen € anrechenbare Kosten an. Er beträgt im Bereich zwischen 25.000.000 € und 25.564.594 €:

Honorarzone	Honorar (in % der anrechenbaren Kosten)
III	6,29 bis 7,24
IV	7,24 bis 7,86
V	7,86 bis 8,34

Objekte mit über 25 Mio. € anrechenbaren Kosten dürften in den Honorarzonen I und II kaum vorkommen. Objekte dieser Größenordnung, insbesondere solche der Honorarzone V sind z. T. so komplex, dass diese Prozentsätze nicht auskömmlich sind und dementsprechend höhere Sätze vereinbart werden müssen.

(2) Zahlungseingänge

Der Architekten- und Ingenieurvertrag unterliegt dem Werkvertragsrecht, verankert im BGB, § 631 bis § 650. Der enthaltene § 641 besagt, dass „ ... die Vergütung erst bei Abnahme des Werkes zu entrichten ... " ist. „Etwas anderes gilt nach dieser BGB-Vorschrift nur dann, wenn das Werk in Teilen abzunehmen ist und die Vergütung für die einzelnen Teile ausreichend bestimmt ist. Entsprechendes muss zwischen den Vertragsparteien allerdings erst vereinbart werden." (A. Wirth, S. Theis 1997, S. 518)

Nach § 8 (2) HOAI können in angemessenen zeitlichen Abständen Abschlagszahlungen für nachgewiesene Leistungen gefordert werden. Jedoch ist diese Regelung in der Rechtssprechung umstritten, da sie nicht dem § 641 BGB entspricht. Daher ist es ratsam, die Geltung des § 8 HOAI oder einen gesondert aufgestellten Zahlungsplan ausdrücklich vertraglich mit dem Bauherrn zu vereinbaren.

Um die **Liquidität** des Architekturbüros zu sichern, ist bei Großprojekten bzw. solchen Projekten, die einen wesentlichen Teil des Honoraraufkommens des Büros ausmachen, unbedingt zur Vereinbarung eines **Zahlungsplan**es mit regelmäßigen Zahlungen zu raten.

(3) Verlängerung der Planungs- und Bauzeit

Dies ist dann unkritisch, wenn sich gleichzeitig das Bauvolumen erhöht. Gerade Großbauvorhaben sind diesbezüglich durch eine gewisse Eigendynamik gekennzeichnet. Wird allerdings nur der Baufortschritt verzögert, so sind die Konsequenzen für das Büro zu beachten. So muss der gleiche Erlös für eine längere Dauer verwendet werden, sofern nicht eine Vereinbarung über § 21 HOAI *Zeitliche Trennung der Ausführung* getroffen wurde.

Anderenfalls muss der Personalbestand – bezogen auf diesen Auftrag – angepasst werden. Als Kompensation hierfür sollten rechtzeitig kleinere Aufträge akquiriert werden, um das Büro vor einer unerwarteten Illiquidität zum Projektende zu bewahren.

Anmerkung:

Die Honorareinkünfte bei Aufträgen dieser Größenordnung liegen im Bereich mehrerer Millionen €. Häufig wachsen kleinere oder mittlere Büros mit Erlangung eines so großen Auftrages schlagartig an. Die hierbei entstehende Einarbeitungs- und Organisationsphase ist kostenintensiv und vorerst wenig produktiv. Daher ist über die ganze Projektdauer eine fortlaufende Einsatzplanung und Erlösplanung das einzige Mittel, um das Büro vor einem unerwarteten Konkurs zum Projektende zu bewahren. Ein derartiger Konkurs ist dann zu befürchten, wenn alle Honorare verwendet sind, der Bauherr aber noch Leistungen des Planers in erheblichem Umfang beanspruchen darf.

(4) Alternativ- und Änderungsplanungen

Planungsänderungen sind gerade bei großen und lange andauernden Projekten fast Planungsalltag. Die Honorierung von solchen Planungsleistungen, die nicht zu den Grundleistungen gehören wie z. B. Untersuchungen von Lösungsmöglichkeiten nach grundsätzlich verschiedenen Anforderungen (Besondere Leistung der Leistungsphase *2. Vorplanung*), ist vertraglich frühzeitig zu regeln.

Lösung zu Aufgabe 12: Baunebenkosten

Das errechnete Architektenhonorar beläuft sich auf ca. 2 Mio. € (incl. MwSt.). Die Baunebenkosten (noch ohne Architektenhonorar) betragen nach Aufgabe 4 1.518.400 € (ohne MwSt.) bzw. rund 1.807.000 € (incl. MwSt.).

Dann beträgt die Summe der Baunebenkosten:

Architektenhonorar (incl. MwSt.)	2.000.000 €		
Sonstige Baunebenkosten (incl. MwSt.)	1.807.000 €		
Summe Baunebenkosten ca.	**3.807.000 €**	=	100 %

Die Ingenieurhonorare machen mit anteilig 25,0 % 951.750 € aus. Daraus ergeben sich die neuen sonstigen Nebenkosten (incl. MwSt.) in einer Höhe von 855.250 €. Auf einige Anteile der sonstigen Baunebenkosten (Gebühren, Zinsen) entfällt keine Umsatzsteuer, so dass die Summe dieser sonstigen Baunebenkosten i. d. R. etwas geringer ausfällt.

Die prozentuale Zusammensetzung der gesamten Baunebenkosten ergibt sich wie folgt:

Architektenhonorar (incl. MwSt.)	2.000.000 €	≈ **52,5 %**
Ingenieurhonorare (incl. MwSt.)	951.750 €	**25,0 %**
Sonstige Baunebenkosten (incl. MwSt.)	855.250 €	≈ **22,5 %**
Baunebenkosten	3.807.000 €	**100,0 %**

Lösung zu Aufgabe 13: Mangel beim Abschluss des Architektenvertrages

(1) Sie haben mit Ihrem Bekannten einen mündlichen Werkvertrag nach § 631 BGB abgeschlossen. Da Sie Ihren Verpflichtungen als Auftragnehmer voll entsprochen haben, haben Sie selbstverständlich Anspruch auf die entsprechende Vergütung.

Die Honorarforderung für die von Ihnen erbrachte Besondere Leistung kann über den Zeitaufwand (§ 6 HOAI) ermittelt werden. Mangels besonderer Vereinbarungen ist nur der jeweilige Mindestsatz anzusetzen.

8 h Auftragnehmer	à 38 €/h	=	304 €	
5 h Technischer Zeichner	à 31 €/h	=	155 €	
Zwischensumme			459 €	zuzüglich 19 % MwSt.
Honoraranspruch nach Zeitaufwand			**546 €**	

(2) Eine Vorkalkulation hätte ergeben, dass die Mindestsätze nach HOAI für Ihr Büro nicht kostendeckend sind. Wenn Sie dagegen bei der Auftragserteilung z. B. folgende Stundensätze

Auftragnehmer	50 €	(Diese Stundensätze liegen zwischen den Mindest- und Höchstsätzen.)
Technischer Zeichner	35 €	

schriftlich vereinbart hätten, wäre das Honorar, das Sie beanspruchen könnten, kostendeckend.

8 h Auftragnehmer	à 50 €/h	=	400 €	
5 h Technischer Zeichner	à 35 €/h	=	175 €	
Honorar (ohne MwSt.)			575 €	> 480 € Selbstkosten (ohne MwSt.)
Honorar (incl. 19 % MwSt.)			**684 €**	

Lösung zu Aufgabe 14: Entgangener Gewinn bei Kündigung des Architektenvertrages

Der Architekt hat bei einer von ihm nicht zu vertretenden Kündigung einen Anspruch auf entgangenen Gewinn (§ 649 BGB) in Höhe des Honoraranteils, der auf die noch nicht erbrachte Leistung entfällt, abzüglich der ersparten Aufwendungen.

Die ersparten Aufwendungen, also die Kosten, die dem Architekten bei der Bearbeitung des Auftrages entstanden wären und die er infolge der Vertragsaufhebung spart, sind je Einzelfall durch den Architekten nachzuweisen.

Angenommen, dem Büro A würden durch die vorzeitige Vertragskündigung seitens des Bauherrn Aufwendungen in Höhe von 40 % des Honorars erspart, dann setzte sich der Honoraranspruch des Büros wie folgt zusammen:

H(4 bis 9) = 0,79 · 10.680 €
= 8.437 € davon 60 %
= 5.062 € zuzüglich 19 % MwSt.
= **6.024 €** **entgangener Gewinn** (brutto)

Zuzüglich zum Honorar für die Leistungsphasen 1 bis 3 hat das Architekturbüro A bei ersparten Aufwendungen in Höhe von 40 % des Honorars Anspruch auf entgangenen Gewinn in Höhe von 6.024 €.

4. Aufgaben und Lösungen zum Band 2

4.1 Organisation der Bauplanung und -ausführung

Nicht nur die Frage, wie die Planung zu organisieren ist, sondern auch die Form der Beauftragung der Bauleistungen ist zu Beginn eines Bauprojektes sorgfältig zu erörtern. Denn die Wahl von Unternehmenseinsatzformen, z. B. eines Generalunternehmers oder eines Totalunternehmers, hat großen Einfluss auf die Art und den Umfang der Planung, die Kosten und die Risiken der Projektarbeit.

Aufgabenverzeichnis

Die folgenden Aufgaben beziehen sich auf Kapitel 1 des Lehrbuches Band 2.

1 General- und Totalunternehmer und -übernehmer
2 Unterschiedliche Risiken von Unternehmenseinsatzformen
3 Unternehmenseinsatzformen und ihre Funktionen im Vergleich

Vorschriften und Normen

Bundesministerium für Verkehr, Bau und Stadtentwicklung (Hrsg.): VHB – Vergabe- und Vertragshandbuch für die Baumaßnahmen des Bundes, Stand 07/2008
Vergabe- und Vertragsordnung für Bauleistungen (VOB Teil A, B und C, Ausgabe 2006)
Verdingungsordnung für Leistungen (VOL Teil A) Ausgabe 2006
Verdingungsordnung für freiberufliche Leistungen (VOF) Ausgabe 2006

Empfohlene Literatur zur weiteren Vertiefung

Kalusche, W.: Projektmanagement für Bauherren und Planer, München, Wien 2002
Kochendörfer, B.: Bau-Projekt-Management: Grundlagen und Vorgehensweisen, Wiesbaden 2007

Aufgabe 1: General- und Totalunternehmer und -übernehmer

Viele ausführende Firmen, also Bauunternehmen, haben in den letzten Jahrzehnten ihr Leistungsspektrum erweitert. So sind zu den Bauleistungen (im Sinne der Vergabe- und Vertragsordnung für Bauleistungen VOB und des Vergabehandbuches VHB) häufig Planungsleistungen (im Sinne der Honorarordnung HOAI), teilweise auch Bauherrenaufgaben oder der Betrieb von Bauwerken oder baulichen Anlagen zusätzlich übernommen worden. Beschreiben Sie die Leistungen der folgenden Unternehmenseinsatzformen entsprechend der grundsätzlichen Inhalte und nicht der in der Praxis vereinzelt anzutreffenden Beliebigkeit:

a) Generalunternehmer

b) Totalunternehmer

c) Totalübernehmer

Aufgabe 2: Unterschiedliche Risiken von Unternehmenseinsatzformen

Häufig übernehmen ausführende Firmen, die bisher in der Durchführung von Rohbauarbeiten erfolgreich waren, darüber hinaus auch Planungsaufgaben. In Einzelfällen treten sie sogar als Bauherren auf, erwerben Baugrundstücke, entwickeln das Bauprogramm und führen das Projekt, meist unter Einschaltung von Nachunternehmern, selbst vollständig aus. Soweit sie das Objekt nicht für eigene Zwecke benötigen, versuchen sie es mit möglichst hohem Gewinn zu veräußern.

(1) Welche beiden Unternehmenseinsatzformen sind hier angesprochen?

(2) Welche Risiken sind für die jeweilige Unternehmenseinsatzform mit den erweiterten bzw. vollständigen Leistungen verbunden?

Aufgabe 3: Unternehmenseinsatzformen und ihre Funktionen im Vergleich

Stellen Sie die im Bauwesen bekannten Unternehmenseinsatzformen Projektentwickler, Totalunternehmer (Totalübernehmer), Generalunternehmer (Generalübernehmer), Fachunternehmer, Baustoffhersteller und ihre Funktion als produzierender Betrieb, ausführende Firma, Planer und Bauherr als Matrix dar, indem Sie die entsprechenden Zuordnungen treffen und zusätzlich in Stichworten erläutern.

Lösung zu Aufgabe 1: General- und Totalunternehmer und -übernehmer

Die Unternehmenseinsatzformen Generalunternehmer, Totalunternehmer und Totalübernehmer sind durch die folgenden Leistungen gekennzeichnet:

a) Als Generalunternehmer wird derjenige Hauptauftragnehmer bezeichnet, der sämtliche für ein Bauwerk erforderliche Bauleistungen (im Sinne von VOB und VHB) zu erbringen hat. Dabei schließt der Auftraggeber einen Vertrag für alle Bauleistungen mit dem Generalunternehmer ab. Wesentliche Teile davon (z. B. die Rohbauarbeiten) führt er selbst aus. Über die Fachleistungen hinaus hat er umfangreiche Koordinationsaufgaben zu erbringen und ein höheres Risiko zu tragen, was bei der Preisbildung bzw. bei der Abgabe des Angebotes berücksichtigt werden muss (Generalunternehmerzuschlag).

b) Der Totalunternehmer erbringt über die Bauleistungen hinaus auch den vollen Umfang der Planungsleistungen im Sinne der HOAI. Der Auftraggeber (Bauherr) wird damit von der Koordination und Steuerung der Planungsleistungen weitestgehend entlastet.

c) Als Übernehmer werden diejenigen Auftragnehmer (General- oder Totalübernehmer) bezeichnet, die sich einerseits mit umfassenden Leistungen als Generalunternehmer oder Totalunternehmer beauftragen lassen, jedoch andererseits die hierfür erforderlichen Fachleistungen nicht selbst erbringen, sondern hiermit in vollem Umfang Nachunternehmer (Subunternehmer) beauftragen. So erbringen Totalübernehmer z. B. ausschließlich Managementleistungen für die beauftragten Planungs- bzw. Bauleistungen.

Lösung zu Aufgabe 2: Unterschiedliche Risiken von Unternehmenseinsatzformen

(1) Übernehmen ausführende Firmen über die Bauausführung, z. B. Rohbauarbeiten, hinaus weitere Leistungen, dann handelt es sich

- bei der zusätzlichen Übernahme von Planungsleistungen um einen **Totalunternehmer** und

- im Fall der vollständigen Projektdurchführung einschließlich Erwerb und Entwicklung des Grundstücks bis zum Verkauf des bebauten Grundstücks um einen **Bauträger** (in der Regel beim Wohnungsbau) oder einen **Developer** (in der Regel beim Gewerbebau).

(2) Beschränkt sich das Risiko einer ausführenden Firma auf die mängelfreie sowie kosten- und termingerechte Ausführung der beauftragten Bauarbeiten (Ausführungsrisiko), so treten im Fall erweiterter Leistungsumfänge zahlreiche Risiken hinzu, wie die Abbildung 4-1 zeigt.

Abb. 4-1 Erweiterte Risiken beim Bauträger bzw. Developer und beim Totalunternehmer

Lösung zu Aufgabe 3: Unternehmenseinsatzformen und ihre Funktionen im Vergleich

Unternehmenseinsatzformen und ihre Funktion	Produzierender Betrieb	Ausführende Firma	Planer	Bauherr
Projektentwickler als Developer	-	+ 1)	+ 1)	+
Totalunternehmer (Totalübernehmer) 5)	-	+ 2)	+ 1)	-
Generalunternehmer (Generalübernehmer) 5)	-	für alle Gewerke 1)	- 3)	-
Fachunternehmer	- 4)	für einzelne Gewerke	-	-
Baustoffhersteller	liefert Baustoffe	-	-	-

1) übernimmt Leistungen verantwortlich (Außenverhältnis) und vergibt unabhängig davon Teile der Leistungen an Subunternehmer (Innenverhältnis)
2) Leistung wird häufig als Schlüssel-Fertig-Bau (SFB) bezeichnet
3) häufig Übernahme von Teilleistungen der Planer (Koordination der Gewerke, Ausführungsplanung bei Leistungsbeschreibung mit Leistungsprogramm)
4) teilweise Herstellung von Baustoffen
5) Generalübernehmer und Totalübernehmer erbringen Leistungen nicht selbst, sondern vergeben diese an Nachunternehmer

Abb. 4-2 Matrix der Unternehmenseinsatzformen

4.2 Bauplanung

Eine der wichtigsten Aufgaben der Bauplanung ist es, die Wünsche des Bauherrn bzw. die Nutzungsanforderungen mit den örtlichen Randbedingungen und insbesondere den rechtlichen Anforderungen in Einklang zu bringen.

Die Genehmigungsplanung steht ganz im Zeichen des öffentlichen Baurechts. Dieses umfasst:

- das öffentliche Planungsrecht (einschließlich Bodenordnungsrecht)
  niedergelegt im Baugesetzbuch (BauGB) und in der Baunutzungsverordnung (BauNVO)
- das Bauordnungsrecht
  niedergelegt in den einzelnen Landesbauordnungen und in den örtlichen Bauvorschriften
- sonstige Rechtsvorschriften
  wie Bundesimmissionsschutzgesetz (BImSchG), Denkmalschutzgesetz (DSchG), Naturschutzgesetz (NatSchG), Energieeinsparverordnung (EnEV), Abfallgesetz (AbfG) u. a.

Das öffentliche Baurecht – wie auch das Berufsrecht – scheint die schöpferische Tätigkeit des Planenden zunächst einzuengen und zu reglementieren, jedoch muss man anerkennen, dass es der individuellen und der öffentlichen Sicherheit sowie der planvollen funktionalen und gestalterischen Entwicklung unserer Bauwerke und Städte dient bzw. dienen soll.

Die Nichtbeachtung und Verstöße gegen dieses Regelwerk können zu Umplanungen und Verzögerungen bis hin zur Baustilllegung oder Nichtabnahme bei Fertigstellung führen. Ärger, Zeitverlust und zusätzliche Kosten sind die Folge.

Die Gesamtheit von Vorschriften und Normen, die der Architekt zu beachten hat, ist fast unübersehbar. Keinesfalls kann es Aufgabe der Planungs- und Bauökonomie sein, alle damit zusammenhängenden Fragen zu behandeln.

Wichtig aber erscheint es, die Koordinations- und Integrationsaufgabe des Architekten sowie den Genehmigungsablauf in seinen Grundzügen und die daraus resultierenden Anforderungen an die Planung zu kennen. Dazu gehört auch die Frage des Bauvorlagerechts. Diese Kenntnisse zu überprüfen und zu vervollständigen ist Anliegen der folgenden Aufgaben, die sich auf das Kapitel 2 des Lehrbuches Band 2 beziehen.

Aufgabenverzeichnis

1 Koordination und Integration in der Bauplanung
2 Bauvorlageberechtigung
3 Planungsablauf und Baugenehmigung
4 Bauvorlagen
5 Gestattungsverfahren

Vorschriften und Normen

Baugesetzbuch (BauGB) in der Fassung der Bekanntmachung vom 23.09.2004, zuletzt geändert am 13.12.2006
Baunutzungsverordnung (BauNVO) in der Fassung vom 23.1.1990, geändert durch Artikel 3 des Gesetzes vom 22. April 1993
Bauvorlagenverordnung (BauVorlVO, für das jeweilige Bundesland)
Landesbauordnung (für das jeweilige Bundesland)
Musterbauordnung (MBO) von November 2002
Verordnung des Sächsischen Staatsministeriums des Innern zur Durchführung der Sächsischen Bauordnung (DVOSächsBO) vom 2.9.2004

Empfohlene Literatur zur weiteren Vertiefung

Dammert, B.: Die neue Sächsische Bauordnung, Heidelberg 2005
Fickert, H.: Baunutzungsverordnung - Kommentar, Stuttgart 2002
Hammer, G.: Die neue Bauordnung im Bild - Praxisgerechte, schnelle und rechtssichere Antworten zum Bauordnungs- und Bauplanungsrecht von A-Z, 2007
Jäde, H.: Baugesetzbuch, Baunutzungsverordnung: Kommentar, Stuttgart 2005
Otto, Chr.-W.: Brandenburgische Bauordnung, Dresden 2007
Söfker, W. (Hrsg.): Baugesetzbuch, München 2007

Zeichnung: Gabor Benedek

Aufgabe 1: Koordination und Integration in der Bauplanung

Was ist unter Koordination und Integration in der Bauplanung zu verstehen und welche Bedeutung kommt ihnen zu?

Aufgabe 2: Bauvorlageberechtigung

Ein Hochschulabsolvent einer Architekturfakultät (Dipl.-Ing., bisher ohne Berufserfahrung) möchte für folgende Vorhaben den Bauantrag und die Bauvorlagen einreichen:

(1) eine Doppelgarage mit 35 m² Nutzfläche

(2) ein Wohnhaus mit 2 Vollgeschossen und 120 m² Grundfläche

(3) eine 4,80 m hohe Lagerhalle mit 240 m² Grundfläche

(4) eine eingeschossige Erweiterung eines unter Denkmalschutz stehenden Rathauses um 100 m² Nutzfläche.

Für welche Vorhaben besitzt er die Bauvorlageberechtigung, wenn er noch nicht in die Architektenliste eingetragen ist?

Aufgabe 3: Planungsablauf und Baugenehmigung

Die Planung von Gebäuden ist oft von rechtlichen Schwierigkeiten begleitet, die Baugenehmigung wird nicht selten zunächst versagt. Meist liegt dies an mangelnder Information, unzureichender Abstimmung mit Behörden und Nachbarn sowie an Formfehlern. Durch welche Maßnahmen können solche Behinderungen der Planung und Baugenehmigung vermieden werden?

Aufgabe 4: Bauvorlagen

Wie setzen sich die Bauvorlagen zusammen? In wie vielfacher Ausfertigung müssen die einzelnen Unterlagen eingereicht werden?

Aufgabe 5: Gestattungsverfahren

Welchem Gestattungsverfahren unterliegen die folgenden Vorhaben in Sachsen?

(1) Errichtung einer Werbeanlage, die einer Zulassung nach Straßenrecht bedarf

(2) Neubau eines Zweifamilienhauses im Innenbereich

(3) Bau eines Gartenhäuschens von 3 m Länge und 2,5 m Breite, das nicht im Außenbereich liegt

(4) Errichtung eines Wohnhochhauses im Geltungsbereich eines Bebauungsplanes

(5) Erweiterung eines Einfamilienhauses, die den Festsetzungen des Bebauungsplanes entspricht und zu der sich die Gemeinde innerhalb von sechs Wochen nach Eingang der Bauvorlagen nicht geäußert hat.

(6) Neubau eines Hochschulinstitutes, dessen Entwurfsarbeiten und Bauüberwachung von eines Dienststelle des Freistaates Sachsen geleitet werden.

Lösung zu Aufgabe 1: Koordination und Integration in der Bauplanung

Die Bedeutung der Koordination und Integration in der Bauplanung hat erheblich zugenommen. Konnten noch vor 40 Jahren die meisten Bauwerke durch ein oder vielleicht drei Büros geplant und überwacht werden, so sind heute nicht selten fünf bis zehn Fachingenieurbüros neben dem Objektplaner tätig. Dies liegt daran, dass die inzwischen erforderlichen Fachqualifikationen nur noch von mehreren Planern zusammen bereitgestellt werden können.

Der Erfolg eines Bauvorhabens hängt deshalb weniger von den technischen Möglichkeiten, als vielmehr von der Qualität der Projektorganisation ab. Die Koordination der Beteiligten und Integration der Beiträge der Beteiligten im Hinblick auf das Planungsziel zählen mit zu den wichtigsten Aufgaben.

Dabei ist **Koordination** grundsätzlich prozessorientiert und auf das Zusammenwirken der in der Regel zahlreichen Projektbeteiligten in der Planung und Ausführung ausgerichtet.

Integration ist dagegen ergebnisbezogen und auf die ganzheitliche Lösung der Bauaufgabe orientiert. Sie umfasst die zielgerichtete Einbeziehung der Beiträge anderer Beteiligter in den eigenen Leistungsbeitrag.

So haben bei der Bauplanung im Grundsatz der Bauherr und gegebenenfalls sein Projektsteuerer im Rahmen der Bauherrenaufgaben vor allem die Koordination und die Steuerung der Projektbeteiligten wahrzunehmen.

Dem Objektplaner für Gebäude oder Ingenieurbauwerke und Verkehrsanlagen kommt schwerpunktmäßig eine Integrationsfunktion, vorrangig im Zusammenwirken der verschiedenen Fachbereiche zu.

Lösung zu Aufgabe 2: Bauvorlageberechtigung

Zur Beantwortung der Frage nach der Bauvorlageberechtigung wird § 65 der Musterbauordnung bzw. der Sächsischen Bauordnung in Verbindung mit der Verwaltungsvorschrift des Sächsischen Staatsministeriums des Inneren zur Sächsischen Bauordnung (VwVSächsBO) herangezogen. Hier steht, dass die Einschränkung der Bauvorlageberechtigung auf z. B. Architekten bei technisch einfachen Gebäuden nicht gilt, und in der genannten Verwaltungsvorschrift ist unter Nr. 65.3.2 festgelegt, was technisch einfache Gebäude sind. Hierzu gehören:

„- freistehende Gebäude bis 50 m² Bruttogrundfläche und mit nicht mehr als zwei Geschossen,
- Gebäude ohne Aufenthaltsräume bis 100 m² Bruttogrundfläche und mit nicht mehr als zwei Geschossen,
- Behelfsbauten, untergeordnete Gebäude,
- eingeschossige gewerbliche Gebäude und landwirtschaftliche Betriebsgebäude bis zu 250 m² Grundfläche und bis zu 5 m Wandhöhe, gemessen von der Geländeoberfläche bis zur Schnittlinie zwischen Dachhaut und Außenwand."

Dementsprechend können die Bauvorlagen zu den Vorhaben (1) bis (3) von dem noch nicht in die Architektenliste eingetragenen Absolventen einer Architekturfakultät eingereicht werden. Dagegen gehört die geplante Rathauserweiterung nicht zu den technisch einfachen Gebäuden, so dass der Absolvent hierfür keine Bauvorlageberechtigung besitzt.

Lösung zu Aufgabe 3: Planungsablauf und Baugenehmigung

Folgende „Gebrauchsanweisung" kann für den erfolgreichen Planungsablauf und einen erfolgreichen Antrag auf Baugenehmigung hilfreich sein:

In welcher Art und in welchem Maß kann das Grundstück bebaut werden?

Klärung planungsrechtlicher Voraussetzungen: Einsicht in den Bebauungsplan und die dazugehörigen Vorschriften

§§ 29 - 35 Baugesetzbuch (BauGB) und Baunutzungsverordnung (BauNVO)
Welche nutzungsspezifischen und landesrechtlichen Vorschriften sind zu beachten?

Durchsicht der Landesbauordnung (LBO), der Ausführungsverordnung, einschlägiger DIN-Normen und der Verwaltungsvorschriften, z. B. Gaststättenverordnung, Versammlungsstättenverordnung, Geschäftshausverordnung, Garagenverordnung

Zusätzlich sind zu beachten:

Landschaftsschutz, Naturschutz, Wasserschutz
Sanierungsgebiete u. a.
Denkmalschutz
Baumschutz (BaumschutzVO)
Kfz-Stellplatznachweis (Garagenerlass)
Gestaltungsvorschriften in Ortssatzung und Bebauungsplan
Anfragen beim Bezirksschornsteinfegermeister bezüglich der Feuerungsanlage und Schornsteine
Feststellung der Eigentümer aller angrenzenden Nachbargrundstücke und Erkundigung möglicher Konflikte.

Welche Informationen sind über die natürliche und technische Beschaffenheit des Baugrundstücks notwendig?

Beschaffung eines amtlichen Lageplanes vom Vermessungs- und Liegenschaftsamt, gegebenenfalls Aufmaß durch Vermessungsingenieur, dabei besondere Berücksichtigung von eventuell vorhandener Nachbarbebauung (Fundamente, Fassaden, Trauf- und Firsthöhen) und eventuell vorhandener Gebäudereste auf dem Baugrundstück (Trümmergrundstücke, alte Leitungen)

Anfrage bei Ver- und Entsorgungsträgern über vorhandene technische Infrastruktur (Gas, Wasser, Strom)

Anfrage beim zuständigen Sachbearbeiter des Bauordnungsamtes über besondere Bedingungen oder – in schwierigen Fällen – Bauvoranfrage zu einzelnen Fragen mit rechtsverbindlicher Klärung

Aufnahme des vorhandenen Baumbestandes und Erkundigungen beim Gartenbauamt, ob einzelne Bäume unter Naturschutz stehen

Information des Bauherrn und gegebenenfalls Korrektur der Aufgabenstellung; Formulierung eines gemeinsamen Zielkatalogs und spätestens jetzt Informationsbeschaffung zur Finanzierung bei den entsprechenden Kreditinstituten

Vorentwurf, gegebenenfalls unter Entwicklung verschiedener Lösungsvarianten, in Form von Zeichnungen und Modell

Voranfrage zur beabsichtigten Planung beim Bauordnungsamt über die voraussichtliche Genehmigungsfähigkeit oder mögliche Dispense

Eigene Durchführung der Nachbarverständigung und Erlangung der schriftlichen Zustimmung für das Bauvorhaben von den Nachbarn

Entwurf und Anfertigung des Bauantrages
Sachliche und formelle Prüfung der Unterlagen mit Hilfe von § 1 und § 8 der Durchführungsverordnung zur Sächsischen Bauordnung (siehe anschließende Aufgabe 4).

Zusammenfassend ist zu sagen, dass eine zügige Abwicklung des Verfahrens dann erreicht wird, wenn rechtzeitig die richtigen und vollständigen Unterlagen in ausreichender Qualität an der richtigen Stelle eingereicht werden.

Lösung zu Aufgabe 4: Bauvorlagen

In Sachsen ist in § 1 der Durchführungsverordnung zur Sächsischen Bauordnung (DVOSächsBO) festgelegt, welche Bauvorlagen mit dem Bauantrag einzureichen sind. Dies sind:

„1. der Lageplan und ein Auszug aus einer Liegenschaftskarte

2. die Bauzeichnungen

3. die Baubeschreibung

4. der Standsicherheitsnachweis, der Brandschutznachweis und andere bautechnische Nachweise

5. ... eine Erklärung des Tragwerksplaners zur Erforderlichkeit einer Prüfung des Standsicherheitsnachweises ...

6. die erforderlichen Angaben über die Wasserversorgungs- und Abwasserentsorgungsanlagen einschließlich eines Leitungsplans der Wasser- und Abwasserleitungen auf dem Grundstück

7. die erforderlichen Angaben zur Energieversorgung

8. bei Vorhaben im Geltungsbereich eines Bebauungsplans einen Auszug aus dem Bebauungsplan mit Eintragung des Grundstücks und eine prüffähige Berechnung über die zulässige, die vorhandene und die geplante Grundfläche und Grundflächenzahl, Geschossfläche und Geschossflächenzahl und soweit erforderlich, Baumasse und Baumassenzahl auf dem Baugrundstück

9. der Erhebungsbogen des Statistischen Landesamtes ..." (DVOSächsBO, § 1)

In § 8 DVOSächsBO ist die Anzahl der einzureichenden Bauvorlagen festgelegt. Danach sind die Bauvorlagen grundsätzlich in dreifacher Ausfertigung bei der unteren Bauaufsichtsbehörde einzureichen. Für jede weitere am Genehmigungsverfahren zu beteiligende Stelle ist jeweils eine Mehrfertigung vorzusehen. Die bautechnischen Nachweise sind nur zweifach einzureichen.

Lösung zu Aufgabe 5: Gestattungsverfahren

(1) Errichtung einer Werbeanlage
Wie in der Aufgabenstellung schon gesagt, bedarf die Werbeanlage einer Zulassung nach Straßenrecht. Wegen des Vorrangs eines anderen Gestattungsverfahrens bedarf die Werbeanlage keiner Genehmigungsfreistellung, Baugenehmigung oder Zustimmung (§ 60 SächsBO)

(2) Neubau eines Zweifamilienhauses
Da das Bauvorhaben nicht im Geltungsbereich eines Bebauungsplanes, sondern im Innenbereich liegt und nicht zu den Sonderbauten zählt, kommt das vereinfachte Baugenehmigungsverfahren zur Anwendung.

(3) Bau eines Gartenhäuschens von 3 m Länge und 2,5 m Breite.
Da das Gartenhäuschen nicht im Außenbereich liegt und seine Brutto-Grundfläche nicht über 10 m² beträgt, ist es verfahrensfrei.

(4) Errichtung eines Wohnhochhauses
Hochhäuser sind Sonderbauten und bedürfen des Baugenehmigungsverfahrens nach § 64 SächsBO

(5) Erweiterung eines Einfamilienhauses
Die Erschließung des bestehenden Einfamilienhauses kann als gesichert gelten; da mit der Erweiterung die Festsetzungen des Bebauungsplanes eingehalten werden und die Gemeinde nicht innerhalb von drei Wochen die Durchführung des vereinfachten Baugenehmigungsverfahrens oder die vorläufige Untersagung verlangt hat, ist das Vorhaben von der Genehmigung freizustellen.

(6) Neubau eines Hochschulinstitutes
Da die Leitung der Entwurfsarbeiten und die Bauüberwachung von einer Dienststelle des Landes wahrgenommen werden, bedarf das Hochschulinstitut der Zustimmung der oberen Bauaufsichtsbehörde.

4.3 Vergabewesen

Unter Vergabewesen versteht man die Gesamtheit der Verfahren und Regelungen zur Vergabe von Leistungen. Die Leistungsvergabe durch öffentliche Auftraggeber ist durch Verdingungsordnungen – nämlich durch die *Verdingungsordnung für Leistungen (VOL), die Verdingungsordnung für freiberufliche Leistungen (VOF)* und die für das Bauwesen besonders wichtige ***Vergabe- und Vertragsordnung für Bauleistungen (VOB)*** – geregelt.

Laut VOB Teil A, § 9 ist „die Leistung ... eindeutig und so erschöpfend zu beschreiben, dass alle Bewerber die Beschreibung im gleichen Sinne verstehen müssen und ihre Preise sicher und ohne umfangreiche Vorarbeiten berechnen können. ..." Die **Leistungsbeschreibung** muss „vollständig, eindeutig und technisch aktuell" sein. **Standardisierte Leistungstexte** sind eine gute Hilfe, um diese Anforderungen an Leistungsbeschreibungen zeitsparend zu erfüllen. Als Beispiel für standardisierte Leistungstexte ist im Lehrbuch Band 2, Abschnitt 3.3.1.3 das **Standardleistungsbuch (STLB)** in der Fassung von 1998 vorgestellt worden.

Das STLB wird zweimal jährlich vom *DIN Institut für Normung e.V.* auf Aktualität geprüft, gegebenenfalls angepasst oder erweitert und neu herausgegeben. Durch diese Aktualisierungen der fachlichen Regeln ist die VOB-Konformität im Sinne des o. g. § 9 VOB gegeben.

Inzwischen hat das neue datenbankorientierte und dynamische Textsystem **Standardleistungsbuch-Bau** das Standardleistungsbuch abgelöst. Der hierarchische Aufbau des neuen STLB-Bau umfasst die folgenden vier Ebenen:

- Leistungsbereiche
- Teilleistungsgruppen
- Bauteile
- Parameter.

In Abbildung 4-3.1 ist dieser hierarchische Aufbau am Beispiel einer Bauwerkssohle aus Ortbeton dargestellt. Ergänzend dazu ist in Abbildung 4-3.2 der daraus generierte Standardleistungstext wiedergegeben. Die Datenbank des STLB-Bau liefert daneben einen Kurz- und einen Langtext (siehe Lösung Aufgabe 7) sowie einen geschätzten Baupreis, der lediglich informativen Charakter hat und nicht Bestandteil der Ausschreibung ist.

Die Aufgaben dieses Abschnittes sollen insbesondere der Überprüfung und Vervollständigung der folgenden Kenntnisse dienen:

- Rechtscharakter der VOB
- Vergabearten und die Voraussetzungen für ihre Anwendung
- Kriterien der Losbildung
- Leistungsbeschreibung mit Leistungsverzeichnis und Leistungsprogramm
- Nebenleistungen und Besondere Leistungen
- Mengenermittlung
- Prüfung und Wertung von Angeboten
- Abrechnung von Bauleistungen.

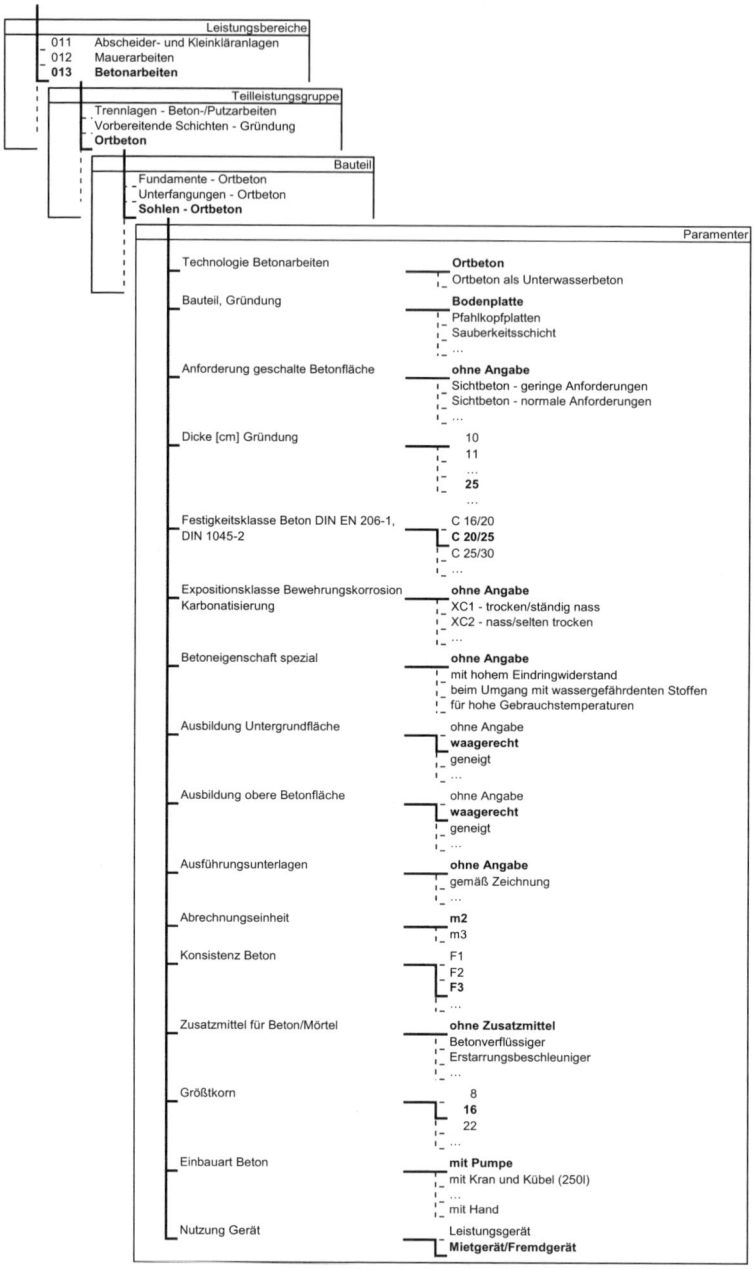

Abb. 4-3.1 Hierarchischer Aufbau des STLB-Bau
Quelle: Standardleistungsbuch-Bau, Dynamische BauDaten 04/2008 (www.baupreislexikon.de)

Abb. 4-3.2 Leistungsbeschreibung einer STLB-Position, Beispiel Leistungsbereich *013 Betonarbeiten,* Dynamische BauDaten 04/2008 (www.baupreislexikon.de; Baupreise ohne MwSt.)

Aufgabenverzeichnis

Die folgenden Aufgaben beziehen sich auf Kapitel 3 des Lehrbuches Band 2:

1 Rechtscharakter der VOB
2 Vorratsproduktion und Auftragsfertigung
3 Vergabearten und die Voraussetzungen für ihre Anwendung
4 Losbildung bei Ausschreibung und Vergabe
5 Arten von Bauleistungen
6 Mengenermittlung für Betonarbeiten
7 Leistungsverzeichnis auf der Grundlage des STLB-Bau (Dynamische BauDaten)
8 Prüfung von Angeboten
9 Angebotsprüfung am Beispiel von Malerarbeiten
10 Bewertung eines Angebotes für Natursteinarbeiten
11 Prüfung von Pauschalangeboten
12 Leistungsbeschreibung mit Leistungsprogramm (Funktionale Leistungsbeschreibung)
13 Vor- und Nachteile der Funktionalen Leistungsbeschreibung
14 Bietergespräch
15 Vergütungsanspruch bei Bauleistungen
16 Nachtragsforderungen

Vorschriften und Normen

Bürgerliches Gesetzbuch §§ 631 - 651 (Werkvertrag) und §§ 305 - 310 (Allgemeine Geschäftsbedingungen)
DIN 1960:2006, Allgemeine Bestimmungen für die Vergabe von Bauleistungen (VOB/A)
DIN 1961:2006, Allgemeine Vertragsbedingungen für die Ausführung von Bauleistungen (VOB/B)
DIN 18 299:2006 bis 18 451:2006, Allgemeine Technische Vertragsbedingungen für Bauleistungen (ATV) (VOB/C), im Speziellen die DIN 18331:2005-01, Betonarbeiten

Zeichnung: Ernst Hürlimann

Empfohlene Literatur zur weiteren Vertiefung

Damerau, H. v. d., A. Tauterat, W. Stern: VOB im Bild, Köln 2007
Hauptverband der Deutschen Bauindustrie e.V./Zentralverband des Deutschen Baugewerbes e.V. (Hrsg.): Kosten- und Leistungsrechnung der Bauunternehmen – KLR-Bau, Wiesbaden, Berlin, Düsseldorf 2001
Hauptverband der Deutschen Bauindustrie e. V. (Hrsg.) unter Mitwirkung zahlreicher Fachleute der Bauindustrie: BGL – Baugeräteliste 2007: Technisch-wirtschaftliche Baumaschinendaten, Gütersloh 2007
Heiermann, W., R. Riedl, M. Rusam, J. Kuffer: Handkommentar zur VOB, Wiesbaden, 2007
Ingenstau, H., H. Korbion: VOB – Teile A und B - Kommentar, Neuwied 2007
Keil, W., U. Martinsen, R. Vahland, J. Fricke: Kostenrechnung für Bauingenieure, Neuwied 2008
Bundesministerium für Verkehr, Bau und Stadtentwicklung (Hrsg.): VHB – Vergabe- und Vertragshandbuch für die Baumaßnahmen des Bundes, Stand 07/2008

Aufgabe 1: Rechtscharakter der VOB

Ist die VOB generell rechtsverbindlich? Welche Vorteile ergeben sich aus ihrer Anwendung?

Aufgabe 2: Vorratsproduktion und Auftragsfertigung

Beschreiben Sie die Vorratsproduktion im Gegensatz zur Auftragsfertigung und nennen Sie für beide Fertigungsarten einige Beispiele.

Aufgabe 3: Vergabearten und die Voraussetzungen für ihre Anwendung

Welche Vergabearten gibt es und unter welchen Voraussetzungen sind die einzelnen Vergabearten anzuwenden?

Aufgabe 4: Losbildung bei Ausschreibung und Vergabe

Bei der Ausführung von Bauleistungen kann besonders bei großen Bauvorhaben die Trennung gleicher oder ähnlicher Leistungen in zwei oder mehr Lose sinnvoll sein. Dies setzt natürlich voraus, dass gleiche Leistungen von zwei oder mehr Firmen gleichzeitig oder nacheinander ausgeführt werden können. Beurteilen Sie, ob die in Abbildung 4-4 aufgeführten Leistungen bei dem Neubau eines Klinikums in einem oder zwei bzw. mehreren Losen ausgeschrieben und vergeben werden sollen, und begründen Sie Ihre Entscheidung.

Ausgewählte Bauleistungen	Zuordnung und Begründung	
	ein Los	zwei bzw. mehrere Lose
Die gesamten und sehr umfangreichen Mauerarbeiten sollen in möglichst kurzer Zeit ausgeführt werden, um noch vor dem Winter die Gebäudehülle weitgehend fertig stellen zu können.		
In mehreren Geschossen sind umfangreiche Arbeiten für Bodenbeläge – besonders in den Fluren – aus einem besonderen Naturstein auszuführen.		
Ein Teil der Stahlbauarbeiten gehört zur Rohbaukonstruktion, weitere Stahlbauarbeiten fallen bei der Erstellung der Balkone an.		
Die Fliesenarbeiten sowie Lieferung und Einbau von Geräten für die Großküche greifen eng ineinander und sind aufeinander abzustimmen.		
Ein Teil der Einbauleuchten befindet sich in abgehängten Metalldecken, ein anderer Teil in abgehängten Gips-Karton-Decken.		
Die gesamte Fassade soll aus vorgefertigten Elementen bestehen. Die Art der Elemente erfordert eine vollständige Vorfertigung (Serie), die Montage soll in kurzer Zeit im Taktbetrieb erfolgen.		

Abb. 4-4 Losbildung (Aufgabenstellung)

Aufgabe 5: Arten von Bauleistungen

Die VOB kennt verschiedene Arten von Bauleistungen mit jeweils unterschiedlicher rechtlicher Bedeutung.

Was versteht man unter

(1) Leistungen,

(2) Nebenleistungen,

(3) Besonderen Leistungen?

(4) Welchen dieser Leistungsarten sind die in Tabelle 4-5 aufgeführten Maßnahmen aus dem Leistungsbereich Betonarbeiten (DIN 18 331) zuzuordnen?

Maßnahmen	Leistungen	Neben-leistungen	Besondere Leistungen
Sichern von Leitungen, Kabeln, Dränen, Kanälen, Grenzsteinen, Bäumen, Pflanzen und dergleichen			
Beseitigen von Verunreinigungen (z. B. Abfälle und Bauschutt), die von den Arbeiten des Auftragnehmers herrühren			
Herstellen von Aussparungen und Schlitzen, die nach Art, Lage, Größe und Anzahl im Leistungsverzeichnis angegeben sind			
Herstellen von Bewegungs- und Scheinfugen sowie Fugendichtungen			
Leistungen zum Nachweis der Güte der Stoffe, Bauteile und der Konformität des Betons nach den Bestimmungen der DIN 1045			
Verwendung von Beton besonderer Zusammensetzung			

Abb. 4-5 Leistungen, Nebenleistungen und Besondere Leistungen (Aufgabenstellung)

Aufgabe 6: Mengenermittlung für Betonarbeiten

Für die in Abbildung 4-6 dargestellte Werkhalle sollen die Betonarbeiten für die Tragkonstruktion ausgeschrieben werden.

Ermitteln Sie die Mengen für das vorliegende Beispiel nach DIN 18 331 Betonarbeiten!

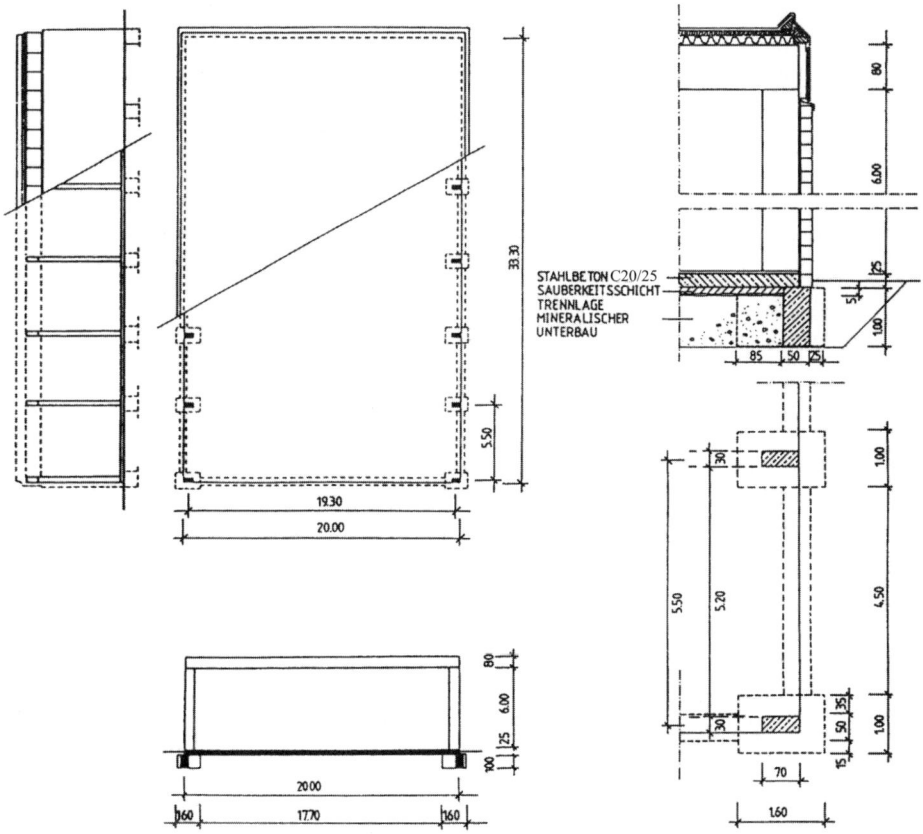

Abb. 4-6 Werkhalle (Grundrisse, Schnitte und Seitenansicht)

Aufgabe 7: Leistungsverzeichnis auf der Grundlage des STLB-Bau (Dynamische BauDaten)

Für eine Werkhalle sind die Mengen der Betonarbeiten nach DIN 18 331 ermittelt worden (Aufgabe 6).

Formulieren Sie auf der Grundlage der Zeichnung (siehe Abbildung 4-6), der folgenden unvollständigen Angaben und der ermittelten Mengen ein Leistungsverzeichnis unter Verwendung des Standardleistungsbuch-Bau Leistungsbereich *013 Betonarbeiten* – zweckmäßigerweise mit Hilfe eines computergestützten Ausschreibungsprogramms. (www.baupreislexikon.de)

Pos.	Bauteil	Baustoff	Abmessungen/ Mengen	Ausführung
1	Einzelfundamente	C 12/15	s. Zeichnung	Ortbeton
2	Streifenfundamente	C 20/25	s. Zeichnung	Ortbeton
3	Trennlage	Kunststofffolie	s. Zeichnung	PE-Folie
4	Sauberkeitsschicht	C 12/15	Dicke 5 cm	Ortbeton
5	Bodenplatte	C 20/25	Dicke 25 cm	Ortbeton
6	Stützen	C 20/25	s. Zeichnung	Ortbeton*)
7	Binder	C 20/25	s. Zeichnung	Ortbeton*)
8	Schalung Einzelfundamente		s. Zeichnung	k.A.
9	Schalung Streifenfundamente		s. Zeichnung	k.A.
10	Schalung Bodenplatte		s. Zeichnung	k.A.
11	Schalung Stützen		s. Zeichnung	*)
12	Schalung Binder		s. Zeichnung	*)
13	Bewehrung Betonstabstahl (Bodenplatte)		5.700 kg	
14	Bewehrung Betonstabstahl (Stützen)		600 kg	
15	Bewehrung Betonstabstahl (Balken)		1.200 kg	
16	Bewehrung Betonstahlmatten		9.500 kg	(Zeichnungsm.)

*) für sichtbar bleibende Oberfläche

Aufgabe 8: Prüfung von Angeboten

Beschreiben Sie die Vorgehensweise bei der Prüfung von Angeboten.

Aufgabe 9: Angebotsprüfung am Beispiel von Malerarbeiten

Es wurden Maler-, Tapezier- und Korrosionsschutzarbeiten für ein größeres Wohn- und Geschäftshaus ausgeschrieben. Da für viele Bereiche wie Läden und Büros noch keine Nutzer gefunden wurden, ist auch die Planung noch unvollständig. Damit fehlen für schätzungsweise ein Drittel der auszuführenden Malerarbeiten die genauen Mengenermittlungen.

Der Bauherr war nicht bereit, die Bauausführung zu verzögern. Der Architekt hat deswegen für alle Bereiche, für die eine Ausführungsplanung erstellt werden konnte, eine Leistungsbeschreibung mit Leistungsverzeichnis erstellt und für die restlichen der erforderlichen Arbeiten Eventualpositionen in die Leistungsbeschreibung aufgenommen, damit nach der vollständigen und mit den Nutzern abgestimmten Planung entsprechende Leistungen nachbeauftragt werden können. Die Bieter geben in diesem Fall Einheitspreise pro Position (z. B. in €/m²) an, erhalten aber keine Angaben zu den voraussichtlichen Mengen.

Die Prüfung von zehn Angeboten ergibt bei Wertung aller Normalpositionen, dass die Firma Pinselfix deutlich günstiger ist als alle anderen Mitbewerber.

Dies liegt vor allem daran, dass dieser Bieter die 4.200 m² Wandanstrich mit Dispersionsfarbe (Normalposition) mit 2,50 €/m² zu einem vergleichsweise niedrigen Einheitspreis angeboten hat. Die Eventualpositionen hat er ebenfalls angeboten.

Dies sind unter anderem:

E 01.01.0001	Spachtelung von Beton- und Deckenflächen	13,00	€/m²
E.01.01.0021	Ölbeständiger Anstrich in Technikräumen	10,75	€/m²
E 01.01.0022	Chlor-Kautschuk-Anstrich in Technikräumen	14,25	€/m²

(1) Sind Architekt und Bauherr aufgrund der vorliegenden Angebote in der Lage, den günstigsten Anbieter zu ermitteln?

(2) Welche Auswirkung hat die Beauftragung ausgeschriebener Eventualpositionen auf die spätere Abrechnungssumme?

(3) Ist es richtig, den voraussichtlich vollen Umfang der Maler-, Tapezier- und Korrosionsschutzarbeiten in einer Leistungsbeschreibung zusammenzufassen und auch einer Firma den Auftrag hierüber zu erteilen?

(4) Welches Risiko geht der Bauherr ein, wenn er auf der Grundlage des vorliegenden Angebotes die Firma Pinselfix beauftragt, bzw. worauf hat der bauüberwachende Architekt besonders zu achten?

(5) Was hätte man, wenn bei den Fragen (1) bis (4) Probleme erkannt werden, anders machen müssen?

Aufgabe 10: Bewertung eines Angebotes für Natursteinarbeiten

Die Böden und Wände der Eingangshalle einer Bank sollen mit hochwertigem Naturstein unterschiedlicher Formate und Qualitäten bekleidet werden. Auch ein Teil der Außenanlagen soll ein Natursteinpflaster erhalten.

Der Nutzer wünscht aus gestalterischen Gründen sogar im Innenbereich Plattenformate von 135/135 cm bei Wand- und Bodenbelägen, welche vom Architekten als Alternativpositionen zu dem von ihm empfohlenen Plattenformat 67,5/67,5 cm ausgeschrieben werden.

Von fünf Bietern gibt die Firma Steinteam das mit großem Abstand günstigste Angebot ab. Der Bauherr möchte baldmöglichst beauftragen. Der Architekt prüft dennoch sorgfältig alle Angebote und stellt beim günstigsten Bieter Folgendes fest:

- die Firma Steinteam wurde vor eineinhalb Jahren gegründet

- die vom Bieter genannten zwei Referenzobjekte befinden sich in anderen Bundesländern

- die Firma Steinteam bietet alle Bodenbeläge - unabhängig von Plattenformat und Verlegeart - einheitlich mit 116,00 €/m² an.

(1) Wie ist eine Entscheidung zu treffen und zu begründen?

(2) Soll die Firma beauftragt werden?

Aufgabe 11: Prüfung von Pauschalangeboten

Die Prüfung von Pauschalangeboten erfolgt durch den Vergleich der Angebotssummen untereinander sowie mit dem entsprechenden Wert der Kostenplanung – unabhängig von deren Detaillierung – und gegebenenfalls ergänzend auf der Grundlage einer durch den Auftraggeber vom Bieter geforderten Untergliederung des Angebotes.

Diese Untergliederung kann nach Leistungsbereichen (Gewerken) erfolgen oder sich auf die Vorgabe wichtiger Einheitspreise stützen. Welche Angaben vom Bieter sinnvollerweise zu verlangen sind, ist sowohl von den Planungsvorgaben als auch von der Art der Leistungsbeschreibung abhängig.

Beim nachfolgenden Beispiel wurde nach der Entwurfsplanung sowie der erteilten Baugenehmigung eine Werkhalle mit Büro- und Sozialräumen ausgeschrieben. Trotz einiger Sondervorschläge lagen alle Angebote (Pauschalsummen) über dem entsprechenden Wert der vom Bauherrn (Hersteller von Möbelbeschlägen) freigegebenen Kostenberechnung.

Die in der Ausschreibung geforderten Angaben zu wichtigen Einheitspreisen erlauben dem Bauherrn und dem Architekten auch zu prüfen, ob

- die Kostenberechnung fehlerfrei und angemessen war und

- bei welchen Konstruktionen Vereinfachungen oder Standardreduzierungen möglich wären.

Im Zuge der Angebotsbewertung stellen Bauherr und Architekt fest, dass keines der Angebote ein aus der Sicht des Bauherrn wirtschaftliches Ergebnis darstellt. Der Architekt schlägt vor, zunächst einmal die Abweichungen zwischen Kostenberechnungen und Angeboten genauer zu untersuchen. Hierzu dienen die Gegenüberstellungen in den Abbildungen 4-7 und 4-8.

(1) Hat der Bauherr die Möglichkeit, ohne erneute Ausschreibung kurzfristig, d. h. ohne Terminverzögerung, zu günstigeren Angeboten zu kommen, um das Gebäude termingerecht erstellen zu lassen?

(2) Bei welchen Positionen gibt es auffällige Unterschiede zwischen der Kostenberechnung und den Angeboten bzw. dem Angebot des günstigsten Bieters 1?

Position	Mengeneinhe	Einheitspreise (€)			
		Kostenbe-rechnung	Angebote		
			Bieter 1	Bieter 2	Bieter 3
Fundamentplatte	m²	215,-	195,-	208,-	145,-
Außenwandschalung	m²	36,-	34,-	34,-	33,-
Deckenschalung	m²	38,-	31,-	36,-	33,-
Betondecke, d = 20 cm	m³	125,-	108,-	118,-	170,-
Stahlkonstruktion Halle	t	2.400,-	2.725,-	2.375,-	3060,-
Stabstahl BST 500 S	t	1.200,-	1.280,-	1.180,-	1.425,-
Stahlmatten BST 500 S	t	1.250,-	1.360,-	1.210,-	1.200,-
Metallfenster	m²	475,-	655,-	490,-	580,-
Fassadenbekleidung	m²	225,-	290,-	310,-	348,-
Gips-Karton-Ständerwand	m²	90,-	83,-	89,-	104,-
Glastrennwand	m²	235,-	410,-	413,-	398,-
Metallkassettendecke	m²	80,-	73,-	68,-	84,-
Sonnenschutz	m²	190,-	210,-	203,-	270,-
Baustelleneinrichtung	psch	225.000,-	213.000,-	253.000,-	301.000,-
Plattenheizkörper	m²	485,-	510,-	435,-	620,-
Zu-/Abluftgerät	St	14.000,-	12.300,-	10.900,-	17.000,-
Niederspannungs-Verteil.	St	5.750,-	5.400,-	6.800,-	7.300,-
Unterflurkanal	m	145,-	135,-	158,-	173,-
Schrankenanlage	St	10.500,-	9.250,-	9.800,-	11.400,-

Abb. 4-7 Gegenüberstellung wichtiger Einheitspreise aus der Kostenberechnung und den Angeboten

Position	Mengeneinheit	Mengen Kostenberechnung	Einheitspreise (€) Kostenberechnung	Angebot Bieter 1	Differenz	Differenz je Position (€)
Fundamentplatte	m²	219	215,-	195,-	- 20,-	- 4.380,-
Außenwandschalung	m²	3.100	36,-	34,-	- 2,-	- 6.200,-
Deckenschalung	m²	2.170	38,-	31,-	- 7,-	-15.190,-
Betondecke, d = 20	m³	520	125,-	108,-	- 17,-	- 8.840,-
Stahlkonstruktion	t	28	2.400,-	2.725,-	+ 325,-	+ 9.100,-
Stabstahl BST 500 S	t	90	1.200,-	1.280,-	+ 80,-	+ 7.200,-
Stahlmatten BST 500	t	105	1.250,-	1.360,-	+ 110,-	+11.550,-
Metallfenster	m²	410	475,-	655,-	+ 180,-	+73.800,-
Fassadenbekleidung	m²	1.040	225,-	290,-	+ 65,-	+67.600,-
Gips-Karton-	m²	1.350	90,-	83,-	- 7,-	- 9.450,-
Glastrennwand	m²	480	235,-	410,-	+ 175,-	+84.000,-
Metallkassettendecke	m²	1.290	80,-	73,-	- 7,-	- 9.030,-
Sonnenschutz	m²	315	190,-	210,-	+ 20,-	+ 6.300,-
Baustelleneinrichtung	psch	1	225.000,-	213.000,-	-12.000,	-12.000,-
Plattenheizkörper	m²	52	485,-	510,-	+ 25,-	+ 1.300,-
Zu-/Abluftgerät	St	1	14.000,-	12.300,-	-1.700,-	- 1.700,-
Niederspannungs-	St	10	5.750,-	5.400,-	- 350,-	- 3.500,-
Unterflurkanal	m	240	145,-	135,-	+ 10,-	- 2.400,-
Schrankenanlage	St	2	10.500,-	9.250,-	-1.250,-	- 2.500,-
Differenz gesamt						+194.690,

Abb. 4-8 Gegenüberstellung wichtiger Einheitspreise aus der Kostenberechnung mit dem Angebot des Bieters 1

Aufgabe 12: Leistungsbeschreibung mit Leistungsprogramm (Funktionale Leistungsbeschreibung)

Was versteht man unter einer Funktionalen Leistungsbeschreibung?

(1) Beschreiben Sie dieses Verfahren.

(2) Nennen Sie beispielhaft zwei Leistungen, durch die die Bandbreite der Anwendungsmöglichkeiten der Funktionalen Leistungsbeschreibung deutlich wird.

(3) Nennen Sie Vor- und Nachteile dieses Verfahrens.

Aufgabe 13: Vor- und Nachteile der Funktionalen Leistungsbeschreibung

Die Funktionale Leistungsbeschreibung (Leistungsbeschreibung mit Leistungsprogramm) ist unter Bauherren und Architekten nicht unumstritten. Welche Vor- und Nachteile sollten vor der Entscheidung über die Art der Leistungsbeschreibung zu folgenden Aspekten erörtert werden:

(1) Gestaltung
(2) Kostensicherheit bezüglich der Baukosten
(3) Rolle und Einflussmöglichkeiten des (freien) Architekten
(4) Nutzbarkeit und Folgeaufwand
(5) Festlegung von Planungsinhalten
(6) Angebotsprüfung?

Aufgabe 14: Bietergespräch

Das Bietergespräch dient in erster Linie der wirtschaftlichen Prüfung des Bewerbers bzw. der Bewerber. Zum Bietergespräch soll zunächst das Unternehmen eingeladen werden, dessen Angebot mit Hilfe des Preisspiegels als das günstigste ermittelt wurde. Es soll im Weiteren die Eignung des Bieters geprüft werden, und es können Fragen zur Ausführung geklärt werden. Formulieren Sie die wichtigsten Punkte des zu führenden Gesprächs.

Aufgabe 15: Vergütungsanspruch bei Bauleistungen

Welche Voraussetzungen müssen erfüllt sein, damit ein Vergütungsanspruch des Bauunternehmers gegenüber dem Bauherrn gegeben ist?

Aufgabe 16: Nachtragsforderungen

Für zusätzliche Leistungen (gemäß VOB/B, § 2.6) hat der Rohbauunternehmer, nachdem er diese dem Auftraggeber zuvor angekündigt hatte, 150 Baufacharbeiter-Stunden zu einem Tariflohn von 13,00 €/h erbracht.

Zusammen mit dem Angebot hatte der Auftragnehmer die folgenden Zuschlagsätze angegeben (siehe Lehrbuch Band 2, Abschnitt 3.6 Grundverständnis der Baubetrieblichen Kalkulation, S. 115 f.):

Lohnzuschläge	105 %
Allgemeine Geschäftskosten	10 %
Wagnis und Gewinn	5 %

Außerdem hat der Rohbauunternehmer auf Verlangen des Auftraggebers das Steckrahmengerüst (mittlerer Neuwert 6.000 €) weitere zwei Monate über die eigene Benutzungsdauer hinaus vorgehalten. Entsprechend der Baugeräteliste 2007 (U 2.10, Seite U25) sind als monatlicher Abschreibungs- und Verzinsungssatz 3,0 % und als monatlicher Satz für Reparaturkosten 1,8 % des Neuwertes anzusetzen.

Welche Nachtragsforderungen kann der Rohbauunternehmer stellen?

Lösung zu Aufgabe 1: Rechtscharakter der VOB

Die Vergabe von Bauleistungen findet ihren Abschluss in dem Bauvertrag zwischen Bauherrn und Unternehmer, der in der Regel ein Werkvertrag ist (§ 631 BGB). Diese Regelungen im Bürgerlichen Gesetzbuch sind jedoch nicht zwingend, sondern gelten nur, wenn nichts anderes vereinbart wurde oder das Vereinbarte unwirksam ist.

Die VOB ist als Ergänzung der Bestimmungen des BGB anzusehen, um den speziellen Bedürfnissen des Bauvertrages gerecht zu werden. Sie ist weder Gesetz noch Rechtsverordnung, noch Gewohnheitsrecht, sondern eine vorbereitete Rechtsordnung, die nur bei ausdrücklicher Vereinbarung Vertragsbestandteil wird. Allerdings ist die Anwendung der VOB im Bereich der öffentlichen Hand haushaltsrechtlich bindend vorgeschrieben.

Als wesentliche Vorteile, die sich aus der Anwendung der VOB ergeben, sind zu nennen:

- Klare und einheitliche Grundsätze für die Vergabe und Ausführung von Bauleistungen: Regelung des Vergabeverfahrens und der Vertragsbedingungen
- Weitgehender Interessenausgleich zwischen den beiden Vertragsseiten – Auftragnehmer und Auftraggeber
- Vereinfachung für die ausschreibende Stelle
- Vereinfachung der Preisermittlung durch standardisierte Bedingungen.

Lösung zu Aufgabe 2: Vorratsproduktion und Auftragsfertigung

Unter Vorratsproduktion versteht man die Produktion für den anonymen Markt, d. h. bei Produktionsbeginn steht der Abnehmer der Güter noch nicht fest.

Beispiele: Ziegelsteine, Schrauben, standardisierte Küchenmöbel.

Unter Auftragsfertigung versteht man hingegen die Produktion für einen konkreten und bekannten Auftraggeber. Dabei wird erst nach Erteilung des Auftrages mit der Planung und der Produktion begonnen.

Beispiele: ein Passagierschiff, ein Mehrfamilienhaus, ein Maßanzug.

Mischformen gibt es z. B. im Automobilbau und im Fertighausbau; dort werden dem Auftraggeber Varianten für verschiedene Bauteile angeboten, aus denen er auswählen kann. Die einzelnen Varianten werden für den anonymen Markt produziert, aber der endgültige Zusammenbau erfolgt erst auf Bestellung.

Lösung zu Aufgabe 3: Vergabearten und die Voraussetzungen für ihre Anwendung

In der VOB Teil A werden folgende Vergabearten unterschieden:

§ 3	§ 3a
- Öffentliche Ausschreibung	- Offenes Verfahren
- Beschränkte Ausschreibung	- Nichtoffenes Verfahren
	- Wettbewerblicher Dialog
- Freihändige Vergabe	- Verhandlungsverfahren.

Bei der Vergabe öffentlicher Bauaufträge, die den Schwellenwert von 5.278.000 € ohne Umsatzsteuer erreichen oder überschreiten, sind die Verfahren nach VOB/A § 3a anzuwenden.

Die **Öffentliche Ausschreibung** bzw. das **Offene Verfahren** verlangt durch die öffentliche Bekanntmachung einen zusätzlichen Aufwand an Zeit und Kosten (gegenüber den anderen Vergabearten). Nach VOB/A § 3 Nr. 2 ist von der Öffentlichen Ausschreibung abzusehen, wenn der dadurch verursachte Aufwand zu dem erreichbaren Vorteil oder dem Wert der Leistung im Missverhältnis stehen würde. Davon ist bei kleineren Bauvorhaben auszugehen.

Bei der **Beschränkten Ausschreibung** (i. Allg. 3 bis 8 Teilnehmer, VOB/A § 8 Nr. 2 (2)) spricht die ausschreibende Stelle ihr geeignet erscheinende Bieter direkt an. Dadurch ist sichergestellt, dass dieser Bieterkreis über die Ausschreibung informiert ist. Da bei einer geringeren Teilnehmerzahl die Erfolgsaussichten für die Bieter größer sind, kann im Allgemeinen mit einer größeren Teilnahmebereitschaft der angesprochenen Unternehmer gerechnet werden. Diese Gründe sprechen bei privaten Bauherren im Allgemeinen für die Beschränkte Ausschreibung (von großen Bauvorhaben abgesehen). Das **Nichtoffene Verfahren** entspricht der Beschränkten Ausschreibung nach Öffentlichem Teilnahmewettbewerb.

Der **Wettbewerbliche Dialog** ist ein Verfahren zur Vergabe komplexer Aufträge, bei dem eine Aufforderung zur Teilnahme und anschließend Verhandlungen mit ausgewählten Unternehmen über alle Einzelheiten des Auftrags erfolgen (VOB/A § 3a Nr. 1c). Dieses Verfahren ist zulässig, „ wenn der Auftraggeber objektiv nicht in der Lage ist, ... die technischen Mittel anzugeben, mit denen seine Bedürfnisse und Ziele erfüllt werden können, oder ... die rechtlichen oder finanziellen Bedingungen des Vorhabens anzugeben." (VOB A § 3a Nr. 4 (1))

Eine „**Freihändige Vergabe** ist zulässig, wenn die Öffentliche Ausschreibung oder Beschränkte Ausschreibung unzweckmäßig ist, besonders

- weil für Leistungen aus besonderen Gründen (z. B. Patentschutz, besondere Erfahrung oder Geräte) nur ein bestimmter Unternehmer in Betracht kommt,
- weil die Leistung nach Art und Umfang vor der Vergabe nicht eindeutig und erschöpfend festgelegt werden kann,
- weil sich eine kleine Leistung von einer vergebenen größeren Leistung nicht ohne Nachteil trennen lässt,
- weil die Leistung besonders dringlich ist,
- weil nach Aufhebung einer Öffentlichen Ausschreibung oder Beschränkten Ausschreibung eine erneute Ausschreibung kein annehmbares Ergebnis verspricht,
- weil die auszuführende Leistung Geheimhaltungsvorschriften unterworfen ist." (VOB/A § 3 Nr. 4 a - f).

Bei Freihändiger Vergabe ist der Preiswettbewerb ausgeschaltet, es besteht die Gefahr eines überteuerten Angebots.

Zur Freihändigen Vergabe kann i. Allg. nur geraten werden, wenn der Bauunternehmer aus früherer, vertrauensvoller Zusammenarbeit als fachkundig, zuverlässig und kostengünstig bekannt ist oder zwingende Gründe vorliegen.

Bei öffentlichen Bauaufträgen, die den o. a. Schwellenwert überschreiten, tritt an die Stelle der Freihändigen Vergabe das **Verhandlungsverfahren**. Dabei verhandelt der Auftraggeber – ggf. nach öffentlicher Vergabebekanntmachung – mit einem oder mehreren ausgewählten Unternehmern über den Auftragsinhalt (VOB § 3a Nr. 1d)).

Die Voraussetzungen für die Anwendung des Verhandlungsverfahrens mit und ohne öffentliche Vergabebekanntmachung verfolgen sinngemäß die gleichen Ziele wie die der Freihändigen Vergabe und sind in VOB § 3a Nr. 5 und 6 nachzulesen.

Lösung zu Aufgabe 4: Losbildung bei Ausschreibung und Vergabe

Für die Ausschreibung und Vergabe in einem Los sprechen:

(1) das enge Ineinandergreifen von Bauleistungen

(2) Anforderungen an die technische wie gestalterische Einheitlichkeit einer Leistung einschließlich der Gewährleistung, Ersatzteillieferung und Wartung/ Instandsetzung

(3) Kostendegression bei der Ausführung großer Mengen (ggf. verstärkt durch Rationalisierung) und demzufolge die Möglichkeit eines besonders günstigen Angebotes.

Folgende Gründe legen eine Ausschreibung und Vergabe in zwei bzw. mehreren Losen nahe:

(4) möglichst kurze Bauzeit

(5) unterschiedliche Anforderungen an die Art und Qualität von Leistungen gleicher oder ähnlicher Leistungsbereiche

(6) Verhältnis vom Umfang der Leistung zu Größe und Leistungsfähigkeit der in Frage kommenden Firmen einschließlich des Gesichtspunktes der Mittelstandsförderung (häufig bei öffentlichen Auftraggebern).

Dementsprechend ergeben sich die in Abbildung 4-9 angegebenen Losbildungen bei dem vorgesehenen Klinikumsneubau.

Ausgewählte Bauleistungen	Zuordnung und Begründung	
	ein Los	zwei bzw. mehrere Lose
Die gesamten und sehr umfangreichen Mauerarbeiten sollen in möglichst kurzer Zeit ausgeführt werden, um noch vor dem Winter die Gebäudehülle weitgehend fertig stellen zu können.		(4) (6)
In mehreren Geschossen sind umfangreiche Arbeiten für Bodenbeläge – besonders in den Fluren – aus einem besonderen Naturstein auszuführen.	(2) (3)	
Ein Teil der Stahlbauarbeiten gehört zur Rohbaukonstruktion, weitere Stahlbauarbeiten fallen bei der Erstellung der Balkone an.		(4) (5)
Die Fliesenarbeiten sowie Lieferung und Einbau von Geräten für die Großküche greifen eng ineinander und sind aufeinander abzustimmen.	(1) (2)	
Ein Teil der Einbauleuchten befindet sich in abgehängten Metalldecken, ein anderer Teil in abgehängten Gips-Karton-Decken.	(2)	(5) (4) *)
Die gesamte Fassade soll aus vorgefertigten Elementen bestehen. Die Art der Elemente erfordert eine vollständige Vorfertigung (Serie), die Montage soll in kurzer Zeit im Taktbetrieb erfolgen.	(2) (3)	
*) Einerseits spricht der Gesichtspunkt der Ersatzteillieferung und Wartung / Instandhaltung für die Bildung nur eines Loses (vgl. 2), andererseits sollte im Hinblick auf den Bauablauf die Montage der Einbauleuchten gleichzeitig mit der Montage der abgehängten Decken (und zwar jeweils von dem die Decke erstellenden Unternehmen) erfolgen. Es kann nicht davon ausgegangen werden, dass eine Metallbaufirma auch Trockenbau-/Gipsmontagearbeiten ausführt. Hinsichtlich der einzubauenden Leuchten sind Fabrikate und ggf. auch der Lieferant festzulegen.		

Abb. 4-9 Losbildung (Lösung)

Lösung zu Aufgabe 5: Arten von Bauleistungen

(1) Bauleistungen

Bauleistungen sind Arbeiten jeder Art, durch die eine bauliche Anlage hergestellt, instand gehalten, geändert oder beseitigt wird. (VOB/A § 1).

Die Bauleistungen sind eindeutig und erschöpfend im Leistungsverzeichnis zu beschreiben, z. B. mit Hilfe des Standardleistungsbuchs Bau (StLB).

(2) Nebenleistungen

Nebenleistungen sind Leistungen, die auch ohne Erwähnung im Vertrag zur vertraglichen Leistung gehören (VOB/C DIN 18 299, 4.1). Solche Leistungen ergeben sich aus VOB/B § 2.1, wonach durch die vereinbarten Preise alle Leistungen abgegolten werden, „die nach der Leistungsbeschreibung, den Besonderen Vertragsbedingungen, den Zusätzlichen Vertragsbedingungen, den Zusätzlichen Technischen Vertragsbedingungen, den Allgemeinen Technischen Vertragsbedingungen für Bauleistungen und der gewerblichen Verkehrssitte zur vertraglichen Leistung gehören."

(3) Besondere Leistungen

Besondere Leistungen sind keine Nebenleistungen im Sinne von (2) und müssen in der Leistungsbeschreibung besonders erwähnt werden, um zur vertraglichen Leistung zu gehören.

(4) Zuordnung der Maßnahmen

Die in der Aufgabenstellung genannten Leistungen sind gemäß Abb. 4-10 den verschiedenen Leistungsarten zuzuordnen:

Maßnahmen	Leistungen	Neben-leistungen	Besondere Leistungen
Sichern von Leitungen, Kabeln, Dränen, Kanälen, Grenzsteinen, Bäumen, Pflanzen und dergleichen			DIN 18 299 4.2.18
Beseitigen von Verunreinigungen (z.B. Abfälle und Bauschutt), die von den Arbeiten des Auftragnehmers herrühren		DIN 18 299 4.1.11	
Herstellen von Aussparungen und Schlitzen, die nach Art, Lage, Größe und Anzahl im Leistungsverzeichnis angegeben sind	DIN 18 331 0.2.10		
Herstellen von Bewegungs- und Scheinfugen sowie Fugendichtungen			DIN 18 331 4.2.13
Leistungen zum Nachweis der Güte der Stoffe, Bauteile und der Konformität des Betons nach den Bestimmungen der DIN 1045		DIN 18 331 4.1.3	
Verwendung von Beton besonderer Zusammensetzung	DIN 18 331 0.2.2/0.2.3		

Abb. 4-10 Leistungen, Nebenleistungen und Besondere Leistungen nach VOB/C Stand 2006 (Lösung)

Lösung zu Aufgabe 6: Mengenermittlung für Betonarbeiten

Für die geplante Werkhalle ergibt sich unter Zugrundelegung der DIN 18 331 Betonarbeiten die in Abbildung 4-11 dargestellte Mengenermittlung.

Position (siehe Aufg. 7)	Leistungen	Anzahl	1. Dim. (m)	2. Dim. (m)	Fläche (m²)	3. Dim. (m)	Raum-inhalt (m³)
1	Einzelfundamente C 12/15	14	1,60	1,00		1,00	22,40
8	Schalung 2 · (1,00 + 1,60 - 0,50)	14	4,20	1,00	58,80		
2	Streifenfundamente C 20/25	12	4,50	0,50		1,00	27,00
		2	17,70	0,50		1,00	17,70
							44,70
9	Schalung	24	4,50	1,00	108,00		
		4	17,70	1,00	70,80		
					178,80		
3	Trennlage		33,30	20,00	666,00		
4	Sauberkeitsschicht		33,30	20,00	666,00		
5	Bodenplatte C 20/25		33,30	20,00	666,00		
10	Schalung 2 · (33,30 + 20,00)		106,60	0,25	26,65		
6	Stützen C 20/25	14				6,00	
11	Schalung 2 · (0,70 + 0,30)	14	2,00	6,00	168,00		
7	Balken C 20/25	7				20,00	
12	Schalung 2 · 0,80 + 0,30	7	1,90	20,00	266,00		
		14	0,80	0,30	3,36		
					269,36		

Abb. 4-11 Mengenermittlung für Betonarbeiten

Lösung zu Aufgabe 7: Leistungsverzeichnis auf der Grundlage des STLB-Bau (Dynamische BauDaten)

Das **Leistungsverzeichnis mit Kurztexten** unter Verwendung des Standardleistungsbuches-Bau, *LB 013 Betonarbeiten* ergibt sich wie folgt: (www.baupreislexikon.de)

Ordnungszahl (Pos.-Nr.)	Bezeichnung	Einheitspreis EUR	Gesamtbetrag EUR
01.0	22,40m3 **Ortbeton Einzelfundament unbewehrt C12/15 1-2m3**	.....	.....
02.0	44,70m3 **Ortbeton Streifenfundament unbewehrt C12/15 B 40-50cm**	.....	.....
03.0	666,00m2 **Trennlage PE-Folie D 0,2mm**	.....	.....
04.0	666,00m2 **Ortbeton Sauberkeitsschicht unbewehrt C12/15 D 5cm**	.....	.....
05.0	666,00m2 **Ortbeton Bodenpl. Stahlbeton C20/25 D 25cm**	.....	.....
06.0	84,00m **Ortbeton Stütze Stahlbeton C20/25 SB1 rechteckig B/H 30/70cm L 550-600cm**	.....	.....
07.0	140,00m **Ortbeton Balken Stahlbeton C20/25 SB1 B/H 30/80cm L 19,8-20m**	.....	.....
08.0	58,80m2 **Schalung Einzelfundament H 0,5-1m**	.....	.....

Ordnungszahl (Pos.-Nr.)	Bezeichnung	Einheitspreis EUR	Gesamtbetrag EUR
09.0	178,80m2	.....	.....
	Schalung Streifenfundament H 0,5-1m		
10.0	26,65m2	.....	.....
	Schalung Bodenpl. H 15-25cm		
11.0	168,00m2	.....	.....
	Schalung Stütze SB1 H 5-6m		
12.0	269,36m2	.....	.....
	Schalung Balken SB1 GF-Schalungspl. H 5-6m		
13.0	5.700,00kg	.....	.....
	Betonstabstahl BSt500S alle Durchmesser (Bauteil: Bodenplatte)		
14.0	600,00kg	.....	.....
	Betonstabstahl BSt500S alle Durchmesser (Bauteil: Stützen)		
15.0	1.200,00kg	.....	.....
	Betonstabstahl BSt500S alle Durchmesser (Bauteil: Balken)		
16.0	9.500,00kg	.....	.....
	Betonstahlmatte BSt500M Zeichnungsmatte 8-10kg/m2		
	Zwischensumme		.....
	Nachlass		.....
	Angebotssumme netto		.....
	Umsatzsteuer (19,00%)		.....
	Angebotssumme brutto		.....

Unter Verwendung des Standardleistungsbuches, *LB 013 Betonarbeiten* ergibt sich folgender **Langtext des Leistungsverzeichnisses,** beispielhaft für die vorgenannte Pos. 1 (www.baupreislexikon.de):

01.0 22,400m3 .....

Ortbeton Einzelfundament unbewehrt C12/15 1-2m3

Technologie Betonarbeiten: Ortbeton,
Bauteil, Gründung: Einzelfundament,
Ausbildung obere Betonfläche: waagerecht,
Einteilung Beton nach Bewehrung: unbewehrter Beton,
Einteilung Beton nach Rohdichte/Verwendung: Normalbeton,
Festigkeitsklasse Beton DIN EN 206-1, DIN 1045-2: C 12/15,
Normung Beton: DIN EN 206-1, DIN 1045-2,
Expositionsklasse Bewehrungskorrosion Karbonatisierung: ohne Angabe,
Betoneigenschaft speziell: ohne Angabe,
Anforderung geschalte Betonfläche: ohne Angabe,
Volumenbereich [m3] Fundament: über 1 bis 2,
Ausführungsunterlagen: ohne Angabe,
Einbauart Beton: mit Pumpe,
Nutzung Gerät: Mietgerät/Fremdgerät,
Konsistenz Beton: F3,
Größtkorn [mm]: 16,
Zusatzmittel für Beton/Mörtel: ohne Zusatzmittel

Lösung zu Aufgabe 8: Prüfung von Angeboten

Von der Wertung werden nach VOB/A § 25 diejenigen Angebote ausgeschlossen,

- die im Eröffnungstermin dem Verhandlungsleiter bei Öffnung des ersten Angebotes nicht vorgelegen haben
- die nach VOB/A § 21.1 (1) nicht mit einer rechtsverbindlichen Unterschrift bzw. entsprechender elektronischer Signatur versehen sind
- bei denen Änderungen des Bieters an seinen Eintragungen nicht zweifelsfrei sind
- bei denen Änderungen an den Verdingungsunterlagen vorgenommen worden sind
- deren Bieter in Bezug auf die Ausschreibung Abreden getroffen haben, die unzulässige Wettbewerbsbeschränkungen darstellen
- bei denen über das Vermögen des Bieters das Konkursverfahren oder das Vergleichsverfahren eröffnet oder die Eröffnung beantragt worden ist
- deren Bieter sich in Liquidation befinden
- deren Bieter nachweislich eine schwere Verfehlung begangen haben, die ihre Zuverlässigkeit in Frage stellt

- deren Bieter ihre Verpflichtung zur Zahlung von Steuern und Abgaben sowie der Beiträge zur gesetzlichen Sozialversicherung nicht ordnungsgemäß erfüllt haben

- deren Bieter im Vergabeverfahren vorsätzlich unzutreffende Erklärungen in Bezug auf ihre Fachkunde, Leistungsfähigkeit und Zuverlässigkeit abgegeben haben und

- deren Bieter sich nicht bei der Berufsgenossenschaft angemeldet haben.

Angebote, bei denen einer dieser Sachverhalte vorab festgestellt wird, brauchen nicht weiter geprüft zu werden. Die übrigen Angebote sind nach VOB/A § 23.2 rechnerisch, technisch und wirtschaftlich zu prüfen.

(1) **Rechnerische Prüfung**

Beim **Einheitspreisvertrag** (VOB/A § 5.1 a)) sind die angebotenen Einheitspreise verbindlich. Eventuelle Rechenfehler bei den Gesamtbeträgen der Einzelpositionen, bei Zwischensummen und bei der Angebotssumme (Endsumme) sind zu korrigieren, damit anhand der Angebotssummen der Preisvergleich durchgeführt werden kann.

Beim **Pauschalvertrag** (VOB/A § 5.1 b)) gilt die angebotene Pauschalsumme ohne Rücksicht auf die damit möglicherweise nicht zu vereinbarenden Einzelpreise. Ist der Bieter aufgrund von gravierenden Rechenfehlern zu einer Pauschalsumme gekommen, die er bei richtiger Kenntnis der Sachlage nicht angeboten hätte, bleibt ihm nur die Möglichkeit der Anfechtung seines Angebotes wegen Irrtums, was im Erfolgsfalle den Ausschluss des Angebotes zur Folge hätte.

(2) **Technische Prüfung**

„Die Prüfung hat sich zunächst darauf zu richten, ob die Angebote – einschließlich vorgesehener Textergänzungen und Bieterangaben – vollständig sind. Außerdem ist zu prüfen, ob die angebotene mit der geforderten Leistung übereinstimmt. Nebenangebote der Bieter sind daraufhin zu untersuchen, ob sie den Vertragszweck erfüllen.

Soweit erforderlich, ist zu prüfen, ob

- das vorgesehene Arbeitsverfahren technisch möglich und für eine vertragsgemäße Ausführung geeignet ist,
- die vorgesehenen Maschinen und Geräte dem Arbeitsverfahren entsprechen,
- der vorgesehene Maschinen- und Geräteeinsatz für die Ausführung der Leistung in der vorgeschriebenen Bauzeit ausreicht.

Angebote über Leistungen mit von der Leistungsbeschreibung abweichenden Spezifikationen sind daraufhin zu prüfen, ob sie mit dem geforderten Schutzniveau in Bezug auf Sicherheit, Gesundheit und Gebrauchstauglichkeit gleichwertig sind und die Gleichwertigkeit nachgewiesen ist.“

(Vergabehandbuch für die Durchführung von Bauaufgaben des Bundes im Zuständigkeitsbereich der Finanzbauverwaltungen, Ausgabe 2002, Nr. 2.2 zu § 23 VOB/A)

(3) **Wirtschaftliche Prüfung**

Die wirtschaftliche Prüfung bezieht sich auf die Angemessenheit der Angebotssumme insgesamt und auf die Angemessenheit der angegebenen Arbeitsdauer, des geplanten Einsatzes von Arbeitskräften und Maschinen sowie auf die ökonomische Leistungsfähigkeit des Unternehmens. Angebotene Preise, die in offenbarem Missverhältnis zur Leistung stehen, führen zum Ausschluss des Angebotes.

Sehr informativ für die ausschreibende Stelle ist die anschließende Aufstellung eines **Preisspiegel**s nach Teilleistungen, in dem die maßgeblichen (Einheits-) Preise der einzelnen Angebote einander gegenübergestellt werden. Hieraus ergeben sich meistens Ansatzpunkte für Verhandlungen mit den Bietern über Preisnachlässe – Verhandlungen, die allerdings nach VOB/A § 24.3 unstatthaft sind, „außer wenn sie bei Nebenangeboten oder Angeboten aufgrund eines Leistungsprogramms nötig sind, um unumgängliche technische Änderungen geringen Umfangs und daraus sich ergebende Änderungen der Preise zu vereinbaren."

Lösung zu Aufgabe 9: Angebotsprüfung am Beispiel von Malerarbeiten

(1) Der Architekt kann für die Ermittlung der Angebotssumme der einzelnen Bieter und für den Vergleich aller Angebote in Form eines Preisspiegels nur die Normalpositionen heranziehen, für die auch genaue Mengenermittlungen je Position des Leistungsverzeichnisses vorliegen. Die Eventualpositionen gehen nicht in die Ermittlung der Angebotssumme ein.

Beim Vergleich aller angebotenen Preise mit den abgerechneten Einheitspreisen seiner Baukostendokumentation wird der Architekt feststellen, dass die Angebotspreise der Eventualpositionen weit über dem ortsüblichen Durchschnitt liegen.

Für eine vollständige Angebotsbewertung und damit die Ermittlung des günstigsten Bieters fehlt dem Architekten die notwendige Mengensicherheit, denn aufgrund ausschließlich der Normalpositionen lässt sich nicht sicher genug beurteilen, welcher Bieter für den vollen Umfang der Arbeiten der günstigste sein wird.

(2) Nach Durchsicht der Planunterlagen und unter Berücksichtigung des Planungszieles schätzt der Architekt, dass die Eventualpositionen nach Abschluss aller Arbeiten etwa die Hälfte des gesamten Leistungsumfanges ausmachen werden. Die Abrechnung aller erforderlichen Leistungen im Fall der Beauftragung der Firma Pinselfix wird dann voraussichtlich zeigen, dass die Arbeiten zu teuer sind.

(3) Es ist grundsätzlich richtig, die Leistungen eines Gewerkes in einer Leistungsbeschreibung zusammenzufassen, da hierdurch

- bei größeren Mengen günstigere Einheitspreise erwartet werden können und

- Beauftragung, Koordination und Abwicklung sowie
- die Gewährleistung für das Gewerk auf einen Auftragnehmer gerichtet ist.

Im vorliegenden Fall hat im Gegensatz dazu die Aufteilung der Arbeiten in zwei oder mehr Teillose den Vorteil, dass für

- das erste Los die notwendige Mengensicherheit und eine zuverlässige Angebotsbewertung erreicht werden kann
- das oder die weiteren Lose noch später ausreichend genaue Mengenermittlungen vor der Beauftragung erfolgen können.

Von der Ausschreibung des vollen Leistungsumfanges mit zahlreichen Eventualpositionen – wie oben beschrieben – ist abzuraten.

(4) Für den Bauherrn besteht das Risiko, dass der Auftragnehmer sehr große Mengen der Eventualpositionen ausführen muss und abrechnet. Der Auftragswert der Malerarbeiten kann dann wesentlich höher ausfallen als geplant.

Der Architekt muss während der Bauausführung verstärkt darauf achten, dass

- nicht mehr Leistungen ausgeführt werden als erforderlich sind und
- alle Leistungen, die in Rechnung gestellt werden, auch festgestellt und aufgemessen werden können.

Dies könnte hier z. B. für das Spachteln des Anstrichuntergrundes oder andere vorbereitende Arbeiten zutreffen, deren Menge und Qualität nach dem darauf folgenden Arbeitsgang, z. B. Deckanstrich, vom Bauherrn oder Architekten nicht oder nur schwer festgestellt werden kann.

(5) Die vollständige Planung aller Bereiche, insbesondere des baulichen Ausbaus, vor der Beauftragung aller bzw. wesentlicher Gewerke ist in der Praxis meist nicht möglich. Fehlen z. B. Nutzervorgaben, dann sind viele Leistungen in zwei Ausführungsphasen aufzuteilen. Damit steigt zwar der Planungs- und Koordinationsaufwand, aber die oben beschriebenen Risiken bzw. Fehleinschätzungen können wirksam gemindert werden. Die Ausschreibung von zwei oder mehreren Losen für die Malerarbeiten wäre richtig gewesen.

Lösung zu Aufgabe 10: Bewertung eines Angebotes für Natursteinarbeiten

(1) Die Bewertung der Angebote beschränkt sich nicht auf die Einheitspreise und die Angebotssumme. Es ist vor allem auch zu prüfen, ob die einzelnen Bieter fachkundig, leistungsfähig und zuverlässig sind.

Im Fall des Bieters Steinteam handelt es sich um eine noch sehr junge Firma, was allein jedoch nichts über die Fachkunde und Leistungsfähigkeit aussagen muss. In der Nähe sind keine Referenzobjekte vorhanden. Daraus muss geschlossen werden, dass bisher weder Personal noch technische Ausstattung vor Ort vorhanden sind.

Die im Vergleich mit den anderen Bietern niedrige Angebotssumme und die in der Höhe gleichen Angebotspreise (€/m²) für qualitativ sehr unterschiedliche Leistungen legen die Schlussfolgerung nahe, dass der Bieter

- sich zu wenig Zeit genommen hat, um eine sorgfältige und kostengerechte (Selbstkosten-)Angebotskalkulation aufzustellen oder

- fachlich nicht in der Lage ist bzw. zu wenig Erfahrung bei der Kalkulation und Abrechnung gesammelt hat, um die unterschiedlichen Leistungen zumindest überschlägig richtig zu bewerten bzw.
- die geforderte Leistung nur unter Selbstkosten oder kostendeckend unter Inkaufnahme von Qualitätsminderungen erbringen kann oder will.

(2) Der Architekt sollte dem Bauherrn dringend davon abraten, der Firma Steinteam kurzfristig den Auftrag zu erteilen. Überhaupt sollte der Bauherr sich nur für den Fall, dass alle Zweifel ausgeräumt werden können, zu einer Beauftragung entschließen. Ein Gespräch, die Besichtigung ausgeführter Arbeiten und eine Bankauskunft wären hierzu mindestens notwendig.

Natursteinarbeiten liegen in der Terminplanung häufig auf dem kritischen Weg. Kann der Auftragnehmer für dieses Gewerk die Vertragstermine nicht einhalten, bringt er mangelhafte Leistungen mit der Notwendigkeit einer Mängelbeseitigung schon während der Ausführung oder fällt die Firma aus, bevor die Leistungen vollständig erbracht sind (z. B. Konkurs), wird der gesamte Bauablauf in der meist ohnehin knapp bemessenen Ausbauphase erheblich gestört. Die daraus zu erwartenden Mehrkosten sind erfahrungsgemäß weit höher als Einsparungen bei einer Vergabe, wie es hier der Fall wäre.

Lösung zu Aufgabe 11: Prüfung von Pauschalangeboten

(1) Der Bauherr – in diesem Fall handelt es sich um einen privatrechtlichen Auftraggeber, der nicht an die VOB/A gebunden ist – hat die Möglichkeit, die Ausschreibung ohne weiteres aufzuheben und mit den Bietern zu verhandeln.

Solche Verhandlungen beschränken sich nicht auf die Angebotspreise allein, sondern der Bauherr sollte sich von den Bietern dahingehend beraten lassen, ob und durch welche Alternativlösungen bei geringstmöglicher Vereinfachung des Gebäudes die Baukosten im notwendigen Umfang (Finanzierung, Wirtschaftlichkeit) verringert werden können.

(2) Auffällige Unterschiede zwischen der Bewertung von Konstruktionen in der Kostenberechnung und den Angeboten gibt es für

- Metallfenster
- Fassadenbekleidung und
- Glastrennwände.

Bauherr und Architekt sollten überlegen, ob nicht nach Aufhebung der Ausschreibung zusammen mit dem günstigsten Bieter eine Veränderung des Entwurfes dahingehend vorgenommen werden kann, dass entweder

- die Anzahl hochwertiger (teurer) Elemente von der Menge her (Stück, m^2) reduziert werden kann oder
- die hochwertigen (teuren) Elemente wie Metallfenster, Fassadenbekleidung und Glastrennwände durch einfachere bzw. kostengünstigere Konstruktionen ersetzt werden können,

um den Auftragswert insgesamt zu reduzieren.

So könnte man z. B. die Anzahl der Fenster verringern oder die Metallfenster durch Kunststofffenster ersetzen, die Fassadenbekleidung in einem anderen Material ausführen oder durch einen Anstrich ersetzen bzw. statt der Glastrennwände teilweise oder ganz Gips-Karton-Wände vorsehen.

Lösung zu Aufgabe 12: Leistungsbeschreibung mit Leistungsprogramm (Funktionale Leistungsbeschreibung)

(1) Unter einer **Funktionalen Leistungsbeschreibung** versteht man eine Leistungsbeschreibung mit Leistungsprogramm. Es werden dabei nicht die Bauleistungen in all ihren Einzelheiten beschrieben, sondern nur die funktionalen und zum Teil technischen Anforderungen zusammengestellt.

(2) Das Spektrum der Funktionalen Leistungsbeschreibung kann sich von einer technischen Detaillösung (z. B. flexible Innenwandelemente) bis zur Planung und Ausführung eines gesamten Bauvorhabens (z. B. einer schlüsselfertigen Turnhalle) erstrecken.

(3) Durch die Funktionale Leistungsbeschreibung werden zusätzliche Potenziale wirtschaftlichen Bauens erschlossen, da die Unternehmer nicht eine im einzelnen festgelegte Leistung anbieten müssen, sondern die aus ihrer Sicht kostengünstigste Ausführungsart auswählen können, die die gestellten funktionalen und technischen Anforderungen erfüllt.

Da bei der Funktionalen Leistungsbeschreibung auch der Entwurf dem Wettbewerb unterworfen sein kann, kommt es in solchen Fällen (teilweise) zu einer Verbindung von Preis- und Qualitätswettbewerb.

Der Aufwand der Leistungsbeschreibung ist im Allgemeinen bei der Funktionalen Leistungsbeschreibung viel geringer als bei der Leistungsbeschreibung mit Leistungsverzeichnis. Andererseits ist bei der Funktionalen Leistungsbeschreibung für verlangte Entwürfe, statische Berechnungen, Mengenberechnungen u. a. einheitlich für alle Bieter in der Ausschreibung eine angemessene Entschädigung festzusetzen, die jedem Bieter zusteht, der seine Unterlagen vollständig und pünktlich einreicht (VOB/A § 20 Nr. 2(1)).

Lösung zu Aufgabe 13: Vor- und Nachteile der Funktionalen Leistungsbeschreibung

Aufgrund häufig unterschiedlicher Zielsetzungen von Bauherren und Architekten können bei einzelnen Aspekten auch unterschiedliche Positionen vertreten werden.

(1) Gestaltung:

Für den planenden Architekten hat die Gestaltung des Gebäudes oft einen höheren Stellenwert als für den Bauherrn. Deswegen und um einem Zielkonflikt zwischen Kostenwirtschaftlichkeit und Gestaltung vorzubeugen, sollte die Funktionale Leistungsbeschreibung hinsichtlich der zu verwendenden Materialien und Detaillösungen möglichst ausführlich und eindeutig sein. So kann die Leistungsbeschreibung durch Skizzen oder Leitdetails ergänzt werden.

(2) Kostensicherheit bezüglich der Baukosten:

Wird ein gesamtes Bauvorhaben funktional ausgeschrieben, so bekommt der Bauherr in einem frühen Stadium – nämlich ohne dass der Architekt die zeitaufwändige Ausführungsplanung durchgeführt haben muss – Angebotspreise (Marktpreise) für das geplante Gebäude. Die Kostensicherheit ist somit im Allgemeinen höher, als wenn zu diesem Zeitpunkt nur eine Kostenberechnung (Vergleichspreise) vorliegt. Dabei muss aber auch kritisch gefragt werden:

- Ist die Leistungsbeschreibung vollständig und eindeutig gewesen?
- Sind nach Beauftragung Mehrkosten aufgrund von z. B. Änderungen und Ergänzungen zu erwarten?

(3) Rolle und Einflussmöglichkeiten des (freien) Architekten:

Die Objektplanung für das Gebäude erfolgt teilweise durch den (freien) Architekten und teilweise durch angestellte oder beauftragte Architekten und Ingenieure der ausführenden Firma (z. B. Generalunternehmer bzw. Totalunternehmer). Damit werden Rolle und Selbstverständnis der Architekten berührt; nur ein Teil der gesamten Planungsleistung wird von ihnen in der Eigenschaft als freie Architekten und „Treuhänder" des Bauherrn erbracht. Die Ausführungsplanung sowie weitere Leistungen werden im Auftrag der ausführenden Firma erstellt, wobei wirtschaftliche Aspekte (Fertigung, Ausführungsorganisation) ein vergleichsweise größeres Gewicht haben.

(4) Nutzbarkeit und Folgeaufwand:

Grundsätzlich bestehen in der Phase der Ausführungsplanung noch erhebliche Optimierungspotenziale im baulichen und technischen Ausbau. Gerade für die Integration von Optimierungsvorschlägen der fachlich Beteiligten (Heizung/Klima/Lüftung u. a.) bestehen bei der Ausführungsplanung und der Leistungsbeschreibung mit Leistungsverzeichnis sehr gute Chancen.

Diese sind bei der Funktionalen Leistungsbeschreibung für den Architekten nicht mehr gegeben. Die Bieter geben ein aus ihrer Sicht optimiertes Preis- und Leistungsangebot ab. Die Nutzbarkeit und die Verringerung des Folgeaufwandes hat hierbei praktisch immer einen geringeren Stellenwert als der Angebotspreis (Wettbewerb). Hieraus können Nachteile für den Bauherrn bzw. für die Nutzer entstehen.

(5) Festlegung von Planungsinhalten und Änderungen:

Der Bauherr muss alle nutzungsrelevanten Entscheidungen sehr früh treffen; dies kann eine zeitaufwendigere Planung erfordern. Änderungen nach Abschluss des Bauvertrages führen in der Regel zu Nachforderungen der ausführenden Firma.

(6) Angebotsprüfung:

Da ein Preis- und Leistungsvergleich notwendig wird, ist die Prüfung von Angeboten auf Grundlage einer Funktionalen Leistungsbeschreibung wesentlich aufwendiger als der Preisvergleich von Angeboten auf Grundlage einer Leistungsbeschreibung mit Leistungsverzeichnis.

Deswegen ist mehr Zeit für die Angebotsprüfung einzuplanen. In vielen Fällen sind fachliche Stellungnahmen, z. B. für ein bestimmtes Raumluftkonzept, einzuholen. Preise und Nutzungseigenschaften sind sorgfältig gegeneinander abzuwägen.

Lösung zu Aufgabe 14: Bietergespräch

Folgende Punkte sollten beim Bietergespräch – in Abhängigkeit vom Einzelfall – berücksichtigt werden:

- Identität der Gesprächsteilnehmer und ihre Stellung zum Unternehmen feststellen (Namen, Anschrift, Telefon, Telefax bzw. E-Mail-Adresse, soweit dies nicht aus dem Anschreiben zum Angebot hervorgeht).
- Rechtsform der Unternehmung feststellen (im Hinblick auf Haftungsfragen).
- Leistungsfähigkeit der Unternehmung feststellen. Dazu gehören Anzahl und Qualifikation der Mitarbeiter (Meister, Facharbeiter, Lehrlinge) sowie Sondernachweise, z. B. Großer Schweißnachweis bei Schlosserarbeiten, ggf. erforderliche Neueinstellungen für den bevorstehenden Auftrag, Einsatz von Leiharbeitern.
- Finanzielle Situation der Unternehmung prüfen. Dazu gehören Eigenkapitalanteil, Bankreferenzen, Nachweis gezahlter Gehälter und Sozialleistungen (Nachweis der Allgemeinen Ortskrankenkasse, Berufsgenossenschaft, Bankbürgschaft u. a.).
- Nachweis ausgeführter Projekte hinsichtlich Umfang und Standard. Würde der Auftrag dann mehr als die Hälfte der Kapazität des Anbieters binden? Wird er damit vom zu vergebenden Auftrag mittel- bis langfristig abhängig?
- Ist die Unternehmung in der Lage, Planungs- und Koordinationsaufgaben wahrzunehmen (Technische Zeichnungen, statische Berechnungen in Eigen- oder Fremdfertigung, eigenes Bauleitungsbüro für die Baustelle)?
- Zeitliche Koordination der Ausführung: Sind die vorgegebenen Termine (Zusätzliche Vertragsbedingungen) so ausgelegt, dass alle Leistungen ohne Probleme ausgeführt werden können? Es soll ein Detailterminplan zur Ergänzung des Rahmenterminplans durch den Auftragnehmer ausgearbeitet werden. Die Abstimmung mit anderen Gewerken bzw. Firmen ist sicherzustellen.

Lösung zu Aufgabe 15: Vergütungsanspruch bei Bauleistungen

Für einen Vergütungsanspruch ist es zunächst einmal notwendig, dass nach erfolgter Leistungserstellung die Vergütung gefordert wird. Eine solche Forderung wird z. B. mit der Einreichung der Schlussrechnung gestellt. Der Zahlungsanspruch besteht nur bei Fälligkeit der Forderung. Für die Fälligkeit der Schlusszahlung müssen nach VOB folgende Voraussetzungen erfüllt sein:

(1) das Werk muss vollendet und abgenommen sein,

(2) eine prüffähige Schlussrechnung muss eingereicht worden sein,

(3) die Rechnung muss geprüft worden sein, oder zwei Monate müssen nach Zugang der prüffähigen Schlussrechnung vergangen sein.

Hinweis: Mit der bloßen Fälligkeit der Rechnung befindet sich der Bauherr noch nicht in Verzug. Erst nach erfolgter Mahnung und Fristsetzung zur Zahlung durch den Unternehmer wird der Bauherr mit Beendigung dieser Frist in Verzug gesetzt. Von da an stehen dem Unternehmer so genannte Verzugszinsen zu.

Lösung zu Aufgabe 16: Nachtragsforderungen

Die Einheitspreise für die Stundenlohnarbeiten und die monatliche Gerüstvorhaltung ermitteln sich folgendermaßen:

	Stundenlohn	13,00 €/h
+	105 % Lohnzuschläge	13,65 €/h
=	Herstellkosten	26,65 €/h
+	10 % Zuschlag für Allgemeine Geschäftskosten	2,67 €/h
=	Selbstkosten	29,32 €/h
+	5 % Zuschlag für Wagnis und Gewinn	1,47 €/h
=	Einheitspreis	30,79 €/h

	Abschreibung und Verzinsung	6.000 € · 0,030	=	180,00 €/Monat
+	Reparaturkosten (BGL 2007)	6.000 € · 0,018	=	96,00 €/Monat
=	Herstellkosten		=	276,00 €/Monat
+	10 % Zuschlag für Allgemeine Geschäftskosten		=	27,60 €/Monat
=	Selbstkosten		=	303,60 €/Monat
+	5 % Zuschlag für Wagnis und Gewinn		=	15,18 €/Monat
=	Einheitspreis		=	318,78 €/Monat

Danach ergibt sich folgende Rechnungsstellung:

150 Baufacharbeiter-Stunden	30,79 €/h	=	4.618,50 €
2 Monate Gerüstvorhaltung	318,78 €/Monat	=	637,56 €
Summe		=	5.256,06 €
19 % MwSt.		=	998,65 €
Rechnungsbetrag (inkl. MwSt.)		=	**6.254,71 €**

4.4 Ausführung

Die Bauausführung bringt für den Architekten eine Reihe verantwortungsvoller Aufgaben mit sich. Zum einen wird ihn der Bauherr zum Bauleiter gemäß Landesbauordnung bestellen. Als solcher hat er „darüber zu wachen, dass die Baumaßnahme entsprechend den öffentlich-rechtlichen Anforderungen durchgeführt wird, und die dafür erforderlichen Weisungen zu erteilen. Er hat im Rahmen dieser Aufgabe auf den sicheren bautechnischen Betrieb der Baustelle, insbesondere auf das gefahrlose Ineinandergreifen der Unternehmer zu achten." (SächsBO § 56)

Weiterhin hat der bauüberwachende Architekt im Interesse des Bauherrn dafür Sorge zu tragen, dass die beauftragten Bauleistungen in der vertragsgemäßen Qualität zu den veranschlagten Kosten termingerecht erbracht werden. Um dieses Ziel zu erreichen, bedarf es einer Reihe von Voraussetzungen, die in den Abschnitten *4.4.1 Baustelleneinrichtung* und *4.4.2 Ablauf- und Terminplanung* behandelt werden.

Nach erfolgter Baustelleneinrichtung und Aufstellung eines Ablauf- und Terminplanes können die beauftragten Unternehmen mit der Ausführung der Bauleistungen beginnen. Dabei ist es Aufgabe des Architekten, die Ausführung des Objektes auf Übereinstimmung mit der Baugenehmigung, den Ausführungsplänen, den Leistungsbeschreibungen und den allgemein anerkannten Regeln der Technik sowie weiterer einschlägiger Vorschriften zu überwachen. (*4.4.3 Bauüberwachung*). Um das Erreichen des Termin- und vor allem des Kostenziels zu gewährleisten, ist eine laufende Überwachung, Kontrolle und gegebenenfalls Steuerung erforderlich. Hierauf wird im Abschnitt *4.4.4 Kostenplanung im Zuge der Bauausführung* eingegangen.

Der darauf folgende Abschnitt ist der Abrechnung des Bauvorhabens gewidmet (*4.4.5 Bauabrechnung*). Hierbei geht es um die Rechnungsprüfung und damit zusammenhängende Fragen. Und schließlich werden Winterbaumaßnahmen und gestörte Bauabläufe im Abschnitt *4.4.6 Besondere Bedingungen der Bauausführung* behandelt.

4.4.1 Baustelleneinrichtung

Baustelleneinrichtungen betreffen vorrangig die ausführenden Firmen, also die Auftragnehmer, bilden sie doch deren technische und organisatorische Voraussetzungen für die Durchführung der Baumaßnahmen. Doch auch der Bauherr als Auftraggeber hat bezüglich der Baustellenorganisation Verpflichtungen gegenüber den ausführenden Firmen. Daher ist die Baustelleneinrichtung auch Gegenstand der Bauverträge und natürlich Teil der Kosten der Bauleistungen insgesamt.

Aufgabenverzeichnis

Die folgenden Aufgaben beziehen sich auf das Kapitel 4.1 des Lehrbuches Band 2:

1 Pflichten des Auftraggebers gegenüber dem Auftragnehmer
2 Elemente der Baustelleneinrichtung
3 Kosten der Baustelleneinrichtung

Vorschriften und Normen

DIN 1961:2006, Allgemeine Vertragsbedingungen für die Ausführung von Bauleistungen (VOB B)

DIN 18 299:2006, Allgemeine Technische Vertragsbedingungen für Bauleistungen (ATV) – Allgemeine Regelungen für Bauarbeiten jeder Art (VOB C), Stand

Empfohlene Literatur zur weiteren Vertiefung

Böttcher, P., H. Neuenhagen: Baustelleneinrichtung, Wiesbaden, Berlin 1997

Leimböck, E., A. Iding: Bauwirtschaft – Grundlagen und Methoden, 2. Auflage, Wiesbaden 2005

Schach, R.: Baustelleneinrichtung: Grundlagen, Planung, Praxishinweise, Vorschriften und Regeln, Wiesbaden 2008

Aufgabe 1: Pflichten des Auftraggebers gegenüber dem Auftragnehmer

Bauherren haben in ihrer Eigenschaft als Auftraggeber gegenüber den ausführenden Firmen als ihren Auftragnehmern nicht nur Rechte, sondern auch Pflichten. Dies gilt auch in Bezug auf die Baustelleneinrichtung.

Nennen Sie die diesbezüglichen Pflichten des Auftraggebers und geben Sie einen Hinweis auf ein entsprechendes Regelwerk.

Aufgabe 2: Elemente der Baustelleneinrichtung

Zu den Voraussetzungen der Bauausführung gehören vor allem bei Großprojekten zahlreiche Elemente der Baustelleneinrichtung in Form von Anlagen und Regelungen.

Nennen Sie die wesentlichen Elemente, welche im Rahmen der Projektorganisation für die Baustelleneinrichtung zu berücksichtigen sind.

Aufgabe 3: Kosten der Baustelleneinrichtung

Die Elemente der Baustelleneinrichtung sind, soweit diese nicht vom Auftraggeber gesondert vorbereitet und beauftragt werden, Teil des Bauvertrages von mehreren Fachunternehmen oder eines Generalunternehmers.

Wie gehen die Kosten der Baustelleneinrichtung in die Leistungsbeschreibung und den Bauvertrag ein? Beschreiben Sie die beiden grundsätzlichen Möglichkeiten.

Lösung zu Aufgabe 1: Pflichten des Auftraggebers gegenüber dem Auftragnehmer

Die Vergabe- und Vertragsordnung für Bauleistungen (VOB) gibt vor, wenn nichts anderes vereinbart ist, dass dem Auftragnehmer unentgeltlich zur Mitbenutzung überlassen werden:

- die notwendigen Lager- und Arbeitsflächen auf der Baustelle
- vorhandene Zufahrtswege und Anschlussgleise
- vorhandene Anschlüsse für Wasser und Energie.

(vgl. hierzu VOB/B 2006, § 4 Nr. 4)

Im Übrigen hat der Auftraggeber für die Aufrechterhaltung der allgemeinen Ordnung auf der Baustelle zu sorgen und das Zusammenwirken der verschiedenen Unternehmen zu regeln. Er hat ferner die erforderlichen öffentlich-rechtlichen Genehmigungen und Erlaubnisse (nach Baurecht, Straßenverkehrsrecht, Wasserrecht, Gewerberecht) herbeizuführen.
(vgl. hierzu VOB/B 2006, § 4 Nr. 1)

Lösung zu Aufgabe 2: Elemente der Baustelleneinrichtung

Zu den Elementen der Baustelleneinrichtung, besonders bei Großprojekten, gehören:

- Baustraßen
- Verkehrsregelungen
- Fahrzeugwaschanlage
- Zäune und Tore
- Wach- und Sicherheitsdienst
- Notrufsystem
- Baubüros
- Wohnunterkünfte
- Baustrom-, Gas- und Wasserversorgung
- Lager- und Arbeitsplätze
- Beschilderung.

Lösung zu Aufgabe 3: Kosten der Baustelleneinrichtung

Die Kosten der Baustelleneinrichtung sind im Bauvertrag entweder

- als Baustellengemeinkosten in den Einheitspreisen enthalten, soweit in der Leistungsbeschreibung dafür keine eigenen Positionen vorhanden sind (vgl. DIN 18 299 und VOB/B 2006 § 2 Nr. 1) oder

- werden, soweit sie in der Leistungsbeschreibung in der Form eigener Positionen enthalten sind, gesondert angeboten, beauftragt und abgerechnet.

Anmerkung:

Die Kosten der Baustelleneinrichtung, z. B. für Baubaracken und Bauzäune, entstehen aus deren zeitlicher Bereitstellung. Verlängert sich die Bauzeit der Vertragsleistung, so können bei gesonderten Positionen hierfür die daraus entstehenden zeitproportionalen Mehrkosten eindeutig ermittelt werden. Dies erleichtert die Vereinbarung zwischen den Vertragspartnern im Fall von gerechtfertigten Nachforderungen des Auftragnehmers.

4.4.2 Ablauf- und Terminplanung

Die Zeit ist ein wichtiger Einflussfaktor der Wirtschaftlichkeit. Die Nicht-Nutzung von Arbeitskräften, Geräten, Geld und eines mit Verzögerung fertig werdenden Gebäudes verursacht Kosten (ggf. auch in Form eines entgangenen Gewinns). Deswegen ist die termingerechte Baufertigstellung für den Bauherrn von besonderer Bedeutung.

Der Architekt muss sich daher in den Grundlagen der Ablauf- und Terminplanung und -steuerung auskennen, wenn er vermeiden will, dass der (anspruchsvolle oder verunsicherte) Bauherr diese Grundleistung einem Spezialisten überträgt oder gleich ein schlüsselfertiges Gebäude bestellt.

Die Aufgaben dieses Abschnittes sollen dazu dienen, folgende Kenntnisse und Fähigkeiten zu überprüfen bzw. zu vervollständigen:

- prinzipielle Vorgehensweise bei der Aufstellung eines Terminplanes
- Vor- und Nachteile von Balken- und Netzplänen
- ökonomische Folgen von Verzögerungen und Beschleunigungen.

Aufgabenverzeichnis

Die folgenden Aufgaben beziehen sich auf das Kapitel 4.2 des Lehrbuches Band 2:

1 Vorgehensweise bei der Ablauf- und Terminplanung
2 Terminplanung der am Projekt Beteiligten
3 Meilensteine
4 Zusammenhang von Projektdauer und Kosten
5 Randbedingungen bei der Terminplanoptimierung
6 Terminplan für eine Umbaumaßnahme
7 Planungsänderungen während der Ausführung
8 Beschleunigung der Baudurchführung
9 Inbetriebnahme
10 Bedeutung von Terminen

Zeichnung: Ernst Hürlimann

Vorschriften und Normen

DIN 69 900:1987-08, Netzplantechnik
- Teil 1 Projektwirtschaft, Netzplantechnik, Begriffe
- Teil 2 Projektwirtschaft, Netzplantechnik, Darstellungstechnik

Empfohlene Literatur zur weiteren Vertiefung

Altrogge, G.: Netzplantechnik, München, Wien 1996
Rösch, W., W. Volkmann: Bau-Projektmanagement: Terminplanung mit System, Köln 1994
Schwarze, J.: Projektmanagement mit Netzplantechnik, Herne, Berlin 2006
Schwarze, J.: Übungen zur Netzplantechnik, Herne, Berlin 2006

Aufgabe 1: Vorgehensweise bei der Ablauf- und Terminplanung

Beschreiben Sie die prinzipielle Vorgehensweise zur Aufstellung eines Terminplanes für den Bau eines Mehrfamilienhauses.

Aufgabe 2: Terminplanung der am Projekt Beteiligten

Der Bauherr, der Architekt und die ausführenden Firmen haben jeweils unterschiedliche Aufgaben in der Terminplanung zu übernehmen. Sie sind teilweise auf die Projektbeteiligten und teilweise auf den materiellen Entstehungsprozess des Bauwerkes gerichtet.

Zählen Sie die wichtigsten dieser Aufgaben getrennt nach den drei genannten Projektbeteiligten auf.

Aufgabe 3: Meilensteine

Was versteht man unter einem Meilenstein in der Terminplanung? Geben Sie hierzu eine kurze Erläuterung und nennen Sie einige Beispiele für Meilensteintermine.

Aufgabe 4: Zusammenhang von Projektdauer und Kosten

Welcher Zusammenhang besteht zwischen der Projektdauer eines Bauvorhabens und den Gesamtkosten desselben, insbesondere bei Bauzeitverzögerungen?

Aufgabe 5: Randbedingungen bei der Terminplanoptimierung

Die Terminplanoptimierung ist mit dem Ziel der kostenminimalen Baudurchführung unter Einhaltung eines ggf. vorgegebenen Endtermines zu betreiben. Denkbare Optimierungsansätze scheiden häufig aufgrund vorgegebener Randbedingungen aus, wie z. B.

(1) Beschränkung der Finanzmittel

(2) Beschränkung der Planungs- und Ausführungskapazitäten

(3) Organisation der Baustelle.

Begründen Sie diese Feststellung.

Aufgabe 6: Terminplan für eine Umbaumaßnahme

Im Operationstrakt eines Klinikums werden zur Verbesserung der hygienischen Verhältnisse Umbaumaßnahmen notwendig. Die dazu erforderlichen Maßnahmen (Vorgänge), ihre Dauer sowie ihre gegenseitigen Abhängigkeiten sind in Abbildung 4-12 angegeben.

(1) Stellen Sie den Bauablauf als **Netzplan** dar. Ermitteln Sie die frühest möglichen bzw. spätest zulässigen Anfangs- und Endtermine der Tätigkeiten und tragen Sie den kritischen Weg ein.

(2) Welche Auswirkungen hätte es, wenn

(2.1) mit der Renovierung der Anästhesiearbeitsräume erst 15 Arbeitstage nach dem frühest möglichen Termin begonnen wird?

(2.2) der Umbau der Zentralsterilisation in 25 statt 40 Arbeitstagen erfolgt?

(3) Stellen Sie den Bauablauf als **Balkenplan** dar.

(4) Vergleichen Sie den Netzplan mit dem Balkenplan und nennen Sie die Vor- und Nachteile.

Nr.	Vorgang	Dauer (Arbeitstage)	unmittelbarer Vorgänger	Nachfolger
0	Start (Scheinvorgang)	0	-	1, 3, 4
1	Umbau Klimaanlage in Operationsraum IV	20	0	2
2	Umbau Klimaanlage in Operationsraum V	25	1	5, 6
3	Patientenschleuse bestellen und Lieferung	35	0	10
4	Anästhesiearbeitsräume renovieren	10	0	7
5	Umbau der Zentralsterilisation	40	2	11
6	Umbau Personalaufzug	15	2	9, 10
7	WC renovieren	12	4	8
8	Sanitärobjekte installieren	4	7	12
9	Umbau Personalschleuse	12	6	11
10	Einbau Patientenschleuse	18	3, 6	11
11	Umbau Sozial- und Lagerräume	14	5, 9, 10	12
12	Ende (Scheinvorgang)	0	8, 11	-

Abb. 4-12 Vorgangsliste

Aufgabe 7: Planungsänderungen während der Ausführung

Ein Bürogebäude ist vom Architekten in Abstimmung mit dem Bauherrn in Stahlbeton-Skelettbauweise geplant worden und befindet sich in der Bauausführung. Ausschreibung und Vergabe der zu erbringenden Leistungen am Bau sind bereits abgeschlossen. Die Werkpläne wurden an die ausführenden Firmen übergeben.

Nach der Fertigstellung des Rohbaus ist nun mit dem Innenausbau begonnen worden. Der Einbau der Trennwände aus Gips-Karton und der Fußbodenaufbauten wird absehbar im Zeitraum von einer Woche abgeschlossen sein.

Nach der Baustellenbegehung erscheinen dem Bauherrn einige Büroräume zu groß. Infolgedessen wünscht er die nachträgliche Aufteilung dieser großen Büroräume in jeweils zwei kleinere eigenständige Raumeinheiten durch das Einziehen von Gips-Karton-Wänden. Welche Auswirkungen hat diese Ausführungsänderung auf Bauablauf und Planung sowie auf die Baukosten des Projektes?

Aufgabe 8: Beschleunigung der Baudurchführung

Beschleunigungsmaßnahmen können erforderlich werden, um die geplante Bauzeit zu verkürzen oder um einen drohenden Terminverzug zu verhindern. Durch die Inkaufnahme des hierfür erforderlichen Mehraufwandes (Beschleunigungskosten) sollen schwerwiegende Nachteile in Form von größeren Kostensteigerungen (Konventionalstrafen, Bauzeitzinsen) oder Terminabweichungen (Nichteinhaltung eines geplanten Eröffnungstermines eines Betriebes) vermieden werden.

Erörtern Sie die verschiedenen Möglichkeiten und Gesichtspunkte der Beschleunigungsmaßnahmen und schätzen Sie die tendenziell zu erwartenden Auswirkungen auf die Kosten ein.

Aufgabe 9: Inbetriebnahme

Die Inbetriebnahme als bestimmende Vorgabe durch den Bauherrn für die Terminplanung ist je nach der Nutzung des geplanten Gebäudes von unterschiedlichen Randbedingungen abhängig.

Welche sind dies bei folgenden Projekten?

(1) Schule/ Universität
(2) Kaufhaus
(3) Flughafen/ Bahnhof
(4) Hotel

Aufgabe 10: Bedeutung von Terminen

Planung und Ausführung von Bauwerken sind mit einer großen Zahl von einzelnen Terminen und Dauern verbunden. Bei der Terminplanung ist darauf zu achten, für welchen Beteiligten (Bauherr, Architekt, ausführende Firma usw.) welche Termine von Bedeutung sind und vor allem auch zu welcher Zeit Termine festgelegt oder geprüft werden müssen.

Dabei gilt: Terminpläne sind umso einfacher aufzustellen, darzustellen und zu überwachen, je weniger Termine sie beinhalten. Auf der anderen Seite müssen für den Projektablauf wichtige Termine frühzeitig bei der Ermittlung, Kontrolle und Steuerung berücksichtigt werden.

Wodurch unterscheiden sich die erforderlichen Termininformationen für die zahlreichen Beteiligten bei Planung, Ausführung und Nutzung?

Termine bzw. Dauern (ungeordnet)	Bauherr	Architekt	ausführende Firma	Nutzer
Inbetriebnahme				
Zahlungsfristen				
Ende des Anspruchs auf Mängelbeseitigung				
Abnahmetermine				
Submissionstermine (Eröffnungstermine)				
Schalungsdauern für z. B. Betonarbeiten				
Erstellung von Leistungsverzeichnissen				
Lieferfrist für z. B. Bewehrungsstahl				
Werk- und Montageplanung, z. B. Metallfassaden				
Entscheidung zum Raum- und Funktionsprogramm				

Abb. 4-13 Übersicht zu Terminen und Dauern und deren Bedeutung für die Projektbeteiligten (Aufgabenstellung)

Lösung zu Aufgabe 1: Vorgehensweise bei der Ablauf- und Terminplanung

Bevor die **Terminplanung** im Einzelnen beginnen kann, muss zunächst die Ablaufstruktur der Baumaßnahme geklärt werden. Dazu untergliedert man zweckmäßigerweise das Projekt in überschaubare Arbeitspakete und stellt dann für jedes Arbeitspaket (z. B. Rohbauarbeiten) die erforderlichen Tätigkeiten (z. B. Dachstuhl errichten) zusammen. Anschließend ermittelt man die Reihenfolge (z. B. Einschalen, Bewehrung verlegen, Betonieren, Ausschalen) und Abhängigkeiten (z. B. Ausschalfristen nach DIN 1045) zwischen den einzelnen Tätigkeiten. Auf der Grundlage dieser Informationen kann der **Ablaufstrukturplan** zunächst für das einzelne Arbeitspaket und dann als Verbund aller Arbeitspakete dargestellt werden.

Arbeitet man anschließend die einzelnen Tätigkeits- bzw. Vorgangsdauern in den Ablaufstrukturplan ein, so erhält man den Terminplan. Die Darstellung kann als Terminliste, Balkenplan, Weg-Zeit-Diagramm oder Netzplan erfolgen.

Lösung zu Aufgabe 2: Terminplanung der am Projekt Beteiligten

Der Bauherr, der Architekt und die ausführenden Firmen haben folgende Terminplanungsaufgaben wahrzunehmen:

Zu den projektorientierten Aufgaben des Bauherrn als oberstem Projektmanager zählen:

- Vorgabe eines realistischen Terminzieles für das Gesamtprojekt
- terminliche und inhaltliche Koordination der Projektbeteiligten, insbesondere der Nutzer
- oberste Terminkontrolle in Bezug auf das Gesamtprojekt.

Zu den objektorientierten – d. h. auf den materiellen Entstehungsprozess des Bauwerkes bezogenen – Aufgaben auf der Seite des Architekten zählen:

- Terminplanung und -überwachung der Arbeiten für das einzelne Bauvorhaben im Architekturbüro auch im Abgleich mit anderen Aufgaben
- terminliche Disposition und Steuerung von Koordination und Integration der Leistungen der fachlich Beteiligten (Fachingenieure für Tragwerksplanung und technische Anlagen) bei der Planung, Vergabe und Objektüberwachung
- terminliche und fachliche Koordination von Leistungen der ausführenden Firmen in der Vorbereitung und im Rahmen der Objektüberwachung.

Zu den auftragsorientierten Aufgaben im Rahmen des Bauvertrages auf der Seite der ausführenden Firmen zählen:

- Rahmenvorgabe des Architekten überprüfen, gegebenenfalls Sondervorschlag für die Durchführung unterbreiten
- Detailablaufplanung für die Arbeiten auf der Baustelle erstellen
- Kontrolle und Optimierung der Bauprozesse – nicht nur in terminlicher Hinsicht – durchführen.

Lösung zu Aufgabe 3: Meilensteine

Als Meilenstein bezeichnet man in der Netzplantechnik (vgl. DIN 69 900) ein Ereignis oder einen Vorgang mit besonderer Bedeutung. Solche Ereignisse oder Vorgänge können im Bauwesen beispielsweise für ein Wohngebäude wie folgt festgelegt werden:

- Planungsbeginn
- Baugenehmigung
- Grundsteinlegung
- Rohbaubeginn
- Richtfest
- Beginn Rohmontage Technische Anlagen
- regenfester Rohbau
- wetterfester Rohbau
- winterfester Rohbau
- Beginn „nasser" Ausbau
- Inbetriebnahme
- Nutzungsbeginn.

Besonders für den (im Bauen noch nicht erfahrenen) Bauherrn ist die terminliche Orientierung an den Meilensteinen interessant. So stellen beispielsweise Grundsteinlegung, Richtfest und Inbetriebnahme wesentliche Höhepunkte für den Bauherrn dar.

Lösung zu Aufgabe 4: Zusammenhang von Projektdauer und Kosten

Der Zusammenhang zwischen der Projektdauer und den Gesamtkosten eines Bauvorhabens besteht in mehrfacher Hinsicht. Hierbei sollte unterschieden werden, ob es um den Zusammenhang der Gesamtkosten mit einer kurzen bzw. verkürzten Projektdauer oder mit einer langen bzw. verlängerten Projektdauer geht

Ein Zusammenhang zwischen einer kurzen bzw. verkürzten Projektdauer und den Gesamtkosten besteht

- bei fehlender Zeit zur Optimierung der Planung (daraus resultieren oft zu hohe Bau- und Folgekosten)
- wenn zu wenig Zeit bleibt, um geeignete Baufirmen auszuwählen (es wird zu teuer gebaut oder es werden ungeeignete Baufirmen beauftragt).
- durch die Gefahr eines gestörten Bauablaufes (Mehrkosten in der Baudurchführung)

Ein Zusammenhang zwischen einer langen bzw. verlängerten Projektdauer und den Gesamtkosten besteht,

- da im Bauprojekt Kapital gebunden ist und daher die Kapitalkosten (Zinsen für Fremdkapital und kalkulatorische Verzinsung des Eigenkapitals) vor Nutzungsbeginn die Gesamtkosten eines Bauprojektes mit zunehmender Projektdauer und bei Bauzeitverzögerungen erhöhen, denn diese machen häufig z. B.

die längere Vorhaltung der Baustelleneinrichtung oder eines Baugerüstes (Mehrkosten im Rahmen der Bauverträge) notwendig

- im Fall eines verspäteten Nutzungsbeginns. Dieser kann zu Schadenersatzforderungen von Nutzern führen, wenn diesen die Betriebsaufnahme im neuen Gebäude nicht, wie geplant bzw. vertraglich vereinbart, möglich ist (Kosten aus Rechtsstreit).

Lösung zu Aufgabe 5: Randbedingungen bei der Terminplanoptimierung

(1) Beschränkung der Finanzmittel

Wegen des Kapitals, das in der Baustelle bzw. in dem noch nicht nutzbaren Gebäude gebunden ist, sollte die Bauzeit möglichst kurz sein. Dies setzt voraus, dass das erforderliche Kapital entsprechend frühzeitig zur Verfügung steht. Während die Bereitstellung von Fremdkapital, wenn es einmal bewilligt ist, i. Allg. ohne Probleme dem Baufortschritt – sei er besonders zügig oder eher langsam – angepasst werden kann, ist die Verfügbarkeit des Eigenkapitals oft weniger flexibel. So kommt es insbesondere bei öffentlichen Bauvorhaben häufig vor, dass die Bautätigkeit sich nach den Terminen der Mittelbereitstellung bzw. nach den Haushaltsjahren richten muss.

(2) Beschränkung der Planungs- und Ausführungskapazitäten

Zu Baubeginn ist die Planung von Architekten und Fachingenieuren in den seltensten Fällen völlig abgeschlossen. Es ist daher sicherzustellen, dass alle Planunterlagen (Werkpläne, Bewehrungspläne u. a.) rechtzeitig vorliegen. Behinderungen der ausführenden Baufirmen durch fehlende Unterlagen führen zu Nachtragsforderungen für die zusätzliche Vorhaltung von Baustelleneinrichtung, Gerät und Personal bzw. für Beschleunigungsmaßnahmen, um Verzögerungen aufzuholen. Die erste grobe Terminplanung (Rahmenterminplan) ist mit den ausführenden Firmen abzusprechen und über Feinterminpläne pro Leistungsbereich oder Los zu ergänzen. Sind die Ausführungszeiten für einzelne Leistungen zu kurz bemessen, dann kalkulieren die ausführungsinteressierten Firmen bereits im Angebot zusätzlichen Aufwand für die Beschleunigung (Überstunden, erhöhter Geräteeinsatz u. a.) häufig mit 5 bis 10 % der eigentlichen Leistung zusätzlich ein.

(3) Organisation der Baustelle

Für jede Baustelle gilt, dass jeweils nur ein begrenzter Teil der Leistungen gleichzeitig ausgeführt werden kann. Die Vorhaltung von Baustelleneinrichtungen (Gerät, Unterkünfte, Kantine u. a.) sollte in Grenzen gehalten werden. Engpässe können ebenfalls bei Lagerflächen für Baustoffe und Bauteile (Bewehrungsmatten, Fertigteile u. a.) sowie beim Baustellenverkehr auftreten. Neben dem reinen Mengenaufkommen (Personen, Fahrzeuge, Hebezeuge) sind auch der Aspekt der gegenseitigen Behinderung und die Unfallgefahr bei übermäßig erhöhter Bauintensität zu beachten.

Lösung zu Aufgabe 6: Terminplan für eine Umbaumaßnahme

(1) Der Terminplan für die Umbaumaßnahme im Operationstrakt ist in Abbildung 4-14.1 als **Netzplan** dargestellt.

(2) Auswirkungen auf den kritischen Weg

(2.1) Die Auswirkungen eines um 15 Arbeitstage verspäteten Beginns der Anästhesieraum-Renovierung bestehen lediglich in einem um 15 Arbeitstage späteren Beginn der Tätigkeiten 7 *WC renovieren* und 8 *Sanitärobjekte installieren*. Der frühest mögliche Termin der Fertigstellung der gesamten Umbaumaßnahme (kritischer Weg) wird wegen ausreichender Pufferzeiten nicht berührt.

(2.2) Die Auswirkungen auf den Bauablauf, wenn der Umbau der Zentralsterilisation in 25 statt 40 Arbeitstagen erfolgt, sind in Abbildung 4-14.2 dargestellt.

(3) In Abbildung 4-15 ist der Bauablauf als **Balkenplan** dargestellt.

(4) Vorteile des Netzplans:

+ Gute Ablesbarkeit der Projekt-Ablaufstruktur und damit der Abhängigkeiten zwischen den einzelnen Vorgängen
+ Darstellung des kritischen Weges
+ Angabe von frühest möglichen und spätest zulässigen Terminen, von Pufferzeiten und damit Ablesbarkeit von beinahe kritischen Vorgängen
+ einfache Ermittlung der Konsequenzen von Steuerungsmaßnahmen (z.B. neuer kritischer Weg)

Nachteile des Netzplans:

- i. Allg. wenig übersichtliche Darstellung
- keine zeitproportionale Darstellung

Vorteile des Balkenplans:

+ zeitproportionale Darstellung
+ damit gute zeitliche Orientierung hinsichtlich
  des momentanen Zeitpunktes
  des verbleibenden Zeitraumes
  der Vorgangsdauern
  Terminüberschreitungen
+ insgesamt gute Ablesbarkeit des Projektfortschritts

Nachteile des Balkenplans:

- Abhängigkeiten kommen nicht zum Ausdruck
- Konsequenzen von Terminverzügen und Steuerungsmaßnahmen sind nur bedingt ablesbar.

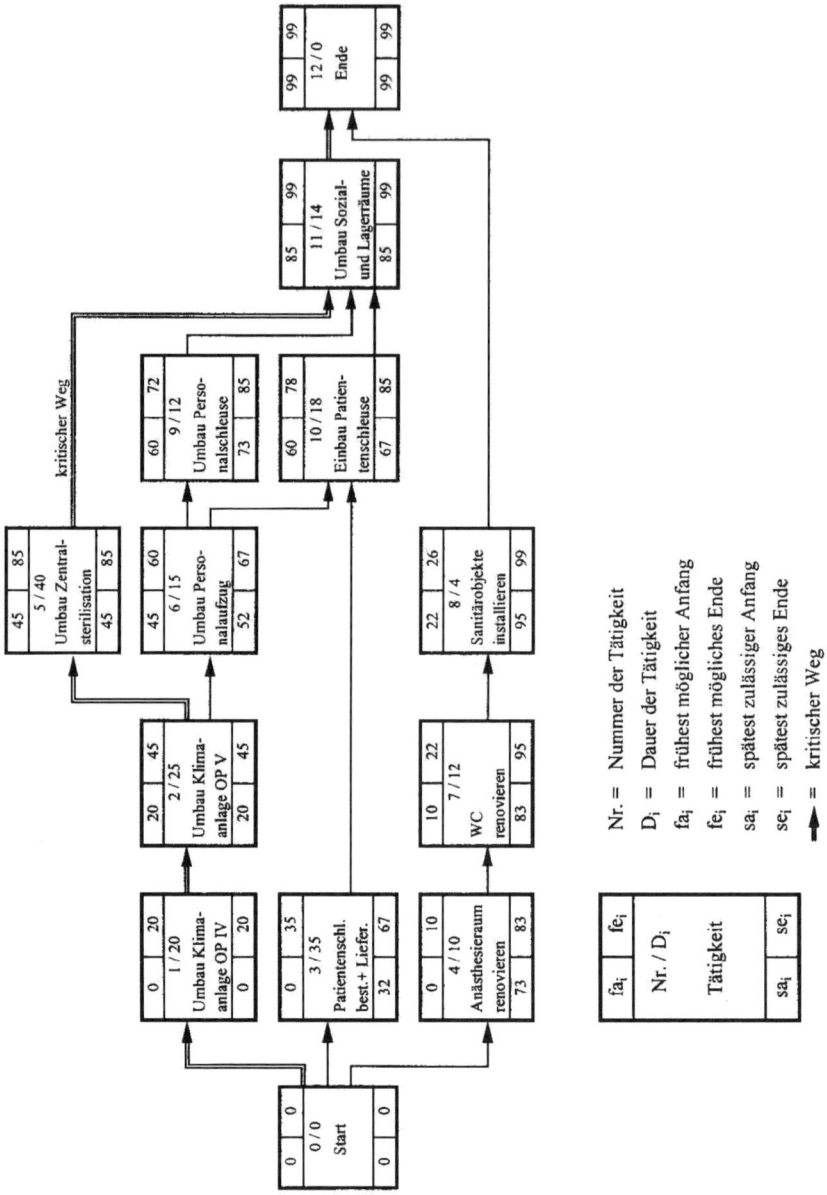

Der kritische Weg wird bestimmt durch die Tätigkeiten 0 + 1 + 2 + 5 + 11 + 12 mit einer Dauer von 99 Arbeitstagen.

Abb. 4-14.1 Netzplan für eine Umbaumaßnahme

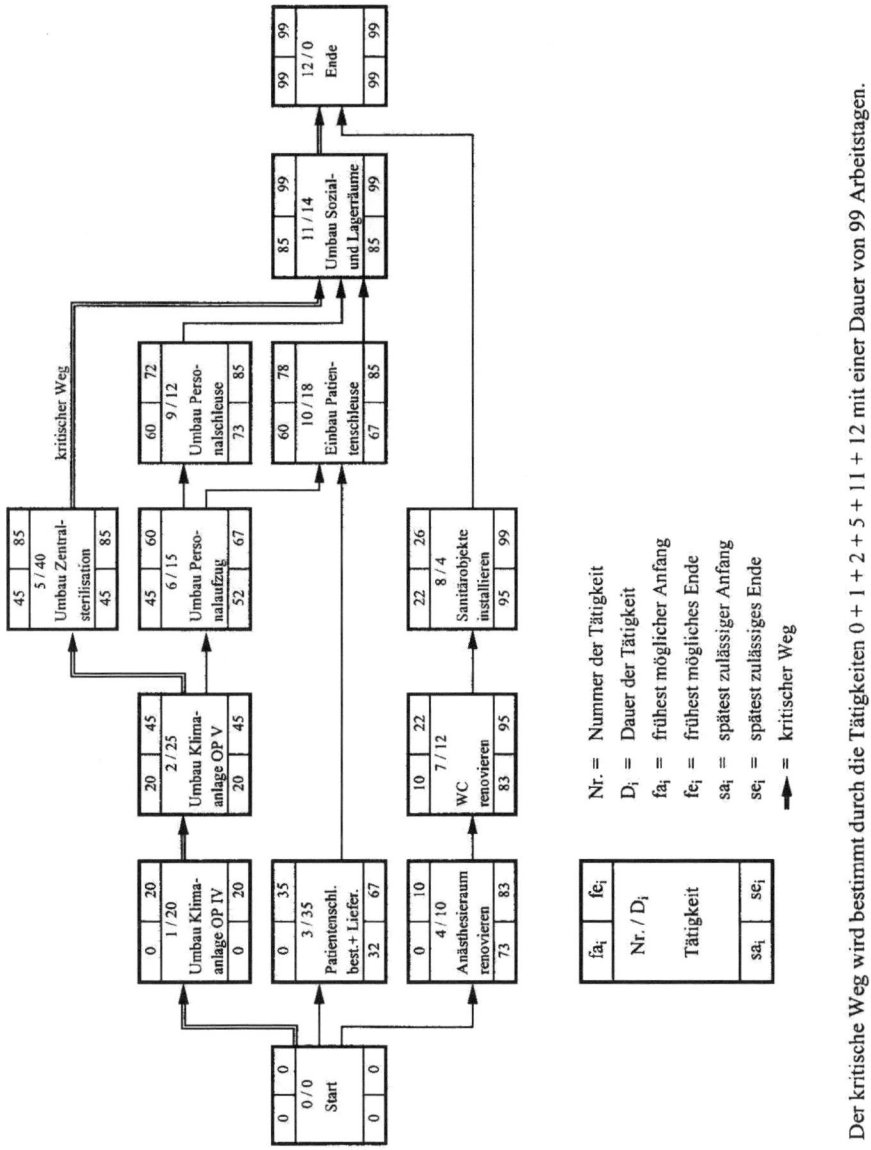

Der kritische Weg wird bestimmt durch die Tätigkeiten 0 + 1 + 2 + 5 + 11 + 12 mit einer Dauer von 99 Arbeitstagen.

Abb. 4-14.2 Netzplan mit neuem kritischen Weg

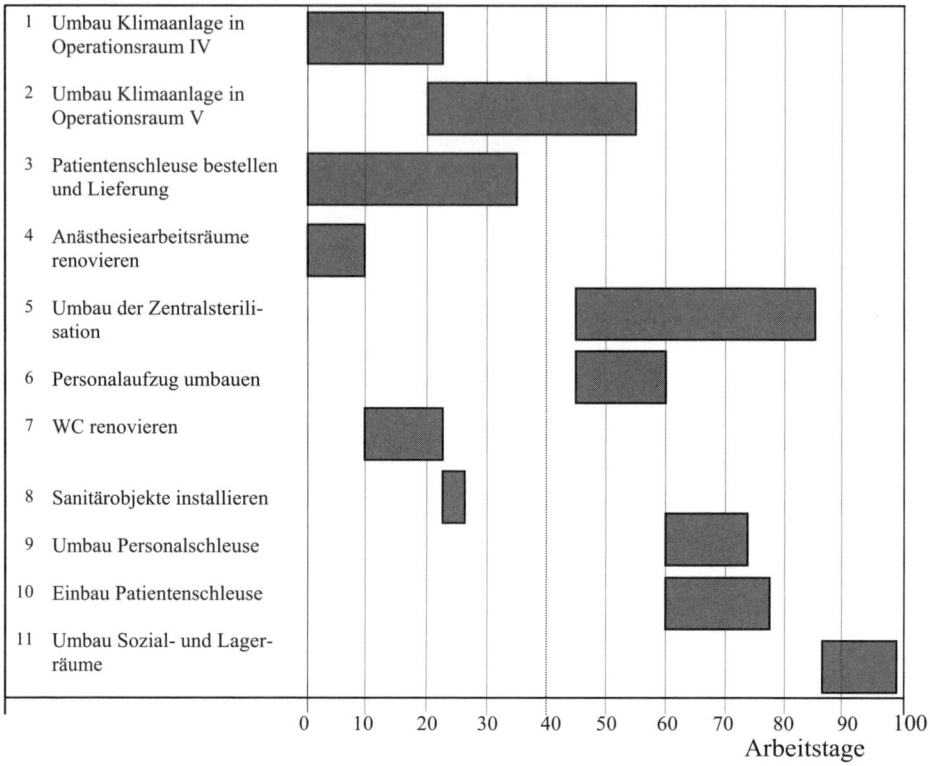

Abb. 4-15 Balkenplan für eine Umbaumaßnahme

Lösung zu Aufgabe 7: Planungsänderungen während der Ausführung

Bei Planungsänderungen während der Ausführung sollte der Architekt den Bauherrn genau über den zu erwartenden Umfang der dadurch notwendigen zusätzlich anfallenden Arbeiten, Kosten und damit verbundenen Risiken informieren und ihn zu seiner Entscheidung beraten.

Nach Auffassung des Bauherrn scheint die Änderung auf den ersten Blick einfach zu sein. Er zieht lediglich den Einbau einer zusätzlichen Gips-Karton-Wand und einer separaten Tür pro zu unterteilendem Raum zum Flur in Betracht.

Außer den Leistungen der Trockenbauarbeiten und des Einbaus der Türen sind jedoch gegebenenfalls noch weitere Leistungen betroffen, wie:

- Heizung, Klima, Lüftung
- Doppelböden, Bodenkanäle
- Unterdecken
- Elektroinstallation.
- Sonnenschutzeinrichtungen
- Bodenbeläge
- Abbrucharbeiten und Entsorgung

Bei der Umplanung für die Teilung eines Büroraumes sind zu berücksichtigen:

- Lage von Auslässen der Doppelböden oder Bodenkanäle
- Anschlüsse von leichten Trennwänden an die Fassade sowie gegebenenfalls Änderungen an tragenden Wänden
- entstehende Schallbrücken beim Einbau von Trennwänden auf durchlaufendem Estrich mit fertig gestelltem Bodenbelag
- Anschlüsse von Unterdecken an Fassade, Wände und Decken
- Materialien und Farben der Bodenbeläge hinsichtlich Mengen und Qualitäten
- Art und Anschlagrichtung der Türen (links- oder rechtsbündig), Lage der Türstopper
- Schaltkreise der Elektroinstallationen, Lage und Anzahl der Lichtschalter und Deckenleuchten, zusätzliche Anschlüsse für Telekommunikation und EDV
- vorgesehene Steuerung von Sonnenschutzeinrichtungen
- Regelkreise, Dimensionierung und Lage der Heizkörper oder Raumluftauslässe
- gegebenenfalls der Umfang von Abbrucharbeiten, z. B. Herstellen von Türöffnungen oder Trennen des Estrichs zum Einbringen einer Schallschutzfuge, einschließlich der Beseitigung des Bauschutts.

Je nach Baufortschritt ist damit zu rechnen, dass die ausführenden Firmen für

- erhöhten Koordinationsaufwand
- Rückbau bzw. Demontage sowie
- Mehraufwand in Form von Überstunden oder Wochenendarbeit

ihre Mehrkosten geltend machen werden. Außerdem ist ein – durch erneute Planungs- und Ausführungskoordination sowie zusätzliche Lieferfristen bedingter – möglicher Zeitverzug der Fertigstellung des Objektes zu berücksichtigen. Dieser hätte wiederum Einfluss auf den Inbetriebnahmetermin des Objektes und gegebenenfalls damit verbundene bestehende Vertragstermine und Mieteinnahmen.

Der Architekt sollte zu erwartende Mehraufwendungen und Risiken zusammenstellen und dem Bauherrn zur Entscheidung vortragen.

Lösung zu Aufgabe 8: Beschleunigung der Baudurchführung

Als Möglichkeiten der Beschleunigung bieten sich an (wobei diese i. Allg. zu den im folgenden genannten Kostenauswirkungen führen):

- Überstunden bei gleicher kapazitiver Grundausstattung (Mannschaft, Geräte u. a.):

  Im Verhältnis zur mehr erbrachten Leistung steigen die Kosten überproportional, da Überstunden mit Zuschlägen bezahlt werden.

- Kapazitätserhöhungen:

  Damit ist ein Mehraufwand für zusätzliche Baustelleneinrichtung sowie Planungs- und Koordinationsaufwand verbunden, was sich auch kostenmäßig niederschlägt.

- Losbildung bzw. stärkere Bindung des Auftragnehmers an das Projekt:

  In der Phase der Vergabe kann durch eine entsprechende Losbildung eine Verkürzung der voraussichtlichen Bauzeit erreicht werden. Dies kann auch durch eine verstärkte kapazitive Bindung des zur Beauftragung vorgesehenen Unternehmers an das Projekt bewirkt werden. In der Regel versuchen Unternehmen ihre Kapazität auf mehrere Aufträge zu verteilen, um Risiken zu vermindern und eine kontinuierliche Auslastung sicherzustellen. Durch eine verstärkte Bindung an einen einzelnen Auftrag mit dem Ziel der Beschleunigung der Bauausführung wird dies erschwert oder ganz verhindert. Zum Ausgleich für dieses Risiko setzen dann die Unternehmen i. Allg. höhere Wagniszuschläge in der Angebotskalkulation an.

Beschleunigungsmaßnahmen sind tendenziell immer kostenerhöhend, wenn man davon ausgehen kann, dass der ursprünglich geplante Bauablauf optimal gestaltet war. Zwar werden durch Beschleunigungsmaßnahmen auch Bauzinsen eingespart, jedoch können diese die Mehrkosten beim Abweichen vom optimalen Ablaufplan nicht vollständig kompensieren.

Lösung zu Aufgabe 9: Inbetriebnahme

Neben der notwendigen Dauer für die Bauplanung und -ausführung steht für die Terminplanung der vom Bauherrn gewünschte bzw. für den Nutzungsbeginn erforderliche Inbetriebnahmetermin im Vordergrund. Im Fall der angesprochenen Nutzungsarten sind dies:

(1) Schule/ Universität

Der Schuljahresbeginn bzw. der Beginn des Studienjahres im Wintersemester. Die Baufertigstellung eines neuen Gebäudes sollte deswegen im Sommer liegen, wobei noch einige Wochen für die vollständige Einrichtung bzw. den organisatorischen Vorlauf für das Personal der Bildungseinrichtung zur Verfügung stehen sollten.

(2) Kaufhaus

Je nach Art des Warenangebotes soll die Inbetriebnahme rechtzeitig vor dem Monat liegen, in dem der höchste Umsatz im Jahr erwartet wird. In der Regel ist dies die Zeit vor den Weihnachtseinkäufen. Der beste Inbetriebnahmezeitraum ist deswegen der frühe November.

(3) Flughafen/ Bahnhof

Die nationalen und internationalen Flugpläne bzw. Fahrpläne werden jeweils zweimal im Jahr umgestellt. Bei Flugplänen sind dies z. B. Mai und Oktober. Neubauten oder größere Umbauten der Verkehrsbauwerke müssen deshalb so rechtzeitig fertig gestellt werden, dass nach dem erforderlichen Probebetrieb der Neubau termingerecht mit dem jeweils neuen Flugplan oder Fahrplan in die Nutzung gehen kann.

(4) Hotel

Die Inbetriebnahme vor den Monaten mit der höchsten Belegungsrate ist bei Hotels, die von Geschäftsreisenden nachgefragt werden, und mehr noch bei Hotels für Feriengäste rechtzeitig zu gewährleisten.

Werden die oben beschriebenen wichtigen Termine nicht eingehalten, kommt es zu Überschneidungen von Bauausführung und Nutzung. Neben vertrags- und haftungsrechtlichen Problemen (Abnahme, Gefährdungshaftung) entsteht eine Beeinträchtigung der Nutzung. Diese kann natürlich auch der Akzeptanz des neuen Gebäudes abträglich sein.

Wird das Gebäude lange vor der neuen Zweckbestimmung fertig, so stellt die mit dem Gebäude verbundene Bindung von Kapital für den Bauherrn bzw. die Nutzer Kosten (Kapitalkosten, Betriebskosten u. a.) dar, denen keine entsprechenden Erlöse gegenüberstehen. Der Festlegung des richtigen Inbetriebnahmetermines und der darauf gerichteten Terminsteuerung kommt deswegen in der Terminplanung eine besondere Bedeutung zu.

Lösung zu Aufgabe 10: Bedeutung von Terminen

Termine bzw. Dauern (ungeordnet)	Bauherr	Architekt	ausführende Firma	Nutzer
Inbetriebnahme	(1)	(2)	-	(3)
Zahlungsfristen	(4)	(5)	(6)	-
Ende der Gewährleistung	(7)	(8)	(9)	-
Abnahmetermine	(10)	(10)	(10)	-
Submissionstermine (Eröffnungstermine)	(11)	(12)	(11)	-
Schalungsdauern für z. B. Betonarbeiten	-	(14)	(13)	-
Erstellung von Leistungsverzeichnissen	-	(15)	-	-
Lieferfrist für z. B. Bewehrungsstahl	-	-	(16)	-
Werk- und Montageplanung, z. B. Metallfassaden	-	(17)	-	-
Entscheidung zum Raum- und Funktionsprogramm	(18)	(20)	(19)	-

Abb. 4-16 Übersicht zu Terminen und Dauern und deren Bedeutung für die Projektbeteiligten (Lösung)

Erläuterungen zu den Terminen bzw. Dauern:

(1) Der **Bauherr** muss den Inbetriebnahmetermin vorgeben.

(2) Der **Architekt** erstellt im Rahmen der Grundlagenermittlung (Klären der Aufgabenstellung) einen groben Zeitplan für Planung und Bauausführung unter Berücksichtigung des vom Bauherrn vorgegebenen **Inbetriebnahmetermines**. Diesbezüglich ist zu überprüfen, ob die Terminvorstellung des Bauherrn realistisch ist.

(3) Der **Nutzer** muss (evtl. nutzt der Bauherr selbst) den Umzug und ggf. weitere Aktivitäten und damit die Inbetriebnahme planen. Hierzu können gehören: Beschaffung von Betriebsmitteln, Einstellung von Personal, Adressenänderung u. v. m.

(4) Für erbrachte Leistungen hat der Bauherr seine Auftragnehmer zu bezahlen. Die **Zahlungsfristen** ergeben sich aus dem BGB, der VOB/VOL oder eventuell vertraglich vereinbarten Zahlungsplänen. Der Bauherr hat dafür zu sorgen, dass er Zahlungen nicht nur fristgerecht, sondern auch der Höhe nach leisten kann. Auf der Grundlage des Baufortschrittes und der Zahlungsfristen muss er eine Finanzplanung erstellen.

(5) Vorraussetzung für **Zahlungen** ist die Feststellung der in Rechnung gestellten Leistungen und Rechnungsprüfung. Im Rahmen der Objektüberwachung ist der Architekt hiermit im Auftrag des Bauherrn tätig.

(6) Die Auftragnehmer – ausführende Firmen – überwachen ab der Rechnungsstellung die Einhaltung der oben beschriebenen **Zahlungsfristen** zur Sicherung ihrer eigenen Liquidität mit dem Ziel geringstmöglichen Fremdkapitaleinsatzes.

(7) Für den Bauherrn endet der **Anspruch auf Mängelbeseitigung** nach vier (VOB) oder nach fünf Jahren (BGB). Für die Beseitigung später am Bauwerk auftretender Mängel hat der Bauherr selbst zu sorgen.

(8) Ist der Architekt mit der Leistungsphase *9. Objektbetreuung und Dokumentation* beauftragt, so obliegt ihm im Rahmen der oben genannten Fristen auch die **Verfolgung der Mängelbeseitigung**. Er hat in seinem Büro hierfür den erforderlichen personellen Aufwand zu planen.

(9) Mit **Ablauf des Anspruchs auf Mängelbeseitigung** (ohne unerledigte Mängelrügen seitens des Bauherrn) wird der Auftragnehmer – ausführende Firma – frei von Verpflichtungen gegenüber dem Bauherrn, und er hat den Anspruch auf die Auszahlung eines in der Regel vereinbarten Gewährleistungseinbehaltes.

(10) **Abnahmetermine** sollen vom Bauherrn und von der ausführenden Firma gemeinsam wahrgenommen werden. In der Regel unterstützt der Architekt den Bauherrn hierbei in fachlicher Hinsicht (Feststellung der Mängelfreiheit bzw. evtl. Mängel). Die Koordination der Abnahmetermine hat der Architekt im Rahmen der Objektüberwachung vorzunehmen.

(11) Zum **Submissionstermin** werden bei öffentlichen und beschränkten Ausschreibungen (VOB/A) die Angebote der Bieter eröffnet. Die für die meist zahlreichen Submissionen notwendigen Termine sind rechtzeitig vom Bauherrn zu koordinieren, damit die Bieter eingeladen werden können.

(12) Der Architekt kann an den **Submissionsterminen** teilnehmen.

(13) Technisch bestimmte Fristen, wie z. B. **Schalungsdauern** von Betondecken, -wänden, -stützen oder -treppen sind in erster Linie für den Rohbauunternehmer von Bedeutung und durch ihn im Rahmen der Werk- und Montageplanung terminlich zu koordinieren.

(14) Der Architekt hat im Rahmen der Objektüberwachung zu kontrollieren, dass im Hinblick auf Einhaltung der geforderten Ausführungsqualität z. B. bei Schalungsarbeiten die notwendigen Abbindezeiten eingehalten werden.

(15) Die Erstellung von **Leistungsverzeichnissen** ist Aufgabe des Architekten bzw. der Fachlich Beteiligten, z. B. Ingenieur für Heizung / Klima / Lüftung. Jeder Planer muss darauf achten, dass er die erforderliche Bearbeitungszeit für die Erstellung der Leistungsverzeichnisse richtig plant. Erschwerend ist hierbei oft die zeitliche Überschneidung von Ausführungsplanung und Erstellung der Leistungsverzeichnisse in Verbindung mit der praktisch unvermeidbaren gleichzeitigen Einarbeitung von Änderungen, z. B. aufgrund von Bauherrenwünschen.

Zu wenig Zeit für die Bearbeitung und inhaltliche Abstimmung der Fachbereiche (Objektplanung, Technische Anlagen, Tragwerksplanung) kann u. a. zu unvollständigen Leistungsbeschreibungen führen und ist dann die Ursache von Nachforderungen der ausführenden Firmen.

(16) Die rechtzeitige Bestellung bzw. die ausreichende Lagerhaltung von Baustoffen, wie z. B. Bewehrungsstahl ist in erster Linie Aufgabe des Rohbauunternehmers, also der bauausführenden Firma.

In besonderen Fällen soll auch der Architekt bedenken, dass Lieferengpässe oder lange **Lieferzeiten** von Stoffen oder Bauteilen einen Einfluss auf die Angebotskalkulation sowie die Einhaltung des geplanten Bauablaufes haben können. Kritisch sind meist: Natursteinarbeiten, Technische Anlagen, Steuerungstechnik, Lieferung von Pflanzen u .v. m.

(17) Hochwertige Leistungen wie Metallfassaden, aber auch Aufzüge, Küchenanlagen bedürfen einer sorgfältigen **Werk- und Montageplanung** durch die ausführende Firma. Insbesondere der Architekt hat dies bei der terminlichen Koordination der Ausführung und demzufolge auch bei den vorhergehenden Leistungen (Ausschreibung und Vergabe) zu berücksichtigen. Er muss u. U. auch seinem Bauherrn klar machen, dass die ausführende Firma mehrere Wochen oder evtl. sogar Monate vor der Montage beauftragt werden muss.

(18) Das **Raum- und Funktionsprogramm** muss bereits mit der Grundlagenermittlung aufgestellt werden. Es ist unabdingbare Voraussetzung für die Termineinhaltung bei Planung und Ausführung.

(19) Die Festlegung des **Raum- und Funktionsprogrammes** ohne den bzw. die Nutzer führt vielfach zu nachträglichen Änderungen der Planung und evtl.

auch der Bauausführung. Deswegen sollte auf jeden Fall versucht werden, die späteren Nutzer (Mieter, Pächter, Erwerber) frühest möglich zu finden und diese in die Planung einzubeziehen. Ist dies nicht möglich, können auch Teile oder Bereiche des Ausbaus in Planung und Ausführung zurückgestellt werden. Damit wird die Inbetriebnahme des Gebäudes von den späteren Nutzern abhängig.

An den wenigen oben angesprochenen Terminen bzw. Dauern lässt sich erkennen, wie unterschiedlich die Bedeutung von Terminen für die verschiedenen Beteiligten ist. Terminplanung bedarf deshalb umfangreicher Abstimmungen und der ständigen Kontrolle. Wichtiger als die Form der Darstellung, z. B. Balkenplan oder Netzplan, ist das Erkennen von kritischen Vorgängen und möglichen Einflüssen auf die geplante Inbetriebnahme und solche Termine und Dauern, die Bestandteil von Verträgen sind, z. B. Vertragsfristen für den Rohbauauftrag.

4.4.3 Bauüberwachung

Neben der im vorangegangenen Abschnitt behandelten terminlichen Überwachung der Bauausführung gehört zur Leistungsphase 8 der Objektplanung (HOAI) vor allem die qualitäts- und kostenmäßige Überwachung der Ausführung des Objektes sowie die Überwachung hinsichtlich der Übereinstimmung mit den öffentlich-rechtlichen Vorschriften und der Sicherheitsanforderungen.

Darüber hinaus stellt die Abnahme der Bauleistungen eine rechtlich sehr bedeutsame Leistung dar. Dabei geht es grundsätzlich um die Feststellung und Bestätigung der ordnungsgemäßen Erstellung der Bauleistung und ihre Übernahme.

Mit den folgenden Aufgaben sollen die für die Überwachung der Ausführung und die Abnahme von Bauleistungen grundlegenden Kenntnisse überprüft bzw. vervollständigt werden.

Aufgabenverzeichnis

Die hier behandelten Aufgaben beziehen sich auf das Kapitel 4.3 des Lehrbuches Band 2:

1 Überwachung der Ausführung
2 Verkehrssicherungspflicht des Architekten
3 Abnahme von Bauleistungen

Vorschriften und Normen

Bürgerliches Gesetzbuch §§ 631- 651 (Werkvertrag)
DIN 1961:2006, Allgemeine Vertragsbedingungen für die Ausführung von Bauleistungen (VOB B)
DIN 18 299:2006 bis 18 451:2006 , Allgemeine Technische Vertragsbedingungen für Bauleistungen (ATV) (VOB C)

Zeichnung: Ernst Hürlimann

Empfohlene Literatur zur weiteren Vertiefung

Ax, T.; D. Heiduck: Mängelansprüche nach VOB und BGB, Wiesbaden 2004
Dörfler-Collin, C.: Baurecht für den Praktiker, Rennigen 2004
Engel, R., B. Korte: Bautagebuch, Neuwied 2001
Engel, R.: Projektbuch Bauausführung, Düsseldorf 2000
Hankammer, G.: Abnahme von Bauleistungen, Köln 2004
Ingenstau, H., H. Korbion: VOB: Teile A und B - Kommentar, Neuwied 2007
Locher, H. und U., W. Koeble, W. Frik: Kommentar zur HOAI, München-Unterschleißheim 2006

Aufgabe 1: Überwachung der Ausführung

Neben terminlichen, kostenmäßigen und organisatorischen Belangen hat der objektüberwachende Architekt (Bauleiter) insbesondere die Pflicht, die Bauausführung auf ihre Übereinstimmung mit den öffentlich-rechtlichen Vorschriften und der – soweit erforderlich und erteilt – Baugenehmigung sowie der Ausführungsplanung zu überwachen. Dies beinhaltet auch eine Überprüfung der Ausführungsqualität in technischer und maßlicher Hinsicht.

Erstellen Sie zu diesem Zweck eine Prüfliste für die Mauerarbeiten eines Wohnhauses.

Aufgabe 2: Verkehrssicherungspflicht des Architekten

Die Verkehrssicherungspflicht auf der Baustelle ist Aufgabe der ausführenden Firmen. Gilt dies gegebenenfalls auch für den überwachenden Architekten?

Aufgabe 3: Abnahme von Bauleistungen

(1) Was bedeutet die Abnahme?

(2) Welche Formen der Abnahme nach VOB/B gibt es und wie unterscheiden sie sich?

(3) Welche Rechtsfolgen treten mit der Abnahme ein?

(4) Für die förmliche Abnahme ist keine bestimmte Form vorgeschrieben. Es empfiehlt sich aber zu Beweiszwecken, die Schriftform zu wählen. Was gehört in ein Abnahmeprotokoll hinein?

Lösung zu Aufgabe 1: Überwachung der Ausführung

Vor dem Ausführungsbeginn und parallel zu den eigentlichen Ausführungsarbeiten ist zu prüfen, ob

- den ausführenden Firmen der aktuelle Planstand vorliegt,
- von Seiten der ausführenden Firmen Bedenken gegen die Plan- oder Ausschreibungsunterlagen bestehen,
- die angelieferten Materialien mit den ausgeschriebenen in Art, Farbe, Güte usw. übereinstimmen.

Die ausgeführten Arbeiten sind auf ihre Maßgenauigkeit zu überprüfen, beispielsweise:

- Sind alle Wände senkrecht gemauert und die Räume rechtwinklig angelegt?
- Sind alle Wandstärken richtig angelegt?
- Stimmen die angelegten Mauermaße, insbesondere die von Türanschlägen, Wandvorlagen, Nischen usw.?
- Sind die lichten Raumhöhen, Türhöhen, Sturzhöhen, Fensterbrüstungs- und Fensterhöhen richtig ausgeführt?
- Sind Türleibungen, Ecken, Pfeilervorlagen, Schornstein usw. senkrecht gemauert?
- Sind alle Wandschlitze und Wanddurchbrüche richtig angelegt?

Des Weiteren muss die Ausführung auf ihre Übereinstimmung mit den anerkannten Regeln der Technik und einschlägigen Vorschriften überprüft werden, beispielsweise:

- Sind die Mauerwerksfußpunkte richtig abgedichtet?
- Sind alle tragenden Wände hochgezogen und alle nicht tragenden Wände höchstens bis einen Stein unter die Decke gemauert?
- Sind alle Wände fachgerecht miteinander verzahnt?
- Sind die Brüstungen im anschließenden Mauerwerk verankert?

Lösung zu Aufgabe 2: Verkehrssicherungspflicht des Architekten

Nicht nur die ausführenden Firmen, auch der überwachende Architekt selbst ist verkehrssicherungspflichtig. Er hat dafür zu sorgen, dass von der Baustelle und dem Bauvorhaben keine Gefahren ausgehen, durch die Dritte Schaden nehmen können. In erster Linie ist zwar nach wie vor der Unternehmer verkehrssicherungspflichtig, die Verkehrssicherungspflicht des überwachenden Architekten setzt aber ein,

- wenn Anhaltspunkte dafür vorliegen, dass der Unternehmer in dieser Hinsicht nicht genügend sachkundig oder zuverlässig ist,
- wenn er Gefahrenquellen erkannt hat,
- wenn er Gefahrenquellen bei gewissenhafter Beobachtung der ihm obliegenden Sorgfalt hätte erkennen können.

Übernimmt der Architekt auch die Aufgaben des **Sicherheits- und Gesundheitskoordinators** (SiGeKo), so hat er gemäß Baustellenverordnung den Bauunternehmern Hinweise zur Verkehrssicherheit zu geben, die diese beachten müssen. Dabei steht dem SiGeKo zunächst kein Weisungsrecht zu. Dies muss ihm vom Bauherrn ausdrücklich übertragen werden oder es muss Gefahr im Verzug sein.

Lösung zu Aufgabe 3: Abnahme von Bauleistungen

(1) Wesen der Abnahme

Mit der vorbehaltlosen Bauleistungsabnahme erkennt der Bauherr bzw. der Auftraggeber die Bauleistung des Bauunternehmers bzw. des Auftragnehmers als vertragsgemäß an. Für die Voraussetzungen und Rechtsfolgen der Abnahme ist es wichtig zu unterscheiden, ob es sich um einen Bauvertrag nach Werkvertragsrecht (BGB) oder einen Bauvertrag auf Grundlage der VOB/B handelt. Im Gegensatz zum BGB regelt die VOB/B die Abnahme und damit verbundene Mängelrechte des Bauherrn sehr detailliert. Bezüglich der Rechtsfolgen besteht jedoch kaum ein Unterschied. Die Abnahme kann in beiden Fällen wegen wesentlicher Mängel verweigert werden.

(2) Formen der Abnahme nach VOB/B

Die Formen der Abnahme können danach unterschieden werden, ob eine Abnahme verlangt wird oder nicht (vgl. Abbildung 4-17).

Wird sie verlangt, ist es eine Form der erklärten (tatsächlichen) Abnahme und kann förmlich erfolgen (gemeinsame Inaugenscheinnahme der abzunehmenden Bauleistung sowie Feststellung und Protokollierung evtl. Mängel) oder in anderer Form erklärt werden. Wird keine Abnahme verlangt, kommt sie als fiktive Abnahme zustande.

(2.1) **Erklärte Abnahme** (VOB/B § 12 Nr. 1)

Die Abnahme wird erklärt, ausdrücklich oder schlüssig auf andere Weise, z. B. stillschweigend durch vorbehaltlose Zahlung der Vergütung. Die Abnahme hat innerhalb von 12 Werktagen nach Verlangen des Auftragnehmers (in der Regel nach Fertigstellung) stattzufinden. Eine andere Frist kann vereinbart werden.

(2.2) **Förmliche Abnahme** (VOB/B § 12 Nr. 4)

Auf Verlangen des Bauherrn oder des Bauunternehmers hat eine förmliche Abnahme stattzufinden. Grundsätzlich ist die Anwesenheit beider Vertragspartner beim Abnahmetermin erforderlich. Die förmliche Abnahme kann aber auch in Abwesenheit des Auftragnehmers stattfinden, wenn der Termin vereinbart war oder der Auftraggeber mit genügender Frist dazu eingeladen hatte (VOB/B § 12 Nr. 4). Das Ergebnis der Abnahme ist dem Auftragnehmer alsbald mitzuteilen. Die Abnahme sollte innerhalb von 12 Werktagen nach Fertigstellung stattfinden (VOB/B § 12 Nr. 1).

Die Abnahme ist grundsätzlich Sache des Bauherrn bzw. Auftraggebers. Der objektüberwachende Architekt kann die Abnahme nur vollziehen, wenn er vom Bauherrn bevollmächtigt ist. Andernfalls ist die Abnahme nur eine Vorprüfung für den Bauherrn, der dann selbst die Abnahme mit seiner Unterschrift bewirkt.

Für fehlerhafte, aber unbeanstandet abgenommene Baustoffe oder Bauteile würde der objektüberwachende Architekt u. U. haften müssen.

(2.3) **Fiktive Abnahme** (VOB/B § 12 Nr. 5)

Bei der fiktiven Abnahme tritt die Abnahmewirkung unabhängig vom wirklichen Willen und selbst gegen den Willen des Bauherrn bzw. Auftraggebers ein.

Voraussetzung hierfür ist, dass keine Abnahme verweigert wird oder dass keine ausdrücklich erklärte bzw. förmliche Abnahme verlangt wird.

Es sind zwei Fälle der fiktiven Abnahme zu unterscheiden. Im ersten Fall gilt die Bauleistung mit dem Ablauf von 12 Werktagen nach der schriftlichen Mitteilung über die Fertigstellung der Leistung als abgenommen. Im zweiten Fall gilt die Abnahme nach dem Ablauf von 6 Werktagen nach Beginn der Benutzung als erfolgt (VOB/B § 12 Nr. 5).

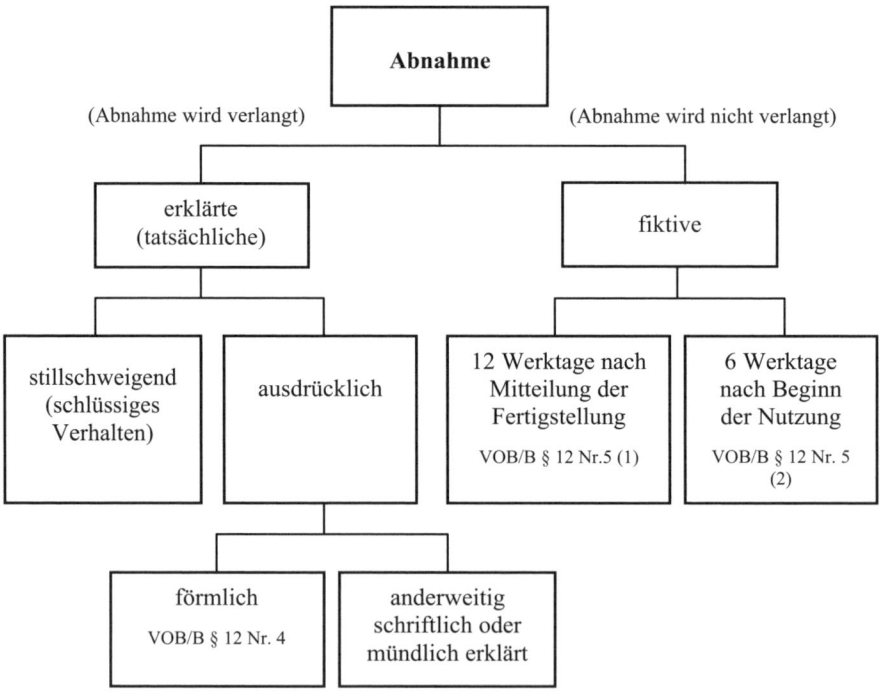

Abb. 4-17 Formen der Abnahme nach VOB/B

(3) Die praktische Bedeutung der Abnahme zeigt sich an den Rechtsfolgen, die an sie geknüpft sind.

Während der Bauausführung und noch vor der Abnahme hat der Bauherr bzw. Auftraggeber einen uneingeschränkten Erfüllungsanspruch, der auf Herstellung des Werkes gerichtet ist (VOB/B § 4). Deshalb trägt der Bauunternehmer bzw. Auftragnehmer sowohl die Beweislast, d. h. er muss ggf. beweisen, dass die Bauleistung mangelfrei ist, als auch die Gefahr, d. h. er muss z. B. im Fall der Zerstörung die Leistung ohne zusätzliche Vergütung wiederholen.

Nach der Abnahme kann der Bauherr bzw. Auftraggeber gegenüber den Bauunternehmen bzw. Auftragnehmern **Mängelansprüche** geltend machen. Er hat einen Anspruch auf Mängelbeseitigung (VOB/B § 13 Nr. 5), Minderung (VOB/B § 13 Nr. 6) oder Schadensersatz (VOB/B § 13 Nr. 7). Der Anspruch auf Mängelbeseitigung beginnt mit der Abnahme und beträgt für Bauwerke 4 Jahre nach VOB und 5 Jahre nach BGB. Die Gefahr und die Beweislast gehen mit erfolgter Abnahme auf den Bauherrn bzw. Auftraggeber über. Wird eine anstehende Vertragsstrafe bei der Abnahme nicht vorbehalten, so ist der Anspruch auf diese Vertragsstrafe verwirkt.

Des Weiteren ist die Bauleistung endgültig abzurechnen. Der Bauunternehmer hat die **Schlussrechnung** zu stellen, und der Bauherr innerhalb von zwei Monaten nach deren Zugang gemäß VOB/B § 16 Nr. 3 die Schlusszahlung zu leisten. Hierbei ist anzumerken, dass die vorbehaltlose Annahme der als solche gekennzeichneten Schlusszahlung Nachforderungen seitens des Bauunternehmens bzw. Auftragnehmers ausschließt (wenn der Auftragnehmer über die Schlusszahlung schriftlich unterrichtet und auf die Ausschlusswirkung hingewiesen wurde). Ein eventueller Vorbehalt ist innerhalb von 24 Werktagen nach Eingang der Schlusszahlung zu erklären.

Zu erwähnen ist noch, dass nach HOAI die Leistungsphase *9. Objektbetreuung und Dokumentation* für eine Bauleistung nach deren Abnahme beginnt. Dies bedeutet nicht, dass die Leistungsphase *8. Objektüberwachung* in allen Teilen abgeschlossen sein muss, wie beispielsweise die Prüfung der Schlussrechnung nach Abnahme zeigt.

(4) In das **Abnahmeprotokoll** gehören der Name des Bauvorhabens, das Datum, die Bezeichnung der abgenommenen Bauleistung, die beteiligten Personen und die gerügten Mängel mit Mängelbeseitigungsfristen. Es sollten sowohl übereinstimmend festgestellte Mängel ausführlich beschrieben werden, als auch solche, deren Vorhandensein strittig ist.

Bei fehlender Vollmacht des Architekten (siehe Punkt (2)) sollte vermerkt sein: „Diese Abnahme wird erst wirksam durch Gegenzeichnung seitens des Bauherrn."

Wird eine vereinbarte **Vertragsstrafe** fällig, so kann der Bauherr bzw. Auftraggeber die Strafe nach Abnahme gem. VOB/B § 11 Nr. 4 nur verlangen, wenn er dies bei der Abnahme vorbehalten hat. Aus diesem Grund sollte des Weiteren auf dem Protokoll vermerkt sein: „Eine etwa verwirkte Vertragsstrafe wird hiermit vorbehalten." Sinnvollerweise sollte man für das Abnahmeprotokoll einen gängigen Vordruck benutzen (siehe z. B. Abbildung 4-18).

EUKIA Qualitätsmanagement	**Abnahme-Protokoll** der folgenden Gesamtleistung-Teilleistung gemäß VOB/B§12	**FB 09.2c** Rev. 0, Stand:27.01.97

BV / Objekt: _____ **Tag der Abnahme:** _____

Gewerk: _____

Bauwerkvertrag vom: _____

Auftraggeber: _____ **Auftragnehmer:** _____

Teilnehmer: _____

_____

1. **Vorbemerkung**
   Diese Abnahme ersetzt nicht eventuell erforderliche behördliche oder andere vorgeschriebene Abnahmen technischer oder verwaltungstechnischer Art. Sie ist auch keine Güteprüfung im bauaufsichtlichen Sinn. Solche hat der Auftragnehmer, sofern erforderlich, selbt zu veranlassen und deren Ergebnis (Protokoll) den unten genannten Unterlagen beizufügen und dem Bauherrn zuzuleiten.

2. **Vorbehalte des Auftraggebers**
   Mängelrüge für nicht erkannte Mängel innerhalb der Gewährleistungsfrist.
   Behebung der Mängel, die bisher schon schriftlich gerügt und noch nicht einwandfrei beseitigt sind.
   Vertragsstrafe (Ihre Geltendmachung wird ausdrücklich vorbehalten).
   Schadenersatz wegen Terminverzug, wegen vertragswidriger Leistung oder vertragswidrigem Verhalten.
   Wandlung oder Minderung wegen mangelhafter Leistungen.
   Haftung gemäß §10 VOB/B.
   Abzüge und Gegenforderungen im Rahmen der Rechnungsprüfung.

3. **Abnahme**
   ☐ erfolgt im übrigen ohne Vorbehalte (Mit Ausnahme der unter Ziffer 2 aufgeführten Vorbehalte)

   ☐ erfolgt mit den in der Anlage erwähnten Vorbehalte wegen Leistungsmängel. Sie wird erst wirksam, wenn die beanstandenen Mängel behoben sind.

4. **Mängel**
   (weitere Mängel auf beigefügter Anlage) Termin zur Mängelbeseitigung

   _____ _____

5. **Folgen nicht rechtzeitiger Mängelbeseitigung**
   Falls zum angegebenen Termin die gerügten Mängel nicht beseitigt sind, wird hiermit vorsorglich ohne weitere Fristsetzung die Mängelbehebung durch den Auftragnehmer abgelehnt und die Einschaltung einer anderen Firma zur Mängelbeseitigung auf Kosten des Auftragnehmers vorbehalten.

6. **Verjährungsfrist fur Mängelbeseitigung**
   beginnt laut Vertrag bzw. gemäß Vereinbarung mit folgendem Datum: _____
   Sie endet nach den vertraglichen Fristen. Falls keine Fristen vereinbart, gilt das BGB.

7. **Unterlagen**
   Folgende Unterlagen wurden dem Bauherrn (Vertreter des Bauherrn) hiermit übergeben:

   _____

8. **Sonstiges**

   _____

9. **Unterschriften**

_____	_____
Ort, Datum	Ort, Datum
Unterschrift Auftragnehmer	Unterschrift Auftraggeber

Abb. 4-18 Abnahmeprotokoll
http://www.baulexikon.de/Bautechnik/Begriffe_Bautechnik/a/BAUlexikon_abnahmeprot.htm
Punkt „6. Gewährleistung“ ist von den Verfassern aktualisiert worden

4.4.4 Kostenplanung im Zuge der Bauausführung

Unter Kostenplanung ist die „Gesamtheit aller Maßnahmen der Kostenermittlung, der Kostenkontrolle und der Kostensteuerung“ (DIN 276-1:2008-12) zu verstehen.

Der größte Teil der Kosten eines Bauvorhabens wird kurz vor Ausführungsbeginn oder – bei gestaffelter gewerkeweiser Beauftragung – während der Bauausführung vertraglich fixiert. Mit zunehmender Beauftragung und Ausführung der Bauleistungen wird die Kostenentwicklung eines Bauvorhabens immer weniger umkehrbar. Deswegen ist die laufende Kostenfortschreibung und -kontrolle während der Bauausführung besonders wichtig, um gegebenenfalls die verbleibenden Kostensteuerungspotenziale nutzen zu können.

Aufgabenverzeichnis

Die folgenden Aufgaben beziehen sich auf das Kapitel 4.3 des Lehrbuches Band 2:

1 Gegenstand der Kostenfeststellung
2 Kostenkontrolle

Vorschriften und Normen

DIN 276-1:2008-12, Kosten im Bauwesen – Teil 1: Hochbau

Empfohlene Literatur zur weiteren Vertiefung

Engel, R.: Projektbuch Bauausführung, Düsseldorf 2000
Fröhlich, P. J.: Hochbaukosten, Flächen, Rauminhalte, Wiesbaden 2007
Locher, H. und U., W. Koeble, W. Frik: Kommentar zur HOAI, München-Unterschleißheim 2006

Aufgabe 1: Gegenstand der Kostenfeststellung

Der Architekt stellt zum Abschluss des Bauvorhabens im Rahmen der Kostenfeststellung die tatsächlich entstandenen Kosten zusammen. Einen Teil der Bauleistungen, hierzu gehören unter anderem die Maler- und Fliesenarbeiten, hat in einem konkreten Fall der Bauherr in seiner Freizeit selbst ausgeführt. Dem Architekten wurden vom Bauherrn für diese Arbeiten lediglich die Abrechnungsbelege der entsprechenden Materialkosten vorgelegt. Wie ist zu verfahren?

Aufgabe 2: Kostenkontrolle

Das Leistungsbild Objektplanung nach § 15 HOAI sieht in der Leistungsphase *7. Mitwirkung bei der Vergabe* die Grundleistung **Kostenanschlag** und in der anschließenden Leistungsphase *8. Objektüberwachung* die **Kostenfeststellung** ebenfalls als Grundleistung vor. Welchen Sinn hat die in diesen Leistungsphasen ebenfalls enthaltene Grundleistung **Kostenkontrolle**?

Lösung zu Aufgabe 1: Gegenstand der Kostenfeststellung

„Grundlagen für die Kostenfeststellung sind:
- geprüfte Abrechnungsbelege, z. B. Schlussrechnungen, Nachweise der Eigenleistungen,
- Planungsunterlagen, z. B. Abrechnungszeichnungen,
- Erläuterungen." (DIN 276-1)

Weiterhin heißt es in der DIN 276-1: „Der Wert von Eigenleistungen ist bei den betreffenden Kostengruppen gesondert anzugeben. Für Eigenleistungen sind die Personal- und Sachkosten einzusetzen, die für entsprechende Unternehmerleistungen entstehen würden."

Ähnliche Regelungen enthält die HOAI zur Ermittlung der anrechenbaren Kosten und des Honorars. Als anrechenbare Kosten gelten entsprechend § 10 Abs. 3 HOAI die „ortsüblichen Preise, wenn der Auftraggeber

1. selbst Lieferungen oder Leistungen übernimmt,
2. von bauausführenden Unternehmen sonst nicht übliche Vergünstigungen erhält,
3. Lieferungen oder Leistungen in Gegenrechnung ausführt oder
4. vorhandene oder vorbeschaffte Baustoffe oder Bauteile einbauen lässt."

(§ 10 Abs. 3 HOAI (11.2001))

Der Architekt hat also nicht nur die Materialkosten, sondern die Kosten der vollständigen Leistungen, insbesondere auch Lohnkosten anzusetzen. Wenn ihm keine ortsübliche Preise von anderen vergleichbaren Bauvorhaben vorliegen, so ist es ihm gestattet, diese von Firmen, Verbänden, Kammern oder Sachverständigen zu erfragen.

Lösung zu Aufgabe 2: Kostenkontrolle

Unter Kostenkontrolle versteht man den Vergleich einer aktualisierten mit einer vorhergehenden Kostenermittlung, z. B. den Vergleich der Kostenberechnung mit der Kostenschätzung, den Vergleich des Kostenanschlages mit der Kostenberechnung usw.

Der **Kostenanschlag** ist eine Kostenermittlung auf der Grundlage von Auftragnehmerangeboten, Eigenberechnungen unter Ansatz ortsüblicher Preise, Honorar- und Gebührenberechnungen und anderen bereits entstandenen Kosten (DIN 276-1). Der Kostenanschlag ist die in finanzieller Hinsicht wichtigste Grundlage für die Entscheidung des Bauherrn, ob das Bauvorhaben in der geplanten Form durchgeführt werden soll. Ein Vergleich mit der Kostenberechnung kann Aufschluss darüber geben, wie Kostenerhöhungen oder -unterschreitungen zustande gekommen sind.

Die **Kostenfeststellung** konstatiert das Kostenergebnis des durchgeführten Bauvorhabens. Sie zeigt im Nachhinein, ob der Kostenanschlag unterschritten, eingehalten oder überschritten worden ist.

Da erhebliche **Kostenüberschreitungen** den Bauherrn in Existenz gefährdende Probleme bringen können, reicht es nicht aus, dies im Nachhinein zu konstatieren. Daher ist es Aufgabe der **Kostenkontrolle**, durch laufenden Soll-Ist-Vergleich sich abzeichnende Kostenüberschreitungen frühzeitig anzuzeigen und damit die Möglichkeit zu eröffnen, rechtzeitig geeignete Gegen- bzw. Kompensationsmaßnahmen zu ergreifen.

4.4.5 Bauabrechnung

Die Auftragnehmer möchten die ihnen zustehende Vergütung für die erbrachten Leistungen erhalten und der Auftraggeber nur die vertragsgemäße Vergütung bezahlen. Aufgabe des Architekten ist es, die eingehenden Rechnungen der Bauunternehmer darauf hin zu prüfen, ob sie den vereinbarten Vertragsbedingungen entsprechen.

Die ordnungsgemäße Rechnungsprüfung, die Voraussetzungen für die Abrechnung von Stundenlohnarbeiten und die Ersatzvornahme bei der Mängelbeseitigung sind Gegenstand der folgenden Aufgaben, die sich auf das Kapitel 4.5 des Lehrbuches Band 2 beziehen.

Aufgabenverzeichnis

1 Rechnungsprüfung
2 Stundenlohnarbeiten
3 Ersatzvornahme bei Mangel nach Abnahme

Vorschriften und Normen

DIN 1961:2006, Allgemeine Vertragsbedingungen für die Ausführung von Bauleistungen (VOB B)
DIN 18 299:2006 bis 18 451:2006, Allgemeine Technische Vertragsbedingungen für Bauleistungen (ATV) (VOB C)

Empfohlene Literatur zur weiteren Vertiefung

Dörfler-Collin, C.: Baurecht für den Praktiker, Rennigen 2004
Engel, R.: Projektbuch Bauausführung, Düsseldorf 2000
Ingenstau, H., H. Korbion: VOB: Teile A und B - Kommentar, Neuwied 2007
Locher, H. und U., W. Koeble, W. Frik: Kommentar zur HOAI, München-Unterschleißheim 2006
Rösel, W., A. Busch: AVA-Handbuch, Ausschreibung – Vergabe – Abrechnung, Wiesbaden 2008

Aufgabe 1: Rechnungsprüfung

Ein Bauherr hat mit einem Bauunternehmer einen Einheitspreisvertrag abgeschlossen. Der Unternehmer stellt die Schlussrechnung.

Da der Endbetrag der Schlussrechnung nur geringfügig von der ursprünglichen Angebotssumme abweicht, prüft der Architekt die Rechnung nur stichprobenartig und empfiehlt – da er hierbei keinen Fehler feststellt – dem Bauherrn, den Rechnungsbetrag zu überweisen.

Hat der Architekt damit die Rechnungsprüfung ordnungsgemäß durchgeführt?

Aufgabe 2: Stundenlohnarbeiten

Eine Malerfirma hat in einer älteren Wohnanlage die Treppenräume und Flure außerhalb der Wohnungen neu gestrichen. An zahlreichen Türlaibungen, Treppenwangen und anderen Stellen stellte der ausführende Geselle abgebrochene Kanten am Putz sowie Schäden an den Oberflächen der Wände fest. Die Leistungsbeschreibung hatte der Hausmeister der Wohnanlage erstellt. Vorsichtshalber hatte er die VOB/B zum Vertragsinhalt erklärt. Nach Abschluss der Arbeiten stellt der Malermeister dem Eigentümer 20 so genannte Regiestunden in Rechnung. Er begründet dies damit, dass in diesem Umfang Ausbesserungs- und Spachtelarbeiten objektiv erforderlich waren, um einen einwandfreien Anstrich herstellen zu können.

Im rechtskräftig geschlossenen Einheitspreisvertrag waren jedoch keine entsprechenden Positionen für ein gegebenenfalls erforderliches Ausbessern oder Spachteln solcher Schadstellen enthalten. Der Eigentümer der Wohnanlage ist sich unsicher, ob er diesen zusätzlichen Aufwand vergüten muss und bittet Sie als in der Bauüberwachung erfahrenen Architekten um Rat. Welche Auskunft können Sie ihm als Auftraggeber der Malerarbeiten erteilen?

Aufgabe 3: Ersatzvornahme bei Mangel nach Abnahme

Wenige Monate nach der Abnahme von Dachabdichtungsarbeiten tritt ein Schaden ein. Bei Regen dringt Wasser in erheblichen Mengen in unter dem Dach liegende Wohnräume ein. Da Sie auch mit der Leistungsphase *9 Objektbetreuung und Dokumentation* beauftragt sind, wendet sich der Bauherr an Sie, um den Schaden so schnell wie möglich beseitigen zu lassen. Sie fordern den Unternehmer, der die Dachabdichtungsarbeiten entsprechend einem VOB-Vertrag ausgeführt hat, zur unverzüglichen Schadensbehebung auf. Dieser kommt dem auch nach Wiederholung und Fristsetzung gemäß VOB/B nicht nach. Was ist zu tun?

Lösung zu Aufgabe 1: Rechnungsprüfung

Der Architekt verletzt mit einer nur stichprobenartigen Rechnungsprüfung seine Vertragspflichten. Er muss überprüfen, ob die Leistungen rechnerisch und fachtechnisch richtig sowie vertragsgemäß in Rechnung gestellt worden sind. Dazu gehört, dass er die Einzelpositionen der Rechnung überprüft und entweder bestätigt oder korrigiert.

Versäumt es der Architekt, Fehler in der Schlussrechnung, die zu Lasten des Bauherrn gehen, zu korrigieren, und bezahlt daher der Bauherr zu viel, so kann sich daraus ein Schadenersatzanspruch gegen den Architekten ergeben (H. und U. Locher, W. Koeble, W. Frik 2006, S. 473, Randnr. 219).

Lösung zu Aufgabe 2: Stundenlohnarbeiten

In der Fachliteratur werden die so genannten Regiestunden als Stundenlohnarbeiten bezeichnet. Solche Stunden- oder auch Taglohnarbeiten fallen in der Praxis häufig bei Umbau-, Instandsetzungs- und Modernisierungsarbeiten an. Diese müssen aber nicht zwangsläufig vergütet werden. Hierzu heißt es in der VOB: „Stundenlohnarbeiten werden nur vergütet, wenn sie als solche vor ihrem Beginn ausdrücklich vereinbart worden sind.“ (VOB/B § 2 Nr. 10) Da dies nicht der Fall war, hat der Malermeister keinen Anspruch auf Vergütung der Stundenlohnarbeiten.

Die Vereinbarung von Stundenlohnarbeiten hätte sich sowohl auf einen Stundenlohnsatz, z. B. Vergütungshöhe je geleistete Arbeitsstunde, als auch auf den betreffenden Arbeitsinhalt – so zum Beispiel auf das Verputzen von Löchern in einer Treppenhauswand – beziehen müssen. Es geht hierbei um solche Leistungen, die nicht Gegenstand des vorliegenden Einheitspreis- oder Pauschalvertrages sind. Nur wenn diese Voraussetzungen erfüllt sind, wird der Auftragnehmer für den zusätzlichen Aufwand bezahlt.

Zur Abrechnung siehe im Einzelnen § 15 VOB/B. Ergänzend hierzu ist noch folgendes Urteil zu beachten:

„1. Taglohnzettel müssen die durchgeführten Arbeiten nachvollziehbar beschreiben.
2. Der Vermerk „Arbeiten nach Angabe“ ist nicht nachvollziehbar.
3. Nicht nachvollziehbare Taglohnzettel werden auch dann nicht berücksichtigt, wenn der Architekt sie unterzeichnet hat.“

(OLG Karlsruhe, Urteil vom 30.11.93 – 8 U 251/93, BauR 95, S. 114)

Lösung zu Aufgabe 3: Ersatzvornahme bei Mangel nach Abnahme

Sie weisen den Bauherrn darauf hin, dass er eine Ersatzvornahme einleiten kann, da der beauftragte Unternehmer der Aufforderung zur Nachbesserung oder Beseitigung des eingetretenen, festgestellten Baumangels nicht nachkommt. Die Ersatzvornahme besteht darin, dass der Bauherr einen anderen Unternehmer mit der Beseitigung des Mangels beauftragt. Die hierfür anfallenden Kosten kann er zu Lasten des verursachenden Unternehmens geltend machen. (vgl. VOB/B § 4 Nr. 7 (3))

4.4.6 Besondere Bedingungen der Bauausführung

Zu den besonderen Bedingungen der Bauausführung gehören zum einen die Berücksichtigung der jahreszeitlichen Einflüsse, insbesondere der Winterzeit und zum anderen der Umgang mit Störungen des geplanten Ablaufes. Da die Dauern für die Bauausführung meist auf Wunsch des Bauherrn zunehmend kurz bemessen werden, kommt den angesprochenen Bedingungen eine immer größere Bedeutung zu.

Aufgabenverzeichnis

Die folgenden Aufgaben beziehen sich auf das Kapitel 4.6 des Lehrbuches Band 2:

1 Wirtschaftlichkeit des Winterbaus
2 Gestörter Bauablauf und Maßnahmen

Vorschriften und Normen

DIN 1961:2006, Allgemeine Vertragsbedingungen für die Ausführung von Bauleistungen (VOB B)
DIN 18 299:2006, Allgemeine Technische Vertragsbedingungen für Bauleistungen (ATV) – Allgemeine Regelungen für Bauarbeiten jeder Art (VOB C)

Empfohlene Literatur zur weiteren Vertiefung

Bundesministerium für Raumordnung, Bauwesen und Städtebau (Hrsg.): Winterbau-Schutzmaßnahmen bei verschiedenen Witterungsbedingungen, Bonn 1978
Deutsches Institut für Normung (Hrsg.): Bauzeitverzögerungen und Störungen im Bauablauf nach VOB/B, Tagungsband zur VOB-Tagung 2006, Berlin 2006
Genschow, C., O. Stelter: Störungen im Bauablauf, Düsseldorf 2004
Rohr-Suchalla, K.: Der gestörte Bauablauf – Verantwortlichkeiten, Ansprüche und Rechtsfolgen nach VOB/B, Stuttgart 2008
Schotten, M.: Der gestörte Bauablauf im privaten Baurecht, Norderstedt 2007

Aufgabe 1: Wirtschaftlichkeit des Winterbaus

Winterbau ermöglicht die Fortsetzung der Bauarbeiten bei ungünstigen Witterungsverhältnissen in der kalten Jahreszeit. Allerdings verursacht er auch Mehrkosten.

Ob bei einem Projekt der Winterbau wirtschaftlich vorteilhaft ist, muss im Einzelfall geprüft werden. Untersuchen Sie dies beispielhaft unter Berücksichtigung der folgenden Angaben:

- Wohngebäude mit geplanten Baukosten von 1.050 €/m² BGF
- Fertigstellungsgrad der Leistungen vor der möglichen Maßnahme in Höhe von 70% und Zahlungsstand in Höhe von 50%
- Dauer des geplanten Winterbaus und alternativ Dauer der möglichen Unterbrechung aller Bauarbeiten für die Zeit von 3 Monaten
- Verzinsung des in den Planungs- und Bauleistungen gebundenen Kapitals in Höhe von nominal 6 % p. a.
- vorliegendes Angebot für den Winterbau von umgerechnet 5,25 €/m² BGF.

Aufgabe 2: Gestörter Bauablauf und Maßnahmen

Die Fertigstellung und Inbetriebnahme eines Kaufhauses ist zum 1. Oktober des laufenden Jahres geplant. Aufgrund verschiedener Nutzerwünsche haben sich Verzögerungen eingestellt, die den Inbetriebnahmetermin ernsthaft gefährden.

Mehrere Ausbaufirmen konnten erst Wochen nach dem vertraglich vereinbarten Termin mit ihren Arbeiten beginnen. Allen Beteiligten ist klar, dass nur durch die Beauftragung von Terminsicherungsmaßnahmen, wie höheren Geräteeinsatz, Personaleinsatz und Überstunden, der Inbetriebnahmetermin eingehalten werden kann.

Die Ausbaufirmen bieten diese Maßnahmen an und verlangen eine erheblich höhere Vergütung.

Erläutern Sie als bauüberwachender Architekt dem Bauherrn, welche Möglichkeiten er im Hinblick auf die weitere Baudurchführung und Inbetriebnahme hat.

Lösung zu Aufgabe 1: Wirtschaftlichkeit des Winterbaus

Den Kosten des Winterbaus stehen unter anderem die Kosten der Finanzierung von bezahlten Leistungen in der Zeit bis zum Nutzungsbeginn gegenüber.

Die Kapitalkosten des Bauherrn für das im Bauprojekt gebundene Kapital bezogen auf ein m² BGF betragen:

$$1.050\ €/m^2\ BGF \cdot 0{,}50 \cdot 3/12 \cdot 6/100 = 7{,}88\ €/m^2\ BGF$$

Anmerkung: Zahlungsstand zu Beginn des Betrachtungszeitraumes von 50% = 0,50
Unterbrechung der Arbeiten für 3 Monate = 3/12 Jahr
Zinssatz für das gebundene Kapital von 6 % = 6/100

Das Angebot für den Winterbau beträgt mit 5,25 €/m² BGF weniger als die Kapitalkosten für die Unterbrechung der Bauarbeiten im Zeitraum der in Frage kommenden drei Monate. Darüber hinaus hat die Verkürzung der Bauzeit durch Winterbau noch weitere Vorteile, wie z. B. den früheren Beginn der Nutzung. Der Winterbau ist in diesem Fall also wirtschaftlich.

Lösung zu Aufgabe 2: Gestörter Bauablauf und Maßnahmen

Der Bauherr muss erkennen, dass er ohne Mehrkosten den geplanten Inbetriebnahmetermin nicht einhalten kann. Sie machen ihm deutlich, dass er die Wahl hat zwischen

- der Beauftragung von **Terminsicherungsmaßnahmen** und
- der Verschiebung des Inbetriebnahmetermins.

Beide Alternativen sollen soweit wie möglich bewertet und miteinander verglichen werden.

Der Schaden im Fall der Terminsicherungsmaßnahme lässt sich verhältnismäßig zuverlässig aus den geforderten Mehrkosten der ausführenden Firma ermitteln.

Bei einer alternativ verschobenen Inbetriebnahme sind vor allem zu berücksichtigen

- Verzinsung des im Projekt gebundenen Kapitals für die Dauer der verlängerten Bauzeit, was im Allgemeinen sehr teuer ist,
- Nachteile und gegebenenfalls Schadenersatzforderungen anderer Beteiligter aus dem verspäteten Betriebsbeginn, ferner Umsatzeinbußen in der Vorweihnachtszeit,
- Ansehensverlust bei den Kunden.

Auch ohne an dieser Stelle durchgeführte Berechnungen wird deutlich, dass in der Mehrzahl der Fälle die Inkaufnahme der Mehrkosten für die Terminsicherungsmaßnahmen das kleinere Übel darstellt. Auch noch nach erfolgreicher Inbetriebnahme hat der Bauherr grundsätzlich die Möglichkeit, die Ursache der Verzögerungen zu untersuchen, und kann die Mehrkosten von den Verursachern einfordern, sofern ihn nicht selbst maßgeblich ein Mitverschulden trifft.

4.5 Baunutzung

Für den wirtschaftlichen Erfolg eines Gebäudes ist sowohl die Objektplanung und -ausführung als auch das Objektmanagement maßgebend. Durch den mit der Inbetriebnahme beginnenden Gebäudebetrieb kann die Wirtschaftlichkeit der Gebäudenutzung wesentlich beeinflusst werden.

Für den Architekten ist wichtig, dass die Leistungsphase *9. Objektbetreuung und Dokumentation* im Wesentlichen in die Phase der Baunutzung fällt. Damit überlappt sich das Leistungsbild des Architekten mit der Nutzungsphase, und es schließt sich der den Fortschritt in der Architektur fördernde *Regelkreis Planung-Ausführung-Nutzung-Planung*.

Die folgenden Aufgaben sollen das Verständnis für das Objektmanagement und die Architektenaufgaben in der Leistungsphase *9 Objektbetreuung und Dokumentation* vertiefen. Sie beziehen sich auf Kapitel 5 des Lehrbuches Band 2.

Zeichnung: Ernst Hürlimann

Aufgabenverzeichnis

1 Objektmanagement
2 Nutzen und Aufwand der Leistungsphase 9
3 Objektdatei

Vorschriften und Normen

DIN 32 736:2000-08, Gebäudemanagement – Begriffe und Leistungen

Empfohlene Literatur zur weiteren Vertiefung

Braun, H.-P.: Dokumentation des Gebäudebestands, in Braun, H.-P.: Facility Management, Berlin Heidelberg 2007, S. 49-60
Naber, S.: Planung unter Berücksichtigung der Baunutzungskosten als Aufgabe des Architekten im Feld des Facility-Management, Europäische Hochschulschriften Reihe 37 - Architektur 24, Frankfurt am Main 2002
Schulte, K.-W.; B. Pierschke: Facilities Management, Köln 2000

Aufgabe 1: Objektmanagement

Was versteht man unter Objektmanagement und welche Aufgabenbereiche gehören dazu?

Aufgabe 2: Nutzen und Aufwand der Leistungsphase 9

Die Leistungsphase *9. Objektbetreuung und Dokumentation* erstreckt sich über einen Zeitraum von mindestens vier Jahren (VOB-Verjährungsfrist) und nicht selten über fünf Jahre (BGB-Verjährungsfrist). Auch im Hinblick darauf ist sie mit 3 % des sich nach der Honorartafel in § 16 HOAI ergebenden Honorars nicht sonderlich attraktiv bewertet. Ist es für den Architekten daher wirtschaftlicher, nur die ersten acht Leistungsphasen in Auftrag zu nehmen?

Aufgabe 3: Objektdatei

Ein Bauherr ist nicht bereit, seinen Architekten auch mit der Besonderen Leistung *Aufbereiten des Zahlenmaterials für eine Objektdatei* zu beauftragen. Soll der Architekt trotzdem für eigene Zwecke die Aufbereitung des Zahlenmaterials vornehmen? Welche wesentlichen Daten sollten in einer solchen Objektdatei gespeichert werden?

Lösung zu Aufgabe 1: Objektmanagement

Unter Objektmanagement oder Gebäudemanagement ist „die Gesamtheit aller Leistungen zum Betreiben und Bewirtschaften von Gebäuden einschließlich der baulichen und technischen Anlagen auf der Grundlage ganzheitlicher Strategien" zu verstehen. (DIN 32 736:2000-08)

Zum Objektmanagement gehören folgende Leistungsbereiche:

- Technisches Objektmanagement
  verantwortlich für das Betreiben und Bewirtschaften der baulichen und technischen Anlagen
- Kaufmännisches Objektmanagement
  verantwortlich für die Wirtschaftlichkeit des Gebäudebetriebes und zuständig für alle kaufmännischen Leistungen
- Infrastrukturelles Objektmanagement
  zuständig für gebäudebezogene Dienstleistungen, wie Hausmeisterdienste, Gebäudereinigung, Catering usw.
- Flächenmanagement
  verantwortlich für die optimale Nutzung verfügbarer Räume durch Abstimmung von Raumeigenschaften und Raumanforderungen

Lösung zu Aufgabe 2: Nutzen und Aufwand der Leistungsphase 9

Auf den ersten Blick mögen Bedenken berechtigt sein, dass die Übernahme der Leistungsphase 9 nicht wirtschaftlich sei. Bei näherer Betrachtung wird aber deutlich, dass es für den weiteren Bürobetrieb von großem Gewinn sein kann, wenn der Architekt mit dem Bauherrn und dem Objekt vertragsbedingt in Verbindung bleibt.

Der Architekt kann dabei eine Menge von Informationen erhalten über die Bewährung des Bauwerks und seiner Teile in funktionaler und technischer Hinsicht. Es gibt Architekten, die immer wieder zu nachteiligen Lösungen kommen, nur weil ihnen die Rückkopplung aus der Nutzungsphase fehlt.

Und schließlich sollte es dem Architekten lieber sein, dass sein Bauherr ihm „die Meinung sagt", als dass dieser seinem Ärger im Freundes- und Bekanntenkreis freien Lauf lässt. Insofern bietet die Objektbetreuung immer wieder Gelegenheit, dem Bauherrn zu helfen und ggf. unberechtigte Vorwürfe zu entkräften.

Lösung zu Aufgabe 3: Objektdatei

Jedes Architekturbüro sollte den Aufbau und die Pflege einer Objektdatei betreiben. In den ersten Jahren seiner Berufs- bzw. Bürotätigkeit wird ein Architekt mangels eigener Erfahrungswerte auf überbetriebliche Objektdateien (z. B. auf die Baukostendatei des BKI Baukosteninformationszentrums Deutscher Architektenkammern) zurückgreifen müssen. Wichtig ist, dass der Architekt seine eigenen Objekte nach den gleichen Regeln auswertet, damit sich diese widerspruchsfrei in die Objektdatei einfügen. Dann kann er zunehmend mehr auf Kennwerte von Gebäuden zurückgreifen, die er im Detail kennt.

Während in den allgemein zugänglichen Objektdateien i. Allg. nur Daten der Objekte erfasst sind, sollte der Architekt bei seiner bürointernen Objektdatei auch Daten zur Auftragsabwicklung speichern, so dass sich z. B. folgender Aufbau ergibt:

(1) Daten des Objektes

(1.1) Allgemeine Angaben

Bezeichnung und Standort
Gebäudeart
Standortcharakteristik
Bauzeit, Konjunktur
Baukonstruktionen
Technische Anlagen
u. a.

(1.2) Flächen und Rauminhalte nach DIN 277

Brutto-Grundfläche
Nutzfläche
Verkehrsfläche
Technische Funktionsfläche
Brutto-Rauminhalt
und daraus abgeleitete Verhältniszahlen

(1.3) Kosten nach DIN 276-1

Gesamtkosten
Grundstück
Herrichten und Erschließen
Bauwerk – Baukonstruktionen
  Baugrube
  Gründungsfläche
  Außenwandfläche
  Innenwandfläche
  Deckenfläche
  Dachfläche
  Baukonstruktive Einbauten und sonstige Maßnahmen
Bauwerk – Technische Anlagen
Außenanlagen
Baunebenkosten
und Kennziffern (€/m² NF, €/m³ BRI, u. a.)

(1.4) Nutzungskosten nach DIN 18 960:2008-02, *Nutzungskosten im Hochbau* (soweit ermittelt)

(1.5) Sonstiges

(2) Daten zur Auftragsabwicklung

(2.1) Honorar

Grundleistungen
Sonstige Leistungen

(2.2) Projektleiter, -mitarbeiter

(2.3) Projektstunden nach Leistungsphasen

(2.4) Planungs- und Ausführungszeiten

(2.5) Beauftragte Unternehmer

(2.6) Wesentliche Mängel

(2.7) Sonstiges

Legt der Architekt in dieser Weise für jedes seiner Objekte eine Datei an, so gelangt er zu einem zunehmend verbesserten Datenmaterial, das ihm immer mehr Sicherheit bei Planungsentscheidungen und Kostenermittlungen gibt. Aus diesem Grunde sollte jeder Architekt bei allen seinen Objekten die Aufbereitung des Zahlenmaterials für eine Objektdatei – unabhängig von der Beauftragung durch den Bauherrn – vornehmen.

Literaturverzeichnis

AHO-Fachkommission: Untersuchungen zum Leistungsbild, zur Honorierung und zur Beauftragung von Projektmanagementleistungen in der Bau- und Immobilienwirtschaft, Köln 2004
Altrogge, G.: Netzplantechnik, München, Wien 1996
Arentzen, U.: Gabler-Wirtschafts-Lexikon, Wiesbaden 1997
Ax, T.; D. Heiduck: Mängelansprüche nach VOB und BGB, Wiesbaden 2004

Bauer, M., P. Mösle, M. Schwarz: Green Building – Konzept für nachhaltige Architektur, München 2007
Baukosteninformationszentrum Deutscher Architektenkammern GmbH: BKI – Handbuch Kostenplanung im Hochbau, Stuttgart 2003
Baukosteninformationszentrum Deutscher Architektenkammern GmbH: Bildkommentar DIN 276/277, Stuttgart 2007
Baukosteninformationszentrum Deutscher Architektenkammern GmbH: BKI – Baukosten 2008, Teil 1 Statistische Kostenkennwerte für Gebäude, Stuttgart 2008
Baukosteninformationszentrum Deutscher Architektenkammern GmbH: BKI – Baukosten 2008, Teil 2 Statistische Kostenkennwerte für Bauelemente, Stuttgart 2008
Baukosteninformationszentrum Deutscher Architektenkammern GmbH: BKI – Baukosten 2008, Teil 3 Statistische Kostenkennwerte für Positionen, Stuttgart 2008
Baukosteninformationszentrum Deutscher Architektenkammern GmbH: BKI – Objektdaten, Kosten abgerechneter Bauwerke, Band N1 - N8 Neubau, Stuttgart 1998 - 2007
Baukosteninformationszentrum Deutscher Architektenkammern GmbH: BKI – Objektdaten, Kosten abgerechneter Bauwerke A1 - A5 Altbau, Stuttgart 2000 - 2007
Baukosteninformationszentrum Deutscher Architektenkammern GmbH: BKI – Objektdaten, Kosten abgerechneter Bauwerke G1 Technische Gebäudausrüstung, Stuttgart 2006
Binswanger, H. C., H. Frisch, H. G. Nutzinger u. a.: Arbeit ohne Umweltzerstörung, Frankfurt/Main 1983
Blecken, U., W. Hasselmann: Kosten im Hochbau – Praxis-Handbuch und Kommentar zur DIN 276, Köln 2007

Böttcher, P., H. Neuenhagen: Baustelleneinrichtung, Wiesbaden, Berlin 1997
Brauer, K.-U. (Hrsg.): Grundlagen der Immobilienwirtschaft, Wiesbaden 2006
Braun, H.-P.: Dokumentation des Gebäudebestands, in Braun, H.-P.: Facility Management, Berlin Heidelberg 2007
Bundesministerium für Verkehr, Bau und Stadtentwicklung (Hrsg.): VHB – Vergabe- und Vertragshandbuch für die Baumaßnahmen des Bundes, Stand 07/2008
Bundesministerium für Raumordnung, Bauwesen und Städtebau (Hrsg.): Winterbau-Schutzmaßnahmen bei verschiedenen Witterungsbedingungen, Bonn 1978

Damerau, H. von der, A. Tauterat, W. Stern: VOB im Bild: Hochbau- und Ausbauarbeiten - Abrechnung nach der VOB, Köln 2007
Dammert, Bernd: Die neue Sächsische Bauordnung, Heidelberg 2005

Däumler, K.-D.: Grundlagen der Investitions- und Wirtschaftlichkeitsrechnung: Aufgaben und Lösungen, Testklausur, Checklisten, Tabellen für die finanzmathematischen Faktoren, Herne 2007
Deilmann, H., J. C. Kirschmann, H. Pfeiffer: Wohnungsbau – The Dwelling – L' habitat: Nutzungstypen, Grundrißtypen, Wohnungstypen, Gebäudetypen, Stuttgart 1974 und 1980
Deutsches Institut für Normung (Hrsg.): Bauzeitverzögerungen und Störungen im Bauablauf nach VOB/B, Tagungsband zur VOB-Tagung 2006, Berlin 2006
Dickenbrock, D.: Kostenermittlung in der Altbaumodernisierung, Heidelberg, New York, Tokyo 1985
Diederichs, C. J.: Kostensicherheit im Hochbau, Essen 1984
Diederichs, C. J.: Entwicklung eines Bewertungssystems für ökonomisches und ökologisches Bauen und gesundes Wohnen, Wuppertal 2000
Dörfler-Collin, C.: Baurecht für den Praktiker, Rennigen 2004

Engel, H.: Methodik der Architekturplanung, Berlin 2002
Engel, R.: Projektbuch Bauausführung, Düsseldorf 2000
Engel, R.: Projektbuch Bauplanung, Düsseldorf 1995
Engel, R., B. Korte: Bautagebuch, Neuwied 2001
Enseleit, D., W. Osenbrück: HOAI-Praxis, Wiesbaden 2006

Fickert, H. C., H. Fieseler: Baunutzungsverordnung: Kommentar unter besonderer Berücksichtigung des Umweltschutzes mit ergänzenden Rechts- und Verwaltungsvorschriften, Stuttgart 2002
Fleischmann, H. D.: Bauorganisation, Düsseldorf 1997
Fröhlich, P. J.: Hochbaukosten – Flächen – Rauminhalte, Wiesbaden 2007
Frommhold, H., H. D. Fleischmann, S. Hasenjäger: Wohnungsbau-Normen, Düsseldorf 2006

Gerhards H., Keller, H.: Lexikon Baufinanzierung, Wiesbaden 2002
Gemeinsamer Ausschuß Elektronik im Bauwesen (GAEB) in Verbindung mit dem Deutschen Verdingungsausschuß für Bauleistungen (DVA): Das Standardleistungsbuch für das Bauwesen, Grundgedanke – Aufbau – Anwendung, Berlin 1985
Gemeinsamer Ausschuß Elektronik im Bauwesen (GAEB) in Verbindung mit dem Deutschen Verdingungsausschuß für Bauleistungen (DVA): Standardleistungsbuch (Leistungsbereiche 000-472), Berlin, Köln, Frankfurt
Genschow, C., O. Stelter: Störungen im Bauablauf, Düsseldorf 2004
Glücklich, D.: Energie- und kostenbewußtes Bauen von Wohnhäusern, Köln-Braunsfeld 1985
Gruhler, K., C. Deilmann: Ökobilanzierung im Kontext planerischer Interessen – Bewertungsverfahren für Bauprodukte, Dresden 1999
Gutenberg, E.: Einführung in die Betriebswirtschaftslehre, Wiesbaden 1990

Hammer, G.: Die neue Bauordnung im Bild – Praxisgerechte, schnelle und rechtssichere Antworten zum Bauordnungs- und Bauplanungsrecht von A-Z, 2007
Hankammer, G.: Abnahme von Bauleistungen, Köln 2004
Hauptverband der Deutschen Bauindustrie e. V. (Hrsg.) unter Mitwirkung der Bauindustrie: BAL – Baustellenausstattungs- und Werkzeugliste, Wiesbaden 2001

Hauptverband der Deutschen Bauindustrie e. V. (Hrsg.) unter Mitwirkung zahlreicher Fachleute der Bauindustrie: BGL – Baugeräteliste 2007: Technisch-wirtschaftliche Baumaschinendaten, Gütersloh 2007

Hauptverband der Deutschen Bauindustrie e. V. / Zentralverband des Deutschen Baugewerbes e. V. (Hrsg.): Kosten- und Leistungsrechnung der Bauunternehmen : KLR-Bau, Wiesbaden, Berlin, Düsseldorf 2001

Heiermann, W., R. Riedl, M. Rusam, J. Kuffer: Handkommentar zur VOB – Teile A und B, Wiesbaden 2007

Heinhold, M.: Investitionsrechnung: Studienbuch, München 1999

Höfler, H., L. Kandel, A. Linhardt: Bauen mit dem Rechenstift – Baukosten sparen beim Eigenheim – ein Ratgeber (4. Aufl. der „Baukosten-Sparfiebel") Karlsruhe 1994

Hofstetter, P., O. Tietje: Ökobilanz-Bewertungsmethoden. State-of-the-art, Neuentwicklungen 1998, Perspektiven, Nachbearbeitung des 6. Diskussionsforums Ökobilanzen vom 12.03.1998 ETH Zürich

Ingenstau, H., H. Korbion, H.: VOB Teile A und B – Kommentar, Neuwied 2007

Institut für Bauforschung e.V.: Bau-Nutzungskosten. Bau-Nutzungskosten-Kennwerte für Wohngebäude, Stuttgart 2007

Institut für Bauforschung e. V.: Grundlagen und Randbedingungen der Nutzungskostenplanung im Wohnungsbau, in: Schriftenreihe *Bau- und Wohnforschung* des Bundesamtes für Bauwesen und Raumordnung, Stuttgart 2007

Institut für Grundlagen der modernen Architektur (Hrsg.): Bewertungsprobleme in der Bauplanung, Stuttgart 1972

Isphording, S., H. Reiners: Der ideale Grundriss, Beispiele und Planungshilfen für das individuelle Einfamilienhaus, München 2006

Jäde, H.: Baugesetzbuch, Baunutzungsverordnung: Kommentar, Stuttgart 2005

Jenkis, H.: Grundlagen der Wohnungsbaufinanzierung, München 1995

Jochem, R.: HOAI-Kommentar zur Honorarordnung für Architekten und Ingenieure, Wiesbaden 2003

Joedicke, J.: Angewandte Entwurfsmethodik für Architekten, Stuttgart 1976

Kalusche, W.: Gebäudeplanung und Betrieb, Berlin, Heidelberg, New York 1991

Kalusche, W.: Bauschuttbeseitigung, in: Deutsches Architektenblatt 11/1992, S. 1821 ff.

Kalusche, W.: Die Baustelleneinrichtung aus der Sicht des Auftraggebers, in: Bautechnik 9/1993, S. 545 ff.

Kalusche, W.: Winterbau in der Altbausanierung, in: Deutsches Architektenblatt 3/1993, S. 448 f.

Kalusche, W.: Kostenkontrolle bezogen auf die Bauausführung, in: Bautechnik 2/1994, S. 77 ff.

Kalusche, W.: Pauschalierung von Bauleistungen, in: bauzentrum 4/1994, S. 121 ff.

Kalusche, W.: Baulicher Ausbau - Teil 1: Kosteneinflüsse bei der Planung, in: bauzeitung 4/1995, S. 45 ff.

Kalusche, W.: Baulicher Ausbau - Teil 2: Kosteneinflüsse bei der Vergabe, in: bauzeitung 5/1995, S. 60 ff.

Kalusche, W.: Losbildung bei Ausschreibung und Vergabe, in: bauzentrum 4/1995, S. 98 ff.

Kalusche, W.: Nachträge, in: baumeister 9/1995, S. 74 ff.

Kalusche, W.: Was macht der Generalunternehmer?, in: baumeister 12/1995, S. 50 ff.

Kalusche, W.: Architekt und Totalunternehmer, in: Deutsches Architektenblatt 1/1997, S. 15 ff.
Kalusche, W.: Bauüberwachung - Ein Thema für angehende Architekten, in: Deutsche Bauzeitschrift 3/1998, S. 97 ff.
Kalusche, W.: Winterbau aus Bauherrensicht, in: Informationen Bau-Rationalisierung 1/1998, S. 5 ff.
Kalusche, W.: Projektmanagement für Bauherren und Planer, München, Wien 2002
Keil, W., U. Martinsen, R. Vahland, J. Fricke: Kostenrechnung für Bauingenieure, Neuwied 2008
Kirchhof, P.: EStG Kompakt Kommentar, Heidelberg 2007
Klein, R.: Die richtige Baufinanzierung, München 2003
Klocke, W.: Planungsbüros erfolgreich führen, Köln 2004
Kochendörfer, B.: Bau-Projekt-Management: Grundlagen und Vorgehensweisen, Wiesbaden 2007
Kohler, N.: Stand der Ökobilanzierung von Gebäuden und Gebäudebeständen, Institut für Industrielle Bauproduktion der Universität Karlsruhe, 1999
Kruschwitz, L.: Investitionsrechnung, München 2000
Küsgen, H.: Investitionsrechnung im Bauwesen - mit einer Einführung in die Rechnung von Energiekosten, Stuttgart 1984 (BAUÖK-Papiere 42)
Küsgen, H., N. Küsgen, C. Riepl, R. Röthlingshöfer: Planen mit Baunutzungskosten — Verfahren der Baunutzungskostenplanung, Stuttgart 1983

Laux, H.: Die Bausparfinanzierung: die finanziellen Aspekte des Bausparvertrages als Spar- und Kreditinstrument, Frankfurt am Main 2005
Leimböck, E.: Bauwirtschaft – Baubeteiligte und ihre Aufgaben, Baumarkt, Preisfindung, Marketing, Management und Organisation, Stuttgart 2007
Leimböck, E., A. Iding: Bauwirtschaft – Grundlagen und Methoden, Wiesbaden 2005
Locher, H.: Das private Baurecht, München 2005
Locher, H. und U., W. Koeble, W. Frik: Kommentar zur HOAI, München-Unterschleißheim 2006

Meyer, P.: Wohnbauten im Vergleich – Aumatt II, Zürich 1992
Möller, D.-A.: Planungs- und Bauökonomie, Band 1 : Grundlagen der wirtschaftlichen Bauplanung, München 2006
Möller, D.-A., W. Kalusche: Planungs- und Bauökonomie, Band 2 : Grundlagen der wirtschaftlichen Bauausführung, München 2007
Möller, D.-A., E. Möller: Ökologie und Ökonomie am Bau, in: Deutsche Bauzeitschrift 6/89, S. 787 ff.
Möller, E.: Unternehmen pro Umwelt, München 1989
Motzke, G., R. Wolff: Praxis der HOAI - Ein Leitfaden für Architekten, Ingenieure, Sachverständige, Bauherren und deren Berater, München 2004
Murfeld, E. (Hrsg.): Spezielle Betriebswirtschaftslehre der Grundstücks- und Wohnungswirtschaft, Hamburg 2000

Naber, S.: Planung unter Berücksichtigung der Baunutzungskosten als Aufgabe des Architekten im Feld des Facility-Management, Europäische Hochschulschriften Reihe 37 - Architektur 24, Frankfurt am Main 2002
Nixdorf, B.: Verbesserung der Wirtschaftlichkeit von Bauobjekten unter Verwendung von Investitionsrechnungsverfahren, in: Schriftenreihe „Bau- und Wohnforschung“ des Bundesministers für Raumordnung, Bauwesen und Städtebau, Nr. 04.089, Bonn/Bad Godesberg 1983

Otto, Chr.-W.: Brandenburgische Bauordnung, Dresden 2007

Peters, H.: Selbsthilfe am Bau, Wiesbaden, Berlin 1984
Pfarr, K.: Handbuch der kostenbewußten Bauplanung – Ansätze zu einem den Planungs- und Bauprozeß begleitenden Kosteninformationssystem, Wuppertal 1976
Pfarr, K.: Grundlagen der Bauwirtschaft, Essen 1984
Pfeiffer, M. (Hrsg.): Architektur- und Ingenieurmanagement – Ganzheitliches Planen, Bauen und Bewirtschaften, 2004

Reifner, U.: Risiko Baufinanzierung, Neuwied, Kriftel /Ts., Berlin 1996
Rohr-Suchalla, K.: Der gestörte Bauablauf – Verantwortlichkeiten, Ansprüche und Rechtsfolgen nach VOB/B, Stuttgart 2008
Rösch, W., W. Volkmann: Bau-Projektmanagement: Terminplanung mit System, Köln 1994
Rösel, W., A. Busch: AVA-Handbuch, Ausschreibung – Vergabe – Abrechnung, Wiesbaden 2008

Sagebiehl, U.: Baunutzungskosten im Schulbau – Betriebskostendaten, Berlin 1991
Schach, R.: Baustelleneinrichtung: Grundlagen, Planung, Praxishinweise, Vorschriften und Regeln, Wiesbaden 2008
Schierenbeck, H.: Grundzüge der Betriebswirtschaftslehre, München 2008
Schotten, M.: Der gestörte Bauablauf im privaten Baurecht, Norderstedt 2007
Schmitz, H.: Geschoßwohnungsbau, in: Deutsches Architektenblatt 11 und 12/89, Stuttgart 1989
Schmitz, H., R. Oesterreich, R. Gerlach: Kostengünstiges Bauen in Beispielen, Köln-Braunsfeld 1984
Schub, A., Stark, K.: Life cycle cost von Bauobjekten, Köln 1985
Schulte, K.-W.; St. Bone-Winkel (Hrsg.): Handbuch Immobilien-Projektentwicklung, Köln 2008
Schulte, K.-W.; B. Pierschke: Facilities Management, Köln 2000
Schulze, E., A. Stein: Praxisratgeber Baufinanzierung, München 2005
Sternberger-Frey, B: Handbuch rund ums Geld: alles über Bankgeschäfte, Baufinanzierung, Geldanlage, Berlin 1996
Schwarze, J.: Projektmanagement mit Netzplantechnik, Herne, Berlin 2006
Schwarze, J.: Übungen zur Netzplantechnik, Herne, Berlin 2006
Simons, K., R. Sager: Berechnungsmethoden für Baunutzungskosten, in: Schriftenreihe „Bau- und Wohnforschung“ des Bundesministers für Raumordnung, Bauwesen und Städtebau 04.063, Bonn/Braunschweig 1980
Söfker, W. (Hrsg.): Baugesetzbuch, München 2007
Spritzendorfer, J.: Nachhaltiges Bauen mit ‚wohngesunden Baustoffen'. Heidelberg 2007
Stamm-Teske, W.: Preis-werter Wohnungsbau 1990 - 96: eine Projektauswahl Deutschland, Düsseldorf 1996
Statistisches Bundesamt: Statistisches Jahrbuch für die Bundesrepublik Deutschland, Stuttgart 2007
Sternberger-Frey, B: Handbuch rund ums Geld: alles über Bankgeschäfte, Baufinanzierung, Geldanlage, Berlin 1996
Stoy, C.: Benchmarks und Einflussfaktoren der Baunutzungskosten, Zürich 2005

Wicke, L.: Umweltökonomie, München 1993
Wiesmeth, H.: Umweltökonomie, Berlin 2002

Wiegand, J., K. Aellen, Th. Keller: Wohnungs-Bewertungs-System – Ausgabe 1986, in: Schriftenreihe Wohnungswesen des Bundesamtes für Wohnungswesen, Bern 1994
Will, L.: Die Rolle des Bauherrn im Planungs- und Bauprozeß, Frankfurt/M., Bern, New York 1985
Wöhe, G.: Einführung in die allgemeine Betriebswirtschaftslehre, München 2005
Wöhe, G.: Übungsbuch zur Einführung in die allgemeine Betriebswirtschaftslehre, München 2005

Zangemeister, Chr.: Nutzwertanalyse in der Systemtechnik, München 1976
Zwicky, F.: Entdecken, Erfinden, Forschen im morphologischen Weltbild, Glarus 1989

Baugesetzbuch (BauGB) – in der Fassung der Bekanntmachung vom 23.9.2004, zuletzt geändert durch Art. 1 des Gesetzes am 21.12.2006
Baufreistellungsverordnung (BaufreistVO)
Bauvorlagenverordnung (BauVorlV), BauVorlV BB vom 1. Februar 1998, geändert durch BauVorlVÄndV BB vom 12. November 1999
Baunutzungsverordnung (BauNVO) – in der Fassung vom 23. Januar 1990, geändert durch Artikel 3 des Gesetzes vom 22. April 1993
Bürgerliches Gesetzbuch (BGB)

DIN 276-1:2008-12, Kosten im Bauwesen – Teil 1: Hochbau
DIN 277-1:2005-02, Grundflächen und Rauminhalte von Bauwerken im Hochbau – Teil 1: Begriffe, Ermittlungsgrundlagen
DIN 277-2:2005-02, Grundflächen und Rauminhalte von Bauwerken im Hochbau – Teil 2: Gliederung der Netto-Grundfläche
DIN 277-3:2005-04, Grundflächen und Rauminhalte von Bauwerken im Hochbau – Teil 3: Mengen und Bezugseinheiten
DIN 1960:2006, Allgemeine Bestimmungen für die Vergabe von Bauleistungen (VOB/A)
DIN 1961:2006, Allgemeine Vertragsbedingungen für die Ausführung von Bauleistungen (VOB/B)
DIN 18 299:2006 bis 18 451:2006, Allgemeine Technische Vertragsbedingungen für Bauleistungen (ATV) (VOB/C)
DIN 18 960:2008-02, Nutzungskosten im Hochbau
DIN 69 900:1987-08, Netzplantechnik
– Teil 1 Projektwirtschaft, Netzplantechnik, Begriffe - Stand August 1987
– Teil 2 Projektwirtschaft, Netzplantechnik, Darstellungstechnik – Stand August 1987
DIN EN ISO 14 040:2006-10, Umweltmanagement – Ökobilanz – Grundsätze und Rahmenbedingungen
DIN EN ISO 14 044:2006-10, Umweltmanagement – Ökobilanz – Anforderungen und Anleitungen

Einkommensteuergesetz (EStG), in der Fassung der Bekanntmachung vom 19. Oktober 2002, zuletzt geändert durch Artikel 1 des Gesetzes vom 14. August 2007
Grundsteuergesetz (GrStG), vom 7. August 1973, zuletzt geändert durch Artikel 6 des Gesetzes vom 1. September 2005

Honorarordnung für Architekten und Ingenieure (HOAI) in der Fassung der Bekanntmachung vom 4. März 1991, zuletzt geändert durch Artikel 5 des Gesetzes vom 10. November 2001

Landesbauordnungen für die einzelnen Bundesländer
Landesbauordnung für Baden-Württemberg (LBO - BW) in der Fassung vom 8.8.1995, gültig ab 1.1.1996
Bauordnung für Berlin (BauO Bln) in der Fassung vom 3.9.1997, zuletzt geänd. durch Art. II des Baustellenkoordinierungsgesetzes vom 2.6.1999
Brandenburgische Bauordnung (BbgBO) in der Fassung vom 1.6.1994, geändert durch Gesetz zur Änderung der BbgBO und anderer Gesetze vom 18.12.1997 in der ab 1.1.1998 gültigen Fassung
Sächsische Bauordnung (Sächs BO) vom 28.05.2004

Musterbauordnung (MBO) von November 2002

Verdingungsordnung für Leistungen (VOL Teil A), Ausgabe 2006
Verdingungsordnung für freiberufliche Leistungen (VOF), Ausgabe 2006

Vergabe- und Vertragsordnung für Bauleistungen
VOB Teil A : Allgemeine Bestimmungen für die Vergabe von Bauleistungen, DIN 1 960:2006
VOB Teil B : Allgemeine Vertragsbedingungen für die Ausführung von Bauleistungen, DIN 1 961:2006
Teil C – Allgemeine Technische Vertragsbedingungen für Bauleistungen (ATV), DIN 18 299:2006 – DIN 18 451:2006
Vergabe- und Vertragshandbuch für die Baumaßnahmen des Bundes (VHB), Stand 07/2008
Verordnung des Sächsischen Staatsministeriums des Innern zur Durchführung der Sächsischen Bauordnung (DVOSächsBO) vom 2.9.2004
Verordnung über energiesparenden Wärmeschutz und energiesparende Anlagentechnik bei Gebäuden (Energieeinsparverordnung – EnEV) vom 24.7.2007
Verordnung über wohnungswirtschaftliche Berechnungen (Zweite Berechnungsverordnung – II. BV) in der Fassung der Bekanntmachung vom 12.10.1990, zuletzt geändert durch Artikel 3 der Verordnung vom 25.11.2003

Wohnflächenverordnung (WoFlV) vom 25. November 2003, in Kraft getreten im Januar 2004

Stichwortverzeichnis

Die Buchstaben vor den Seitenzahlen geben an, ob es sich um das Lehrbuch Band 1 oder Band 2 (L_{Bd1} oder L_{Bd2}) oder um das Übungsbuch (Ü) handelt. Die Seitenangaben beziehen sich auch bei beiden Lehrbüchern auf die 5. Auflage.

a-Paragraphen der VOB Teil A L_{Bd2} 61,
ABC-Analyse L_{Bd1} 136 ff.
Abfallstoffe L_{Bd2} 205
Ablauf- und Terminplanung L_{Bd2} 135 ff. Ü 246 ff.
Ablaufstrukturplan L_{Bd2} 139, Ü 252
Abnahme von Bauleistungen L_{Bd2} 171 ff., Ü 265, 267 ff.
Abnahme
behördliche ~ L_{Bd2} 177 f.
erklärte ~ L_{Bd2} 173, Ü 269 f.
fiktive ~ L_{Bd2} 172, Ü 270
förmliche ~ L_{Bd2} 173, Ü 269 f.
stillschweigende ~ L_{Bd2} 173
Abnahmeprotokoll L_{Bd2} 173 f., Ü 271f.
Abnahmetermin Ü 262
Abrechnung L_{Bd2} 104
Abrechnungsvorschriften L_{Bd2} 76, 187
Abschlagsrechnung L_{Bd2} 191
Abschreibung L_{Bd1} 76 ff., 184., Ü 139, 142, 149 ff., 157
Absetzung für Abnutzung (AfA) L_{Bd1} 184, 214, Ü 121, 150
Abweichung L_{Bd2} 46
Abzinsungsfaktoren Ü 55
Altbaumodernisierung L_{Bd1} 33
Altlasten L_{Bd2} 33 f.
Amortisationsdauer L_{Bd1} 104
Amortisationsrechnung Ü 78 f.
Änderung des Bauentwurfes L_{Bd2} 107, 122
Anfangsrentabilität L_{Bd1} 81
Anfangstilgungssatz L_{Bd1} 209
Angebot L_{Bd1} 11
Angebotsbewertung Ü 235 f.
Angebotskalkulation L_{Bd2} 76, 125
Angebotsprüfung L_{Bd2} 84 ff., 100, Ü 232 ff., 238
Angebotszeit L_{Bd2} 99
Anlagenbau L_{Bd2} 29
Anlaufphase L_{Bd2} 213
Annuität L_{Bd1} 96 f., 202
Annuitätenmethode L_{Bd1} 96 f., Ü 83
Anordnungsbeziehung L_{Bd2} 142
anrechenbare Kosten Ü 185, 187 ff.
Anspruch, gestalterisch L_{Bd2} 31
Anspruchsgrundlage L_{Bd2} 124
Anzahlung L_{Bd2} 190 f.
Arbeitsanleitung Ü 3 f.
Arbeitsgemeinschaft L_{Bd2} 14 f.
Arbeitslosigkeit L_{Bd1} 21
Arbeitspaket L_{Bd2} 140
Arbeitsplatz L_{Bd2} 132
Arbeitsteilung L_{Bd2} 1, 164
der Ausführenden L_{Bd2} 87 f.
der Planer L_{Bd2} 87
Arbeitstemperaturen L_{Bd2} 197
Architekt L_{Bd1} 39 f., L_{Bd2} 31, 38, 129, Ü 9 f., 262
Architektengesetz L_{Bd1} 39
Architektenhaftung L_{Bd1} 173 ff.
Architektenhonorar L_{Bd1} 220, 226 ff., Ü 176 ff.
Architektenliste L_{Bd1} 39
Architektenvertrag Ü 183, 196 f.
Architektenwettbewerb L_{Bd2} 137
ARGE L_{Bd2} 14 f.
Aufgaben des Bauherrn Ü 6 ff.
Auflagen L_{Bd2} 53
Aufmaß L_{Bd2} 104, 177
Auftraggeber L_{Bd2} 10, Ü 243 f.
Pflichten des ~ Ü 243
Auftragserteilung L_{Bd2} 109 f.
Auftragsfertigung L_{Bd2} 26, Ü 224
Auftragsproduktion L_{Bd2} 58
Auftragsverfolgung L_{Bd2} 118
Aufzinsungsfaktoren Ü 54
Ausbau, baulicher L_{Bd2} 52
Ausführung Ü 241 ff., 240
Ausführungsdauer, optimale L_{Bd2} 136
Ausführungsplanung L_{Bd1} 223 f., L_{Bd2} 49 ff., 56 f., 149
Ausgaben L_{Bd1} 121
Ausnahmen L_{Bd2} 46
Ausschreibung L_{Bd2} 85, 89, Ü 136
beschränkte ~ L_{Bd2} 62 f., Ü 225
öffentliche ~ L_{Bd2} 62 f., Ü 225
Ausschreibung, Planungsreife der L_{Bd2} 55

Ausschreibungsunterlagen L_{Bd2} 102
Ausstattung, technische ~ L_{Bd2} 87
Auswahl aus mehreren
Investitionsmög-lichkeiten Ü 50 f., 77 ff.
Auswahlproblem Ü 50

Balkenplan L_{Bd2} 142, Ü 255, 258
Barwert Ü 144 ff., 153 ff.
Barwertfaktoren,
kumulierte ~ Ü 63
Bauablauf, gestörter ~ L_{Bd2} 152 ff., Ü 281 f.
Bauabrechnung L_{Bd2} 187 ff., Ü 277 ff.
Bauantrag L_{Bd2} 46
Bauaufsichtsbehörde L_{Bd1} 42, L_{Bd2} 160, Ü 6, 9, 11
Baubetreuer L_{Bd2} 18
Baubetriebslehre Ü 1
Baubüro L_{Bd2} 131, 134, 166
Bauen
flächensparendes ~ Ü 18
industrielles ~ L_{Bd2} 25 ff.
kostengünstiges ~ Ü 18, 163 ff.
ökologisches ~ Ü 163, 165
schlüsselfertiges ~ L_{Bd2} 11, 28 ff.
wirtschaftliches ~ Ü 18
Baufinanzierung L_{Bd1} 201 ff., Ü 166 ff.
Bauführer L_{Bd2} 160
Baugenehmigung L_{Bd2} 46,137 f., Ü 208 f.
Baugenehmigungsverfahren L_{Bd2} 45,
Baugenehmigungsverfahren,
vereinfachtes ~ L_{Bd2} 45, Ü 210
Baugeräteliste L_{Bd2} 116
Baugesuch L_{Bd1} 27 f.,
Baugewerbe L_{Bd2} 10
Bauherr(enschaft) L_{Bd1} 35, L_{Bd2} 157, Ü 6 ff., 233
Bauherrenaufgaben L_{Bd1} 36 f., Ü 7 f.
Bauherrengesellschaft L_{Bd2} 29
Bauherrenorganisation L_{Bd2} 137
Bauinvestitionen L_{Bd1} 29 f.,
Bauinvestitionsquote L_{Bd1} 30
Baukoordinierungsrichtlinie L_{Bd2} 58 ff.
Baukosten L_{Bd1} 122
Baukostenänderungen L_{Bd2} 185 f.
Baukostendateien L_{Bd1} 145 ff., Ü 116 ff.
Baukosteninformationszentrum Deutscher Architektenkammern L_{Bd1} 150
Baukostenvergleich Ü 72 f.
Bauleistungen Ü 227 f.
Bauleiter L_{Bd1} 40
Bauleitung L_{Bd2} 208
Baumanagement L_{Bd2} 164 f.
Baunebenkosten L_{Bd2} 100 f., Ü 196
Bauordnung, Sächsische ~ L_{Bd2} 43 ff., 159 f.
Bauordnungen L_{Bd2} 40 ff.
Bauordnungsrecht L_{Bd2} 39
Baupreisdateien L_{Bd1} 145 ff.
Baupreisindex L_{Bd1} 145 ff., L_{Bd2} 169
Baurecht, öffentliches ~ L_{Bd2} 39, Ü 203
Baurecht, privates ~ L_{Bd2} 39
Bauschäden L_{Bd2} 205
Bauschuttbeseitigung L_{Bd2} 204 ff.
Bauschuttbeseitigung, Kosten der ~ L_{Bd2} 209
Bauschuttentsorgung L_{Bd2} 36
Bausparen L_{Bd1} 210 f.
Baustelleneinrichtung L_{Bd2} 34, 94, 129 ff., 157, Ü 241 ff.
Baustelleneinrichtungsplan L_{Bd2} 133
Baustellenfertigung L_{Bd2} 21, 25 ff.
Baustellenverordnung L_{Bd1} 44 f.
Baustraße L_{Bd2} 130
Baustromversorgung L_{Bd2} 131
Bausummenüberschreitung L_{Bd1} 176 f., Ü 125 f., 137 f.
echte ~ L_{Bd1} 176, L_{Bd2} 185 f., Ü 126, 137 f.
unechte ~ L_{Bd1} 176, L_{Bd2} 186, Ü 126, 137 f.
Bautagebuch L_{Bd2} 176
Bauträger L_{Bd2} 18 f., Ü 201 f.
Bauüberwachung L_{Bd2} 26, 159 ff., 167 ff. Ü 265 ff.
Bauunternehmer Ü 9 ff.
Bauvermessung L_{Bd2} 33
Bauvertrag L_{Bd2} 109 ff.
Bauvolumen L_{Bd1} 28 f.
Bauvorlage L_{Bd2} 46, Ü 209
Bauvorlageberechtigung L_{Bd1} 40, Ü 207 f.
Bauweise Ü 15 f., 24
Bauwirtschaft L_{Bd1} 27 ff., L_{Bd2} 24
Bedarfsplanung L_{Bd1} 34, Ü 18
Bedingungen, jahreszeitliche ~ L_{Bd2} 138
Befreiung L_{Bd2} 46
Beheizung, provisorische ~ L_{Bd2} 199
Behinderung L_{Bd2} 155 ff.

Bemusterung L_{Bd2} 56
Belastung L_{Bd1} 216 f.
Berechnungsverordnung, Zweite ~ L_{Bd1} 180, 183
Berufsverständnis L_{Bd2} 100
Beschäftigung L_{Bd1} 21 f.
Beschleunigung der Baudurchführung Ü 250, 259 f.
Beschleunigungsmaßnahmen L_{Bd2} 151 f.
Beschränkte Ausschreibung L_{Bd2} 62 f., Ü 225
Beschränkung
der Ausführungskapazitäten L_{Bd2} 151
der Finanzmittel L_{Bd2} 150
der Planungskapazitäten L_{Bd2} 151
Besondere Leistungen L_{Bd1} 220 ff., Ü 188, 228
Beteiligte an der Ausführung L_{Bd2} 9 ff.
Betreibermodell L_{Bd2} 21
Betreibervertrag L_{Bd2} 214
Betriebsbuchhaltung L_{Bd2} 195
Betriebskosten L_{Bd1} 181, L_{Bd2} 212, Ü 28, 139
Bezirksschornsteinfegermeister L_{Bd2} 49
Bezugseinheiten L_{Bd1} 118
Bietergemeinschaft L_{Bd2} 14
Bietergespräch Ü 222, 239
Bodenbeläge Ü 146 ff., 156 ff.
Bonität L_{Bd1} 206
Bodengutachten L_{Bd2} 33
Bruttobauland L_{Bd1} 107 f.
Brutto-Grundfläche L_{Bd1} 111, Ü 92 f., 104 f., 108 f.
Bruttoinlandsprodukt L_{Bd1} 17 f.
Bruttonationaleinkommen L_{Bd1} 17 f.
Brutto-Rauminhalt L_{Bd1} 115 ff., Ü 93 f., 106, 108 f.
Bundesbank L_{Bd1} 43

Ceteris-paribus-Bedingung L_{Bd1} 3
CO_2-Gebäudesanierungsprogramm L_{Bd1} 212
Computereinsatz L_{Bd2} 188
Computergestütztes Entwerfen L_{Bd1} 186
Container L_{Bd2} 134

Dachabdichtungsarbeiten L_{Bd2} 97 f.
Dach-ARGE L_{Bd2} 15
Dachform Ü 17, 26 f..
Darlehenslaufzeit L_{Bd1} 203, Ü 172
Deckungsbeitrag L_{Bd1} 191 f., Ü 160 ff.
Detailmodelle L_{Bd2} 51 f.
Detailpauschalvertrag L_{Bd2} 111
Details L_{Bd2} 54 f.
Detailterminplan L_{Bd2} 148 f.
Deutsche Bundesbank L_{Bd1} 43
Developer Ü 201 f.
Dezentralisation L_{Bd2} 32ff.
DIN 276 L_{Bd1} 121 ff., Ü 114, 123 f
DIN 277 L_{Bd1} 110 ff., Ü 92 ff., 104 ff.
Disagio L_{Bd1} 202 f., 209, Ü 168 f., 173
Diversifikation L_{Bd2}1
Dokumentation L_{Bd2} 149, 216 ff.
technische ~ L_{Bd2} 192
Doppelböden L_{Bd2} 97
Doppelhaus Ü 21 f., 24
dynamische Verfahren der Investitions-rechnung L_{Bd1} 81 ff., Ü 50 f.

EDV-Werkzeuge L_{Bd2} 36
Effektivzins L_{Bd1} 203, Ü 168, 173
Eigenfinanzierung L_{Bd1} 205 f., Ü 121
Eigenheimzulage L_{Bd1} 214
Eigenkapital L_{Bd1} 205
Eigenleistungen L_{Bd1} 205 ff., Ü 193
Eigentumsprogramm L_{Bd1} 211 ff.
Einheitspreis L_{Bd2} 111, 121, Ü 19, 26
Einheitspreisvertrag L_{Bd2} 110 f., Ü 233
Einzelinvestition L_{Bd1} 56, 103 f., Ü 50
Einzelkosten Ü 19
Einzelleistung Ü 182, 193 f.
Elementmengen L_{Bd1} 118, Ü 123, 132 f.
Elementmethode L_{Bd1} 133, 150
Endkapital Ü 168, 171
Energieverbrauch Ü 39
Energiesparverordnung L_{Bd1} 193
entgangener Gewinn Ü 184, 197 f.
Entsorgung L_{Bd2} 209
Entwerfen L_{Bd2} 38
Entwurfsplanung L_{Bd1} 222, L_{Bd2} 149
Entwurfsverfasser L_{Bd1} 39 f. L_{Bd2} 37 f.
Entzug eines Auftragsteiles L_{Bd2} 107
Erdbau L_{Bd2} 34
Ereignis L_{Bd2} 141 f.
Erfolgshonorar L_{Bd1} 232, Ü 10, 190
Ergebnis, wirtschaftliches ~ L_{Bd2} 114
Erkenntnisgewinnung L_{Bd1} 3
Erkenntnisobjekt L_{Bd1} 2
erklärte Abnahme L_{Bd2} 170, Ü 269 f.

Eröffnungstermin L_{Bd2} 65
Ersatzinvestition L_{Bd1} 56 f.
Ersatzmaßnahmen L_{Bd2} 159
Ersatzvornahme L_{Bd2} 194, Ü 278
Erträge L_{Bd1} 187 ff.
Erwerbspersonen L_{Bd1} 20
Erwerbermodell L_{Bd2} 22 f.
Europäische Zentralbank L_{Bd1} 43
Eventualposition L_{Bd2} 123, 202

Fachbauleiter L_{Bd1} 41
Fachingenieur L_{Bd1} 41, Ü 9 ff.
Fachlich Beteiligte L_{Bd2} 160
Fachlos L_{Bd2} 83, 87 ff. 207
Fachlosvergabe L_{Bd2} 99
Fachplaner L_{Bd2} 38
Fachunternehmer L_{Bd2} 11
Fahrzeugwaschanlage L_{Bd2} 131
Faktorkombination, optimale L_{Bd2} 1
Fassadenelemente L_{Bd2} 96
Fehlerfreiheit L_{Bd2} 51
Feinelement L_{Bd1} 147 f.
Fertighaus L_{Bd2} 28
Fertigteile, Detailkorrektur der ~ L_{Bd2} 173
Fertigung L_{Bd2} 157
anonyme ~ L_{Bd2} 26
Festdarlehen L_{Bd1} 210
fiktive Abnahme L_{Bd2} 172, Ü 270
Finanzbuchhaltung L_{Bd2} 195
Finanzierung
Eigenkapital ~ L_{Bd1} 205 f., Ü 150
Fremdkapital ~ L_{Bd1} 205 ff., Ü 150
Finanzierungsbausteine Ü 175
Finanzierungsinstitute Ü 9, 11
Finanzierungs-Leasing L_{Bd2} 20 f.
Finanzierungsmodell L_{Bd2} 21
Finanzierungsoptimierung L_{Bd1} 216, 218 ff., Ü 170, 14
Finanzierungsplan L_{Bd1} 216 f., Ü 169, 173
finanzmathematische Grundlagen L_{Bd1} 83 ff.
Firmen, ausführende ~ L_{Bd2} 151, 157, 159
Fixkosten L_{Bd2} 119 ff.
Flachdach, Kosten des ~ Ü 27
flächensparendes Bauen L_{Bd1} 54, Ü 18
förmliche Abnahme L_{Bd2} 173, Ü 269 f.
Formalisierung L_{Bd2} 2
Fortschreibung der Planung L_{Bd2} 57
Freie Güter L_{Bd1} 9
Freihändige Vergabe L_{Bd2} 63, Ü 225 f.
Fremdkapital L_{Bd1} 206 f.
Fremdfinanzierung L_{Bd1} 205 ff.
Funktionalausschreibung L_{Bd2} 15
Funktionale Leistungsbeschreibung L_{Bd2} 79, 82 f., Ü 222, 237 f.
Funktionsfläche, technische ~ L_{Bd1} 113, Ü 108 ff.
Funktionsprogramm L_{Bd2} 82, Ü 104, 263

Garantierter-Maximalpreis-Vertrag L_{Bd2} 112
Gasversorgung L_{Bd2} 131
Gebäude-Betriebskosten L_{Bd1} 181 f.
Gebäudegeometrie L_{Bd2} 52 f.
Gebäudenutzung L_{Bd2} 8
Gebäudetechnik Ü 17, 27 f.
Gebäudeverwaltung L_{Bd2} 11
Gemeinkosten Ü 19
Gemeinlastprinzip L_{Bd1} 26
Genehmigungsfreiheit L_{Bd2} 43 ff.
Genehmigungsfreistellung L_{Bd2} 44 f.
Genehmigungspflicht L_{Bd2} 43 ff.
Genehmigungsplanung L_{Bd1} 223, L_{Bd2} 39, 149, Ü 203
Genehmigungsverfahren L_{Bd2} 46,
Generalplaner Ü 8
Generalterminplan L_{Bd2} 136, 147, 149
Generalübernehmer L_{Bd2} 17 f., Ü 200 f.
Generalunternehmer L_{Bd1} 42, L_{Bd2} 15 f., 83, 98 ff., 166, Ü 8, 200 ff.
Genossenschaftsbanken L_{Bd1} 44
Geräteeinsatz L_{Bd2} 157
Gerätekosten L_{Bd2} 116
Gesamtgewerkevergabe L_{Bd2} 98 ff.
Gesamturteil L_{Bd1} 52
Geschäftsbesorgungsvertrag L_{Bd2} 18
Geschäftskosten, allgemein L_{Bd2} 116
Geschossfläche L_{Bd1} 108 f., Ü 16, 25, 91, 101 ff.
Geschossflächenzahl Ü 91, 101 ff.
Gesetzbuch, Bürgerliches ~ L_{Bd2} 68 f.
Gesetze L_{Bd2} 4
Gesetz gegen Wettbewerbsbeschränkungen L_{Bd2} 59 f.
Gestaltungsbeispiele L_{Bd2} 53 f.
Gestaltungsqualität L_{Bd2} 53 f., 101
Gestaltungsrichtlinien L_{Bd2} 34 f.

Gestattungsverfahren L_{Bd2} 44, Ü 210
Gewerbebetrieb L_{Bd2} 29
Gewerk L_{Bd2} 102
Gewinn L_{Bd2} 116
Gewinnvergleichsrechnung L_{Bd1} 75, Ü 75 f., 79
Gewohnheitsrecht L_{Bd2} 62
Globalpauschalvertrag L_{Bd2} 111 f.
Globalziel Ü 30, 42
Grobelemente L_{Bd1} 148 f., Ü 123, 127, 132 f.
Grobterminplan L_{Bd2} 148 f.
Grundflächen L_{Bd1} 110 ff., Ü 89 ff., 104, 108 ff.
Grundflächenzahl Ü 91, 101 ff.
Grundlagenermittlung L_{Bd1} 221, L_{Bd2} 149
Grundleistungen L_{Bd1} 220 ff.
Grundpfandrecht L_{Bd1} 206
Grundsteuer L_{Bd1} 182, Ü 143, 150
Grundwasser L_{Bd2} 33
Gruppen-Selbsthilfe L_{Bd1} 205
Güter L_{Bd1} 9

Haftung L_{Bd2} 50
Haftung im Kostenbereich L_{Bd1} 173 ff.
Heizenergie, Ausgaben für ~ Ü 144 f., 153 f.
Hallenbauten L_{Bd2} 28
Hochrechnung L_{Bd2} 183
Hochschulbau L_{Bd1} 173
Höchstsatz L_{Bd1} 230 f., Ü 192 f.
Honorar bei Großbauvorhaben Ü 183, 194 ff.
Honorar bei Modernisierung Ü 181, 192 f.
Honorar für mehrere gleiche Gebäude Ü 181, 191 f.
Honorarermittlung Ü 179 ff., 185 ff.
Honorarordnung für Architekten und Ingenieure (HOAI) L_{Bd1} 220 ff., Ü 176 ff.
Honorarschlussrechnung Ü 179, 186
Honorartafel L_{Bd1} 230 f., Ü 178
Honorarzone L_{Bd1} 228 f., Ü 180 f., 185, 189
Hypothekenbanken L_{Bd1} 43
Hypothekendarlehen L_{Bd1} 208 f.

Idealablauf L_{Bd2} 137
Inbetriebnahme L_{Bd2} 8, 37, 199, Ü 250, 260 f.
~ Fachmann L_{Bd2} 216
Industriebetrieb L_{Bd2} 3
Index Ü 116, 129
Inflation L_{Bd1} 8, 22 f.
Informationssysteme L_{Bd2} 35
Inlandsprodukt L_{Bd1} 17 f.
Input L_{Bd1} 4ff., 55
Instandhaltungsvertrag L_{Bd2} 215
Instandsetzung Ü 39
Ausgaben für ~ Ü 145, 154 f.
Instandsetzungskosten L_{Bd1} 182 f., L_{Bd2} 212, Ü 28, 39, 139, 149
Integration Ü 207
Integrationsaufgaben L_{Bd2} 50
Interessenkonflikte Ü 6, 9 ff.
Interne Zinsfuß-Methode L_{Bd1} 97 ff., Ü 76 f.
Intervallskala L_{Bd1} 64
Investition L_{Bd1} 54 ff.
Investition mit Rückflüssen L_{Bd1} 75, 94
Investitionsmöglichkeiten, Auswahl aus mehreren ~ L_{Bd1} 56, 103 ff., Ü 50 f., 68, 83 f.
Investitionsrechnung L_{Bd1} 55, 72 ff., Ü 29, 50 ff.
Investitionsrechnung,
dynamische Verfahren der ~ L_{Bd1} 81 ff., Ü 50 f.
statische Verfahren der ~ L_{Bd1} 75 ff., Ü 50 f.

Kalkulation L_{Bd2} 114 ff.
Kalkulationszinssatz L_{Bd1} 90
Kapazitätserhöhung L_{Bd2} 151
Kapitalbedarf L_{Bd1} 216 f.
Kapitalbindung L_{Bd2} 158
Kapitalkosten L_{Bd1} 76 f., 180, Ü 77 f., 80, 139, 151 f., 157
Kapitalwert L_{Bd1} 90
Kapitalwertmethode L_{Bd1} 90 ff., 218 f., Ü 73 f., 81 ff., 85
Kapitalwertmodell L_{Bd1} 91
kardinale Bewertung Ü 30
kardinale Nutzenermittlung Ü 33, 42 ff.
Kennwerte L_{Bd1} 168, 176, Ü 123, 131
Kennwertermittlung L_{Bd1} 125 f., 131 f.
Kennwert-Kette L_{Bd1} 170 f.
Kennziffer Ü 107 f.
Knappheit L_{Bd1} 9
Kommunikation L_{Bd2} 8
Konjunkturpolitik L_{Bd1} 19

Konstruktions-Grundfläche L_{Bd1} 114 f., Ü 16, 25 106, 111
Koordination L_{Bd2} 170, Ü 207
Koordinationsaufgaben L_{Bd2} 50
Kosten L_{Bd1} 76, 122, L_{Bd2} 103
Kosten im Hochbau L_{Bd1} 121 f., Ü 114 ff., 133 f.
Kosten Ü 114
anrechenbare ~ L_{Bd1} 226 ff., L_{Bd2} 101, Ü 185, 187 ff.
externe ~ L_{Bd1} 13, 24
kalkulatorische ~ Ü 142, 149
variable ~ L_{Bd2} 119 ff.
zahlungswirksame ~ Ü 142, 149
Kostenänderung L_{Bd2} 182 ff.
Kostenänderung, Menge L_{Bd2} 182
Kostenänderung, Standard L_{Bd2} 182
Kostenänderung, Verursacher L_{Bd2} 183
Kostenanschlag L_{Bd1} 123 f., 130, Ü 274 f.
Kostenberechnung L_{Bd1} 123 f., 127 ff., Ü 135 f.
kostenbewusste Bauplanung Ü 18
Kostenbewusstsein L_{Bd2} 56
Kosteneinflüsse L_{Bd1} 169, L_{Bd2} 83
interne ~ L_{Bd2} 52
externe ~ L_{Bd2} 52
Kostenermittlung L_{Bd1} 122 ff., 131, Ü 114, 124 f., 135 f.
Kostenermittlung nach Leitpositionen L_{Bd1} 134, 136 ff.
Kostenermittlung
Stufen der ~ L_{Bd2} 180, Ü 128
Kostenfeststellung L_{Bd1} 123 f., 130, L_{Bd2} 184 f., Ü 274 ff.
Kostenflächenarten-Methode L_{Bd1} 133 f., Ü 124, 134 f.
Kostengliederung L_{Bd1} 125, 127
kostengünstiges Bauen L_{Bd1} 54, Ü 163 ff.
Kostenkennwerte L_{Bd1} 153 ff., Ü19
Kostenkontrolle L_{Bd2} 36, 85, 181, Ü 273 ff.
Kostenkontrolle, Berichte L_{Bd2} 182
kostenminimale Gebäudeform Ü 14 f., 20 ff.
Kosten-Nutzen-Analyse L_{Bd1} 57 f.
Kostenplanung L_{Bd2} 36, 179 ff.
Kostenplanung, Besondere Leistungen L_{Bd2} 180
Kostenrahmen Ü 114
Kostenrichtwerte L_{Bd1} 173 f.
Kostenschätzung L_{Bd1} 123 f., 127 ff., Ü 116, 125, 127 f., 135
Kostenschätzung nach der Elementmethode Ü 116, 127 f.
Kostensicherheit L_{Bd2} 51, Ü 125, 136 f.
Kostensteuerung L_{Bd2} 184
Kostenüberschreitung Ü 276
Kostenverantwortung L_{Bd2} 182
Kostenvergleichsrechnung L_{Bd1} 76 ff., Ü 77 f.
Kostenwirksamkeit L_{Bd2} 165
Kosten-Wirksamkeits-Analyse L_{Bd1} 62, 64 f., Ü 29
Kostenwirtschaftlichkeit L_{Bd1} 5
Kreativitätstechniken L_{Bd1} 49
Kreditanstalt für Wiederaufbau L_{Bd1} 43
Kreditbanken, private ~ L_{Bd1} 44
Kreditinstitute L_{Bd1} 43 f.,
Kritischer Weg L_{Bd2} 142, 144
Kündigung des Architektenvertrages Ü 184, 197 f.

Lagerplätze L_{Bd2} 132
Landesbauordnung L_{Bd2} 40
Lastenzuschuss L_{Bd1} 215 f.
Laufzeit L_{Bd1} 204, Ü 171 f.
Leasingunternehmen L_{Bd2} 20 f.
Lebensversicherung L_{Bd1} 210
Lebenszyklus L_{Bd1} 6 f., L_{Bd2} 23
Lebenszykluskosten L_{Bd1} 185 f.
Leistung
besondere ~ L_{Bd2} 136, 161, 180, Ü 188, 228
zusätzliche ~ L_{Bd2} 107, 123
Leistungsbereich L_{Bd2} 102
Leistungsbeschreibung L_{Bd2} 73 ff., 138,
Ü 211
funktionale ~ L_{Bd2} 51, 79, Ü 222, 237 f.
Leistungsbeschreibung mit Leistungsprogramm L_{Bd2} 79, 82 f., Ü 222, 237 f.
Leistungsbeschreibung mit Leistungsverzeichnis L_{Bd2} 74 ff., Ü 217 f., 232 ff.
Leistungsbild der Objektplanung L_{Bd1} 221 ff.
Leistungsphasen L_{Bd1} 221 ff., 231
Leistungsprogramm L_{Bd2} 23, 79, 82 f.

Leistungstexte, standardisierte ~ L_{Bd2} 77 f., Ü 211 ff.
Leistungsverzeichnis L_{Bd2} 74 ff., Ü 217 f., 232 ff., 263
Leitpositionen L_{Bd1} 136,
Lieferscheine L_{Bd2} 187
Lieferzeiten Ü 263
Liquidität Ü 195
Liquiditätswahrung L_{Bd1} 216
Lohnkosten L_{Bd2} 115
Liniendiagramm L_{Bd2} 143
Losbildung L_{Bd2} 91, 151, Ü 215, 226 f.

Mängelbeseitigung L_{Bd2} 179, Ü 262
Makroelement L_{Bd1} 149
Markt L_{Bd1} 11 f.
Marktmechanismus L_{Bd1} 11 f.
Marktpreis L_{Bd1} 11 f.
Marktwirtschaft L_{Bd1} 10 ff.
Soziale ~ L_{Bd1} 12 f.
Maßkoordination L_{Bd2} 54
Maßtoleranzen L_{Bd2} 54
Mechanisierungsgrad L_{Bd2} 27
mehrere Investitionsmöglichkeiten Ü 50
Meilensteine Ü 253
Mengenänderung L_{Bd2} 118 ff., 125
Mengenermittlung L_{Bd2} 76 ff., Ü 216 f., 229
Mengenermittlungsvorschriften L_{Bd2} 76, 187
Mengenmehrungen L_{Bd2} 121
Mengenminderungen L_{Bd2} 122
Mengenrisiko L_{Bd2} 94
Merkmal Ü 30, 33, 40 f.
Merkmalskatalog Ü 33, 40 f.
Methode L_{Bd1} 2 f.
Mieterhöhung L_{Bd1} 190
Miethöhe L_{Bd1} 33
Mietpreiskalkulation L_{Bd1} 189 f., Ü 136, 160 f.
Mietzuschuss L_{Bd1} 215
Mindestsatz L_{Bd1} 230 f.
Mindesttemperaturen L_{Bd2} 199
Modell L_{Bd1} 3
Modernisierung Ü 181, 192 f.
Modernisierungsförderung L_{Bd1} 212 f.
Morphologischer Kasten L_{Bd1} 49, 51
Multiplikatoreffekt L_{Bd1} 31
Musterbauordnung L_{Bd1} 35 ff., L_{Bd2} 40 ff., 159 f.

Nachbarn L_{Bd1} 45
Nachbeauftragung L_{Bd2} 84
Nachfrage L_{Bd1} 11 f.
Nachhaltigkeit L_{Bd1} 9 f.
Nachkalkulation Ü 188 f.
Nachlass L_{Bd2} 104, 110, 125
Nachtragsangebot L_{Bd2} 123
Nachtragsart L_{Bd2} 124, 118 ff.
Nachtragsforderung Ü 222 f., 240
nachschüssig L_{Bd1} 83, 86
Nachunternehmer L_{Bd2} 11, 13
Nationaleinkommen L_{Bd1} 14 ff.
Nebenleistung L_{Bd2} 124, 204 f., Ü 228
Netto-Grundfläche LBd1 110 ff., Ü 93, 105, 109 ff.
Nettonationaleinkommen L_{Bd1} 17 f.
Netzplan L_{Bd2} 144 f., Ü 255 ff.
Nichtoffenes Verfahren L_{Bd2} 64, Ü 225
Niedrigenergiehaus L_{Bd1} 184
Nominalzins L_{Bd1} 203
Normen L_{Bd2} 4, 54
Notrufsystem L_{Bd2} 131
Nutzenermittlung
ordinale ~ L_{Bd1} 64 ff., Ü 29, 36 f., 46 ff.
Nutzen-Kosten-Untersuchungen L_{Bd1} 57 ff., Ü 29 ff.
Nutzer L_{Bd1} 38 f., Ü 9 f., 262
Nutzungsanforderungen L_{Bd2} 26 f., 53, Ü 46
Nutzfläche L_{Bd1} 112 f., Ü 93, 106, 109 ff.
Nutzungsart L_{Bd1} 117, L_{Bd2} 88
Nutzungsbarwert Ü 50 f., 73 f., 140, 146, 155 f.
Nutzungsdauer, unterschiedliche ~ L_{Bd1} 96 f.
Nutzungsgerechte Planung L_{Bd2} 30
Nutzungskosten L_{Bd1} 177 ff., Ü 139, 143 f., 151 ff., 157
Nutzungskosten im Hochbau Ü 139
Nutzungskostengliederung L_{Bd1} 178
Nutzwert Ü 44
Nutzwertanalyse L_{Bd1} 59 ff., Ü 29

Oberziel Ü 30, 42, 44
Objektbegehung L_{Bd2} 216
Objektbetreuung und Dokumentation L_{Bd1} 225 f., L_{Bd2} 149, 216 f., Ü 284 ff.
Objektdatei L_{Bd1} 146, Ü 285 ff.
Objektinformation L_{Bd2} 211

Objektliste L_{Bd1} 228 f.
Objektmanagement L_{Bd2} 211, Ü 285 f.
Objektmanagementkosten Ü 139
Objektmanagement, Computereinsatz im ~ L_{Bd2} 212
Objektplaner L_{Bd2}160, 162, 165
Objektplanung L_{Bd1} 34, 47
Objektüberwachung L_{Bd1} 225, L_{Bd2} 160
Objektüberwachung, Besondere Leistungen der ~ L_{Bd2} 161 f.
Objektüberwachung, Grundleistungen der ~ L_{Bd2} 161
Offenes Verfahren L_{Bd2} 64, Ü 225
Öffentliche Ausschreibung L_{Bd2} 62 f., Ü 225
Öffentliche Baudarlehen L_{Bd1} 211 ff.
Öffentlichkeit L_{Bd1} 45
Öko-Audit L_{Bd1} 25
Ökobilanz L_{Bd1} 25, 194 ff., Ü 164 f.
Ökoinventare L_{Bd1} 195 f.
Ökologische Buchhaltung L_{Bd1} 25
Ökologische Steuerreform L_{Bd1} 22
Ökologisches Bauen L_{Bd1} 193 ff., 212, Ü 163 ff.
Ökonomisches Prinzip L_{Bd1} 9
Operatives Leasing L_{Bd2} 20
Ordinale Nutzenermittlung L_{Bd1} 64 ff., Ü 29, 36 f., 46 ff.
Ordinalskala L_{Bd1} 64
Organisation L_{Bd2} 1 f., Ü 199 ff.
Organisationshilfsmittel L_{Bd2} 3
Organisationssystem L_{Bd2} 3
Output L_{Bd1} 3 ff., 555

Paarweiser Vergleich L_{Bd1} 64, 66 ff., Ü 29, 35, 46, 48 f.
Passivhaus L_{Bd1} 193
Pauschalangebot Ü 220 f., 236
Pauschalierung L_{Bd2} 103 ff.
Pauschalsumme, Honorarermittlung bei ~ L_{Bd2} 108 f.
Pauschalsummen L_{Bd2} 108 f.
Pauschalvertrag L_{Bd2}18, 110 ff.,126, 191; Ü 233
Personaleinsatz L_{Bd2} 157
Personalkosten L_{Bd1} 76, 177
Personalschulung L_{Bd2} 214
Planung L_{Bd1} 34, 45 ff.; Ü 12 ff.
Planung der Planung L_{Bd2} 136
Planung, wirtschaftliche ~ L_{Bd1} 48 ff., Ü 12, 14, 18 f.
Planungsänderungen Ü 249 f., 258 f.
Planungsbedürftigkeit L_{Bd2} 51
Planungsbetriebslehre L_{Bd1} 2, Ü 1
Planungsentscheidungen L_{Bd2} 165
Planungskosten L_{Bd2} 27
Planungsreife L_{Bd2} 55 f.
Planungssicherheit L_{Bd2} 165
Planungs- und Baubeteiligte L_{Bd1} 35 ff.,
Ü 4, 6, 9 ff.
Planverwaltung L_{Bd2} 36 f.
Planwirtschaft, zentrale ~ L_{Bd1} 10, 13 ff.
Preisbildung L_{Bd1} 11 f.
Preisindex L_{Bd1} 23, 140 ff., Ü 116, 129
Preiskalkulation L_{Bd2} 27
Preisniveaustabilität L_{Bd1} 22 f.
Preisspiegel L_{Bd2} 84, Ü 234
Preiswettbewerb L_{Bd2} 82, 101
Privatdarlehen L_{Bd1} 208
Privatrecht L_{Bd2} 39
Probebetrieb L_{Bd2} 214
Produktivität L_{Bd1} 4
Prognoseproblematik L_{Bd1} 106 f.
Projektentwicklung L_{Bd2} 11
Projekthandbuch L_{Bd2} 4
Projektleitung L_{Bd1} 36 f.
Projektleitungsaufgaben Ü 8
Projektorganisation L_{Bd2} 2, 32
Projektsteuerer L_{Bd1} 37 ff.; L_{Bd2} 129; Ü 8
Projektsteuerung Ü 8
Projektstrukturplan L_{Bd2} 140 f.

Prüfung
rechnerische ~ Ü 233
technische ~ Ü 233 f.
wirtschaftliche ~ Ü 234
Prüfung von Angeboten Ü 218 ff., 232 ff.
Public Private Partnership L_{Bd2} 21 ff.
Pufferzeit L_{Bd2} 132

Qualität L_{Bd2} 102
Qualitätswettbewerb L_{Bd2} 82

Rabatt L_{Bd2} 125, 189
Rahmenterminplan L_{Bd2} 136, 146, 149
Rationalprinzip L_{Bd1} 9

Rauminhalt L_{Bd1} 110, 115 ff.; Ü 89, 108 ff.
Raumprogramm L_{Bd2} 66, Ü 104, 263 f.
Raum- und Funktionsprogramm L_{Bd1} 46; L_{Bd2} 82, Ü 263 f.
rechnerische Prüfung Ü 233
Rechnungslegung L_{Bd2} 187 f.
Rechnungsprüfung L_{Bd2} 188 ff., 193; Ü 278 f.
Recht, öffentliches ~ L_{Bd2} 39
Reihen-Mittelhaus Ü 24
Reinigungsarbeiten L_{Bd2} 215
Restmüllentsorgung L_{Bd2} 34
Recycling L_{Bd1} 193 f.
Refinanzierung L_{Bd1} 208
Rentabilität L_{Bd1} 5 f., 79 ff.
Rentabilitätsrechnung L_{Bd1} 76
Rente L_{Bd1} 83, 86
Rentenbarwert L_{Bd1} 84 ff.
Rentenbarwertfaktoren L_{Bd1} 84 ff.; Ü 56, 58 ff.
Rentenendwert L_{Bd1} 84
Rentenendwertfaktoren Ü 57, 62
Rentenrechnung L_{Bd1} 83
Restdarlehen L_{Bd1} 204; Ü 168, 172
Richtigkeit, technische ~ L_{Bd2} 51
Risiken L_{Bd2} 30, 104 f., 153
Rohbauarbeiten L_{Bd2} 93 f.
Rückflüsse L_{Bd1} 75

Sachkosten L_{Bd1} 76
Schadenersatzansprüche L_{Bd2} 126
Schätzmethoden Ü 127
Schlosserarbeiten L_{Bd2} 95
Schlussrechnung L_{Bd2} 192; Ü 271
Schlussrechnungsunterlagen L_{Bd2} 192
Schnittstellen L_{Bd2} 8
Selbsthilfe L_{Bd1} 205 ff.; Ü 39, 170, 175
Sicherheitsdienst L_{Bd2} 131
Sicherheitsleistung L_{Bd2} 216
Sicherheits- und Gesundheitskoordinator L_{Bd1} 41, Ü 268
Sicherheitszuschläge L_{Bd2} 104
Skonto L_{Bd2} 125
Solarstrom-Förderung L_{Bd1} 212
Sonderausgaben L_{Bd1} 215
Sonderfachleute L_{Bd1} 41
Sondermüll L_{Bd2} 208 f.
Spardauer Ü 168,171
Sparförderung L_{Bd1} 215 f.
Sparkassen L_{Bd1} 44
Sparzulage L_{Bd1} 215 f.
Spezialisierung L_{Bd2} 1
Stabilitätsgesetz (StWG) L_{Bd1} 20 f.
Stadtumbau Ost L_{Bd1} 212
Stahlbauarbeiten L_{Bd2} 94 f.
Standard L_{Bd2} 8
Standardisierung L_{Bd2} 78
Standardleistungsbuch L_{Bd2} 78; Ü 211 ff., 217 f., 230 ff.
Standardleistungsbuch-Bau Ü 211
Standortfaktoren Ü 33, 41 f.
statische Verfahren der Investitionsrechnung L_{Bd1} 68 f., Ü 50
Steuerreform, ökologische ~ L_{Bd1} 22
Steuervorteile L_{Bd1} 213 ff., Ü 173
Stillstandsverträge L_{Bd2} 214 f.
Störungsbeseitigungsvertrag L_{Bd2} 215
Strategien L_{Bd1} 53
Strukturwandel L_{Bd2} 9
Stundenlohnarbeiten L_{Bd2} 123
Stundenlohnvertrag L_{Bd2} 113
Stundensatz Ü 176
Submissionstermin Ü 262 f.
Systeme L_{Bd2} 35 f.

Technische Anlagen Ü 124, 135
technische Prüfung Ü 208
Technisierung L_{Bd2} 87
Teillos L_{Bd2} 88
Teilnahmewettbewerb, öffentlicher ~ L_{Bd2} 63
Teilurteil L_{Bd1} 52
Teil-Unterkellerung Ü 16, 25
Teilschlussrechnung L_{Bd2} 192
Termine L_{Bd2} 102, Ü 261 ff.
Terminkontrolle L_{Bd2} 36, 86, 150
Terminplan L_{Bd2} 175
Terminplanoptimierung Ü 248, 254
Terminplanung L_{Bd2} 36, 135 ff.; Ü 246 ff., 252
Terminplanung, besondere Leistung der ~ L_{Bd2} 136
Terminplanung, Grundleistungen der ~ L_{Bd2} 136
Terminsicherungsmaßnahmen L_{Bd2} 152, 154 f., Ü 282
Terminsteuerung L_{Bd2} 150
Terminverzögerung L_{Bd2} 205
Teuerung, allgemeine ~ L_{Bd2} 183
Tilgung L_{Bd1} 202 f.

Tilgungsdarlehen, erststelliges ~ mit konstanter Annuität L_{Bd1} 208 f.
Toleranzen L_{Bd2} 169
Tore L_{Bd2} 131
Totalübernehmer L_{Bd2} 17 f.; Ü 200 f.
Totalunternehmer L_{Bd2} 16 f.; Ü 8, 200 f.
Transformationsfunktion L_{Bd1} 59,61 f.
Treppe (Kosteneinfluss) Ü 16, 25 f.
Trockenbauarbeiten L_{Bd2} 95 f.
Typen L_{Bd2} 54

Übergabe L_{Bd2} 178
Überstunden L_{Bd2} 151
Überwachung der Ausführung L_{Bd2} 167 ff.; Ü 267 f.
Umbasierung L_{Bd1} 142
Umweltabgaben L_{Bd1} 26
Umweltlizenzen L_{Bd1} 26
Umweltökonomie L_{Bd1} 24 ff.
Umweltpolitik L_{Bd1} 26 f.
Unterkellerung Ü 25
Unternehmen, ausführende ~ L_{Bd2}10 ff.
Unternehmensbauleiter L_{Bd1} 41
Unternehmenseinsatzformen L_{Bd2} 11 ff.; Ü 200 ff.
Unternehmer L_{Bd1} 42
Unterziel Ü 30, 44

Variantenauswahl L_{Bd1} 52
Variantenbewertung L_{Bd1} 52
Variantenbildung L_{Bd1} 52
Verdingungsausschuss, dt. L_{Bd2} 61
Verdingungsordnung für Leistungen L_{Bd2} 61, 67
Verdingungsunterlagen L_{Bd2} 65
Verfahren
nicht offenes ~ L_{Bd2} 64, Ü 225
offenes ~ L_{Bd2} 64, Ü 225
Verfahren der Investitionsrechnung L_{Bd1} 72 ff., Ü 50 ff., 71 ff.
Verfahren zur Beurteilung der Vorteilhaftigkeit von Investitionen Ü 29 ff.
Verfahrensauswahl L_{Bd1} 101, 103 ff., Ü 51
verfahrensfreie Bauvorhaben L_{Bd2} 43, Ü 210
Vergabe L_{Bd2} 83
Arten der ~ L_{Bd2} 58, Ü 224 ff.
freihändige ~ L_{Bd2} 63; Ü 225 f.
Grundsätze der ~ L_{Bd2} 63
loseweise ~ L_{Bd2} 76
Mitwirkung bei der ~ L_{Bd1} 224 f.
Vorbereitung der ~ L_{Bd1} 224
Vergabeart L_{Bd2} 62; Ü 224 ff.
Vergabeeinheit L_{Bd2} 89, 92 ff.
Vergabe- und Vertragsordnung für Bauleistungen (VOB) L_{Bd2} 61 f., Ü 211, 224
Vergabeunterlagen L_{Bd2} 65, 85 ff.
Vergabeverfahren L_{Bd2} 64 ff.
Vergabeverhandlung L_{Bd2} 207
Vergabeverordnung (VgV) L_{Bd2} 59 f.
Vergabevorschlag L_{Bd2} 86
Vergabewesen L_{Bd2} 58 ff.; Ü 211 ff.
Vergleichsobjekt Ü 116 ff., 130 f.
Vergleichswert, externer ~ L_{Bd1} 103 f.
Vergütungsanspruch Ü 222, 239 f.
Verhandlungsverfahren L_{Bd2} 64, Ü 226
Verkaufserlös L_{Bd1} 191
Verkehrsfläche L_{Bd1} 113 f., Ü 95, 111
Verkehrsregelungen L_{Bd2} 130
Verkehrssicherungspflicht L_{Bd1} 36, Ü 268
Vermögensmaximierung L_{Bd1} 213 f.
Vermögenswirksame Leistungen L_{Bd1} 215f.
Vermietungsmodell L_{Bd2} 22
Verordnungen L_{Bd2} 4
Versicherungsgesellschaften L_{Bd1} 44
Versorgungsträger L_{Bd1} 45
Vertragsbedingungen L_{Bd2} 68 ff.
allgemeine ~ L_{Bd2} 70
besondere ~ L_{Bd2} 70
technische ~ L_{Bd2} 71 f.
zusätzliche ~ L_{Bd2} 70
Vertragsstrafe Ü 271
Vertretung des Bauherrn Ü 8
Verursacherprinzip L_{Bd1} 26
Vervielfältiger L_{Bd1} 192
Verwaltungskosten L_{Bd1} 180 f.
VOFI-Rentabilität L_{Bd1} 99 ff., Ü 86 ff.
VOL L_{Bd2} 61, Ü 211
Volkswirtschaftliche Gesamtrechnung L_{Bd1} 14 ff.
Vollständiger Finanzplan L_{Bd1} 99 ff., Ü 86 ff.
Vollständiger gegenseitiger Ausschluss Ü 64
Volumen-Zeit-Diagramm L_{Bd2} 143
Vorbereitung der Vergabe L_{Bd2} 149
Vorgang L_{Bd2} 141 f.

Vorgangsknoten-Netzplan L_{Bd2} 144
Vorhaben, verfahrensfreie ~ L_{Bd2} 43, Ü 210
Vorkalkulation L_{Bd2} 114
Vorplanung L_{Bd1} 221 f., L_{Bd2} 149
Vorratsproduktion Ü 224
vorschüssig L_{Bd1} 84
Vorteilhaftigkeit L_{Bd1} 5 f., 54, Ü 29, 64 ff., 72, 76 f.
Vorteilhaftigkeit von Investitionen, Verfahren zur Beurteilung der ~ L_{Bd1} 54 ff., Ü 29 ff.

Wachdienst L_{Bd2} 131
Wagnis L_{Bd2} 116
Wagnis- und Gewinnzuschlag L_{Bd2} 119
Wahl, engere ~ L_{Bd2} 66
Wartungsvertrag L_{Bd2} 215
Wasserhaltung L_{Bd2} 34
Wasserversorgung L_{Bd2} 131
Weg-Zeit-Diagramm L_{Bd2} 143
Wegfall von Positionen L_{Bd2} 123
Werbeträger L_{Bd2} 35
Werk- und Montageplanung Ü 263
Werkvertrag L_{Bd2} 68 f.
Wertstoffbehandlung L_{Bd2} 34
Wettbewerblicher Dialog L_{Bd2} 64, Ü 225
Wiederanlageprämisse L_{Bd1} 74
Wiedergewinnungsfaktor L_{Bd1} 97
Wiederholungsgrad L_{Bd2} 26
Winterbau Ü 281 f.
Winterbaubeheizung L_{Bd2} 198
Winterbaumaßnahmen L_{Bd2} 197 f.
Winterbaumaßnahmen, Abrechnung der ~ L_{Bd2} 202
Winterbauzelt L_{Bd2} 198
Wirkungskategorien L_{Bd1} 195, 199
Wirtschaftlichkeit L_{Bd1} 4 ff., L_{Bd2} 1, 28,
Wirtschaftlichkeit in weiterem Sinne L_{Bd1} 5 f.
Wirtschaftlichkeitsprinzip L_{Bd1} 4

Wirtschaftsgüterzuordnung L_{Bd2} 194 ff.
Wirtschaftskreislauf L_{Bd1} 14 ff..
Wirtschaftsordnung L_{Bd1} 10 ff.
Wirtschaftspolitik L_{Bd1} 18 ff.
Wirtschaftswachstum L_{Bd1} 18, 20
Wirtschaftliche Investition Ü 64
wirtschaftliche Planung L_{Bd1} 48 ff., Ü 12, 14, 18 f.
wirtschaftliche Prüfung Ü 234
wirtschaftliches Bauen Ü 18
Wirtschaftlichkeitsvergleich mittels Nutzungskosten Ü 143 f., 146 ff., 152 f., 156 ff.
Wissenschaft L_{Bd1} 1
Wohnfläche L_{Bd1} 118 ff., Ü 95, 112 f.
Wohnflächenverordnung L_{Bd1} 118 ff.
Wohngebäude L_{Bd2} 29
Wohngeld L_{Bd1} 215
Wohnunterkünfte L_{Bd2} 131
Wohnungsbau, frei finanzierter ~ L_{Bd1} 32 f.
Wohnungsbau, öffentlich geförderter ~ L_{Bd1} 32 f., 211 ff.
Wohnungsbauprämie L_{Bd1} 215 f.
Wohnungs-Bewertungs-System L_{Bd1} 59 ff.
Wohnungsnachfrage L_{Bd1} 32
Wohnungswirtschaft L_{Bd1} 32 f.

Zahlungen Ü 262
Zahlungsfristen Ü 262
Zahlungsplan L_{Bd2} 106, 191; Ü 195
Zahlungsreihe, geometrische ~ L_{Bd1} 7 f.
Zahlungsverkehr L_{Bd2} 193
Zäune L_{Bd2} 131
Zeithonorar L_{Bd1} 232, Ü 188
Zeitplan L_{Bd2} 170, 175
Zeitreihe L_{Bd1} 140
Zentralisation L_{Bd2} 31 ff.
räumliche ~ L_{Bd2} 32
sachliche ~ L_{Bd2} 32
Zentralisierung L_{Bd2} 7
Zielbaum L_{Bd1} 59 f., 62, Ü 29 f., 43, 45
Ziele L_{Bd1} 52, 54, Ü 7, 29 f., 46
Ziele des Bauherrn Ü 6
Zielebene Ü 30
Zielerreichungsgrad Ü 30
Zielgröße Ü 29
monetäre ~ Ü 32 f., 38 ff.
nichtmonetäre ~ Ü 32 f., 38 ff.
Ziele, wirtschaftspolitische ~ L_{Bd1} 18 f.
Zielsetzung L_{Bd2} 6
Zielsystem L_{Bd1} 57, Ü 29 f.
Zinsen L_{Bd1} 202 f.
Zinsen, kalkulatorische ~ L_{Bd1} 77 f.
Zinsfestschreibungsdauer L_{Bd1} 209

Zusatzkosten, verzugsbedingte ~
L_{Bd2} 158
Zuschlagkalkulation L_{Bd2} 114
Zustimmung der obersten Baubehörde
L_{Bd2} 45
Zweite Berechnungsverordnung
L_{Bd1} 180, 183

Moderne BWL

Henner Schierenbeck, Claudia B. Wöhle
Grundzüge der Betriebswirtschaftslehre
17., völlig überarbeitete und aktualisierte Auflage 2008 | 935 S. | gebunden
€ 29,80 | ISBN 978-3-486-58772-2

Das Wissen um betriebswirtschaftliche Grundtatbestände ist eine notwendige Voraussetzung für jeden, der in Betrieben an verantwortlicher Stelle tätig ist oder sich als Studierender auf eine solche Tätigkeit vorbereitet. Dabei kommt es häufig nicht so sehr auf ein spezifisches Detailwissen, als vielmehr auf die Fähigkeit an, betriebswirtschaftliche Zusammenhänge konzeptionell zu erfassen und betriebliche Probleme in ihrem spezifisch ökonomischen Wesenskern zu begreifen. Aufbau und Inhalt des Lehrbuches sind von dieser Grundüberlegung geprägt.

Ebenfalls erhältlich ist die Dozentenausgabe mit CD-ROM für € 39,80.

Das Buch richtet sich an Studierende der Betriebswirtschaftslehre sowie an Teilnehmer anderer wirtschaftsnaher Studiengänge.

Prof. Dr. Dres. h.c. Henner Schierenbeck lehrt am Institut für Betriebswirtschaftslehre an der Universität Basel.

Univ.-Prof. Dr. Claudia B. Wöhle lehrt Betriebswirtschaftslehre an der Paris Lodron-Universität Salzburg.

Oldenbourg

150 Jahre
Wissen für die Zukunft
Oldenbourg Verlag

Bestellen Sie in Ihrer Fachbuchhandlung oder direkt bei uns: Tel: 089/45051-248, Fax: 089/45051-333
verkauf@oldenbourg.de

Soll- und Ist-Werte im Blick

Peter R. Preißler
Betriebswirtschaftliche Kennzahlen
Formeln, Aussagekraft, Sollwerte, Ermittlungsintervalle
2008 | 310 S. | gebunden
€ 29,80 | ISBN 978-3-486-23888-4

Kennzahlen werden benötigt, um aus der Flut der Informationen das Wesentliche herauszufiltern, Maßstäbe aufzustellen, die Situation des Unternehmens objektiv darzustellen und funktionsübergreifende Gesamtzusammenhänge herzustellen.

Dieses Buch gibt einen umfassenden und praxisorientierten Überblick über die Kennzahlen zur Unternehmenssteuerung. Sie erfahren, wie Sie mit diesen Kennzahlen arbeiten und welche Aussagen und Zielsetzungen mit den einzelnen Kennzahlen verbunden sind. Sie erhalten mit diesem Buch einen detaillierten Leitfaden für die Praxis zum Aufbau und zur Verwendung von aussagefähigen Kennzahlen und Kennzahlensystemen.

Mit Hilfe dieses Buches werden Sie in der Lage sein, nicht nur das Unternehmen mit Ist-Werten zu durchleuchten, sondern auch mit Soll-Werten neue Maßstäbe zu setzen.

Das Buch richtet sich an Studierende der Wirtschaftswissenschaften und Praktiker in Unternehmen.

Über die Autoren:

Prof. Dr. rer. pol. Peter R. Preißler hat ein international eingesetztes Controlling- und Kennzahlensystem entwickelt.

Oldenbourg

150 Jahre
Wissen für die Zukunft
Oldenbourg Verlag

Bestellen Sie in Ihrer Fachbuchhandlung oder direkt bei uns: Tel: 089/45051-248, Fax: 089/45051-333
verkauf@oldenbourg.de